GERHARD FALSCHLEHNER

Passt die Welt in ein Sandkorn?

Ein Gedankenflug durchs Universum

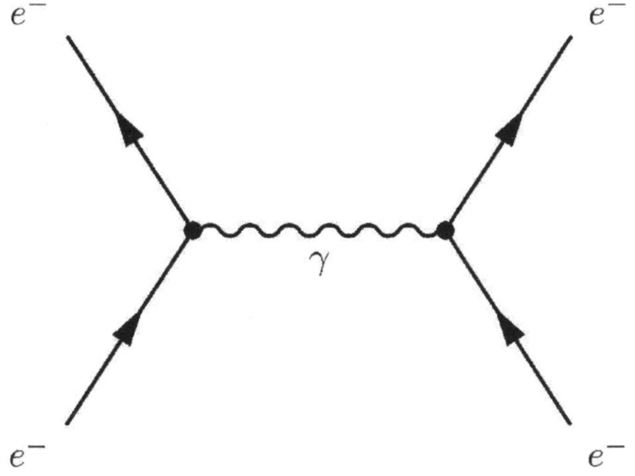

Lektorat / Inhaltliche Beratung: Alois Almer
Druck und Vertrieb im Auftrag der Autorin/des Autors:
Buchschmiede von Dataform Media GmbH
Julius-Raab-Straße 8
2203 Großebersdorf
Österreich

www.buchschmiede.at – Folge deinem Buchgefühl!
Kontaktadresse nach EU-Produktsicherheitsverordnung:
info@buchschmiede.at

ISBN: 978-3-99192-138-7

Für Birgit, Viktor und Nikolaus und alle meine Enkel

Alles ist eins.

Einmal, am Rande des Hains,
stehn wir einsam beisammen
und sind festlich, wie Flammen,
fühlen: Alles ist Eins.

Halten uns fest umfaßt;
werden im lauschenden Lande
durch die weichen Gewande
wachsen wie Ast an Ast.

Wiegt ein erwachender Hauch
die Dolden des Oleanders:
sieh, wir sind nicht mehr anders,
und wir wiegen uns auch.

Meine Seele spürt,
daß wir am Tore tasten.
Und sie fragt dich im Rasten:
Hast Du mich hergeführt?

Und du lächelst darauf
so herrlich und heiter
und: bald wandern wir weiter:
Tore gehn auf...

Und wir sind nicht mehr zag,
unser Weg wird kein Weh sein,
wird eine lange Allee sein
aus dem vergangenen Tag.

Aus: Rainer Maria Rilke: Dir zur Feier (1897/98) [1]

Inhalt

Vorab

Der zweite Traum

Ich träumte diesen Traum seit meinen Kleinkindertagen immer wieder.[2] Ich stelle ihn an den Anfang, weil er das Thema und die Grundstimmung des Buches vorgibt: einen Flug in den Mikrokosmos der unendlich vielen Sandkörner, in den Makrokosmos des Universums und durch die Erdgeschichte; ein Nachspüren über das größere Ganze, in das alles Leben eingebettet ist und das mir mein Traum gezeigt hat.

Es ist heller Tag. Ich laufe über eine Wiese, breite meine kleinen Arme aus, hebe sanft ab und beginne zu fliegen. Erst nah über den Boden, als würde mich ein Windhauch schweben lassen, die Grashalme kitzeln meine Beine, dann immer höher und höher, bis ich irgendwann im blauen Himmel schwebe. Ich spüre, dass mich etwas sanft umhüllt, wie eine durchsichtige Haut oder wie eine große Seifenblase. Wie in der Fruchtblase in Mutters Bauch, aber viel heller. Rund um mich schweben viele andere Seifenblasen, die in allen Farben des Regenbogens schillern. Ich genieße die Wärme in meinem kleinen Luftschiff, die Farben, das Gefühl der Leichtigkeit. Nach und nach durchdringen einander die Blasen, ganz sanft und vorsichtig vereinen sie sich zu einer großen, gemeinsamen Hülle. Ich spüre, dass mein Körper Teil dieses schwebenden Ganzen ist, eine riesige Seifenblase, die beinahe den Himmel füllt. Ich fühle, dass ich in diesem Raum aufgehe, mich in ihm langsam auflöse. Es ist ein wunderbares Gefühl des Schwebens, des Aufgenommen-Werdens, des Geborgen-Seins in Licht und Wärme. Und ich bin jedes Mal enttäuscht, wenn ich aufwache und mich allein in meinem Bett im dunklen Zimmer wiederfinde.

Es ist der zweite Traum, den ich als Kleinkind träumte, immer und immer wieder. Ich freute mich jedes Mal, wenn der Traum wiederkehrte, ohne zu verstehen, was er bedeutete. Im Lauf der Jahre verblasste er, manchmal sehnte ich mich danach. Heute erinnere ich mich vage an die Bilder; die wunderbaren Gefühle und Sinneseindrücke sind in der Kindheit geblieben. Was erzählte mir dieser Traum? Die eigene Geburt als Auftauchen in der Helligkeit des Lebens? Oder die Vorahnung an den Tod, in dem wir nicht vergehen und verschwinden, sondern in ein größeres

Ganzes aufgehen und eingehen? Oder beides? Wieso hatte ich als Kleinkind solche Visionen? Habt ihr, haben Sie, liebe Leserinnen und Leser, auch solche Träume?

Doctor Who und die TARDIS

Sprung in die Gegenwart. *Doctor Who,* Held der seit 1963 am längsten laufenden TV-Serie der Welt, der sich selbst nur *Der Doctor* nennt, ist ein unsterblicher Timelord vom Planeten Galifrey, ein Zeitreisender mit menschlichen Zügen, der seit Tausenden von Jahren mit seinem Raumschiff, der TARDIS, kreuz und quer durch das Universum und durch Vergangenheit und Zukunft fliegt. Von Zeit zu Zeit regeneriert *Der Doctor* in neuer Gestalt, bisher verkörperten ihn 14 Darsteller und eine Darstellerin.

In bisher 884 Episoden rettet er die Erde oder gleich das ganze Universum vor extraterrestrischen Gefahren und Bösewichtern, den *Daleks* und *Cybermen*, beides Cyborgs – halb Mensch, halb Maschine – , dem Timelord *Master,* seinem Erzfeind, oder den gruseligen *Weinenden Engeln*, düsteren Wesen in Gestalt von Engelstatuen. In diesen Aliens und ihrem Gehaben erkennt man immer wieder unschwer menschliche Machtgier und Niedertracht. Sein Fluggerät, die TARDIS, schaut von außen aus wie eine englische Polizeinotrufzelle, innen erweist es sich als riesiges, hypermodernes Raumschiff mit hochentwickelter K.I. Den Background der Sci Fi - Serie bilden teils wissenschaftlich-seriöse Annahmen, teils aberwitzige Spekulationen über die Beschaffenheit des Universums und die Konsequenzen aus Quantenphysik und Relativitätslehre, die Reisen durch Raum und Zeit, Teleportationen und Paralleluniversen ermöglichen.

Ich bin bekennender Fan der Serie, die abenteuerlich-absurde Geschichten mit gesellschaftlich-philosophischem Tiefgang und typisch britischem Humor erzählt.

Seit 2012 bin ich selbst stolzer Besitzer einer TARDIS, die wir *„das UFO"* nennen. Es ist ein 8 x 4 Meter großer und 3 Meter hoher Raum, der auf dem Carport neben unserem Wohnhaus aufsitzt. Verglast nach drei Seiten und an der Decke, schwebt es wie ein Raumschiff über unserem Garten und gibt nach Norden den Blick über die Donauau, im Osten über unsere Dorfkirche auf die Kleinen Karpaten, im Süden über Getreidefelder, und durch die Glasdecke zum Himmel frei. Abends kann ich den Nachthimmel beobachten, untertags erlebe ich die Tages- und Jahreszeiten der Donauau, deren sanfte Baumriesen unseren Garten beschützen.

Am Schreibtisch oder im Fauteuil sitzend, schwebe ich durch reale und erfundene Welten. Ich wollte schon als Kind einen fliegenden Zauberteppich für meine Gedankenspinnereien besitzen, nun schwebe ich in meinem „UFO".

Vier Fragen

Dieses Buch ist eine Einladung an meine Leserinnen und Leser, mit mir durch Zeit und Raum und durch unser Universum zu fliegen. Wir werden mit dem UFO gemeinsam durch den *Mikrokosmos* der Quantenphysik, durch den *Makrokosmos* unseres Universums und schließlich entlang der *Evolutionsgeschichte* durch die Erdzeitalter reisen. Wir werden die biologische Evolution des Menschen von den ersten Bakterien bis zum *Homo sapiens* begleiten und seine Leistungen von der Antike bis zur Gegenwart in der kulturellen Evolution betrachten. Und schließlich tauchen wir bei unserem Gedankenflug tief hinein in Möglichkeitswelten und Mythen, in absurde Spekulationen und faszinierende Theorien, immer auf der Suche, wie unsere Welt wirklich ausschaut. Am Ende unserer Reise werden wir vier Fragen diskutieren:

* Was ist der Mensch?
* Wohin fliegt das Universum?
* Was ist „Leben"?
* Passt die Welt in ein Sandkorn?

Zugegeben, es gibt einfachere Fragen. Aber wohl wenige, die uns so sehr betreffen, wie diese. Herzlich willkommen an Bord!

Ich bin und weiß nicht wer

Ich bin mathematisch unbegabt, Physik, Chemie und Biologie gehörten in all den Schuljahren zu meinen schwächsten Fächern. Aber ich bin neugierig. Rund um meine Matura und in den Anfangsjahren meines Studiums interessierte mich vor allem die Philosophie, gemäß dem alten Spruch *„Ich bin und weiß nicht wer, ich komm' und weiß nicht woher, ich geh' und weiß nicht wohin – mich wundert, dass ich so fröhlich bin!"*[3]

In den späten 1970er Jahren, als ich wieder einmal eine meiner Sinnkrisen hatte (wann hat man die nicht?), fielen mir ein paar Bücher über Quantenphysik und über die Evolutionslehre in die Hände, und ich versank darin wie seinerzeit in meinen geliebten Karl May. Die atemberaubenden Erkenntnisse über den Makrokosmos da droben und die Mikrowelt tief drinnen in uns waren unfassbar spannend. Mitten im *New-Age* und in der Hippieära trafen sie meinen unausgegorenen Geist. Manche Bücher waren brillant-anregend (zum Beispiel jene von *Fritjof Capra* oder *Konrad Lorenz*), manche voll von unverständlich-arrogantem Kauderwelsch, was meinen Lese-Ehrgeiz anstachelte; manche bogen ins Esoterische ab, was für mich anfangs reizvoll-mystisch, letztlich aber unbefriedigend war. Ich begann damals selbst über das Thema zu schreiben, bald holte mich aber die Alltagswelt ein, meine Manuskripte verschwanden in einer Schublade unter alten Socken.

Zeilinger, Hawking & Co.

Genau in dieser Schublade stirlte ich vor einiger Zeit, wie man das im Alter so tut, wenn man sein Leben aufräumen will. Ich las auf verknitterten Zetteln meine alten Texte, fand das meiste unsäglich, das Thema packte mich aber wieder. Wie dachte man 40 Jahre später über Quantenphysik, Relativitätstheorie und Evolutionslehre, die mich damals erschüttert hatten? *Anton Zeilinger* hatte soeben den Nobelpreis gewonnen, ich besorgte mir ein paar Bücher von ihm und kippte hinein, wie vor 40 Jahren. Danach die Bestseller von *Stephen Hawking,* dann andere Sachbuch-Autoren wie den peniblen Grübler *John Hands,* sowie aktuelle Wissenschaftsblogs im Web. Die damals exotischen Theorien waren in der Vernunft-Welt angekommen. Nix mehr raunende Esoterik! Zeilinger, Hawking und Co. ziehen aus den einst verstörenden Erkenntnissen der Physik, Kosmologie und Biologie heute glasklare Folgerungen für unsere Welt. Dennoch bleiben viele Fragen offen und manche Erkenntnisse unglaublich.

Ich gebe zu, dass ich manche Texte drei-, viermal lesen musste, um sie zu kapieren, und manches übersetzte ich mit Lexikonhilfe wie einen Lateintext stotternd in Alltagsdeutsch. Die Stellen mit mathematischen Ableitungen übersprang ich wie seinerzeit die langweiligen Landschaftsschilderungen von Karl May. Aber Zeilinger, Hawking & Co. zeigten mir, dass man auch komplexe Sachverhalte verständlich formulieren kann.

Meine Mission

Hier beginnt meine Mission: dieses Buch. Ich will wissenschaftliche Erkenntnisse über unsere Welt so verständlich erzählen, dass ich sie als Laie selbst verstehen und anderen Laien erklären kann. Das war ja Zeit meines Lebens meine Stärke und auch meine Berufung: schwierige Dinge simpel zu erklären, als Vater, als Lehrer, als Journalist, Publizist und Verleger, zuletzt als Hochschullehrer und vazierender Vortragender.

Ich begann also zu schreiben und zu simplifizieren. Ich vergröberte, spekulierte und fabulierte drauflos und machte mir manch philosophischen Reim auf physikalische Regeln. Das Ergebnis liegt nun vor: ein hoffentlich lesbares Buch am Rande der Wissenschaft, das komplexe Sachverhalte in verständliches Alltagsdeutsch übersetzt und ein paar persönliche Spekulationen drauflegt.

Mathematiker*innen, Physiker*innen und sonstige Naturwissenschaftler*innen ersuche ich höflich, sich von diesem Buch fernzuhalten. Sie würden mich entweder für verrückt oder für anmaßend oder beides finden. Ich wende mich an jene Leserinnen und Leser, die – so wie ich – nicht als Expert*innen glänzen, aber abseits von esoterischem Schwadronieren oder populistischem Dogmatisieren am Boden der Realität über ebendiese nachdenken wollen.

Stopp: Welche Realität? Gibt es nur eine? Oder viele? Wie wirklich ist die Wirklichkeit, die wir täglich zu sehen glauben? Genau darüber müssen und wollen wir reden!

Sie sind / Ihr seid noch da? Fein! Starten wir gemeinsam einen kleinen Ausflug mit meinem UFO in die Welten des winzig Kleinen und unfassbar Großen, in Gegenden, in denen nichts so ist, wie es scheint. Ins Universum der vielen Eigenschaften, ins Land der unbeschränkten Möglichkeiten. Darf ich für unseren Flug das gemeinsame „wir“ als Anrede wähle? Ich freue mich, dass Sie / *Ihr* mit mir, dass *wir* gemeinsam reisen!

Wie wirklich ist die Wirklichkeit?

Die unendliche Bibliothek

> *„Das Universum (das manche „Bibliothek" nennen) setzt sich aus einer […] unendlichen Zahl sechseckiger Galerien zusammen, […] die mit niedrigen Geländern eingefasst sind. Von jedem Sechseck aus kann man die unteren und oberen Stockwerke sehen: ohne ein Ende. Die Anordnung der Galerien ist immer dieselbe. Zwanzig Bücherregale, fünf breite Regale auf jeder Seite, verdecken alle Seiten. […] Auf jede Wand jeden Sechsecks kommen fünf Regale. Jedes Regal fasst zweiunddreißig Bücher gleichen Formats, jedes Buch besteht aus vierhundertzehn Seiten, jede Seite aus vierzig Zeilen, jede Zeile aus etwa achtzig Buchstaben von schwarzer Farbe."* [4]

Im Jahr 1941 veröffentlichte der argentinische Schriftsteller Jorge Luis Borges die Geschichte *„Die Bibliothek von Babel"*. Darin beschreibt er das Universum als riesige Bibliothek, in der in wabenartig aneinander liegenden Räumen unendlich viele Bücher aufgestellt sind. Jedes Buch enthält *eine* von allen denkmöglichen Varianten *aller* Buchstaben und Satzzeichen.

Die Zahl der Bücher ist unvorstellbar hoch. In einem Buch sind nur A abgedruckt, in einem anderen nur B. Ein Buch besteht von der ersten bis zur letzten Zeile nur aus den Buchstaben MCV, in einem weiteren taucht inmitten sinnloser Buchstabenfolgen plötzlich der Satz *„Oh Zeit deine Pyramiden"* auf, in den allermeisten gibt es bloß ein undefinierbares Buchstabengewirr. Und dennoch ist irgendwo in diesem Riesenspeicher die gesamte Weltliteratur enthalten, sämtliche wissenschaftlichen Werke, sämtliche Theorien und ihre Widerlegungen, alle guten und alle schlechten Bücher.

Borges erzählt, wie die Menschen als „Bibliothekare" versuchen, Sinn in den Büchern und ihrer Aufstellung zu finden. Es ist ein großes Glück für sie, wenn sie auch nur *ein* Buch finden, in dem *ein einziger* sinnvoller Satz enthalten ist. Borges setzt seine Bibliothek mit dem Universum gleich. So wie die Suche nach sinnvollen Sätzen in der riesigen Bibliothek verläuft auch die Suche von Wissenschaftler*innen und Künstler*innen und Philosoph*innen nach der Wirklichkeit.

Drei Realitäten

Es ist acht Uhr morgens. Schwacher Wind frischt die Luft auf, es ist noch kühl und das Gras vom Morgentau feucht. Ich sitze mit einer Schale Kaffee im UFO und schaue zwei Amseln zu, die in einer kleinen Vogeltränke baden. Im Geäst streiten ein Schwarm von Eichelhähern, ein paar Blaumeisen, Rotkehlchen und drei Buntspechte um Körner aus den beiden Futtersäulen. Über querhängende Äste rasen Eichhörnchen: zwei dunkelbraune, ein fast schwarzes und ein rostrotes. Rechts in der Hecke sitzt eine handtellergroße Erdkröte, stoisch, einem Stein zum Verwechseln ähnlich. Oben am Himmel zieht ein Bussard seine Kreise. Über unserer Dorfkirche im Osten geht die Sonne auf und wirft die ersten wärmenden Strahlen in den Garten. Sie steigt langsam hoch auf, wird zu Mittag über die Felder im Süden fliegen, ehe sie am späten Nachmittag im Westen langsam sinkt und hinter Wien untergeht.

Das ist meine kleine, verlässliche *Alltagsrealität* dank Herrn *Claudius Ptolemäus*, der vor rund 2000 Jahren in Alexandria erklärt hatte, dass mein Garten auf der Erde im Mittelpunkt der Welt liege und die Sonne wärmend mich umkreise, Tag für Tag.

Die viel ältere These eines gewissen Herrn *Aristarch von Samos*, dass die Erde um die Sonne kreise, wurde jahrhundertelang ignoriert. Es waren die Herren *Nikolaus Kopernikus, Galileo Galilei* und *Johannes Kepler*, die diese Theorie in der europäischen Neuzeit aus dem Hut zauberten und meine Idylle zerstörten. Sie behaupteten, dass mein Garten und mit ihr unsere Erde sich ununterbrochen um die eigene Achse und in einem großen Bogen um die Sonne drehe und wir daher mit Affengeschwindigkeit meist kopfunter durch das Weltall rasen wie auf einem der verrückten Fahrwerke im Wiener Prater. Das nannten sie in der klassischen Physik *physikalische Realität*, und diese Realität ist ziemlich ungemütlich.

Vor rund 120 Jahren machten sich wieder einige Herren namens *Werner Heisenberg, Max Planck, Nils de Boor, Anton Schrödinger* und einige andere wichtig und behaupteten, winzige Teilchen namens *Quanten* entdeckt zu haben. Danach gäbe es keine festen Körper, sondern alle Materie sei aus solchen *Quanten* zusammengesetzt, die aber niemals still lägen, sondern pausenlos umher wirbelten und sich ständig veränderten. Mein bequemer Fauteuil, meine Schale Kaffee, die Vögel, Eichhörnchen und ich bestünden aus den immer gleichen vier *Elementarteilchen,* und wir alle seien eigentlich nur zufällige Anhäufungen von *Quantenfeldern*, die ununterbrochen von anderen Quantenfeldern durchströmt würden. Die Herren nannten das die *„Kopenhagener Deutung"* und erklärten diese zur *Quantenrealität*. Und die klingt ja nun wirklich komisch!

Dreimal Realität. Meine kleine Alltagsrealität im Garten, eine rotierende Realität am Himmel im Makrokosmos und eine Quanten-Realität in meinem Körper und in der Kaffeeschale im sogenannten Mikrokosmos. Was ist denn nun wirklich real? Sind alle drei Realitäten richtig? Oder alle drei falsch? Was ist denn nun die *wirkliche* Wirklichkeit?

Die wirkliche Wirklichkeit

„Die Wirklichkeit, die Wirklichkeit
Trägt wirklich ein Forellenkleid
Und dreht sich stumm und dreht sich stumm
Nach andern Wirklichkeiten um."

*(André Heller, *1947)*

Zu allen Zeiten haben Menschen versucht, die *wirkliche* Wirklichkeit zu finden und zu beschreiben. Wissenschaftler*innen mit den Mitteln der Mathematik oder in Experimenten, Philosoph*innen durch scharfes Nachdenken, Schriftsteller*innen in fantastischen Geschichten, Maler*innen auf Bildern, und Medienmacher*innen durch Filme und aufwändige Simulationen.

Das Ergebnis ist ernüchternd: Nachdem wir Menschen lange Zeit überheblich glaubten, die Wirklichkeit berechnen und vorhersagen zu können, mussten wir nach und nach einsehen, dass die *wirkliche* Wirklichkeit nicht so leicht zu greifen ist. Wenn wir uns ihr nähern, entfernt sie sich im selben Tempo, wie eine Fata Morgana in der Wüste.

Das behauptete schon 1781 ein gewisser *Immanuel Kant*: *„Wir kommunizieren nicht auf Augenhöhe mit der Natur, denn wir sind nur Geschöpfe der Natur."* Seit Kant wissen wir, dass wir immer nur unsere eigenen Vorstellungen sehen, *„dass wir nie die Natur selbst erkennen können, sondern immer nur ein Bild von der Natur, das wir selbst erschaffen."*[5]

Die meisten seriösen Wissenschaftler*innen und Philosoph*innen teilen heute diese Ansicht. *Henri Poincare* (1854 - 1912) formulierte zum Beispiel: *„Die wirklichen*

Objekte wird die Natur uns ewig verbergen".[6] Der österreichische Physiker und Philosoph *Ernst Mach* (1838-1916) verglich die Wissenschaft gar mit einer Theaterbühne:

> *„Wir dürfen die intellektuellen Hilfsmittel, die wir zur Aufführung der Welt auf der Gedankenbühne gebrauchen, nicht für die Grundlage der wirklichen Welt halten."* [7]

> Wie relativ unsere Wahrnehmung von Wirklichkeit ist, zeigte Mach mit dem *Dopplereffekt*, den jeder von uns wahrnehmen kann: Wenn sich uns ein Einsatzwagen mit Sirene nähert, verdichten sich die Schallwellen, wodurch die Tonhöhe höher wird. Sobald der Krankenwagen vorbeifährt, dehnen sich die Wellen aus, und die Tonhöhe wird tiefer. Welche Töne der Sirene sind die wirklichen?

Auch die fernöstlichen Philosophien von Indien bis China stellen klar, dass wir Menschen die *letzte Wirklichkeit* weder mit Logik noch mit unseren Sinnen erfassen können. Die *letzte* Wirklichkeit läge weit jenseits von unserem Denken. *„Das Dao, das ausgesprochen werden kann, ist nicht das ewige Dao."*, steht im *Daodejing*, dem alten chinesischen Weisheitsbuch[8]. Dennoch forschen Wissenschaftler*innen weiter in der Hoffnung, dass wir uns der Wirklichkeit Schritt für Schritt annähern können, so wie Borges Bibliothekare, die sinnvolle Wörter in dicken Büchern suchen.

Modell und Wirklichkeit

Wenn Wissenschaftler*innen die Natur beschreiben, dann konstruieren sie so etwas wie eine *„Landkarte der Realität"*. Sie erfinden dafür Wörter, Zeichen und Symbole, mit deren Hilfe sie versuchen, Wirklichkeit zu beschreiben. Sie zeigen dabei immer nur einen winzigen, willkürlich ausgewählten Ausschnitt der Wirklichkeit und reduzieren diesen auf das Wesentliche. Sie erstellen ein Abbild, das in der Regel zweidimensional, linear, chronologisch, abstrakt und stark reduziert ist. Wie ein Maler, der auf einer Wiese sitzt und diese mit einem Bleistift in ein paar Strichen auf einem Blatt Papier skizziert. Pablo Picasso war ein Meister der Reduktion und Abstraktion: Drei, vier Linien, und es entstand eine Taube, ein Stier, ein Frauengesicht. So schauen wissenschaftliche Theorien aus: reduziert und abstrahiert. Man spricht von einem wissenschaftlichen *Modell*, mit dem wir Wirklichkeit darstellen wollen. Dieses *Modell* ist immer nur eine symbolhafte, reduzierte, schematisierte Annäherung.

Die Natur selbst scheint dagegen von ungeheurer Vielfalt und Komplexität zu sein, eine vieldimensionale Welt, in der es keine geraden Linien oder regelmäßigen Formen gibt, sondern gekrümmte Räume, in der Ereignisse nicht chronologisch und hierarchisch, sondern unlogisch und unberechenbar ablaufen.

Die Wirklichkeit ist überbordende Unordnung, Vielfalt und pralles Leben. Die wissenschaftlichen Modelle sind dagegen brave, reduzierte Zeichnungen und Formeln, geschlichtet in Schubladen. Die Vögel in meinem Garten interessieren sich nicht für die Klassifizierung nach Arten und Gattungen, es ist ihnen egal, ob sie Singvogel sind oder kleine Krächzer, sie leben und singen, wie sie nun einmal sind. Das Grünzeug in meiner Wiese kennt keine Unterteilung in Kraut und Unkraut, die Insekten sind nicht per se Nützlinge und Schädlinge, sondern Geschöpfe wie wir. Es sind unsere menschlichen Kategorien, die wir über die Wirklichkeit stülpen und mit denen wir die scheinbar chaotische Welt aufräumen wollen.

Seriösen Wissenschaftler*innen ist klar, dass ihre Modelle nie die Komplexität der Natur wiedergeben können, sondern immer nur schematisierte Ausschnitte. Albert Einstein sagte pointiert:

„Soweit sich die Gesetze der Mathematik auf die Realität beziehen, sind sie nicht gesichert. Soweit sie gesichert sind, beziehen sie sich nicht auf die Realität.“ [9]

Und dennoch hat die Wissenschaft in den letzten 2000 Jahren großartige Modelle und Landkarten der Wirklichkeit erstellt, die unser Leben in dieser Welt einfacher, klarer und besser machen. Von einigen wird in diesem Buch die Rede sein.

Erkenntnis durch Wissenschaft

Um die – zuletzt durch ideologische Schwurbler und Coronaleugner – vielgeschmähte Arbeit der Wissenschaft und ihre Leistungen zu verstehen, sollten wir uns ein wenig Zeit nehmen.

Richard Lenski, die Bakterien und die Zitronentorte

Seit 1896 (!) läuft ununterbrochen das *Illinois -Selektionsexperiment* mit dem Ziel, den Ölgehalt von Maiskörnern durch künstliche Selektion zu verändern. Seit 1856 (!) untersucht das *Park Grass Experiment* in Rothamsted, England, die Auswirkungen von Düngemitteln auf Wiesen. Das *Greenland Ice Core Project* bohrte sechs Jahre lang von 1989–1995 einen über 3.000 Meter langen Eiskern in Grönland, um Klimadaten der letzten 100.000 Jahre zu analysieren.

Schnelle Erkenntnis gibt es nicht. Wissenschaft ist das Bohren dicker Bretter, manchmal auch tiefer Eislöcher.

Ein Paradebeispiel für wissenschaftliche Geduld ist das *Bakterienexperiment* von *Richard Lenski* (*1956). Der US-amerikanische Evolutionsbiologe startete im Februar 1988 ein Experiment, bei dem 12 anfänglich identische Populationen *Escherichia coli - Bakterien* über mehr als 80.000 Generationen hinweg beobachtet wurden und heute noch werden. Im Jahr 2003, also im 15. Jahr des Experiments, entwickelte eine der 12 Bakterienlinien die Fähigkeit, Citrat (=Zitronensäure) als Nahrungsquelle zu nutzen. Abend für Abend saß Lenski im Labor und beobachtete, welche Bakterienstämme die Zitronentorte entdeckten und welche nicht.[10] Er erzählt:

„[...] Die [meisten] Bakterien aßen jeden Abend, ohne zu merken, dass es dieses schöne, zitronige Dessert gleich um die Ecke gab. Nur eine der 12 Populationen hat herausgefunden, wie sie dieses Citrat konsumieren kann.“ [11]

Auf die Frage, was denn an so einem Langzeitprojekt spannend ist, antwortete er:

„Für mich war eine der Lektionen aus dem Langzeitexperiment, wie reich und interessant das Leben sein kann, selbst in der langweiligsten, einfachsten Umgebung. [...] Und wenn es auf dieser winzigen räumlichen und zeitlichen Skala und in einer so tristen Umgebung so erfinderisch und kreativ sein kann, dann erweckt es in mir noch mehr Ehrfurcht, wenn ich daran denke, wie viel bemerkenswerter es draußen in der Natur ist.“

Lenski verbringt seit 37 Jahren, also sein halbes Leben, nahezu jeden Arbeitstag mit seinem Team in einem winzigen Labor und beobachtet Bakterien, um die Mechanismen der Evolution zu erforschen. Das ist wissenschaftliche Kondition! Das Ergebnis überzeugt aber: „*...zu entdecken, wie reich und interessant das Leben sein kann*“.

Vier Phasen der Forschung

In der Regel können wir *vier Phasen der Forschung* unterscheiden, die nicht unbedingt linear ablaufen, sondern einander auch überschneiden können.

1. Empirische Beobachtung: Der Vogel und das weiße Hemd

Am Anfang steht die möglichst genaue Beobachtung eines Phänomens in der Natur und der Versuch, dieses Phänomen in Labor-Experimenten zu wiederholen. Das klingt einfacher, als es in der Praxis oft ist. Forscher*innen warten auf Ergebnisse oft ähnlich einem Tierfotografen, der wochenlang vor einer Höhle lauert, bis sich endlich eine Nasenspitze zeigt. Physiker*innen warten oft jahre- oder jahrzehntelang, bis das erhoffte Ergebnis für einen Moment im Labor aufblitzt.

Manche Phänomene kann man weder in der Natur beobachten, noch in einem Labor herstellen, weil sie trotz Fernrohr zu weit weg oder trotz Mikroskop zu klein sind. Es gibt Experimente, für die müsste ein Labor so groß sein wie unser Sonnensystem, und das kann sich niemand leisten. Nicht einmal Elon Musk. Und es gibt Phänomene da draußen im Weltall, die sind so weit weg, dass wir ein Raumschiff jahrelang hinfliegen lassen müssen, damit es dann Fotos zurückfunkt, die so lange unterwegs sind, dass erst unsere Enkel sie auswerten können. Manchmal können wir auch nur von den Auswirkungen des Phänomens, das wir beobachten, auf das Phänomen selbst schließen. Wir können z.B. *Schwarze Löcher* nicht sehen (sonst wären sie ja keine *Schwarzen Löcher*), aber wir können ihre *Gravitationswellen* messen, die durchs Weltall fluten.

Das ist wie der Vogel und das Hemd. Wir haben den Vogel hoch in den Lüften zwar nicht gesehen, aber wir spüren seinen Stoffwechsel auf unserem weißen Hemd.

2. Mathematische Berechnung: Zwei mal zwei ist vier! Immer!

Die zweite Phase, die oft parallel erfolgt, ist die präzise Berechnung des beobachteten Phänomens. Die Sprache der Mathematik zielt auf klare, eindeutige Definitionen. Die Bedeutung der Ziffern und Symbole ist streng definiert und lässt keine Vieldeutigkeiten zu.

Zwei ist *zwei* und nicht *zweieinhalb* oder *eindreiviertel*. Zwei mal zwei ist *vier*! Immer!

Das Ziel ist es, ein Phänomen so weit wie möglich zu abstrahieren, auf wenige Ziffern und Zeichen. Als genialste aller Formeln gilt Einsteins $E = mc^2$. Mit nur fünf Zeichen erklärt er praktisch jeden Vorgang im Universum, bei dem *Masse* (also feste Körper) sich in *Energie* verwandelt und umgekehrt.

Klingt einfacher als es ist: Manchmal liegen mathematische Berechnungen eines Phänomens haarscharf oder auch meilenweit neben den Ergebnissen der physikalischen Versuche. Und es gibt unzählige Diskurse zwischen Physikern und Mathematikern, wessen Annahme näher an der Realität liege: der physikalische Versuch oder die mathematische Gleichung.

3. *Rationale Konstruktion: Ein Apfel fällt nicht auf den Mond*

Stimmen empirische Beobachtungen und mathematische Berechnungen überein, durch wird durch nächte- oder auch jahrelanges Grübeln ein *Modell* (= eine *Theorie)* konstruiert, das erklärt, wann, wie und wo das beschriebene Phänomen gilt und unter denselben Bedingungen wiederholt werden kann. Ein *Modell* beschreibt also kein einmaliges Phänomen, das zufällig auftritt, sondern Vorgänge in der Natur, die nach bestimmten Regeln immer auftreten.

Wenn ich einen Apfel aus der Hand fallen lasse, fällt er immer auf den Erdboden und fliegt nicht schräg nach oben auf den Mond oder in einer Umlaufbahn rund um meinen Garten. Das erkannte einst der geniale Isaac Newton und schuf damit die Gravitationslehre.

4. *Sprachliche Beschreibung: Zwei mal zwei ist vier? Vielleicht!*

Steht das Modell endlich auf dürren, mathematischen Beinen, dann muss es formuliert, beschrieben und erklärt werden. Dazu braucht es die Sprache der Wörter. Im Gegensatz zur Sprache der Mathematik ist jene ungenau und vieldeutig: Jedes Wort enthält unterbewusste Schichten, öffnet mit Konnotationen und Assoziationen neue Bedeutungen und Wechselwirkungen.

Zwei muss nicht immer genau *zwei* sein, in Wörtern kann es *vielleicht* zwei, *fast* zwei, *ungefähr* zwei, *immerhin* zwei, *möglicherweise* zwei, *eher* zwei als drei, *erstaunlicherweise* zwei und vieles mehr heißen. Wörter können viele Nuancen ausdrücken.

Während die Sprache der Mathematik rigoros, präzise und reduziert ist, nähert sich die Sprache der Wörter der Vielschichtigkeit und Uneindeutigkeit der Natur, folgt den Krümmungen und Unebenheiten des Raumes. Beides ist wichtig: Sowohl die präzise Berechnung, als auch das Formulieren möglicher Unsicherheiten oder Varianten.

Ein Laie wie ich fängt mit einer mathematischen Formel wie $E = mc^2$ zunächst gar nichts an. Wenn mir aber wer erklärt, dass das c^2 in der Formel die eh schon superschnelle Lichtgeschwindigkeit zum Quadrat bedeutet, dann kann ich zumindest ahnen, wie ungeheuer viel Energie und Speed in dieser Formel stecken.

Sowohl die Sprache der Wörter als auch die Sprache der Mathematik zeichnen Modelle der Wirklichkeit, aber doch nie die echte Wirklichkeit. Beides sind bloß Annäherungen.

Das gilt auch für alle Arten von Abbildern, die wir von der Natur zeichnen, malen, fotografieren und digital kreieren. Wenn wir den Eindruck haben, dass ein Bild naturalistisch oder fotorealistisch die Wirklichkeit abbilde, so bleibt es doch nur ein Bild, und wenn wir nahe genug hingehen, sehen wir nicht die Wirklichkeit, sondern nur Farbpigmente oder digital erzeugte Pixel. *„Das ist keine Pfeife"*, schrieb *René Magritte* unter das Bild einer Pfeife.

Erkenntnis durch Intuition und Fantasie

Archimedes von Syrakus soll nackt und laut *„Heureka!"* rufend durch die Stadt gelaufen sein, nachdem er in der Badewanne das nach ihm benannte *Archimedische Prinzip* entdeckt hatte. Seitdem wird *„Heureka!"* als freudiger Ausruf für eine plötzliche Erkenntnis verwendet.

Die Rede ist von *Intuition*: Sie steht oft ganz am Anfang einer Theorie, ist eine plötzliche gedankliche oder emotionelle Eingebung, als öffne sich plötzlich wie von Geisterhand eine Tür. Oder sie hilft uns, wenn wir während eines wissenschaftlichen oder kreativen Prozesses in einer Sackgasse stecken und eine Denk- oder Schreibblockade erleben, bis uns eine plötzliche Eingebung weiter hilft. *Heureka!*

Intuition ist ein wichtiger, oft übersehener oder missachteter Aspekt menschlichen Denkens. Sie entzieht sich mathematischer Regeln und der Logik, sie ist eine plötzliche, schlagartige Erleuchtung, die uns bei einem Waldspaziergang, beim Jogging, unter der Dusche oder auch einmal am Klo überkommt, immer dann, wenn wir uns in einer Phase der Entspannung befinden und *nicht* an das Problem denken.

Einfach nur schauen

In den fernöstlichen Philosophien spielt *Intuition* in der Erkenntnis von Wirklichkeit eine zentrale Rolle. Sie nähern sich der Erkenntnis nicht durch logisches Denken oder Beschreiben, sondern durch *Intuition.* Der wichtigste Weg dazu ist zielloses *Schauen,* wir nennen es *meditieren.* Wenn wir in unserem westlichen Denken ein Objekt *betrachten,* dann schwingt automatisch mit, dass wir das Objekt *benennen* und *bewerten.* Ein Objekt gilt als erkannt, wenn wir es benennen können, wenn wir „*Tanne*" oder „*Fichte*" zu einem Baum sagen können.

Westliche Wissenschaft braucht immer Behauptung und Beweis. Dagegen fordert die fernöstliche Mystik *kommentarloses Schauen,* das sich von Intellekt und Emotion löst, und sich *vorurteillos* in ein Objekt versenkt. Vorurteilfreies, ziel- und erwartungsloses Schauen bringe den Meditierenden der Wirklichkeit näher, sagen die fernöstliche Philosophien. Loslassen aller Gedanken erfordert freilich intensives Training und Selbstdisziplin. So wie ein Mathematiker oder Physiker jahrelang die Fähigkeit zu rechnen oder experimentell zu arbeiten erlernen muss, so wie ein guter Schriftsteller sein Leben lang lernt, der Wirkung seiner Worte nachzuspüren, so muss auch ein Mystiker jahrelang lernen zu schauen, um in völliger Versenkung Momente der Erleuchtung zu haben.

> Wenn wir versuchen, einen Punkt knapp vor unserer Nasenspitze zu fixieren, dann kann es uns für Momente gelingen, gedankenlos vor uns hinzustarren. *Ins Narrenkastl schauen,* wie wir Österreicher es nennen. Für die fernöstlichen Mystiker erschließt sich durch langes Schauen mit offenen oder geschlossenen Augen in einem Moment der Intuition oder Erleuchtung eine Ahnung von der letzten Wirklichkeit, die weit außerhalb unserer Wahrnehmung existiert.

Rätsel und Lösung

In den fernöstlichen Philosophien gibt es die totale Reduktion des Meditierens in Form eines *Koans.* Ein *Koan* ist ein knapper Spruch, der immer einen Widerspruch, ein Rätsel, eine Paradoxie in wenigen Worten ausdrückt. Wenn wir einen *Koan* auflösen, erfassen wir einen Zipfel der Wirklichkeit. *Koans* können aber nie verstandesmäßig gelöst oder interpretiert werden, sondern nur durch intuitives Eintauchen in das Rätsel der Worte.

„Das Auge, mit dem ich Gott erblicke, ist genau das gleiche Auge, mit dem Gott mich erblickt.", sagt ein berühmter Koan[12].

„Wie klingt das Klatschen mit einer Hand?", fragt ein anderer.[13]

In diesen kurzen Texten steckt ein Rätsel, eine Frage, die über den Text auf eine höhere Wirklichkeit hinausweist. Das Rätsel lässt sich nicht banal verstehen, sondern ist die Aufforderung, vom sprachlichen Bild ausgehend tiefer zu tauchen. Weil ein *Koan* immer rätselhaft bleibt, ist es vielleicht die größte Näherung an die Wirklichkeit, die uns ja auch immer rätselhaft bleiben wird.

Erkenntnis durch Mythen

Es gibt noch eine Möglichkeit, sich abseits der Wissenschaft und jenseits der Logik der Wirklichkeit zu nähern: durch Geschichten. Durch sogenannte *Mythen*, in denen wir Ereignisse und Erscheinungen beschreiben, die uns *merk*-würdig erscheinen. Mythen können vielerlei Formen annehmen. Der Kern des Mythos ist immer eine Erzählung, sie kann als Gleichnis, als Märchen, als Sage, als Epos, aber auch mit den Mitteln der Musik, des Tanzes, der Pantomime, ausgedrückt werden.

Mythen sind nicht so harmlos, wie sie klingen: Sie spielen eine zentrale Rolle, um Erkenntnisse oder Weisheiten, aber auch Fragen und Zweifel über die Wirklichkeit zu vermitteln. Durch Mythen nähern wir uns der Wirklichkeit jenseits der Logik durch die Kraft der *Fantasie*. Mythen können Wirklichkeiten erschaffen: Am Anfang aller Religionen und politischen Systeme, aller Erfindungen und Entdeckungen standen Mythen. Sie sind der Motor der kulturellen Evolution, von der wir noch viel hören werden. Mythen begleiten uns von Kindheit an. Welche haben uns geprägt? Welche haben wir gefürchtet, welche geliebt?

...

Von der Suche nach Wirklichkeit(en) handelt dieses Buch.

* *Von der Suche in der physikalischen Welt:* vom Mikrokosmos der Atome und Quanten und vom Makrokosmos unseres Universums.
* *Von der Suche in der biologischen Welt:* von der Entstehung unseres Heimatplaneten Erde; von der biologischen Evolution, die in Jahrmillionen Leben und letztlich uns Menschen schuf.

* *Von der Suche in der Alltagsrealität:* von der kulturellen Evolution der Menschen und ihren gesellschaftlichen Gesetzen und Normen.
* *Von den Möglichkeitswelten*, die wir Menschen in unseren Köpfen erschaffen: durch Fantasie, Intuition und Mythen, die zu Wirklichkeit wurden.
* *Und von der allerletzten Wirklichkeit*, von der wir gern einen Zipfel erhaschen würden: die Physiker als *„Weltformel"*, die Christen, Juden und Muslime als *„Himmel" oder „Gott"*, die Buddhisten als *„Nirwana"*, die Hinduisten als *„Brahman"* und manche Agnostiker als *„Weltseele"*.

Los geht´s! Starten wir unser UFO!

Der Mikrokosmos: Die Welt der Quanten

Eine neue Sicht auf die Welt

„Ich erinnere mich an viele Diskussionen, die bis spät in die Nacht dauerten und fast in Verzweiflung endeten. Und wenn ich am Ende solcher Diskussionen noch allein einen kurzen Spaziergang im benachbarten Park unternahm, wiederholte ich mir immer und immer wieder die Frage, ob die Natur wirklich so absurd sein könnte, wie sie uns in diesen Atomexperimenten erschien." [14]

So beschreibt *Werner Heisenberg*, einer der wichtigsten Physiker aller Zeiten, seine Stimmung während der *Kopenhagener Konferenz* im Jahr 1926. Damals trafen sich die führenden Köpfe der Physik aus ganz Europa und diskutierten jene Theorie, die das Weltbild erschütterte, das seit Kopernikus, Galilei und Newton die Basis der Naturwissenschaft war: die *Quantenphysik*.

Alles, was Generationen von Physiklehrer*innen uns Schüler*innen eingebläut haben und zum Teil immer noch einbläuen, stimmte ab da nicht mehr.

* Ein Stein kann nicht gleichzeitig ein Frosch sein.
* Der Stein in meiner Hand ist ein eigenständiges Ding.
* Der Stein ist ein Stein, auch wenn ich nicht hinschaue.
* Wenn ich den Stein werfe, kann ich messen, wie schnell er fliegt, wohin er fliegt und wo er landet.
* Wenn ein Stein zu rollen beginnt, dann gibt es einen Grund dafür.

In unserer Alltagswelt und mit unseren bescheidenen fünf Sinnen mögen diese fünf Thesen funktionieren, geht man den Dingen aber auf den Grund, in den Mikrokosmos der Atome, dann stimmen alle fünf Aussagen nicht. Die Quantenphysik erzählt uns eine völlig neue Sicht auf die Welt. Und diese neue Sicht änderte nicht nur die traditionelle Physik radikal, sondern beeinflusst unser gesamtes Denken und Fühlen.

Die klassische Physik

Um zu verstehen, was das revolutionär Neue an der Quantenphysik ist, sollten wir einen Blick darauf werfen, was bis 1900 als gültiger Wissensstand der klassischen Physik galt. Wir starten also unser UFO zu einem kleinen Rundflug zurück in die Geschichte der Physik. Überraschenderweise sind es nicht die großen Metropolen, sondern eher kleine aufstrebende Handelsstädte in ganz Europa, in denen die bahnbrechenden Entdeckungen gemacht wurden.[15]

Die Anfänge in Griechenland

Wir fliegen zunächst über die kleinasiatische Mittelmeerküste. Dort wo heute in türkischen Vierstern-Ressorts Urlauber sich ihren all-you-can-eat-gefüllten Bauch in der Sonne rösten lassen, hatten Griechen vor 2500 Jahren viele kleine Stadtkolonien gegründet – von Pergamon bis Ephesos, von Milet bis Myra, die alle ähnlich ausschauten: mit Agora und Tempel, Polis und Gymnasion, Hafen und Tavernen. *„Wir sitzen wie Frösche um einen Teich"*, sagte Platon über die vielen griechischen Mittelmeerkolonien.

Während Fischer am Hafen ihre Netze säubern und Händler auf der Agora ihre Waren laut anpreisen, entdecken wir auf Klippen am Meer Männer mit weißen Bärten sitzen, die ins tiefblaue Wasser starren wie Rodins Statue *„Der Denker"*. Es sind *Naturphilosophen*, die rund 500 v.Chr. das Gedankenfundament legten, auf dem die abendländische Physik bis ins 19. Jahrhundert fußte. Und wir treffen dieselben abends heftig diskutierend und gestikulierend in Gruppen beieinander sitzend im *Gymnasion*, einer griechischen Schule, oder nebeneinander liegend beim *Symposion*, einem griechischen Trinkgelage: das waren die *Philosophenschulen.*

Wir überfliegen das Mittelmeer und landen im damals hellenistisch-griechischen Alexandria, wo das Wissen der ganzen abend- und morgenländischen Welt in der großartigen Bibliothek gesammelt wurde. In diesem Mittelmeerbogen (ein paar hübsche Inseln gehören auch dazu) entstand die Naturwissenschaft und damit die Grundlagen unseres heutigen Denkens.

Dank *Euklids* Geometrie denken und leben wir in einem dreidimensionalen Koordinatensystem, das wir nach Länge, Breite und Höhe berechnen können. In diesem unveränderlichen, absoluten *Raum* bewegen wir uns und alle Lebewesen und anderen Objekte.

Die *Zeit* galt den alten Griechen *„als bewegtes Bild der Ewigkeit“* [16], als Konstante, die unbeeinflussbar und gleichförmig von der Vergangenheit über die Gegenwart in die Zukunft fließt und die sie als *Chronos* messen konnten: mithilfe von Sonnenuhren, abbrennenden Kerzen, später mit Sand- oder Wasseruhren.

Die *Atomlehre* von *Demokrit* besagte, dass alle Objekte aus unteilbaren Teilchen, den Atomen, bestehen. Seit 1958 die bunten Legosteinchen erfunden wurden, können wir uns ganz gut vorstellen, dass die Welt aus vielen winzigen Teilchen besteht.

Die *Erde* dachten sich die Menschen in der Frühzeit als Scheibe, die von Elefanten getragen wird, die auf einer großen Schildkröte stehen. *Ptolemäus* aus Alexandria vermutete dagegen rund um 100 n.Chr. die Erde als fixes Zentralgestirn im Weltraum, um das die Sonne, die fünf damals bekannten Planeten und das ganze Universum in kristallinen Schalen rotieren. Man tut Ptolemäus heute unrecht, wenn man seine Idee vom geozentrischen Weltbild als naiv abtut. Sein Gedankensprung von der bizarren Elefanten-Schildkröten-Skulptur zur Erdkugel im Weltraum fußte erstmals auf exakten Beobachtungen der Natur und nicht auf Märchen. *Aristarch* von Samos 600 Jahre ältere These, dass die Erde um die Sonne kreise, fand erst 2000 Jahre später in der beginnenden Neuzeit Anhänger.

Und sie bewegt sich doch: Kopernikus, Galilei und Co.

> Wir setzen unsere Städteflugreise durch bezaubernde Renaissance-Städte fort. Ähnlich wie im alten Griechenland waren es in der frühen Neuzeit die aufstrebenden Städte in Italien und Deutschland, die den Nährboden für Wissenschaft und Philosophie bildeten.

Ein Herr *Niklas Koppernigk* aus der reichen Hansestadt Thun in Preußen, den wir unter seinem lateinischen Künstlernamen *Nikolaus Kopernikus* (1473-1543) kennen, greift in seinem Werk *„De revolutionibus orbium coelestium“* Aristarchs lange verschollen gewesene Behauptung auf, die Erde befinde sich nicht im Mittelpunkt des Weltalls, sondern bewege sich um die Sonne herum. Damit legte er die Basis der modernen Astronomie. Die meisten Gelehrten und insbesondere die Kirche, die sich gern als Mittelpunkt der Welt sah, lehnten dieses heliozentrische Weltbild zunächst strikt ab. Erst die nächsten Generationen von Wissenschaftlern horchten auf und forschten nach.

Giordano Bruno (1548 – 1600), Mönch aus dem süditalienischen Nola, endete auf dem Scheiterhaufen in Rom, weil er behauptete, die Sterne am Firmament seien Sonnen, die von Planeten umkreist würden.

Galileo Galilei, aus Pisa (1564 – 1642) bewies empirisch Kopernikus´ Theorie. Galilei war ein Pionier der experimentellen Wissenschaft. Der Legende nach ließ er Gewichte vom Schiefen Turm von Pisa fallen, und er machte als erster mithilfe eines Linsenteleskops wichtige astronomische Entdeckungen. Galilei landete wie etliche andere Forscher vor der Inquisition. Er widerrief angesichts der angedrohten Folter, soll aber leise gemurmelt haben: „*Und sie bewegt sich doch*". Er meinte die Erde, nicht die Kirche.

Johannes Kepler (1571 – 1630) aus der deutschen Freistadt Weil lehrte unter anderem in Graz und Linz und schaffte es bis zum Hofmathematiker am Habsburger Kaiserhof in Prag, wohin ihn der ebenfalls geniale Astronom *Tycho Brahe* geholt hatte, wo die beiden dann jahrelang herzhaft stritten. Kepler festigte das neue Weltbild: Der geniale Mathematiker und Astronom berechnete die Bahn der Planeten exakt als Ellipsen und auch deren Geschwindigkeit, und er erkannte die Rolle des Mondes bei der Entstehung der Gezeiten.

Isaac Newton: Wenn ein Apfel fällt, fällt auch der Mond?

Auf nach England 1643 ins idyllische Woolsthorpe, wo *Isaac Newton* geboren wurde. Er lernte und lehrte am Trinity College in Cambridge, war ein genialer und hochemotionaler Einzelgänger. Er gilt heute einerseits als soziopathischer Nerd, andererseits als steinernes Denkmal. Beruflich war er skurrilerweise 30 Jahre lang Chef der königlichen Münzprägeanstalt. Auf dem Wissen von Kopernikus, Kepler und Galilei baute Isaac Newton sein Fundament, das drei Jahrhunderte lang bis ins 19. Jahrhundert die gesamte Naturwissenschaft trug. Er begann mit einer simplen Frage: „*Wenn ein Apfel fällt, fällt auch der Mond?*"

> Newtons Leistung liegt darin, dass er alle möglichen Bewegungen von Objekten im Himmel und auf Erden auf *eine* Kraft, die Schwerkraft, reduzierte.

* *Schwerkraft* (oder *Gravitation*)[17] ist die Anziehungskraft zwischen zwei Objekten: Die Erde zieht mit ihrer Schwerkraft alle Gegenstände zu sich. Daher fallen Newtons Äpfel vom Baum und Galileis Bälle vom Schiefen Turm immer auf die Erde.

* Zwei Objekte üben ihre Anziehungskraft immer wechselseitig aus. Die Kraft der Sonne zieht zwar die Erde an, die Kraft der Erde hält diese aber auf Distanz zur Sonne.

* Jedes Objekt – egal wie groß oder klein, ob in Ruhe oder in einer gleichförmigen Bewegung – behält seinen Zustand, solange keine zusätzlich von außen wirkende Kraft diesen verändert: Ein Fußball bleibt so lange liegen, bis ein Spieler ihn tritt.

* Wenn eine Kraft auf ein Objekt wirkt, wird es sich je nach Stärke der Kraft beschleunigen. Ein Ball rollt in die Richtung und mit der Stärke, mit der ein Spieler den Ball kickt.

Das Ungeheuerliche an Newtons Theorie war die geheimnisvolle *Fernkraft.* Bis dahin hatte man angenommen, dass zwei Objekte einander immer berühren, also anstupsen müssten, um einander zu bewegen (so wie beim Fußball). Nun galt aber diese Kraft wie von Zauberhand auch für weit auseinanderliegende Planeten. Das zweite Außergewöhnliche an Newtons Gesetzen war, dass sie sowohl im Alltagsleben auf der Erde als auch in den Weiten des Universums galten. Das war für die damalige Kirche unerhört: Für sie galt die Erde als unvollkommen und von menschlichen Sünden verdorben, der Himmel dagegen war rein und perfekt. Newtons Gesetze galten aber für fallende Äpfel genauso wie für kreisende Planeten. Sie galten für winzige Atome und riesige Sterne. Sie galten immer.

Euphorie und Determinismus

Alle diese Grundregeln von Euklid bis Newton galten bis ins 19. Jahrhundert als unumstößlich. Wir fliegen schnell noch auf einen Sprung nach Frankreich, wo eine Reihe von Philosophen das neue Weltbild der *Aufklärung* formulierte, in dem der Mensch und seine Vernunft im Mittelpunkt stehen. Allen voran *Rene Descartes* (1596 – 1650), der sagte: *„Ich denke, daher bin ich."*[18] und *Voltaire* (1694 – 1778), der meinte: *„Man kann die Menschen zur Vernunft bringen, indem man sie dazu verleitet, daß sie selbst denken"*[19].

Die Welt schien plötzlich logisch erklärbar und war nicht mehr von der Laune irgendwelcher Götter abhängig. Sie schien als Maschine mit Gesetzen, die man berechnen konnte. Die *mechanistische Weltanschauung* war geboren. *Denis Diderot* und *Jean-Baptiste d'Alembert* verfassten ab 1751 die erste Enzyklopädie im 35 Bänden, in der alles Wissen der Welt gesammelt war. Man meinte, die *ganze* Welt zu sehen, zu verstehen und vor allem exakt berechnen und Regeln aufstellen zu können, die immer gültig waren. Das führte zur Idee des *„wissenschaftlichen Determinismus"*, den *Pierre-Simon Laplace* (1749 – 1827) zum ersten Mal formulierte:

> *„Wenn wir die Position, Größe und Geschwindigkeit aller Körper im Universum kennen, können wir ihre Lage und ihr Verhalten zu jedem Zeitpunkt in der Vergangenheit oder Zukunft berechnen."*

Auf Napoleons Frage, wie Gott in dieses System passe, antwortete Laplace pampig: *„Sire, diese Hypothese habe ich nicht benötigt."* [20]

Die Kraft aus der Steckdose: Elektromagnetismus

Lange bewegten ausschließlich Newtons mechanische Kräfte die Welt, bis man nach und nach zusätzlich die Kräfte der *Elektrizität* und des *Magnetismus* entdeckte. Damals war der von Chinesen entdeckte Magnetismus in Europa bekannt und der Kompass in Verwendung. Elektrizität fürchtete man aber lange wie ein Gewitter am Himmel, auch wenn einzelne Forscher bereits damit experimentierten. Erst Größen wie *Benjamin Franklin* (1706 – 1790), der Blitze mit einem Blitzableiter einfing, *Luigi Galvani* (1737 – 1798), der die Zuckungen toter Frösche als Elektrizität erkannte, und *Alessandro Volta* (1745 – 1827), der Strom in einer Batterie (der *Voltaischen Säule*) erzeugte, machten Elektrizität für die Menschen nutz- und verstehbar.

Michael Faraday (1791 – 1867) war ein genialer Experimentator und *Clerk Maxwell (1831 – 1879)* ein brillanter Rechner. Beide entdeckten, dass *Elektrizität* und *Magnetismus* eng zusammenhängen, und entwickelten daraus die Theorie des *Elektromagnetismus*. Erstmals wurde Bewegung nicht durch bloße Anziehung von Körpern erklärt, sondern durch *Kraftfelder*, die sich schnell wie Wellen durch den Raum bewegen: Elektrischer Strom, Licht, Rundfunkwellen und Röntgenstrahlen konnten auf Basis elektromagnetischer Felder erklärt oder entdeckt werden.

Die Theorie vom *elektromagnetischen Kraftfeld* beeindruckte die Physiker so sehr, dass sie auf die Idee kamen, auch andere Naturkräfte als Kraftfelder zu definieren: Newtons *Gravitation*, die ja überall im Universum wirkt, wurde als zweites Kraftfeld erkannt. Mit der Entdeckung der Atome und ihrer Wirkungen fand man die *schwache Kernkraft* (die wir vor allem als Radioaktivität nach einer Kernspaltung kennen) und die *starke Kernkraft* (das ist jene Kraft, die die Atomkerne zusammenhält und für ihre Stabilität sorgt).

Bis zum Ende des 19. Jahrhunderts waren Mathematiker und Physiker überzeugt, dass die Natur exakten Regeln folgte und – etwas überheblich – dass sie den Großteil dieser Regeln bereits entdeckt und verstanden hatten. Man hatte die Atome gefunden, aus denen alle Materie besteht, man kannte die Schwerkraft, die alle Objekte in Bewegung oder in Gleichgewicht hielt, und man hatte die elektromagnetischen Wellen entdeckt, die der Welt Energie, Licht und Ton brachten. Die alten Griechen, ein bisschen Kopernikus, Kepler und Galilei, Newton & Maxwell. Bald würde man die ganze Welt berechnen können – einschließlich ihrer Zukunft. Glaubten sie.

Die Entdeckung der Quanten

Es war ein ärgerliches, kleines Paradoxon, das das Gebäude der Wissenschaft ins Wanken brachte. Dazu müssen wir uns in ein Physiklabor begeben, und zwar in jenes von Max Planck an der Humboldt-Universität in Berlin.

Max Planck (1858 – 1947) erhielt 1918 den Nobelpreis, eines der berühmtesten Forschungsinstitute der Welt und der Asteroid „Planckia" wurden nach ihm benannt. Bis 1933 hatte er Weltruhm und in Deutschland den Status des „Geheimrates" erlangt, quasi ein Denkmal. Die Nazi-Zeit erlebte er als 80-Jähriger im Gegensatz zu vielen Kollegen in Deutschland, verhielt sich zunächst dem Regime gegenüber neutral, erst später leistete er im Geheimen Widerstand und unterstützte jüdische Kollegen. Er musste miterleben, wie sein Sohn von den Nazis ermordet wurde. 1942 äußerte er: *„Es müssen schreckliche Dinge geschehen sein, wir haben schreckliche Dinge getan."*[21] Nach dem Zweiten Weltkrieg in seinen hohen 80ern bestieg er noch Dreitausender und organisierte die physikalische Community in Deutschland neu, die nach ihm *Max-Planck-Gesellschaft* benannt wurde und die seither 31 Nobelpreisträger hervorbrachte.

Was machte Max Planck zum lebenden Denkmal? Der Physiker beschäftigte sich ab 1890 mit den Strahlungsgesetzen und der Thermodynamik. Nach den damals gültigen physikalischen Theorien gibt ein heißer Körper, zum Beispiel ein Stück glühendes Metall, seine *gesamte* Energie immer ungefiltert an die Umgebung als Strahlung ab: z.B. als Hitze, als Radiowellen, als Licht, als wärmendes Infrarot, als Röntgen- und Gammastrahlen, usw. Diese Regel galt auch für die heiß strahlenden Himmelskörper, von denen es Milliarden in unserem Universum gibt: die *Sonnen*, die wir als *Sterne* am Himmel sehen. Durch die schier unendlich große Zahl heißer Sonnen müsste überall im Universum große Hitze herrschen, und die radioaktiven und ultravioletten Strahlen müssten alles durchdringen und jegliches Leben unmöglich machen.

> Das stimmte offensichtlich nicht. Wir leben fröhlich unter der Sonne, manchmal wird es in unseren Breiten auch ziemlich kalt, und unsere Atmosphäre ist (noch) nicht (völlig) verstrahlt.

Planck ärgerte, dass er in seinen Berechnungen aufgrund der herrschenden Regeln immer *unendlich strahlende Energie* annehmen musste, was offensichtlich der Realität widersprach. Er erfand daher einen Trick für seine Rechnungen, indem er behauptete, dass Energie *nicht in beliebigen Mengen* fließe, sondern *nur in Päckchen* abgegeben werde. Stephen Hawking fand dazu den hübschen Vergleich, *dass im Supermarkt Zucker auch nicht lose, sondern nur in Paketen verkauft werde*[22]. Damit bremste Planck den Energiefluss ein: Ist ein Körper nicht extrem energiegeladen, z.B. eine Schale Kaffee, hat er zwar genug Wärmeenergie, um ein paar Päckchen Wärme abzugeben, hat aber z.B. nicht genug ultraviolettes Licht, um daraus ein ganzes Paket zu schnüren. *„Deshalb können wir uns an einer Schale Kaffee zwar die Lippen verbrennen, bekommen aber keinen Sonnenbrand."*[23]

Planck behauptete also: Energie (egal ob in Form von Licht, Röntgenstrahlen, Wärme usw.) fließt nie kontinuierlich wie ein Fluss, sondern besteht immer aus vielen winzigen Energiepaketen, und kann daher nie stufenlos (z.B. ¼ oder 0,72 Pakete) gemessen werden, sondern nur in ganzen Einheiten. In der Physik spricht man von *diskreter* (=ganzzahliger) Zählweise im Gegensatz zu *kontinuierlicher* (=stufenloser).

Max Planck sprach von diesen Energiepaketen als kleinste, berechenbare Teilchen. Er nannte sie *„Quanten"* (vom Lateinischen *„quantum" = Menge, Maß*), womit dieser Begriff auf die Welt gekommen war. Planck hielt das selbst lange bloß für einen rechnerischen Trick. Doch nach und nach entdeckten er und nachfolgende Wissenschaftler, wie *Albert Einstein* oder *Nils de Boor*, dass seine Theorie der Realität entsprach, und dass alle Energie unserer Welt *gequantelt* ist, gestückelt in winzig kleine Teilchenpakete, so wie ein Zeitungsfoto, das bei näherer Betrachtung grobkörnig ist und aus vielen grauen Pünktchen besteht.

Und es dauerte wiederum einige Zeit, bis den Forschern dämmerte, dass diese *Quanten* der exakten Berechenbarkeit der Welt eine Ende setzten. Wenn man Energieflüsse nicht exakt auf Punkt und Komma messen kann, sondern nur in ganzen Quanten, ergibt sich daraus immer eine gewisse Ungenauigkeit.

Sehr simpel formuliert: Wenn ich Ziegel nicht auf Millimeter genau messen und zuschneiden kann, sondern die Länge auf einen Zentimeter auf- oder abrunde, dann summieren sich die ungenauen Millimeter irgendwann zu einer sehr schiefen Mauer. Und wenn ich nicht weiß, ob in einem Päckchen 8, 10 oder 12 Mannerschnitten liegen, dann ist der Preis für das Päckchen ein Glücksspiel: entweder sehr günstig oder total überteuert.

Max Planck veröffentlichte seine *Quantentheorie* am 14. Dezember 1900 und damit begann das 20. Jahrhundert als *Zeitalter der Unschärfe*. Alle Welt war schlagartig gequantelt, unscharf und zutiefst verunsichert. Plötzlich konnten die Wissenschaftler*innen im Universum nicht mehr den genauen Zustand von Objekten berechnen, sondern nur ungefähre „gequantelte" Positionen. Daraus formulierte *Werner Heisenberg* die *Unschärferelation*, *Ernst Schrödinger* entwickelte seine berühmte *Wellenfunktion*. Man konnte Eigenschaften von Objekten nicht mehr exakt, sondern nur mehr in *Wahrscheinlichkeiten* berechnen.

Stopp! Ich greife vor! Darüber müssen wir im nächsten Kapitel genauer reden! Triggerwarnung! Wem das folgende Kapitel zu gruselig ist, der kann das Buch gern schließen und in die Alltagswelt (oder ab S.87 wieder ins Buch) zurückkehren. Wer aber im UFO weiterfliegt, in die Welt des Winzig-Kleinen, wird es nicht bereuen! Es erwarten uns unglaubliche Abenteuer!

Die fünf großen Rätsel der Quantenphysik

In Jonathan Swifts satirischem Roman „Gullivers Reisen" (1726) reist der Schiffsarzt Gulliver in verschiedene fantastische Länder, als erstes auf die Insel *Liliput*, wo winzige, 15 Zentimeter große Menschen leben. Wir machen es ihm nach und fliegen mit unserem UFO in die Welt der Allerkleinsten, in die Welt der Quanten. Wir müssen nun sehr stark sein, denn in der Quantenwelt widerspricht vieles unserem Hausverstand und scheinbar allen Gesetzen der Logik. Die Quanten, die winzigsten Teilchen, die existieren, stellten, einmal entdeckt, die Welt auf den Kopf. Sie reagieren völlig unlogisch, spontan und ignorieren alle physikalischen Regeln, die wir im Alltag kennen.[24]

Auf der Ebene der *Quanten*, die wir ab sofort auch *Elementarteilchen* nennen werden, gilt:

* Ein Stein kann sich jederzeit in einen Frosch verwandeln und wieder zurück. Vielleicht sogar in einen Prinzen.
* Der Stein in meiner Hand besteht aus denselben Teilchen wie meine Hand.
* Der Stein existiert nur, wenn ich hinschaue.
* Wenn ich den Stein werfe, kann ich nie exakt messen, wie schnell und wohin er fliegt. Er könnte Kurven fliegen, auf den Mond oder zurück in die Vergangenheit.
* Mein Stein kann mit anderen Steinen überall auf der Welt synchron agieren, zum Beispiel Salto schlagen oder Walzer tanzen.

Das Ungeheuerliche: Diese Welt der *Elementarteilchen* existiert nicht irgendwo in einem Fantasieland wie Liliput, sondern Elementarteilchen sind überall, in der Luft und im luftleeren Raum, in Lebewesen und lebloser Materie, in uns allen, in dir und mir. Sie agieren pausenlos, täglich rund um die Uhr. Wir können sie nicht ignorieren, weil wir und das Universum ohne sie nicht existieren können.

1. Was ist Licht: Welle oder Teilchen?

Über die Beschaffenheit von Licht wird seit jeher diskutiert. Den alten Griechen brachte *Aurora*, die Göttin der Morgenröte, das Tageslicht in die Finsternis der Nacht, und Gott *Helios* fuhr mit dem flammenwerfenden Sonnenwagen als Licht- und Wärmespender über das Firmament. Neben diesen mythischen Erzählungen beschrieben aber schon damals die griechischen Naturphilosophen das Phänomen der Lichtstrahlen und ihrer Ausbreitung.

In der frühen europäischen Neuzeit entbrannte der Streit, ob Licht aus kleinen *Teilchen* oder aus *Wellen* bestünde. Der berühmte Sir Isaac Newton behauptete, das Licht bestünde aus kleinsten Teilchen, so wie winzige, leuchtende Pistolenkugeln. Andere Physiker erklärten, das Licht sei eine *Welle*, die ähnlich einer Wasserwelle durch die Luft fließe. Winzige, feste Partikel oder ein flüssiges, durchlässiges Etwas?[25]

Licht ist eine Welle

Rund um 1800 errechnete der Engländer *Thomas Young*, dass Licht eine Welle sein *müsse*. 80 Jahre später gelang es, seine Behauptung im Versuch zu beweisen. Grob vereinfacht:

> *Aus einer Lichtquelle (ähnlich einem Laserpointer) schießen wir Licht an eine gegenüberliegende Wand. Dazwischen stellen wir einen Schirm mit zwei schmalen, verschließbaren Fenstern. Beim ersten Versuchsdurchgang ist nur das obere Fenster geöffnet, das Licht saust durch dieses Fenster, und ist an der hinteren Wand als Lichtfleck zu sehen. Dasselbe funktioniert auch, wenn nur das untere Fenster geöffnet ist. Im dritten Durchgang öffnen wir beide Fensterchen. Ergebnis: Es ist kein Lichtfleck an der Wand zu sehen, stattdessen sehen wir helle und dunkle Streifen.*

Die Erklärung für dieses merkwürdige Phänomen: Sind beide Fenster geöffnet, strömt unsere Lichtwelle durch beide Fenster, teilt sich dabei, wobei sich die Welle von oben und die Welle von unten an der gegenüberliegenden Wand gegenseitig überlagern und ein Streifenmuster erzeugen. Das lässt sich ganz gut verstehen: Wenn in einem See zwei Schiffe aneinander vorbeifahren, dann überlagern einander deren Fahrtwellen: Es gibt Stellen, wo zwei Wellenberge einander aufschaukeln und verdoppeln, und Stellen, wo ein Wellenberg und ein Wellental einander ausgleichen. Daraus entsteht ein gleichmäßiges Muster im Wasser, das man *Interferenzen* nennt. Genau dieses Muster sehen wir in unserem Versuch an der Wand, wenn beide Fenster geöffnet sind. Damit schien bewiesen: *Licht besteht aus Wellen.*[26]

Licht besteht aus Teilchen

1905 tauchte ein junger Schweizer Beamter mit auffälligem Schnauzbart namens *Albert Einstein* in der physikalischen Welt auf und behauptete, dass das Licht – wie schon Newton erklärt hatte – aus winzigen Teilchen bestünde.

> *Schießt man Licht auf eine Metallplatte, so lösen sich aus dieser winzige elektronische Teilchen, sogenannte Elektronen, die man als Strom messen kann. Wäre Licht eine Welle, so müsste durch die Schwingungen der Welle allmählich eine diffuse Menge Elektronen aus der Metallplatte herausgewaschen werden. Wie wenn wir mit einem Schmirgelpapier winzige Partikel aus einer Metallfläche reiben.*

Einsteins Berechnungen behaupteten aber: Die Strommenge stimmt immer haargenau mit der Lichtmenge überein, und der Austritt aus der Metallplatte erfolgt immer augenblicklich: so wie eine Kugel, die aus einer Pistole auf Metall geschossen wird und ein kleines Stück herausschießt. Einsteins Berechnungen griffen dabei Plancks Quantentheorie auf, dass alle Energie nie kontinuierlich fließe, sondern immer aus *ganzen* Energiepaketen bestehe.

Einsteins Teilchen-Theorie aus dem Jahr 1905 ließ sich 1916 durch Versuche beweisen: Schießt man *ein* Quant Licht auf die Metallplatte, löst sich im selben Moment *ein* Quant *Elektron*, schießt man *zwei* Quanten Licht, lösen sich *zwei* Quanten *Elektronen* usw. Damit war klar: *Licht besteht aus Teilchen.* Man nannte die Lichtteilchen *Photonen,* der Versuch wurde als *„Fotoeffekt“* berühmt, bei dem ja auch Licht auf eine Metallplatte geschossen wird. Milliarden von Fotos konnten seither entwickelt werden, und Einstein erhielt für seine Entdeckung den Nobelpreis.

> Ist das Licht nun eine Welle, wie Young bewies, oder viele Teilchen, wie Einstein bewies? Flüssige Lichtsuppe oder viele feste Kügelchen? Beide Varianten lassen sich jederzeit durch seriöse, unwiderlegbare Versuche belegen. Beide Theorien stimmen, obwohl sie einander ausschließen! Gespenstisch!

Was also? Welle oder Teilchen?

Unser *Doppelspaltversuch*, den wir schon kennen, sollte Klarheit bringen. Diesmal dimmen wir das Licht aber so stark, dass aus der Laserkanone immer nur *ein* einzelnes Licht-Quant, also *ein Photon,* herausfliegt.[27]

* *Beim ersten Durchgang ist wieder nur das obere Fenster geöffnet, das Licht saust durch dieses Fenster, und ist an der hinteren Wand als Lichtpunkt messbar. Da das Licht eines einzelnen Photons so schwach ist, dass man es mit den Augen nicht sehen kann, verwenden wir einen Trick: Die Rückwand besteht aus Metall und ist mit einem Geräuschdetektor verbunden. Trifft unser Photon auf die Wand, macht es „Klick!"*

* *Öffnen wir nur das untere Fenster, fliegt unser Photon brav durch dieses und taucht an der Wand etwas weiter unten als Punkt auf, und es macht auch „Klick!" So gut, so logisch.*

* *Beim dritten Durchgang öffnen wir beide Fensterchen. Ergebnis: An der Wand ist kein Lichtfleck messbar, stattdessen sehen wir über die ganze Wand verteilt helle und dunkle Streifen. Und es gibt kein „Klick!"*

???

Das Verstörende an diesem Versuch: Es ist nur *ein* Photon unterwegs! Ist nur ein Fenster offen, fliegt das Photon durch dieses und trifft auf die Wand. *Klick! Ich bin ein Teilchen!* Sind aber beide Fenster offen, „beugt" es sich der Wellentheorie, so als sei es unterwegs vervielfältigt worden. *Kein Klick! Ich bin eine Welle!* Die Frage, die Generationen von Physikern ärgerte:

Wieso kann ein einzelnes Photon eine Welle an der Wand erzeugen????

Wenn wir den Versuch in unsere Alltagsrealität übertragen, wird er zum Horrorfilm.

Stellen wir uns eine Versuchsperson vor, nennen wir sie Julia. Julia steht vor zwei Türen und wird von hinten mit einem Scheinwerfer beleuchtet. Dramatische Musik setzt ein. Die linke Tür wird von Geisterhand geöffnet, und Julia geht durch diese in das Zimmer dahinter, an der Rückwand links erscheint ihr Schatten. Wird die rechte Tür geöffnet, geht Julia durch diese und rechts an der Wand erscheint wiederum ihr Schatten. Die Musik wird lauter. Beide Türen öffnen sich, Julia geht durch beide Türen gleichzeitig, verschwindet, und an der Rückwand tauchen helle und dunkle Streifen auf.

Hundertschaften von Physikern in aller Welt standen im Labor, starrten auf ihre Versuchsanordnung und warteten vergeblich auf *„Klick!“*. Die Physiker brauchten lange, um die Tatsache zu akzeptieren, dass Materie sich auf zwei Arten manifestieren kann, die einander scheinbar ausschließen. Mittlerweile wurde das Experiment tausende Male auch mit anderen Elementarteilchen, mit Atomen und sogar mit manchen Molekülen erfolgreich durchgeführt.

Eine Welle kann ein Teilchen sein! Oder metaphorisch ausgedrückt: Ein Stein kann ein Frosch sein!

2. Wieso reagieren Peter und Paul immer gleich?

Albert Einstein nannte das Doppelspaltexperiment ein *spukhaftes Phänomen.* Er entwickelte gemeinsam mit zwei jungen Kollegen, *Boris Podolsky* und *Nathan Rosen*, ein nach ihren Initialen benanntes Experiment, das *EPR-Experiment*, um den vermeintlichen Spuk zu widerlegen.

Das EPR - Experiment

Hauptdarsteller dieses Versuchs sind *Elektronenzwillinge*, wie sie im subatomaren Bereich häufig vorkommen. Ein *Elektron* wird gespalten, sodass idente Zwillinge entstehen, bei denen nur die Ladung unterschiedlich ist: Das positiv geladene Elektron, nennen wir es *Peter*, ist eng verbunden *(„verschränkt“* nennen das die Physiker*)* mit seinem negativ geladenen Zwillingsbruder namens *Paul.* Wenn sich *Peter* nach rechts um die eigene Achse dreht (Physiker nennen das *„Rechts-Spin“*), dreht sich *Paul* automatisch nach links. Dreht sich *Peter* nach links, dann dreht sich *Paul* automatisch nach rechts.

Wir sind mit unserem UFO ins CERN-Zentrum in Genf geflogen. Dort begrüßt uns schon der Leiter des Zwillingsexperiments, führt uns ins Labor und beginnt mit der magischen Vorstellung. Er trennt die Zwillinge auf elektronischem Weg und schickt sie weg: Peter fliegt nach Paris, sein Zwilling Paul gleichzeitig in die genau entgegengesetzte Richtung nach Wien. Wer von den beiden sich während des Flugs nach rechts dreht und wer nach links, wissen wir nicht. Nicht einmal, ob sie sich überhaupt drehen.

Ist Peter am Zielort Paris in einem Messapparat angelangt, misst dieser seinen Spin: Peter dreht sich im Moment der Messung nach links. Das Verblüffende: Obwohl Paul in der entgegengesetzten Richtung unterwegs war und vom Schicksal und der Messung seines Bruders Peter nichts wissen kann, meldet die Apparatur aus Wien, dass sich Paul im selben Moment nach rechts dreht. Der Versuch kann beliebig wiederholt werden: Zeigt die Messung Peter auf Rechtsspin, dann reagiert Paul sofort mit Linksspin. Paul „weiß" auch aus großer Entfernung immer und im selben Augenblick, was Peter tut und reagiert immer entsprechend!

Bildhaft formuliert: Peter tanzt in Paris Linkswalzer, und *im selben Augenblick* tanzt Paul in Wien im selben Rhythmus Rechtswalzer; ändert Peter die Tanzrichtung, ändert Paul *im selben Moment* auch die seine. Der Versuch funktioniert auch umgekehrt. Messen wir Paul, so tanzt Peter nach Pauls Pfeife.

Die Versuchsanordnungen des Experiments schließen „normale" physikalische Erklärungen aus: Peter und Paul werden vor ihrem Abflug quantentechnisch „verschränkt", das ist jener unerklärliche Zustand, in dem sie ohne voneinander zu wissen, gleichzeitig reagieren.

* Beide Teilchen sind, wenn sie losfliegen, *„Teilchen ohne Eigenschaften"*, sie haben keine geheimen Informationen eingebaut, wie sie sich drehen und im Fall der Messung reagieren sollen. Sie sind vergleichbar mit unformatierten Festplatten am Computer. Diesen Zustand nennt man *„Superposition"*.
* Die beiden Messungen von Peter und Paul erfolgen gleichzeitig, sodass weder eine Kommunikation zwischen Peter und Paul, noch zwischen den beiden Beobachtern in Wien und Paris möglich ist, nicht einmal in Lichtgeschwindigkeit! Schummeln der Betrachter oder der Teilchen ist also ausgeschlossen.

Alles nur ein Spuk oder „verborgene Variablen"?

Um Einsteins Zweifel besser zu verstehen, muss man zwei gravierende Unterschiede zwischen der traditionellen Physik und der Quantenphysik über die Beschaffenheit der Welt kennen. Es geht um *„Lokalität"* und um *„Realismus"*, zwei elementare Grunderfahrungen unserer Alltagsrealität.

Die traditionelle Physik setzt *Lokalität* voraus: Vorgänge in der Natur können zeitgleich nur auf ihre direkte, lokale Umgebung Auswirkungen haben.

> Wenn ich eine Kaffeeschale auf meinem Schreibtisch im UFO umstoße, dann rinnt der Kaffee über meine Unterlagen und in den Computer und versaut mir vielleicht auch noch den Teppich. Auf die Kaffeeschale eines befreundeten Kollegen in New York hat das keine Auswirkung. Die Quantenphysik hingegen „erlaubt" solche Effekte mit Fernwirkung. Wären meine Kaffeeschale und die meines Kollegen in New York quantenmechanisch „verschränkt", dann würden die Ereignisse zuhause im UFO im selben Augenblick auch in New York auftreten. Und mein Kollege in New York würde sich über seinen verschütteten Kaffee wundern.

Zweitens setzt die traditionelle Physik *Realismus* voraus: Sie sagt, dass die Wirklichkeit unabhängig vom menschlichen Denken und Beobachten existiert.

> Simpel formuliert: Mein Lindenbaum steht auch dann im Garten, wenn ich kurz nicht hinschaue oder an ihn denke. Er stand vorher da, er steht da, während ich wegschaue, und er steht nachher immer noch da, wenn er nicht während meines Wegschauens umgesägt wurde.

In der Quantenwelt gibt es diesen Realismus nicht: Wie Peter und Paul auf ihrer Reise ausschauen, ob und wie sie sich bewegen, können wir nicht gesichert vorhersagen. Erst, wenn wir einen der beiden messen, nehmen Peter und Paul Gestalt an.

> Ein Quanten-Lindenbaum pflanzt sich also erst vor mir auf, wenn ich hinschaue. Und wenn mein Quanten-Lindenbaum einen verschränkten Zwilling hätte, würde irgendwo auf der Welt gleichzeitig ein Lindenbaum-Zwilling aus dem Boden schießen.

Das Bell´sche Theorem und die „verborgenen Variablen"

Einstein und seine Freunde wollten mit dem EPR-Experiment eigentlich nachweisen, dass die Quantenphysik mit ihren skurrilen Aussagen über die Wirklichkeit falsch oder zumindest unvollkommen sein müsse. Es müsse doch irgendwo noch einen oder mehrere Faktoren geben, die Peters und Pauls Verhalten steuere, die ihr vermeintlich telepathisches Verhalten mit vernünftigen, berechenbaren Regeln erklären lasse. Einstein nannte diese unbekannten Regeln

„verborgene Variablen“. Der Spuk würde sich erklären lassen, wenn man diese *verborgenen Variablen* fände.

So wie wir den Trick eines Zauberkünstlers erklären können, wenn wir den verborgenen doppelten Boden entdecken, in dem das Kaninchen steckt, das aus dem Hut hervorgezaubert wird.

Der englische Forscher John Stewart Bell stellte in den 1960er Jahren diese *verborgenen Variablen* auf die Probe. Er erfand eine Gleichung, die für jedes(!) Quantenexperiment zutrifft und bestätigen sollte, was nicht nur in Einsteins Ohren so unglaublich klang: dass es in der Quantenwelt *keine* Lokalität und *keinen* Realismus gibt. Dazu nahm er in seine Formel die von Einstein behaupteten *verborgenen Variablen* als unbekannte Größe mit dem griechischen Zeichen „λ“ hinein. Stimmte Bells Formel, dann hätten Einstein & Co. recht, und man könnte nach diesen verborgenen Variablen wie nach dem Geheimfach des Zauberers suchen.

Bells Theorem gilt heute als eine der genialsten Berechnungen der Physik. Die Ergebnisse waren allerdings anders, als es Einstein & Co. erhofft hatten. In der Folge zeigten nämlich unzählige Versuche, dass die Bell´sche Formel mit den verborgenen Variablen *nicht* zutraf, dass es „λ“ schlicht und einfach nicht gab, dass da kein verborgenes Fach im Zylinder war. Damit war bewiesen: In der Quantenwelt gibt es *keine Lokalität* und *keinen Realismus* – ohne Wenn und Aber.

Weit entfernte Ereignisse passieren wie aus Zauberhand gleichzeitig und synchron; und was in meinem Garten blüht, blüht erst in dem Moment, in dem ich hinausschaue.

„There are more things in heaven and earth, Horatio, / Than are dreamt of in your philosophy.“ lässt Shakespeare seinen Hamlet sagen[28].

3. Schrödingers Katze: Ist sie tot oder lebendig?

Nobelpreisträger *Murray Gellmann* verglich das Zwillings-Experiment mit seinem alten Physiklehrer, der immer einen roten und einen grünen Socken trug. Sah man *einen* Socken, wusste man, welche Farbe der *andere* hatte. Wieso Peter und Paul im richtigen Augenblick als roter oder als grüner Socken auftauchen, konnte er damit auch nicht erklären. Besitzen unsere Elektronenzwillinge eine Art von Intelligenz? Oder erhalten Photonen von irgendwoher eine Geheiminformation, ob ein oder zwei Fenster geöffnet sind?

Erwin Schrödinger, österreichischer Nobelpreisträger, beschrieb das Dilemma in seinem berühmten Vergleich von der Katze in der Kiste, die gleichzeitig lebendig oder tot ist.

> *In einer Kiste wird eine Vorrichtung mit einem radioaktiven Element und einer Giftampulle angebracht. In diese Kiste wird eine Katze eingesperrt. Sobald das radioaktive Material zerfällt, wird das Gift freigesetzt und die Katze stirbt. Der Zeitpunkt des Atomzerfalls ist nicht berechenbar und völlig zufällig. Solange niemand in die Kiste hineinschaut, ist also beides möglich: dass die Katze lebt und dass sie schon tot ist. Erst in dem Moment, in dem wir hineinschauen, wird das Schicksal der Katze festgelegt: Sie ist lebendig und springt uns kreischend entgegen, oder sie ist tot.*[29]

Die Katze ist aber weder tot noch lebendig, sondern sie existiert in der Kiste als Überlagerung unterschiedlicher Quantenzustände, d.h. die Katze ist die Summe von zwei Wellenfunktionen. In der Physik nennt man dieses Phänomen *„Superposition"* eines Objekts. Bevor die Katze gemessen (=beobachtet) wird, kann sie alle möglichen Positionen und Formen annehmen. Sie ist tot und lebendig zugleich.

Der Zeitpunkt, der die Katze lebend oder tot antrifft, ist einerseits dem *Zufall* des Atomzerfalls und andererseits dem *Moment unserer Betrachtung* überlassen. Die Entscheidung, ob die Katze in der Kiste lebt oder nicht, ob im Doppelspaltversuch unser Photon als „Welle" oder „Teilchen" erscheint oder wohin Peter und Paul sich drehen, treffen offensichtlich wir, die Betrachter, in dem Moment, in dem wir in die Kiste schauen bzw. das Versuchsergebnis messen. Wir können diese Entscheidung auch einem Zufallsgenerator überlassen, der den Zeitpunkt der Messung trifft: Dann entscheidet der Zufall über den Zustand der Teilchen.

> Der Lindenbaum in meinem Garten, existiert, wenn ich nicht hinschaue, als Summe aller möglichen Zustände, als Summe aller möglichen Wellen-Funktionen: Er könnte ein Setzling sein, ein alter Baum mit weitausladenden Ästen, ein Stapel Brennholz oder ein Möbelstück. Erst wenn ich hinschaue, kollabieren die Wellenfunktionen, eine bleibt übrig und schaut aus wie ein normaler Baum. Seit ich mich mit Quantenphysik beschäftige, blinzle ich ständig in den Garten, ob mein Lindenbaum....[30]

4. Heisenbergs Unschärfe: *Ort* oder *Zeit*?

Aus all diesen verstörenden Erkenntnissen entwickelte Werner Heisenberg 1927 die nach ihm benannte *Unschärfebeziehung*. Heisenberg fand heraus, dass wir in der Quantenwelt von irgendeinem beliebigen, bewegten Objekt *nie gleichzeitig* vorhersagen können, *wo* es sich gerade aufhält *und wie schnell* es sich bewegt. Wir können entweder den genauen Ort berechnen *oder* die genaue Geschwindigkeit. Es entsteht eine *No-Win-Situation*: Je genauer wir versuchen, die Position eines Teilchens zu messen, desto ungenauer wird die Messung der Geschwindigkeit und umgekehrt. Wir müssen also bei unseren Messungen entweder eine *Unschärfe des Ortes* oder eine *Unschärfe der Geschwindigkeit* in Kauf nehmen. (Eigentlich spricht Heisenberg vom *Impuls*, der sich aus der *Geschwindigkeit* eines Objekts mal seiner *Masse* zusammensetzt).

> Auch das widerspricht scheinbar unser Alltagsrealität: Wenn ein Auto auf einer Straße fährt, dann können wir (z.B. mit GPS oder Laserpistole) genau berechnen, wo es gerade unterwegs ist *und* wie schnell es fährt. Anton Zeilinger erzählt dazu die Anekdote vom Polizisten, der einen Autofahrer wegen Schnellfahrens aufhält. Der Autofahrer rechtfertigt sich: *Er könne nicht auf den Tacho schauen, weil er ja sonst nicht wüsste, wo er unterwegs ist. Beides gleichzeitig ginge laut Quantenmechanik nicht.*[31]

Ob der Polizist die Ausrede schluckt oder nicht, bleibt offen. Tatsächlich funktioniert die Heisenberg-Unschärfe aber auch in der Alltagsrealität, also im Straßenverkehr. Allerdings ist aufgrund der Heisenbergformel (Wir erinnern uns: *Impuls = Masse mal Geschwindigkeit*) bei großen Objekten wie einem Auto die Masse so groß (etwa 1000 – 2000 kg), dass es wegen des Luft- und Rollwiderstands nie eine wirklich große Geschwindigkeit erreichen wird, auch wenn uns das angesichts der vielen rasenden Idioten auf unseren Straßen so vorkommt. Daher bleibt die Unschärfe der Geschwindigkeit winzig und liegt unter unserer Messgrenze. Wir können also im Auto ruhig auf Tacho *und* Navi schauen, sodass wir nicht gegen die STVO verstoßen und uns auch nicht verfahren.

Bei winzigen Objekten mit minimaler Masse wächst die Geschwindigkeit und damit ihre Unschärfe. Ein *Photon* oder ein *Elektron*, die keine Masse haben, erreichen eine enorme Geschwindigkeit. Wenn ich nun den genauen Ort des Teilchens messe, weiß ich nicht, wie schnell es unterwegs ist. Wenn ich seine Geschwindigkeit messe, weiß ich nicht, wo es genau düst. Heisenbergs Unschärferelation gilt also in der Quantenwelt genauso wie in der Alltagsrealität, nur in der Quantenwelt hat es spürbare Auswirkungen.

Auch Heisenbergs Erkenntnis löste heftige Diskussionen aus. Die traditionellen Physiker interpretierten Heisenberg so, dass wir zur Zeit noch außerstande seien, Geschwindigkeit *und* Ort eines sich bewegenden Objekts exakt zu messen. Für sie ist die Unschärfe ein Problem unseres Unwissens. Das könnte sich ja mit neuen Messmethoden in Zukunft ändern. Heute gilt aber als gesichert, dass Heisenbergs Unschärferelation eine Aussage darüber ist, *wie die Natur wirklich ist* und nicht nur darüber, *was wir von ihr wissen können.*

Es gilt also: Ein Quantenobjekt hat *niemals gleichzeitig* einen bestimmten, exakten Ort *und* eine bestimmte, exakte Geschwindigkeit, sondern schwirrt in einer Wolke von Elementarteilchen kreuz und quer durchs Atom und durchs Universum. Es ist gewissermaßen an mehreren Orten gleichzeitig und bewegt sich in vielen Geschwindigkeiten. Erst durch unsere Messung wird einer der beiden Parameter festgelegt, der andere bleibt unbestimmt. Heisenbergs Unschärferelation trifft nicht nur auf die Messgrößen Ort und Geschwindigkeit zu, sondern überall dort, wo Messpaare in Schwingungen (also Wellen) gemessen werden. Einfach formuliert: Bei *einem* Quant können wir immer nur *eine* Information messen, Ort oder Geschwindigkeit; Zerfallszeit oder Energieaufwand; Spin oder Schwingung usw.

Wem das zu kompliziert klingt, dem empfehle ich das Lied vom *„Wüden auf seiner Maschin".* Das Kabarettduo Gerhard Bronner und Helmut Qualtinger setzte Heisenbergs Unschärfe von Geschwindigkeit und Ort in den frühen 1960er Jahren unwissentlich ein literarisches Denkmal, wenn der *Wüde* (=hochdeutsch „der Wilde") singt: *„I hob zwoar ka Auhnung wo i hinfoahr / aber dafür bin i gschwinder duat."*

5. Zufall und Wahrscheinlichkeit

Wie wir soeben staunend gesehen haben, gibt es in fliegenden Quantenobjekten keinen Mechanismus, kein inneres Uhrwerk, keine Information, die festlegen, welche Eigenschaften sie haben. Sie düsen als leere Festplatten, als Teilchen ohne Eigenschaften durch Zeit und Raum.

Die Schlussfolgerung aus dieser Beobachtung ist heftig: Welche Eigenschaften ein Objekt im Moment der Betrachtung annimmt, *ist immer völlig zufällig*. Einstein und mit ihm viele andere zweifelten daran, dass tatsächlich der Zufall die Welt beherrsche und nicht irgendwelche geheimen Kräfte, und sagte den berühmten Satz: *„Gott würfelt nicht."* [32]

Subjektiver und objektiver Zufall

An dieser Stelle müssen wir den Begriff *Zufall* klären[33]. In unserer Alltagswelt gibt es den *subjektiven Zufall*. Wenn Julia auf der Straße zufällig ihren alten Schulkollegen Romeo trifft, dann empfinden beide das als *subjektiv zufällig* und freuen sich, einander zu sehen. Sie hatten sich nicht verabredet und wussten auch voneinander nicht, wann und wo beide unterwegs sein würden.

Tatsächlich hat ihr Treffen aber – objektiv betrachtet – sehr wohl Ursache und Wirkung. Die Zeitpunkte und Orte, wann und wo die beiden aufbrachen, der Weg und das Tempo, das beide gingen, sind die kausalen Ursachen ihrer Begegnung. Hätten beide einen GPS-Tracker, könnten wir das Treffen messen und genau voraussagen. Es ist also kein *objektiver Zufall*, sondern hat kausale Gründe. Oft, wenn wir *„So ein Zufall!"* ausrufen, wäre das mit entsprechendem Hintergrundwissen logisch berechenbar und eben nur subjektiv empfundener Zufall. Wenn wir aber in der Quantenphysik von Zufall reden, ist immer *objektiver Zufall* gemeint. Also ein Ereignis, das planlos, grundlos und – im wahrsten Sinn des Wortes – unberechenbar passiert.

Vielleicht hilft uns zum Verstehen wieder ein Bild aus unserer Alltagsrealität: In einem Rouletterad rollt mit hoher Geschwindigkeit eine Kugel im Kreis und die Scheibe mit 37 Fächern dreht sich in Gegenrichtung. Die Kugel könnte in jedem der 37 Fächer landen. Solange sich die Scheibe dreht und die Kugel rollt, kann diese alle 37 Zustände annehmen, sie befindet sich also im Möglichkeitsmodus, in einer *Superposition*. Erst wenn die Scheibe stillsteht, rollt die Kugel in ein Fach und nimmt – wenn sie nicht manipuliert wurde – *zufällig* die Realität einer Zahl an.

Der Vergleich hinkt ein wenig, denn Kugel und Scheibe unterliegen sehr wohl messbaren Fakten: Die Handbewegungen des Croupiers, der die Kugel wirft und das Rad dreht, sind die Ursachen des Zufalls. Als Bild für die *Superposition* der Kugel ist der Vergleich aber brauchbar. Im Mikrokosmos der Quantenmechanik ist der objektive Zufall die Regel: So ist z.B. der exakte Zeitpunkt des Zerfalls eines radioaktiven Atoms nicht vorhersagbar. Daher wissen wir nicht, ob Schrödingers Katze noch lebt.

> Objektiven Zufall gibt es in der Natur oft: Wie die Gene von Vater und Mutter bei einer Zeugung auf die DNA des Kindes übertragen werden, ist zufällig: die schönen Augen von der Mutter, die große Nase vom Vater – reiner, objektiver Zufall!

Nicht nur Albert Einstein, sondern auch der große Isaac Newton ärgerte sich schon viel früher über das Auftauchen von Zufall in seinen Berechnungen, auch dazu gibt es eine Geschichte.

> *Newton nahm an, dass das Licht aus Teilchen, aus sogenannten „Korpuskeln" bestünde. Dabei stieß er auf ein Problem, das wir gut nachvollziehen können. Wenn wir in der Nacht in einem Raum mit einer leuchtenden Lampe stehen und zum Fenster schauen, sehen wir im Glas unser Spiegelbild. Jemand, der gleichzeitig draußen in der Dunkelheit steht, kann durch die Scheibe nach innen ins Zimmer sehen, aber nicht das Spiegelbild auf der Scheibe. Physikalisch formuliert: Ein Teil der Photonen unserer Lampe dringt durch die Scheibe (daher sieht man von draußen ins erleuchtete Zimmer), ein Teil der Photonen wird vom Glas reflektiert (und wir sehen uns drinnen selbst als Spiegelbild). Newton stand im Kerzenschein und ärgerte sich, dass er nicht berechnen konnte, welche Photonen das Glas passieren und welche vom Glas reflektiert werden.*[34]

Wir können es auch 300 Jahre später trotz modernster Mess- und Rechenmethoden nicht, denn der beschriebene Effekt wird durch die Quantennatur der Photonen hervorgerufen. Wir können nicht vorhersagen, welche Photonen reflektiert werden und welche weiterfliegen, weil sie zufällig agieren. Erst in dem Moment, in dem wir durchs Glas schauen und uns selbst sehen, manifestieren sich die Teilchen. Manche reflektieren uns und manche sausen durchs Glas in die dunkle Nacht auf Nimmerwiedersehen.

Die Mathematik des Zufalls[35]

Natürlich ließ das *Problem des Zufalls* die Mathematiker nicht ruhen. Es könne nicht sein, dass man Ereignisse nicht exakt berechnen könne! Sie erfanden die *Wahrscheinlichkeitsrechnung*. Sie wird auch als *„Mathematik des Zufalls"* bezeichnet. Wenn man schon nicht exakt berechnen kann, ob und wann ein Ereignis eintritt, will man doch wenigstens vorhersagen, *mit welcher Wahrscheinlichkeit* ein Ereignis eintreten wird.

* Wenn wir eine Münze werfen, ist die Wahrscheinlichkeit, welche Seite beim Aufprall nach oben schaut 1 : 1 oder 50% : 50%.
* Wenn wir würfeln, ist die Wahrscheinlichkeit einen Sechser zu würfeln 1 : 5, also 16,666% (wenn der Würfel exakt konstruiert ist).
* Beim Lotto „6 aus 45" gibt es 8.145.060 Tippvarianten; die Chance, mit einem Tipp zu gewinnen, liegt bei 1 : 8 Millionen. Das entspricht einer Wahrscheinlichkeit von 0,0000123 %.

Die Wahrscheinlichkeit, dass ein Ereignis eintritt, ist in der Alltagsrealität also *berechenbar*. Der kleine, ärgerliche Haken an der Sache: Ob das Ereignis gemäß der Wahrscheinlichkeit dann wirklich eintritt, ist dennoch nicht sicher *vorhersagbar*, sondern eben nur wahrscheinlich. Selbst wenn beim Würfeln die Wahrscheinlichkeit auf einen Sechser 1 : 5 ist, heißt das noch lange nicht, dass jeder sechste Wurf ein Sechser ist!

Schrödingers Gleichung und die Wahrscheinlichkeitswelle[36]

In der Quantenphysik kommt der „Wahrscheinlichkeit" eine andere, noch viel größere Rolle zu als in der realen Welt. In der Quantenphysik fehlen berechenbare Ursachen. Ob ein Teilchen vor unserer Betrachtung Linksspin oder Rechtsspin hat, ob es rot oder grün oder farblos ist, ob Schrödingers Katze lebendig oder tot ist, dafür gibt es keine erkennbaren, berechenbaren Ursachen: es herrscht *objektiver Zufall*.

Erwin Schrödinger versuchte die Wahrscheinlichkeit zu berechnen, wo und wie während eines Quantenversuchs unsere Lichtteilchen anzutreffen sind und löste dieses Problem elegant. Er schuf die nach ihm benannte *Schrödinger-Gleichung*, die heute als eine der wichtigsten Gleichungen der Physik überhaupt gilt.

Die korrekte Erklärung im Physiker-Sprech: Die *Schrödinger-Gleichung* ist das mathematische Werkzeug, das die Wahrscheinlichkeit eines quantenmechanischen Systems beschreibt. Mithilfe der *Schrödinger-Gleichung* kann man ausrechnen, wie die *Wellenfunktion*, die er nach dem griechischen Buchstaben Ψ (Psi) nannte, aussieht. Sie ist die grundsätzliche Lösung dieser Gleichung und enthält alle Informationen über den Zustand eines Systems *zu jedem Punkt im Raum und zu jeder Zeit*. Die *Wahrscheinlichkeitsamplitude* dagegen ist der konkrete Wert der *Wellenfunktion an einem bestimmten Punkt im Raum und zu einer bestimmten Zeit*. Die drei Begriffe *Schrödinger-Gleichung*, *Wellenfunktion* und *Wahrscheinlichkeitsamplitude* sind eng miteinander verbunden, aber nicht identisch, werden dennoch oft synonym gebraucht.

O.k., das war jetzt recht abstrakt. Ich versuch es nochmals, ein bisschen einfacher:

Ich beobachte einen Bussard, einen alten Freund, der seinen Horst gleich nebenan in der Au hat und der seine Kreise am Himmel über meinem Garten zieht. Aus purer Lebensfreude lässt er sich am Himmel treiben, zieht Schleifen und Kurven, manchmal hoch am Himmel, manchmal ganz nahe über den Baumwipfeln. Er hilft mir bei meiner Erklärung. Wenn eines unser Lichtteilchen durch die Luft oder durch ein Glasfaserkabel saust, ist es auch irgendwo unterwegs. Das Teilchen könnte – wie mein Bussard am Himmel – weiter oben oder unten oder eher links oder rechts, vielleicht sogar auf und ab und hin und her segeln. Es könnte gleichzeitig überall sein.

Wir können nur Vermutungen anstellen, wo und wie sich unser Teilchenvogel während eines Versuchs bewegt. Zeichnen wir *alle möglichen* Flugbahnen des Teilchenvogels als Linien auf einem Blatt Papier auf, dann zeigt sich das Bild von sich überkreuzenden Wellenlinien. Mit diesem Trick verwandeln wir auf Papier unseren fliegenden Teilchenvogel in Wellen. Das ist die *Wellenfunktion!* Irgendwo auf den Wellenlinien fliegt unser Vogel. Da – wie wir im Doppelspaltversuch gesehen haben –, Wellen einander verdoppeln oder auslöschen können, zeigt unsere Wellenzeichnung kein chaotisches Durcheinander, sondern ergibt Muster von helleren und dunkleren Linien, anhand derer wir die Wahrscheinlichkeit berechnen können, welche „Flugbahnen" wahrscheinlicher sind als andere: das ist Schrödingers *Wahrscheinlichkeitsamplitude!*

Die *Schrödingergleichung* ist ein geniales Werkzeug, das uns hilft, Vorhersagen darüber zu machen, wie Teilchen sich im Laufe der Zeit verhalten. Was in der Formulierung sehr abstrakt und unverständlich klingt, ermöglicht in der Praxis das Verhalten von Materialien oder auch physikalischen Systemen zu verstehen, zum Beispiel von Halbleitern oder von Laserstrahlen, die beide aus der modernen Technik nicht wegzudenken sind. Wenn Physiker Vermutungen anstellen wollen, wo ein Teilchen unterwegs ist, dann lassen sie es in einer Wahrscheinlichkeitswelle fliegen. Schrödinger erhielt dafür den Nobelpreis. Mein Freund, der Bussard, zieht für mich noch eine Ehrenrunde, dann hebt er kreisend ab und verschwindet als winziger Punkt Richtung Himmel.

Resümee: Die Kopenhagener Deutung

„Wer über die Quantentheorie nicht entsetzt ist, der hat sie nicht verstanden." (Nobelpreisträger Niels Bohr)[37]

Atmen wir einmal kurz durch und halten inne! Das alles ist wirklich schwer zu glauben und noch schwerer zu verstehen. Manchmal hilft ein Märchen, das Unglaubliche in Worte zu fassen. Anton Zeilinger erzählt eine Parabel über das Wesen der Quantenphysik, die ich in eigenen Worten wiedergebe:[38]

Zwei Bücher sind miteinander quantenmechanisch verschränkt. Eins steht in einer Bibliothek in Wien, das andere in New York. Beide Bücher sind leer. Nichts steht drin, aber alles könnte in diesen Büchern stehen. Wenn ein Leser, nennen wir ihn Romeo, das Buch in Wien die Hand nimmt und aufschlägt, findet er in diesem Moment darin einen Text, einen aus der unendlichen Vielfalt der Möglichkeiten, zufällig hineingeweht. Wie ist der Text hineingekommen? Wie wurde er ausgewählt? Wer weiß? Im selben Moment nimmt eine Leserin, nennen wir sie Julia, in New York das zweite mit dem ersten verschränkte Buch in die Hand und findet im selben Augenblick darin genau denselben Text – seitenverkehrt.

Wir erinnern uns an Borges Geschichte der geheimnisvollen Bibliothek. Zeilingers Parabel liest sich wie eine kongeniale Fortsetzung! Wir haben nun die verstörenden Erkenntnisse der Quantenphysik kennengelernt. Die bis heute gültige Quantentheorie wurde 1927 unter anderen von *Max Planck, Albert Einstein, Niels Bohr, Louis de Broglie, Erwin Schrödinger, Wolfgang Pauli, Werner Heisenberg und Paul Dirac* formuliert und als *„Kopenhagener Deutung"* bekannt. Fassen wir nochmals zusammen?

* Photonen können je nach Versuchsanordnung mal als Welle, mal als Teilchen auftreten. Als weitere Versuche zeigten, dass auch andere Elementarteilchen, wie z.B. Elektronen, aber auch Atome und manche Moleküle als Wellen und als Teilchen auftreten können, war klar, dass dies ein universelles Phänomen der Quantenwelt ist.

* Nach einer jahrzehntelangen Schocksekunde und vielen Experimenten akzeptierte die Wissenschaft zähneknirschend diese Erkenntnis. Heute spricht man vom *Welle-Teilchen-Dualismus*, d.h. je nach Umgebung verhält sich ein Elementarteilchen wie eine Welle oder wie ein Teilchen. Die heutigen Modelle, die auf diesem Dualismus beruhen, sind allesamt erfolgreich, die entsprechenden Experimente „funktionieren", und viele Alltagsgeräte (Transistoren, Schaltkreise, Halbleiter, also die Bausteine für alle digitalen Geräte, wie Computer, Fernseher und Mobiltelefone) basieren darauf.

* In der Quantenwelt gibt es keine *Lokalität* und auch keinen *Realismus.* Weit entfernte Ereignisse passieren wie aus Zauberhand gleichzeitig und synchron. Sind zwei Teilchen (Peter und Paul) quantenmechanisch „verschränkt", entwickeln sie eine mysteriöse Fernwirkung und agieren auch über große Entfernungen synchron, ohne dass sie Informationen austauschen können.

* Quantenobjekte, die wir untersuchen wollen, sind vor unserer Messung in einem Zustand der *Superposition*, in dem ihre Eigenschaften nicht festgelegt sind: Welle oder Teilchen, Linksspin oder Rechtsspin, rot oder grün – alles ist möglich. In der Quantenphysik bleibt ein Objekt, bevor es betrachtet (= im Versuch gemessen) wird, ein *„Objekt ohne Eigenschaften"*. Robert Musil, gelernter Physiker, hätte seine Freude daran gehabt.

* Ereignisse in der Quantenwelt passieren erst, wenn wir hinschauen bzw. eine Messung durchführen. Richard Feynman formulierte, *dass das Messinstrument dem Messobjekt gleichsam einen Tritt versetzt.*[39] Erst durch unsere Betrachtung oder Messung nehmen die Teilchen eine konkrete Form oder einen konkreten Zustand an, wobei wir in *einer* Messung immer nur *eine* von mehreren Koordinaten messen und dadurch festlegen können.

* In der Quantenwelt sind wir also keine unbeteiligten Beobachter, die wie Kinobesucher einen Film anschauen, der auch ohne uns immer gleich verläuft. In der Quantenwelt entscheiden wir Kinobesucher durch unser Zuschauen, wie der Film abläuft und endet.

* Eine wichtige Rolle spielt dabei immer der Zufall. Wir Betrachter können zwar den Moment unserer Betrachtung bestimmen, welche Eigenschaft das beobachtete Objekt aber in diesem Moment annimmt, entzieht sich unserer

Entscheidung und ist purer Zufall. Welcher Film im Quantenkino läuft, wissen wir also nicht, bevor wir im Kino sitzen.

* Quantenphysikalische Prozesse lassen sich gemäß Heisenbergs Unschärferelation nicht exakt berechnen und vorhersagen, nicht, weil wir es nicht können, sondern weil die Prozesse von der Natur nicht determiniert sind. Wir können weder den gegenwärtigen Zustand des Universums exakt messen noch künftige Ereignisse exakt voraussagen.

* Es gibt für quantenphysikalische Vorgänge immer eine Vielzahl von Möglichkeiten, von denen jede eine bestimmte Eintrittswahrscheinlichkeit besitzt. Diese Wahrscheinlichkeit können wir mit Schrödingers Gleichung berechnen, mehr nicht.

* Der französische Wissenschaftler Marquis Laplace hatte Anfang des 19. Jahrhunderts vollmundig behauptet, mit dem Wissen einiger weniger Naturgesetze könne man das ganze Universum exakt berechnen – sowohl den Istzustand als auch zukünftige Entwicklungen. Die Quantenphysik widerlegte Laplace und strafte die Physiker mit Unschärfe statt Gewissheit.

* In der Alltagswelt glauben wir, dass jedes Ereignis eine frühere Ursache hat und daher exakt berechenbar ist. In der Quantenwelt gibt es für Ereignisse keine Ursache, auch keine uns verborgenen Regeln, sondern nur den objektiven Zufall.

* Daraus formulierten eine Reihe von europäischen Wissenschaftler*innen die neue Theorie, die man *„Quantenmechanik"* nennt: Wir können bei allen Teilchen und damit auch bei Ereignissen im gesamten Universum immer nur einen Quantenzustand vorhersagen, der kein exaktes Ergebnis ergibt, sondern nur die Wahrscheinlichkeit, mit der ein Ereignis eintrifft. Die Quantenmechanik führt also die Elemente „Unvorhersagbarkeit", „Zufall" und „Wahrscheinlichkeit" in die Physik ein.

* Man darf die *Unsicherheit* der Messungen aber nicht mit *Ungenauigkeit* verwechseln. Die Quantenphysik ist heute die genaueste Wissenschaft, ihre Berechnungen sind tausendfach getestet und experimentell bewiesen. Gerade weil die Phänomene so unglaublich sind, wurden sie immer und immer wieder überprüft.

Alle Mitreisenden noch an Bord?

Der Flug des UFO durch die Quantenwelt hat uns ganz schön durchgebeutelt. Wir sind auf einer Quantenwelle gesurft, die uns auf unwahrscheinlichen Pfaden durchs All geschleudert hat; wir haben unseren Quantenzwilling kennengelernt, der irgendwo im Universum idente Bewegungen aufführt; wir haben staunend gesehen, wie aus einem Quantenstein ein Quantenfrosch wurde und vor unseren Augen ein Quanten-Lindenbaum aus dem Boden schoss.

Rein zufällig sind wir wieder in meinem Garten in unserer kleinen Alltagsrealität gelandet, wo gottseidank alles so funktioniert, wie wir es gewohnt sind. Quantenphysik zeigt, dass die Natur im Kleinsten ungewohnt, aber geordnet funktioniert – nicht durch klare Bahnen wie bei Planeten, sondern durch Wahrscheinlichkeiten, Sprünge und unsichtbare Verbindungen.

Atome: die Kraftwerke der Welt

„Die größten Dinge in der Welt werden durch andere zuwege gebracht, die wir nichts achten, kleine Ursachen, die wir übersehen, und die sich endlich häufen."

Georg Christoph Lichtenberg (1742 – 1799) [40]

Vom Atom zum Elementarteilchen

Wir starten unsere nächste Reise! Sie führt uns in die antike Stadt Abdera, die angeblich Herakles gegründet hatte, wo er als eine seiner zwölf Aufgaben die menschenfressenden Pferde des Diomedes einfangen musste. Wir suchen aber nicht alte Mythen, sondern naturwissenschaftliche Spuren.[41]

Der griechische Atomstreit

Der Philosoph *Leukippos* und sein Schüler *Demokrit*, beide aus Abdera, behaupteten im 5. Jh.v.Chr., dass Materie aus kleinsten, unteilbaren Teilchen bestehe. Sie nannten sie *„Atome"*, nach dem griechischen Wort *atomos* (ἄτομος, das Unteilbare). Atome seien die Grundbestandteile alles Seins – des Lebendigen und des Leblosen –, seien unzerstörbar und unteilbar, von gleicher Substanz, aber unterschiedlicher Form. Sie bewegen sich im leeren Raum und wenn sie zusammenstoßen und sich verbinden, entstehen die unterschiedlichsten Formen der Materie. Spontan und ohne dass ein äußeres Wesen (also z.B. ein Gott) eingreifen müsse. Beim Sterben zerfällt die Materie (auch die Seele) wieder in die vorherigen Atome.

> Dieses Denkmodell kommt der modernen Atomtheorie erstaunlich nahe und brauchte doch mehr als 2000 Jahre um sich durchzusetzen.

Die beiden Denkergrößen *Platon* (*428 v.Chr.) und *Aristoteles* (*384 v.Chr.) waren erbitterte Gegner dieser Theorie und verhinderten dank ihrer Autorität ihre Verbreitung. Stattdessen beherrschte für viele Jahre Aristoteles Vorstellung von den vier Urstoffen *Feuer, Wasser, Luft und Erde,* aus denen alle Materie entstehe, das westliche Denken.

Epikur (*341 v.Chr.) war ein Querdenker und Freigeist, der in seiner Philosophenschule als erster Frauen und Sklaven aufnahm und dessen Philosophie der Gelassenheit von seinen Gegnern als „lust- und vergnügungssüchtig" denunziert wurde. *„Epikureisch"* wird heute noch oft fälschlich mit *„genusssüchtig"* gleichgesetzt, obwohl Epikur „Lust" im Sinn von Ausgeglichenheit und innerem Frieden verstand. Er sorgte dafür, dass Demokrits Atommodell nicht vergessen wurde.

Weitere 400 Jahre später griff der römische Dichter *Lucretius* (* um 95 v.Chr.) Epikurs Aufzeichnungen auf und verarbeitete Demokrits Atommodell in einem Lehrgedicht in Hexametern: *„De rerum natura"*. Wie die meisten philosophischen Werke verschwand es in der Völkerwanderung für Jahrhunderte in der Versenkung, ehe es 1414 in einem deutschen Kloster wieder auftauchte und bald in Abschriften und Drucken zirkulierte. *Giordano Bruno*, *Galileo Galilei*, *Isaac Newton* und *Gottfried Leibniz* lasen es und übernahmen Demokrits Atom-Theorie.

Die moderne Atomforschung

Erst gegen Ende des 18. Jahrhunderts, als Naturforscher begannen, verschiedene Stoffe wie z.B. Wasser systematisch zu zerlegen und wieder zusammenzusetzen, wurde Demokrits Vorstellung empirisch überprüft. Nach und nach erkannten Forscher*innen, dass Atome nicht gleichförmige, unbelebte und unteilbare Kügelchen sind, sondern dass sie ein kraftvolles Innenleben besitzen.

* *John Dalton* unterschied um 1800 erstmals verschiedene Atome nach Masse und Volumen. Darauf baute *Dmitri Mendelejew* 1869 sein *Periodensystem der chemischen Elemente*, das wohl alle Gymnasiasten einmal in Chemie lernen mussten, meist ohne zu ahnen, dass in diesem System die ganze Welt liegt!

* 1905 entdeckte *Joseph J. Thomson* im Atom die *Elektronen.* Damit war klar, dass die „unteilbaren" Atome doch ein Innenleben hatten. Thompson entwickelte das *„Rosinenkuchenmodell"*, bei dem negativ geladene Elektronen in der positiv geladenen Atommasse stecken wie die Rosinen im Kuchen. Er erkannte als erster, dass im Atom elektromagnetische Energie werkt.

* Das Atommodell von *Ernest Rutherford* 1911 beschreibt das Atom als riesigen Raum, in dem sich winzig kleine, negativ geladene Teilchen um den großen positiv geladenen Atomkern bewegen. Der Neuseeländer Rutherford galt schon zu Lebzeiten als Ikone der Physik und erhielt den Nobelpreis. Ihm zugeschrieben wird der böse Ausspruch *„Alle Wissenschaft ist entweder Physik oder Briefmarkensammeln" („All science is either physics or stamp collecting"),* wobei wir *stamp collecting* im Wienerischen wohl mit *„zum Krenreiben"* übersetzen würden.[42] Rutherford entdeckte 1919, dass der Atomkern aus noch kleineren, rotierenden Teilchen besteht – den *Protonen.* 1932 fand sein Schüler *James Chadwick* im Atomkern dann die *Neutronen,* womit der Aufbau des Atoms erforscht war.

* Das elegante *Atommodell* von *Nils Bohr* 1913 zeigt, dass Elektronen den Atomkern auf Kreisbahnen umrunden – analog zu den Planeten um die Sonne. Das Modell war so anschaulich und hübsch, dass es Eingang in die Populärwissenschaft und in die Schulbücher fand, obwohl es nicht (ganz) stimmt. Immerhin schimmerte in diesem Modell bereits die Quantenmechanik durch: Elektronen bewegen sich auf Kreisbahnen. Sie können durch Zufuhr oder Abgabe von Energie auf die nächsthöhere oder nächst-niedrigere Kreisbahn springen: Der *Quantensprung* war geboren!

* Das *quantenmechanische Orbitalmodell* ist das aktuellste Modell zur Beschreibung der Atome. Das elegante Bild von den Planetenbahnen wird ersetzt durch sogenannte Orbitale, das sind „wahrscheinliche Aufenthaltsbereiche". Die

Elektronen schwirren (wie wir seit Heisenberg und Schrödinger wissen) in einer Quantenwolke auf unbestimmten Bahnen um den Atomkern und interagieren ständig mit anderen Teilchen, ähnlich einem Insektenschwarm.

Ab der Wende zum 20. Jahrhundert wurde den Naturwissenschaftler*innen die wahre Bedeutung der Atome bewusst: Sie sind keine langweiligen, starren Kügelchen, sondern Energiebündel. Das Zusammenspiel von Elektronen, Protonen und Neutronen im Atom verursacht alle chemischen und physikalischen Prozesse und Vorgänge unserer Welt. Die Entdeckung der schwachen Kernkraft (mit Atomzerfall und Radioaktivität) zeigte, dass Atome wandelbar sind, alle möglichen Arten von Strahlen erzeugen und aussenden, von Röntgenstrahlen bis zu Licht, und sich selbst in verschiedene Substanzen verwandeln können. Atome sind winzige Kernkraftwerke und kommen milliardenfach in jedem lebenden und unbelebten Objekt vor. Auch in uns.

Woraus besteht Materie?

Zurück aus Abdera und beladen mit historischem Wissen über die Atome können wir eine Schlüsselfrage stellen: Woraus besteht Materie, also all die Objekte und Lebewesen, die uns umgeben, und wir selbst? Wir starten gleich den nächsten Flug hinein in die Mikrowelt der Atome. Dazu müssen wir das UFO und uns auf 0,1 Millionstel Millimeter schrumpfen, eine Million Mal kleiner als ein Stecknadelkopf.

Anton Zeilinger, den ich hier paraphrasiere, begleitet uns auf diesem Flug – hinein in die tiefsten Tiefen, zum Beispiel einer Frühstückssemmel.[43]

Was ist eine Semmel?

Sie besteht aus Wasser und Mehl (und einer Brise Salz und eventuell etwas Hefe).

Was ist Mehl?

Mehl besteht hauptsächlich aus *Kohlehydraten.*

Okay, was sind Kohlehydrate?

Kohlehydrate sind *Moleküle.*

Was sind Moleküle?

Moleküle sind winzige Teilchen, die aus mehreren *Atomen* zusammengesetzt sind. *Ein Wassermolekül* besteht zum Beispiel aus zwei Atomen *Wasserstoff* (=H) und einem Atom *Sauerstoff* (=O): $H_2 0$. Wenn die *Moleküle* aus Atomen *einer* Sorte bestehen, nennt man sie *Elemente*. Die Kohlehydrate im Mehl bestehen aus drei verschiedenen *Elementen*: *Kohlenstoff* (C), *Wasserstoff* (H), *Sauerstoff* (O). Kohlehydrate sind also aus drei *Elementen* zusammengesetzt, die aus *Atomen* einer *Sorte* bestehen.

Aha! Und was sind jetzt Atome?

Atome sind ziemlich klein und ziemlich viele. Der Durchmesser eines Atoms beträgt 0,000.000.0001 Meter. Ein Wassertropfen besteht z.B. aus zirka 10^{21} = 1.000.000.000.000.000.000.000 Atomen.

Cool. Und woraus bestehen Atome?

Lange glaubte man, Atome seien die kleinsten, unteilbaren Teilchen. Seit Thomson und Rutherford wissen wir, dass Atome aus noch kleineren Teilchen bestehen: aus einem *Atomkern* und aus *Elektronen*, die um den Atomkern fliegen.

Was sind Elektronen?

Elektronen sind *Elementarteilchen*. Kleiner geht´s nicht, zumindest glauben wir das nach heutigem Stand. Diese kleinen Scheißerchen definieren jedes Atom. Ob ein Atom sich wie Kohlenstoff, Wasserstoff oder Sauerstoff verhält, hängt von der Zahl seiner *Elektronen* ab: beim Wasserstoffatom ist es ein Elektron, beim Kohlenstoff sind es 6, beim Sauerstoff 8 Elektronen.

Aha, und was hat es mit dem Atomkern auf sich?

Der Atomkern (lateinisch: Nukleus) besteht aus den *Nukleonen*. Davon gibt es zwei Arten: *Protonen* und *Neutronen*. Die *Neutronen* sind, wie ihr Name sagt, neutral und haben keine elektrische Spannung. Die (sehr großen) *Protonen* sind positiv geladen, die um den Atomkern fliegenden (sehr kleinen, leichten) *Elektronen* negativ. Da sich positive Protonen und negative Elektronen gegenseitig anziehen, kreisen die Elektronen um den Atomkern wie die Planeten um die Sonne.

Und was sind Protonen und Neutronen?

Protonen und *Neutronen*, die den Atomkern bilden, hielt man auch lange für unteilbar, bis man die *Quarks* entdeckte, aus denen sich Protonen und Neutronen zusammensetzen.

Uff, und was sind Quarks?

Das sind *Elementarteilchen,* also die allerkleinsten Teilchen (so wie das *Elektron*). Davon gibt es im Atomkern zwei Sorten: *Up-Quarks* und *Down-Quarks.* Ein *Proton* besteht aus zwei *Up* und einem *Down*, ein *Neutron* aus einem *Up* und zwei *Downs.* Und damit die Elementarteilchen aneinander kleben, braucht es noch ein Klebeteilchen, das *Gluon.* Quarks sind zehntausendmal kleiner als Protonen und Neutronen, und sie turnen oder schwimmen immer in einem flotten Dreier in einer klebrigen Masse, dem *Gluon*, das die Drei zusammenhält.

Mir schwirren die Teilchen vor den Augen! Woraus – zum Kuckuck – besteht jetzt also eine Semmel?

Eine Semmel besteht aus verschiedenen *Molekülen.* Diese bestehen aus *Atomen.* Und jedes Atom besteht aus vier Sorten Elementarteilchen: *den Elektronen in der Atomhülle,* den *Up-Quarks und Down-Quarks* im Kern und dem *Gluon* als Klebstoff.

Na, also! Geht ja!

Alle Materie dieser Welt, egal ob lebendig oder tot, organisch oder anorganisch besteht aus *bloß vier Arten von Elementarteilchen: Elektronen*, *Up-Quarks* und *Down-Quarks* und *Gluonen.*

Wie diese Teilchen zusammengesetzt sind, erfordert allerdings eine ziemlich große Menge an *Information*: wie die Quarks im Atomkern und die Elektronen in der Umlaufbahn angeordnet sein müssen, dass daraus Atome entstehen; wie diese angeordnet sein müssen, dass daraus Moleküle entstehen; und wie diese angeordnet sein müssen, dass daraus Materie entsteht. Schaut aus wie IKEA-Bauanleitungen, nur ein bisserl komplexer.

Das muss man nochmals lesen, so verblüffend ist es: Vier Elementarteilchen (*Elektron, Up-Quark, Down-Quark* und als Klebstoff *Gluon*) sind also dafür verantwortlich, wie eine Semmel zusammengesetzt ist, wie ein Stein, ein Frosch, ein Schwein, ein Kugelschreiber, eine Bakterie, ein Raumschiff, wie der Mars und der Jupiter, wie wir Menschen, wie du und ich zusammengesetzt sind. Die ganze Welt besteht aus drei kleinen, bunten Legosteinchen und ein bisschen Uhu. In ziemlich großen Mengen und in unendlich vielen Zusammensetzungen.

???

Na gut, zugegeben, es ist ein bisschen komplizierter und vor allem dynamischer.

* Wäre ein *Atom* ein großes Fußballstadion, dann wäre der *Atomkern* eine Ameise auf dem Spielfeld und die *Elektronen* eine Mückenwolke, die am obersten Rang im Kreis saust.
* Im *Atomkern*, der 99,9% der Masse des Atoms ausmacht, rasen *Protonen* und *Neutronen* wie wildgewordene Wespen in einem Gurkenglas. Sie sind 100.000mal kleiner als der Atomkern.
* Und in allen *Protonen* und *Neutronen* turnen je drei *Up-Quarks* und *Down-Quarks* wie drei Körper-Akrobaten, die mit einem Gummiseil, dem *Gluon*, verbunden sind. Die Quarks sind wiederum um ein 10.000-faches kleiner als Protonen und Neutronen.

Auf drei Stockwerken – im Atom, im Atomkern und in den Protonen und Neutronen sind also Teilchen ununterbrochen in Bewegung, wechselwirken miteinander und halten so alle Prozesse im Universum in Gang.

Elementarteilchen

„Das Innerste im Innersten vom Innersten." (Stefano Massini) [44]

Gerade als man um 1900 geglaubt hatte, mit dem Atommodell gefunden zu haben, wie das Universum im Mikrokosmos funktioniert, entdeckte man, dass noch viel kleinere Teilchen im Atom und auch außerhalb umherspukten: die *Elementarteilchen*. Die Physiker begaben sich seither wie Naturforscher mit Schmetterlingsnetzen bewaffnet auf die Suche nach diesen Winzlingen. Suchen wir mit!

E.T., der Star im Universum

Vor mehr als 40 Jahren tauchte der Außerirdische *E.T.* auf der Erde, genauer gesagt in einem Film von Stephen Spielberg auf, ein entzückendes Wesen mit Froschkopf und Rehaugen, das gern mit seinem Heimatplaneten telefonieren würde: *„Phone home!"*

Als ich *Elementarteilchen* in meinem Manuskript mit *„E.T."* abkürzte, fiel mir der sympathische, kleine Bursche ein, und ich hatte plötzlich ein Bild von den winzigen Partikeln, die heute die Stars im Universum sind. E.T. sind eigenwillige Kerlchen, die durchs Universum sausen, ihren eigenen Regeln gehorchen, die unseren menschlichen Vorstellungen zuwider laufen. Ihr Verhalten widerspricht allen Regeln des guten Benehmens und des Straßenverkehrs. Wir haben sie ja schon im vorigen Kapitel kennengelernt, wo sie die klassische Physik auf den Kopf gestellt haben.

Das nun folgende Gewusel der E.T. im Universum und in diesem Kapitel ist zugegeben ziemlich chaotisch und komplex. Da die E.T. aber immer und überall sind, jede Form von Materie und jede Art von Energie von ihnen abhängt, sollten wir sie näher kennenlernen und freundlich behandeln. Auch in jedem von uns sind Milliarden von E.T. rund um die Uhr im Einsatz.

E.T. sind Gestaltwandler

Gestaltwandler sind Sagengestalten, die ihre eigene Form verändern können. In Fantasy- und Sci-Fi-Romanen und Filmen, aber auch in zahlreichen Volksmythen tauchen sie auf. Auch in *Doctor Who* gibt es *Gestaltwandler*. Lebewesen, die durchs Universum fliegen und ab und zu auf der Erde auftauchen, in die Gestalt von Menschen schlüpfen und allerlei Unfug anstellen. Versuchen wir einmal einen Steckbrief der E.T.

* E.T. sind Gestaltwandler: Sie können sowohl als Welle als auch als Teilchen auftreten, je nachdem, wann und wie wir sie beobachten. Sie können sich bei Kollisionen mit anderen E.T. in neue Teilchen und auch wieder zurück verwandeln.

* E.T. treten immer als ganzzahlige Quanten auf, gemäß Max Planck sind das die kleinsten, messbaren Einheiten. Es gibt kein halbes E.T. oder 70%. Wir können im Supermarkt ja auch nur ein ganzes Ei kaufen und kein halbes.

* E.T. werden in der Literatur daher auch oft „Quanten" genannt. Präzise gesagt bezeichnet *„Elementarteilchen"* die fundamentalen Materiebausteine und

„Quanten" ihre physikalische Größe; meist werden die beiden Begriffe aber synonym verwendet, so auch in diesem Buch.

* Solange wir sie nicht beobachten, ist der Zustand der E.T. unbestimmt, ja es ist nicht einmal klar, ob es sie gibt: Sie lauern in *Superposition.* E.T. schwirren also an unbestimmten Orten, in unbestimmter Geschwindigkeit und in einem unbestimmten Zustand durch Raum und Zeit. Nach Schrödingers genialer Gleichung können wir immerhin ausrechnen, wo die kleinen Kerle *wahrscheinlich* zugange sind.

* E.T. können sich mit anderen E.T. über große Entfernungen „verschränken" und reagieren dann wie Synchron-Schwimmer*innen in unterschiedlichen Schwimmbecken.

* E.T. sind nicht stabil unterwegs, sondern können ihre Energie verstärken oder verringern (in sogenannten *„Quantensprüngen"*), so als könnten sie in einen höheren und niedrigeren Gang im Auto schalten. Jeder Quantensprung löst einen chemisch-physikalischen Vorgang aus.

* E.T. können zufällig irgendwo auftauchen, um wieder zu verschwinden oder um irgendwo ganz anders im Universum zu erscheinen.

* E.T. sind nie allein unterwegs, sondern verbinden sich gleich nach ihrem Auftauchen mit anderen E.T. entweder zu Pärchen oder zu einem flotten Dreier.

* E.T. interagieren mit anderen E.T., löschen einander aus *(„annihilieren")* oder erschaffen neue E.T. (Das klingt ziemlich menschlich nach Totschlag und Liebesakt).

* Wenn E.T. mit anderen E.T. kollidieren, zerbrechen sie nicht in kleinere Teile. Durch die Kollision von E.T. wird Energie frei und ausgetauscht und umverteilt, und dadurch entstehen neue Teilchen.

* Wir Menschen haben einzelne E.T. noch nicht wirklich gesehen. Wissenschaftler*innen können sie berechnen, beobachten, welche Spuren sie im Universum hinterlassen, und „sehen" sie nur, wenn sie in Zweier- oder Dreiergrüppchen aneinanderkleben.

Wenn man diesen Steckbrief der E.T. liest, könnte man glauben, in einem schrägen Fantasyroman gelandet zu sein. Alle genannten Punkte entsprechen aber jahrzehntelangen Forschungsergebnissen und lassen sich rechnerisch und/oder empirisch beweisen.

Das Standardmodell der Elementarteilchen

Das *Standardmodell der Elementarteilchen*[45] beschreibt die Arbeitsweise und Angewohnheiten der E.T. und ihre Wechselwirkungen. Es wurde im Wesentlichen in den Jahren 1961-1973 entwickelt und gilt bis heute als das am besten untersuchte Erklärmodell der subatomaren Welt. Allerdings gibt es auch eine Reihe offener Fragen und Widersprüche, die das *Standardmodell* (noch?) nicht beantworten kann. Manche Forscher*innen versuchen daher, andere Modelle zu entwickeln, die diese offenen Fragen beantworten können, z.B. die *Stringtheorie*. Wir werden uns zuerst das gültige *Standardmodell* anschauen und später auf die wichtigsten anderen Modelle eingehen.

Ein Dorf namens Universum

Elementarteilchen sind also die rätselhaften Bewohner unseres Dorfes namens Universum. Sie leben in zwei Clans: der Clan der *Fermionen*, zu denen die beiden Familien *Quarks* und *Leptonen* gehören, und der Clan der *Bosonen*, die erst kürzlich am menschlichen Radar aufgetaucht sind.[46]

Wer sich für Familiengeschichten interessiert, wird in diesem Abschnitt fündig. Wem die Fülle an E.T. auf die Nerven geht, findet sich in bester Gesellschaft. Der große Robert Oppenheimer meinte einmal frustriert: „*Man sollte den Nobelpreis nur jenen Physikern verleihen, die kein neues Teilchen entdeckten.*" Der italienische Physiker Enrico Fermi (1901 – 1954), nach dem die Fermionen benannt sind, meinte: „*Wenn ich mich an die Namen all dieser Teilchen erinnern könnte, wäre ich Botaniker geworden*".[47]

Der Clan der Fermionen: Baumeister der Materie

Den Clan der *Fermionen* könnte man als Baufirma bezeichnen: Sie sind die Grundlage aller *Materie.* Menschen, Tiere, Pflanzen, Erde und Planeten bestehen aus *Fermionen.* Zu ihnen gehören zwei Familien.

* Aus der Familie der *Leptonen* wurde das federleichte *Elektron* populär, das den Atomkern umschwirrt und den Charakter der Atome bestimmt.[48]

* Die zweite Familie sind die *Quarks.* Man entdeckte sie erst sehr spät, als man mit modernen Teilchenbeschleunigern *Protonen* und *Neutronen* spalten konnte, und ein ganzer Zoo bisher unbekannter Teilchen herauspurzelte: die *Quarks.*

Murray Gell-Mann (1919 – 2019), entdeckte zuerst die *Up-Quarks* und *Down-Quarks,* die nach streng symmetrischen Dreiergruppen den Atomkern bilden. Den originellen Namen *Quarks* fand Murray Gell-Mann in James Joice´ Roman *„Finnegans Wake“,* in dem der rätselhafte Satz *„Three Quarks for Muster Mark“* steht, über dessen Sinn Generationen von Literatur-Wissenschaftler*innen vergeblich rätseln. Danach fand Gell-Mann noch jüngere *Quarks*-Geschwister, die er in *Flavours* (= Aromen) einteilte und *Strange, Charm, Bottom* und *Top* nannte. Jedes *Quarks* kommt überdies in drei *Colors* vor: *Rot, Grün und Blau.*

> Die winzigen Dinger besitzen natürlich weder *Flavour* noch *Color,* sie sind trotz der hübschen Namen farb- und geruchlos. Angeblich inspirierte ein Eissalon mit vielen bunten Sorten Murray Gell-Mann zu den appetitlichen Namen. Den Titel des humorvollsten Physikers hat Gell-Mann ebenso verdient wie den Nobelpreis für seine Entdeckung der Quarks. Ein anderer Nobelpreisträger, Richard Feynman, meinte dazu indigniert: *„Diese Physiker-Idioten sind unfähig, sich wundervolle griechische Wörter auszudenken.“* [49]

* *Elektronen, Up-Quarks* und *Down-Quarks* bilden also – wie wir schon wissen – die Atome und damit den Großteil der *„gewöhnlichen Materie“.*

* Alle später entdeckten, übrigen Clanmitglieder der Fermionen bilden sogenannte *„seltsame Materie“,* das sind winzige Objekte im Universum, die flüchtige Verbindungen eingehen und meist schnell wieder zerfallen. Manche dieser E.T. gibt es möglicherweise gar nicht real, sondern nur in unseren Berechnungen. Wir werden ihnen im Alltag vermutlich nie persönlich begegnen, sie wirken sozusagen im Untergrund, hinterlassen aber berechenbare

Spuren im Universum. So wie Familienmitglieder, die man nicht persönlich kennt, von denen man aber immer wieder einmal hört oder liest.

Neutrinos sind beispielsweise extrem leichtgewichtige Zeitgenossen und kommen in großer Zahl aus der Sonne geflogen. Milliarden von *Neutrinos* fliegen in jeder Sekunde durch unseren Körper und durch die Erde und wieder hinaus ins Weltall. Da sie mit Materie (also mit uns) nicht wechselwirken, spüren wir nichts davon, obwohl der Gedanke, von Sonnenteilchen durchdrungen zu sein, eigentlich ein angenehmer ist.

Der Clan der Bosonen: Elektriker

Der zweite Clan in unserem E.T.-Dorf sind die *Bosonen*. Sie sind quasi die Elektriker, verantwortlich für *Wechselwirkungen (=Kräfte)*, die zwischen den Materieteilchen wirken und diese zusammenhalten oder bewegen. Diese *„kräftetragenden Teilchen"* wurden nach dem indischen Physiker *Satendranath Bose* (1894 – 1974) benannt. Bose, der mit kurzen Ausnahmen sein Leben lang in Indien studierte, forschte und lehrte, lernte Englisch, Französisch und Deutsch, nur um physikalische Fachaufsätze im Original lesen zu können. Als junger Mann schrieb er einen Brief mit seinen Ideen zur Quantenphysik an Albert Einstein, der diese begeistert aufnahm und Bose weltweit bekannt machte.

Die *Bosonen* sind für die *vier physikalischen Kräfte* im Universum zuständig, die das ganze Werkl seit eh und je zusammenhalten und bewegen.

* Unser alter Bekannter, das *Photon*, ist für die *elektromagnetische Kraft* zuständig, also für alle Energiestrahlungen, die z.B. Strom und Licht, Infrarot- oder Ultraviolettlicht oder Radiowellen erzeugen. Es ist also weitaus mehr als nur ein Lichtteilchen.

* *W-Boson* und *Z-Boson* zeichnen für *schwache Kernkraft* verantwortlich, das heißt für den Zerfall von E.T. Daraus resultiert die Radioaktivität, deren Strahlung je nach ihrem Einsatz lebensgefährlich oder lebensrettend sein kann. Außerdem sind sie Energiequellen unserer Sonne.

* Das *Gluon* erzeugt die *starke Kernkraft*: Es sorgt, wie der Name schon sagt, wie Alleskleber für den Zusammenhalt der Quarks in Protonen und Neutronen. Man könnte es wie ein sehr starkes Gummiband beschreiben,

weil die Quarks nicht fixiert sind, sondern fröhlich herumturnen oder als klebrige Masse, in denen die drei Quarks händchenhaltend schwimmen.

Zu diesen vier gut erforschten *Bosonen* kommen noch zwei Außenseiter.

* Die Quantenphysiker vermuten die Existenz eines *Gravitons*, gefunden hat man es allerdings noch nicht. Es soll analog zu den drei anderen Kräften, nomen est omen, für *Gravitation* (= die gute, alte Schwerkraft) sorgen. Ob es das *Graviton* wirklich gibt oder ob die Schwerkraft ganz anders zu erklären ist, ist noch eine große Streitfrage.

Hiermit erwähne ich erstmals jene Frage, die sich wie ein *Running Joke* durch die moderne Physik und dieses Buch zieht. Es ist das letzte (?) große Rätsel: *Wie hängt die Gravitation mit der Quantenphysik zusammen?*

* Das *Higgs-Boson* sorgt dafür, dass alle Objekte in unserer Welt Masse haben. Die Existenz der nach *Peter Higgs* benannten *Higgs-Bosonen* und des *Higgs-Felds* konnte man bis vor kurzem nur vermuten und rechnerisch darstellen, bis es 2012 tatsächlich entdeckt wurde! (vgl. S.81)

Wie E.T. funktionieren[50]

17 bekannte und ein vermutetes E.T. setzen also unser ganzes Universum zusammen. Wie turbulent es in der Welt der E.T. zugehen kann, zeigt ein Beispiel, das der Physiker Florian Freistetter erzählt:[51]

„Ein Quant Photon (also ein E.T. aus der Bosonen-Familie) kann in ein Elektron-Positron-Paar zerfallen (also zwei Quanten der Familie Lepton) und kann in diesem Doppelleben jede beliebige Energie annehmen. Anschließend vernichten die beiden einander, übrig bleibt wieder ein Photon und wie von Zauberhand jede Menge Energie, die es eigentlich nicht geben dürfte – und alle Berechnungen stört. Und aus dem neuen Photon und der freigewordenen Energie können wieder neue Kreaturen entstehen."

Alles klar? Erinnert irgendwie an einen bösen Horrorfilm oder – an Eichhörnchen. Ich beobachte am Waldrand im Baumgeäst seit Monaten zwei dunkelbraune, ein schwarzes und ein rostrotes Eichhörnchen, die unermüdlich durch das Astgewirr flitzen, einander verfolgen, miteinander spielen, streiten oder sich paaren oder was auch immer. Sie erinnern mich an die hektischen Aktivitäten der E.T. Das Chaos ist aber nur scheinbar. Tatsächlich folgt das vermeintliche Gewimmel der E.T. klaren Regeln und Gesetzen, so wie auch die Eichhörnchen ihren eigenen Verhaltenscodex haben. Schauen wir uns einige dieser Regeln an, die auch in unserer Alltagswelt eine große Rolle spielen.

...zum Beispiel: Paulis Ausschlussprinzip

Eine dieser Regeln entdeckte der österreichische Physiker und Nobelpreisträger *Wolfgang Pauli* (1900-1958). Nach dem *Pauli-Ausschlussprinzip* müssen *Elektronen* auf den Orbitalen (=Kreisbahnen) im Atom bestimmte Plätze besetzen, ähnlich den Besuchern in einem Zirkuszelt, die nummerierte Plätze haben. Zwei Besucher dürfen nicht auf einem Sitz Platz nehmen, und es darf auch kein Sitz freibleiben. Bei den Orbitalen nimmt die Bindung zum Atomkern nach außen hin ab, sodass die äußeren Elektronen auf den hinteren Plätzen leicht weggerissen und gezwungen werden, mit anderen Atomen Bindungen einzugehen. Ohne *Paulis Ausschlussprinzip* würden sich alle Elektronen in der ersten Reihe (=im sicheren innersten Orbital) zusammendrängen und nicht freiwillig auf den äußeren Schleudersitzen Platz nehmen. *Paulis Ausschlussprinzip* zwingt sie aber dazu, sonst gäbe es keine Atomverbindungen, keine Moleküle und damit keine Materie.

Über Pauli kursieren unzählige Anekdoten. Er war als Perfektionist bekannt, nicht nur bei seiner eigenen Arbeit, sondern er geißelte auch Fehler seiner Fachkollegen unerbittlich. Er galt als *„Gewissen der Physik“*. Es ging das Gerücht, dass seine bloße Anwesenheit im Labor nicht nur Kollegen, sondern auch Geräte so nervös machte, dass sie in seiner Gegenwart versagten. Man nannte das den *„Pauli-Effekt“*.

...zum Beispiel: Quantensprung

Was wir schon wissen: *Elektronen* sind Erwin Schrödinger zufolge wie eine Welle rund um den Atomkern unterwegs. Laut Max Planck müssen die Wellenlängen immer ganzzahlig sein, das zwingt die Elektronen, als *Quanten* auf ganzzahligen, fixen *Flugbahnen* um den Atomkern zu fliegen.

Wenn die *Elektronen* nun von einer Flugbahn (=einem Energiezustand) auf eine höhere springen, dann ist das ein *Quantensprung*. Das *Elektron* befindet sich jetzt für kurze Zeit in einem instabilen, angeregten Zustand und fällt meist schnell zurück auf ein niedrigeres Energieniveau. Dabei gibt es die aufgenommene Energie in

Form eines Lichtteilchens (*Photons*) oder Wärme wieder ab. So eine Zustandsänderung des *Elektrons* läuft in unvorstellbar kurzen Zeitspannen ab, im Bereich von *Attosekunden*, also Milliardstel einer Milliardstel Sekunde.

Seit kurzem können Physiker der TU Wien diesen Vorgang beobachten: Der Quantensprung als kürzestes Theaterstück der Welt!

Der physikalische Quantensprung ist also nur eine winzige Veränderung eines Zustands eines Elektrons. Seine Anwendungen sind aber im Alltagsleben wichtig: In Neonröhren geben *Elektronen* durch solche Sprünge Licht ab. In Sternen helfen sie, Farben des Lichts zu erzeugen, die Astronomen analysieren können. In Solarzellen werden *Elektronen* durch Sonnenlicht angeregt, um Strom zu erzeugen. Und auch bei der Erzeugung von gebündeltem Laserlicht spielen Quantensprünge eine entscheidende Rolle.

In unserer Alltagssprache bezeichnet *Quantensprung* sprichwörtlich einen ungewöhnlichen Fortschritt, und auch in meinem Buch verwende ich den Begriff metaphorisch, wenn eine Entwicklung sprunghaft Fortschritte macht.

... zum Beispiel: Kernkraft

Wie wir schon wissen, rotieren im Atomkern die *Nukleonen*, also *Protonen* und *Neutronen*. Und in jedem *Nukleon* rotieren jeweils drei Quarks. All diese Bewegungen der rotierenden *Nukleonen* und *Quarks* auf engstem Raum erzeugen enorme Mengen Energie.

Stellen wir uns vor, 20 Tanzpaare tanzen enggedrängt in unserem UFO Walzer und Boogie, transpirieren und setzen dabei Wärme (also Energie) frei!

Wehe, wenn sie freigelassen: Kollidieren Atome, dann wird einerseits durch die herausgeschleuderten *Elektronen* dank Paulis Gesetz enorme Energie frei, andererseits zerfällt der Kern, und aus seinen *Nukleonen* entstehen wiederum neue Atome. Aus der Kettenreaktion – Zerfall des Atoms und Neubildung – entstehen gewaltige Energiemengen: Daraus schöpft die *Kernkraft* ihr enormes Potential zur Bewegung, Erwärmung oder Zerstörung riesiger Materiemengen. Das alles findet in Bruchteilen von Mikrosekunden statt, als Aufeinanderfolge winziger Blitze.

Jedes einzelne Atom hat also das Potenzial eines winzigen Atomkraftwerks.

...zum Beispiel: Laser

In Teilchenbeschleunigern können wir heute Atome gezielt aufeinander prallen lassen und so Atomspaltung und Neubildung von Atomen künstlich herbeiführen und beobachten, z.B. bei der Erzeugung von Laserstrahlen.[52]

Wir füllen eine Röhre, die an beiden Enden Spiegel hat, mit *Wasserstoff- und Heliumatomen*. Dann leiten wir Energie (elektrischen Strom) in die Röhre und warten. Der Energieschub regt Billionen von *Elektronen* dazu an, auf ein höheres Energieniveau zu springen (*Quantensprung!*). Dieser Zustand im Atom ist aber instabil. Fällt nun eines der *Elektronen* erschöpft auf ein niedrigeres Energieniveau zurück, wird ein *Photon* freigesetzt. Dieses *Photon* prallt auf ein benachbartes Atom. Hier wiederholt sich der Vorgang: *Elektron* fällt auf niedrigere Bahn, *Photon* wird emittiert. Dieser Prozess löst eine Kettenreaktion und damit eine Photonenflut aus. Schließlich schwingen Lawinen von *Photonen* synchron zwischen den Spiegeln hin und her und erzeugen den Laserstrahl. Findet man heute überall: an Supermarktkassen, in Krankenhäusern, bei Rockkonzerten, in Satelliten, in Laserschwertern.

Einen Quanteneffekt können wir übrigens nachahmen, wenn wir unter der Dusche in einem gekachelten Bad singen: Unsere Stimme klingt zwar etwas verzerrt, aber so mächtig wie die eines Opernsängers. Das liegt daran, dass nur die ganzzahligen Schallwellen, also die Quanten, von den Wänden reflektiert und verstärkt werden, die „unreinen" Töne werden eliminiert. Wir können also wie einst der große Pavarotti unter der Dusche eine Quantenarie singen!

Fragen, Rätsel und Geheimnisse

Nicht alle Vorgänge in der Quantenwelt und im Universum kann das *Standardmodell* erklären. Es finden sich noch viele – je nach Betrachtungsweise – dunkle oder weiße Flecken auf der Landkarte des Universums. Nach groben Schätzungen bestehen 70-80% aus unerforschten Zonen! Heißt andersrum: Trotz aller Erfolge der Physik und Kosmologie sind Dreiviertel des Universums unerforscht! Da bleibt noch viel Platz für seriöse Forschung, aber auch für wilde Spekulationen!

Dunkle Materie und Dunkle Energie

Physiker lieben dunkle Geheimnisse. Eines der größten ist die Tatsache, dass zwischen den uns bekannten Objekten, die durch das Weltall schweben, viel unbekannter Raum ist. Berechnungen und Messungen zeigen aber, dass dieser „leere Raum“ so leer nicht sein kann, weil darin offensichtlich jede Menge Masse und Energie vorhanden ist. Weil wir diese Geister mit den gegenwärtigen Methoden aber nicht direkt wahrnehmen und auch rechnerisch nur vermuten können, sprechen wir von *Dunkler Materie* und *Dunkler Energie.*

Im Gegensatz zur sichtbaren Materie ist bis heute ungeklärt, woraus die Dunkle Materie besteht. Während die sichtbare Materie sich im Laufe von Milliarden Jahren zu Sternen und Planeten verdichtet hat, verhält sich die Dunkle Materie gänzlich anders. Die mysteriösen Teilchen, aus denen sie besteht, bilden keine Atome und daher auch keine komplexeren Strukturen wie Moleküle. Obwohl es weltweit zahlreiche Projekte gibt, die einen Nachweis zum Ziel haben, ist es bisher nicht gelungen, auch nur ein Futzelchen *Dunkler Materie* aufzuspüren.

Weil sie träge zu sein scheinen, bezeichnen die Forscher*innen im typischen Physikerhumor die hypothetischen Teilchen als *WIMPs* (= Schwächlinge; zugleich ist WIMP die Abkürzung für *„Weakly Interacting Massive Particle“*. Würde man einen WIMP finden, wäre das eine wissenschaftliche Sensation, und das Standardmodell müsste neu geschrieben werden. Eine Theorie (Stand Frühjahr 2025) behauptet, dass *Dunkle Materie* nichts anderes sei als die Summe aller *Schwarzen Löcher.* Um die Unmenge *Dunkler Materie* zu erklären, müsste aber das Universum von *Schwarzen Löchern* übersät sein wie eine Wiese mit Maulwurfshügeln. Im Herbst 2025 spürte der japanische Astrophysiker *Tomonori Totani* einen Überschuss an Gammastrahlung auf, die von einer Kollision der WIMPS herrühren könnte.

Ähnlich ergeht es uns mit der *Dunklen Energie.* In unserem Universum muss es nach allen Berechnungen eine *(fünfte ???)* Kraft geben, die der *Gravitation* entgegenwirkt und die Ausdehnung des Universums nach dem *Big Bang* vorantreibt, die wir ja messen und beobachten können. Doch woraus diese *Dunkle Energie* besteht und wie sie genau wirkt, damit sie das Universum dehnt, ist bis dato unbekannt. Selbst ihre Existenz ist bislang bloße Theorie.

Die Diskussion über Dunkle Materie und Dunkle Energie ist zur Zeit wohl das heißeste Eisen in der Physik. Ich stelle mir Heerscharen von Forscher*innen vor, die mit Stirnlampen bewaffnet durchs dunkle Universum tappen und Mathematiker*innen über dunklen Formeln brüten. Auf Amazon findet man jede Menge Bücher mit schwarzem Cover und düsteren Titeln. Die Suche erinnert an die Alchimie des Mittelalters, wo in geheimen Laboren finstere Gestalten über dampfenden Flüssigkeiten gebeugt Gold herstellen wollten.

Dunkle Energie und Dunkle Materie befeuerte natürlich auch die Fantasie von Sci Fi – Autor*innen. Von *Perry Rhodan* bis *Star Trek* wird Dunkle Materie oder Energie vielfältig benutzt und eingesetzt, wahlweise als ur-böse Kraft oder als Superenergie.

Antiteilchen und Antimaterie

Nicht zu verwechseln ist die *Dunkle Materie* mit der *Antimaterie*. Auch sie gibt uns Rätsel auf, ist aber besser erforscht. Und vor allem: Wir kennen sie. Sie ist mitten unter uns!

Die meisten Wissenschaftler*innen glauben an Symmetrie im Universum: Zu jedem *Teilchen* braucht es ein *Antiteilchen*. Dieses sollte genau die gleichen Eigenschaften wie das entsprechende E.T. haben, seine Ladungen sind allerdings entgegengesetzt. Jedes *Elektron* hat daher ein *Antielektron* (man nennt es *Positron*), jedes *Quark* hat ein *Antiquark*, usw.

Wenn ein Teilchen sein Antiteilchen trifft, dann vernichten beide einander. Das nennt man *Annihilation*. Aus der dabei entstehenden Explosion entstehen wiederum neue Teilchen. Tatsächlich können wir heute in Teilchenbeschleunigern durch Kernspaltung *Elektronen* und *Positronen* erzeugen und wieder annihilieren. Aus der Energie, die bei der Auslöschung der Paare entsteht, bilden sich neue Teilchen. Stephen Hawking schreibt genüsslich:

> *„Es könnte ganze Antiwelten und Antimenschen geben. Sollten Sie Ihrem Antimenschen begegnen, geben Sie ihm nicht die Hand! Sie würden beide in einem großen Lichtblitz verschwinden.“* [53]

Das Bonus-Teilchen

Hinter der Antiteilchen-Theorie steckt eine spannende Story. Eigentlich sollten sich schon in der Entstehungsphase des Universums gleich nach dem *Big Bang* alle Teilchen und Antiteilchen annihiliert haben, damit Gleichgewicht und Symmetrie im Universum herrscht. Nun bestehen die Sonne, die Planeten und alle anderen Objekte im Universum aber aus Teilchen, also „normaler" Materie, die es eigentlich nicht geben dürfte.

Alles was denkmöglich ist, wird in der Physik auch angedacht. Aber: Wo sind denn alle Antiteilchen, wenn sie nicht annihiliert wurden? Wo sind sie alle, die Antiwelten? Wo gibt es Antisonnen, Antiplaneten, ein Antiuniversum?

Physiker hoffen, durch die genaue Untersuchung der Eigenschaften von bekannter Antimaterie einen Hinweis darauf zu finden, ***warum*** es das Universum, so wie wir es heute wahrnehmen, überhaupt gibt.

Ja sogar, ob es unser Universum gibt!

Denn eigentlich müssten ja alle Teilchen und Antiteilchen, die im *Big Bang* entstanden, einander annihiliert, also ausgelöscht haben! Hier setzt nun eine spannende Theorie an: Sie vermutet, dass nach dem *Big Bang* aus irgendeinem Grund pro Milliarde Teilchen-Antiteilchen-Paaren, die einander ordnungsgemäß annihilierten, ein zusätzliches Materieteilchen entstanden sein muss. Wie und warum, wissen wir noch nicht.

Sozusagen ein *Bonusteilchen*. Das klingt nicht gerade nach viel, reichte aber aus, um das gesamte Universum, wie wir es kennen, zu bilden: Wir leben also in einem Bonus-Universum bestehend aus Bonus-Teilchen!

Das hieße aber: Das Universum ist nicht völlig symmetrisch, wie wir lange geglaubt haben. Ein asymmetrischer Prozess in der Frühzeit des Universums muss für dieses Ungleichgewicht gesorgt haben.[54]

Antimaterie als Helferlein

Antimaterie ist nicht so exotisch und bedrohlich, wie sie klingt; sie entsteht zum Beispiel beim radioaktiven Zerfall.

* Jeder von uns erzeugt laufend Antimaterie: Der Körper einer Person, die 80 Kilogramm wiegt, strahlt pro Stunde etwa 180 Positronen aus, die beim Zerfall eines bestimmten *Isotops*[55] im Körper entstehen.

* Antimaterie kommt auch aus dem All geflogen: Winzig kleine Mengen von Antimaterie regnen konstant in Form von kosmischer Strahlung auf die Erde.

* Antiteilchen, also Positronen, werden schon lange in der medizinischen Diagnostik verwendet; die PET, also *Positronen-Emissions-Tomografie*, ist ein wichtiges bildgebendes Verfahren, für das Positronen verwendet werden.

Antiteilchen sind also trotz ihres Namens harmlose Helferlein. Im Film und im Roman haben sie aber das Image von Bösewichtern erhalten. In Dan Browns Vatikanthriller *„Illuminati"* ist Antimaterie so etwas wie eine Super-Atombombe, die die ganze Welt zerstören könnte. Ein Fläschchen davon wird vom Geheimbund der Illuminati aus dem CERN gestohlen....

Eschers „Wasserfall" und ein Ameisenhaufen

Insgesamt zählt die Quantenphysik heute 18 Arten von E.T., von denen wir die meisten freilich noch nie gesehen haben, manche nur berechnen können und eins (das *Graviton*) überhaupt nur vermuten. Die Quantenmechanik zeigt uns ein spannendes Match, in dem *Materieteilchen* (*Fermionen, die Baumeister*) und *Kräfteteilchen* (*Bosonen, die Elektriker*) ununterbrochen interagieren: *Kräfteteilchen* kollidieren mit *Materieteilchen*, sodass diese ihre Geschwindigkeit, ihre Richtung oder ihren Zustand (=ihre Ladung oder ihren Spin) ändern und sorgen zugleich für ihren Zusammenhalt. *Materieteilchen* wiederum saugen *Kräfteteilchen* auf und absorbieren sie oder spucken sie in veränderter Form wieder aus. Und dazwischen geistern *Antiteilchen* auf der Jagd nach ihrem Gegenüber und füllen die Leerräume.

Bei der Suche nach passenden Bildern für dieses chaotisch anmutende Gewimmel fallen mir die Wimmelbilder von Pieter Brueghel und von Hieronymus Bosch ein: je nachdem ob man eine eher fröhliche (z.B. Brueghels *„Kinderspiele"*) oder grausige (z.B. Boschs *„Weltgericht"*) Variante von unserem Universum sehen will.[56] Zur Quantenphysik passen auch gut die Bilder von C.F. Escher. Er malt Räume und

Bauwerke, die aus einzelnen Blickwinkeln sinnvoll aussehen, aber, wenn man sie als Ganzes betrachtet, widersprüchlich und unmöglich sind. Beispiele sind die Treppe, die scheinbar ständig aufwärts steigt und doch wieder dort unten landet, wo sie gestartet ist *(„Ascending and Descending")* oder *„Waterfall"*, bei dem Wasser in einem Loop bergab fließt, am Ende aber wieder oben ankommt.

Das Bild von der Mikrowelt, in der wir leben, ist ein Buntes, Chaotisches, manchmal Fröhliches, manchmal auch Furchterregendes. Während wir einen Stein, einen Apfel, ein Haus oder einen Berg als statische Objekte sehen, bestehen sie in Wirklichkeit aus unvorstellbar vielen kleinen durcheinander wirbelnden Teilchen. Und alle diese E.T. fliegen, krachen, kollidieren in jedem lebenden Wesen, in jedem Menschen, in dir und mir. Und sie verändern jede Materie, auch uns. Immer und ununterbrochen 24 Stunden am Tag. Unser Körper verliert ständig Atome und Moleküle – Hautzellen, Haare, Zellen aus dem Verdauungstrakt, Blutzellen usw. – , und nimmt ständig neue Atome aus der Umwelt auf: aus der Nahrung und aus der Luft. Dieser Austausch ist lebensnotwendig: Der andauernde Veränderungs- und Erneuerungsprozess ist eines der zentralen Merkmale des Lebens.

Jeder von uns ist ein anderer und doch der/dieselbe, wenn wir am Morgen aufwachen und ein paar Hunderttausend Atome über Nacht ausgetauscht wurden. Schau nach bei Heraklit: *"Man kann nicht zweimal in denselben Fluss steigen, denn andere Wasser strömen nach. Wir steigen in denselben Fluss und doch nicht in denselben, wir sind es und wir sind es nicht."*[57]

Vorstellbar ist das für unseren Intellekt gar nicht. Auch Analogbilder können nur eine vage Anmutung dessen beschreiben, was das Universum in jeder Sekunde antreibt. Manchmal glauben wir bei einem Waldspaziergang vor einem Erdhügel zu stehen und wenn wir näher kommen, entpuppt sich der statische Hügel als Ameisenhaufen, in dem tausende Tierchen durcheinander krabbeln. Ein Raumschiff, das aus einem anderem Universum auf uns zuflöge, würde vielleicht unser Universum als gigantischen Ameisenhaufen sehen.

Quantenfelder und Naturkräfte

Die Vorstellung einzelner E.T. scheint heute vielen Physiker*innen überholt, da die winzigen Kerle ja nie allein und isoliert auftreten, sondern nur in Schwärmen und in Wechselwirkungen mit anderen E.T. Die führende Theorie, um das Gewimmel zu ordnen, ist die Theorie der *Quantenfelder*, in denen die *Bosonen*, also die kräftetragenden E.T., unterwegs sind und die *Materie-Fermionen* mit Energie aller Art versorgen.[58] *Bosonen* fliegen demnach nicht einzeln umher, sondern ordnen sich *Quantenfeldern* unter.

> Ich stelle mir die *Bosonen* als Insektenschwarm vor, der über ein Pflanzenbeet herfällt und einerseits den Pflanzennektar aufsaugt, andererseits die Pflanzen bestäubt: wie riesige interstellare Insektenwolken, die durchs Universum schweben.

Quantenfelder: Fliegende Kraftwerke

Die Feldtheorien zwingen die Physiker*innen, auf die Unterscheidung zwischen Materie (=festen Körpern) und Leere zu verzichten. Während wir beispielsweise das Weltall am Nachthimmel als Vielfalt von leuchtenden Objekten mit viel schwarzem Raum sehen, gibt es diese Trennung in der physikalischen Wirklichkeit nicht, da Quantenfelder Objekte und Raum gleichermaßen durchdringen: Objekte sind niemals abgeschlossene Dinge, und der Raum ist niemals leer. Beide Zustandsformen werden in jeder Sekunde von Quantenfeldern durchströmt und wechselwirken.[59]

> Mit mir geht wieder einmal die Fantasie durch: Ich sehe einen kleinen Planeten vor mir, der fröhlich und ahnungslos durchs Weltall düst und plötzlich von einem *Bosonen*-Schwarm eingehüllt wird. Myriaden winziger *Bosonen* dringen in alle Poren des Planeten und beginnen sich mit seinen *Fermionen* zu vermischen. Je nach der Art des Quantenfeldes ändert sich der Charakter des kleinen Planeten. Vielleicht wird er radioaktiv aufgeladen; vielleicht erwärmt er sich oder kühlt aus; vielleicht wird er abgelenkt, fliegt schneller oder langsamer oder in eine andere Richtung; vielleicht bekommt er einen anderen Spin, sodass Tag und Nacht vertauscht werden.

Vielleicht bekommt er auch einen Vitaminboost, und es entstehen Wasser und Luft und Gras und Vieh, so wie einst unsere Erde. Diese wurde und wird zu jeder Zeit von Quantenfeldern eingehüllt, die unser Leben auf der Erde erst möglich machen: ohne *Elektromagnetismus, Gravitation, schwache* und *starke Kernkraft* wäre unsere Erde nie entstanden und könnte sich nicht so munter drehen, wie sie es schon seit ein paar Jahren tut.

Die vier Naturkräfte

Die Idee von Naturkräften, die für alle Vorgänge auf der Erde und im Himmel verantwortlich sind, ist schon sehr alt. Möglicherweise war die Idee der *Gravitation*, also der Schwerkraft, schon im alten Indien bekannt. Die griechischen Naturphilosophen dachten schon 500 v.Chr. über *Magnetkraft* und *Elektrizität* nach. Diese beiden Kräfte wirken über große Entfernungen im Makrokosmos und in unserer Alltagswelt. Die *starke und schwache Kernkraft* sind Entdeckungen des 20.Jahrhunderts, sie wirken nur auf den winzigen Distanzen im atomaren und subatomaren Bereich, können aber trotzdem so gewaltige Wirkungen wie Atombomben auslösen.

Die Quantenphysik untersucht nun, wie diese vier Kräfte auf der *Quantenebene* funktionieren und postuliert eben die Existenz von *Quantenfeldern.* Eine der spannendsten Aufgaben der Physik ist es heute, Gesetze der klassischen Physik und Erkenntnisse der Quantenmechanik zu harmonisieren. Das wäre die Voraussetzung für ein widerspruchsfreies Verständnis der Natur, in dem sich klassische Physik und Quantenphysik nicht widersprechen.[60]

Die erste Feldtheorie: Elektromagnetismus

Die erste Idee von Kraftfeldern – noch lang vor der Quantenphysik – war die klassische Theorie des Elektromagnetismus. Sie fußt auf Michael Faradays Forschungen (um 1820) und wurde von James Clerk Maxwell begründet, der 1860 die beiden Kräfte *Magnetismus* und *Elektrizität* fusionierte und als *elektromagnetische Kraft* etablierte. Die Wechselwirkungen zwischen Magnet und Energie stellte er sich als elektromagnetisches Feld vor, eine alles durchdringende Wolke.

Dieses Feld ließ sich gut in die Quantenphysik übertragen: Die *Quanten-Elektrodynamik* (QED) beschreibt Magnetismus und Elektrizität als Wechselwirkung zwischen *Quanten*. Die Träger sind unsere alten Freunde, die *Photonen (also Bosonen)*, die die elektromagnetische Kraft (und damit alle Strahlungen einschließlich Licht) übertragen und die *Elektronen (also Fermionen)*, die diese Kräfte aufnehmen und dadurch elektromagnetisch aufgeladen werden. Hawking beschreibt einen (von vielen möglichen) Vorgängen, wie *Photonen* und *Elektronen* wechselwirken:

> *„Ein Elektron emittiert ein Photon, prallt dabei zurück wie ein Gewehrlauf nach einem Schuss. Darauf knallt das Photon mit einem anderen Elektron zusammen und wird von diesem absorbiert, wodurch sich dieses Elektron verändert (z.B. seine Bewegung, seine Ladung, seinen Spin).“* [61]

Klingt unübersichtlich und ein wenig spooky. Stelle ich mir vor wie eine Schlacht der Gespensterpiraten aus *„Fluch der Karibik“*, in dem die Geister immer wieder sterben und gleich darauf wieder fröhlich *aufstehen* und weiterkämpfen.

Mein Mathematikheft und Feynmans Diagramme

Der Erfinder der Quantenfeldtheorie des Elektromagnetismus ist *Richard Feynman* (1918 – 1988). *„Ich glaube, sicher sagen zu können, dass niemand die Quantenmechanik versteht.“* [62], sprach der US-amerikanische Nobelpreisträger des Jahres 1965, der wohl die Quantenmechanik am besten von allen Zeitgenossen verstand. Feynman war genialer Physiker, brillanter Autor und begnadeter Spaßmacher. Er arbeitete während des Zweiten Weltkrieges in Los Alamos an Oppenheimers *Manhattan Project* zur Entwicklung der Atombombe mit, unterrichtete an verschiedenen Universitäten und fand noch Zeit, in einem Nachtclub die Bongotrommeln zu schlagen. Er ärgerte gern seine Kollegen, weil er ein Meister im Knacken ihrer Dokumentensafes war.

Die Theorie, Elektromagnetismus als Quantenfeld zu beschreiben, gilt heute als gesichert. In der Praxis sind Berechnungen auf Quantenebene aber schwierig, es steckt der Teufel im Detail, und dieser Teufel heißt *Quantenbedingung.* Es müssen in der Quantenwelt immer *Heisenbergs Unschärferelation* und die *Schrödingergleichung* mitbedacht werden! Es gibt daher nicht nur unzählige, mögliche Varianten, wie *Photonen* und *Elektronen* interagieren können, sondern zu jeder Variante gibt es zu allem Überdruss nicht nur *eine exakte*, sondern *unendlich viele wahrscheinliche*

Lösungen. Dadurch wird jede Berechnung kompliziert, die Gleichungen werden endlos, und die Ergebnisse lauten „*unendlich*".

Diese schauen ein bisschen so aus wie mein Mathematikhausübungsheft im Gymnasium, in dem auch das Zifferngekritzel in jeder neuen Zeile länger und unverständlicher wurde.

Feynman fand eine geniale Lösung: Er entwickelte eine grafische Methode, die berühmten *Feynman-Diagramme* [63], in denen er die Wechselwirkungen der E.T. in wenigen, kombinierbaren Symbolen darstellte. Er schaffte damit das Kunststück, die komplizierten Endlos-Rechnungen in simplen Zeichnungen zu visualisieren. *Feynmans Diagramme* gehören heute zu den wichtigsten Kunstwerken der Physik, sie kommen in Genialität Picassos Strichzeichnungen nahe. Mit *Feynmans Diagrammen* lassen sich *alle* möglichen Interaktionen von E.T. visualisieren.

Eins seiner genialen Diagramme ist am Titelbild dieses Buches zu sehen: Es zeigt die Annihilation eines Positrons und eines Elektrons und Verwandlung in ein Photon.

Das Problem des Ergebnisses „unendlich" ließ sich durch die Diagramme aber nicht aus der Welt schaffen. Dafür erfanden Feynman und Kollegen einen mathematischen Trick, den sie „*Renormierung*" nannten, bei dem man – völlig laienhaft und respektlos ausgedrückt – positive und negative Unendlichkeiten gegenseitig so lange hochrechnet, bis ein vernünftiges Ergebnis herauskommt. Die Methode ist mühsam und unelegant, die Ergebnisse stimmen aber mit vielen Experimenten überein.

Renormierung ist Schummeln auf allerhöchstem Niveau und wurde mit dem Nobelpreis belohnt! In München ist übrigens ein Platz im Stadtteil *Altstadt-Lehel* nach Feynman benannt, weil die Kreuzung mehrerer Straßen aus der Luft ausschaut wie ein Feynman-Diagramm.

Quantenfelder der schwachen und starken Wechselwirkung

Der Erfolg der Quanten-Elektrodynamik (QED) regte die Physiker dazu an, auch die anderen Naturkräfte quantenmechanisch zu beschreiben. Tatsächlich gelang es, die *schwache* und die *starke Kraft* auch als Wechselwirkung von Quanten darzustellen.

* Die *starke Kernkraft* wirkt in allen Atomen: Sie bindet die Nukleonen im Kern der Atome. Dabei kommt das Gluon ins Spiel. Wir erinnern uns, dass je drei Quarks die Protonen oder Neutronen bilden. Dass diese Quarks aneinander kleben, besorgt das *Gluon.* Es pickt wie UHU-Alleskleber und zwar so stark, dass die Quarks wirken, als wären sie mit starken Gummibändern verbunden. Das funktioniert aber nur dann, wenn die Zahl der Protonen und Neutronen im Atomkern ausgeglichen ist. Drängen sich zu viele Protonen im Kern, dann fliegt dieser auseinander. Hat der Kern zu viele Neutronen, dann zerfällt er.

* Für diesen Zerfall zeichnet die *schwache Kernkraft* mit *W-Boson und Z-Boson* verantwortlich: Das ist die elementare Kraft, die eine wichtige Rolle in der Umwandlung von Teilchen in andere spielt. Beim Zerfall von Neutronen entstehen wie durch Zauberhand ein neues Proton, ein Elektron und ein Neutrino. Dieser Vorgang heißt radioaktiver Zerfall und erzeugt Radioaktivität mit all ihren positiven und bedrohlichen Erscheinungsformen – von der Röntgentechnik bis zur Atombombe. Im Universum wirkt die schwache Kernkraft bei der Entwicklung der Sterne entscheidend mit. Sie gibt den Sonnen ihre Energie und ist der Grund, warum das Erdinnere heiß ist. Ihre Energie verursacht feuerspeiende Vulkane und schreckliche Erdbeben. Ganz so schwach wie ihr Name ist sie also nicht.

Gravitation

Die *Gravitation* ist zwar die schwächste, aber zugleich die weitreichendste Kraft, die auf alles im Universum anziehend wirkt. Auf der Erde gelten unverändert die klassischen Newtonschen Gesetze, im Universum gilt Einsteins Version der Gravitationslehre in der *Allgemeinen Relativitätstheorie* (vgl. S.106). Gemäß der Quantenfeldtheorie sollte es aber auch ein Gravitationsfeld geben, das gequantelt ist. Diese Quanten nannte man vorsorglich „*Graviton*“, konnte diese zwar bisher mathematisch darstellen, empirisch aber noch nicht beweisen.

Physiker gehen also heute davon aus, dass *Quantenfelder* die vier elementaren Kräfte der Natur steuern. Die dafür verantwortlichen E.T. sind allesamt *Quanten* aus der *Bosonen*-Familie. Drei Quantenfelder konnte man auf diese Weise definieren, das vierte, das Gravitationsfeld, sucht man noch (Achtung, Running Joke!).

Higgs-Boson Superstar

Und dann gibt es noch jemanden, von dem man noch nicht sicher weiß, ob er zur Bosonenfamilie gehört oder ein genialer Einzelgänger ist.

Eine Theorie besagt, dass alle vier Naturkräfte nach dem *Urknall* ursprünglich *eine* gemeinsame Kraft waren und dass damit das Universum in perfekter Symmetrie war. Durch die Ausdehnung des Universums begannen sich die Kräfte aufzuspalten und abzuschwächen. Im ursprünglichen Universum hatten die *Fermionen,* also die späteren Materieteilchen, noch keine Masse. Solange alle vier Kräfte gemeinsam wirkten, waren die Teilchen gleichmäßig verteilt und stabil. Durch das Auseinanderdriften der vier Kräfte drohten die masselosen *Fermionen* sich in einem ungeordneten Chaos zu verlieren wie Sandkörnchen in einem Sturm.

Lange war unklar, woher die *Fermionen* ihre Masse haben, manche mehr, manche weniger. Hier kommt nun die Theorie vom *Higgs-Feld* und vom *Higgs-Boson* ins Spiel. Der britische Physiker Peter Higgs vermutete, dass es ein überall im Universum vorhandenes *Higgs-Feld* gibt, in dem *Higgs-Bosonen* mit allen *Fermionen* wechselwirken und ihnen ihre Masse verleihen.

Das *Higgs-Feld* wirkt wie eine Sauce, durch den alle *Fermionen* durchtauchen und durch die Berührung mit dem *Higgs-Feld* Masse erhalten. Vielleicht kann man sich das wie Erdbeeren (= *die Fermionen*) vorstellen, die man in eine Schokoladesauce (= das *Higgsfeld*) tunkt. Manche E.T. bekommen viel Masse /Schokolade ab, wie zum Beispiel der dicke Vetter *Myon* und die zuckersüßen *Quarks*. Die schlanken *Elektronen* hingegen sausen teflonartig und berührungslos durchs Schokoladefeld und bleiben masselos, weswegen sie beinahe auf Lichtgeschwindigkeit beschleunigen können.

Das *Higgsfeld* verleiht also den Fermionen ihre Masse, woraus alle Materie entstand.

Wem das Bild zu süß ist, der kann sich das Universum auch als großen Topf vorstellen, in dem wir Salzwasser *(=das Higgsfeld)* erwärmen. Dahinein schütten wir eine Handvoll rohe Nudeln (= masselose Fermionen). Wenn nun das *Higgsfeld/Salzwasser* sich wärmt, schwärmen die *Higgs-Bosonen* brodelnd aus und verleihen den Fermionen Masse, so wie das Salzwasser den trockenen Nudeln ihre Fülle und Geschmack gibt. Aus masse- und orientierungslosen Fermionen wird nach neun Minuten ein Teller dampfender Nudeln: das geordnete System, das wir heute Standardmodell nennen.

Diese Theorie, die 1964 von Peter Higgs entwickelt wurde, konnte 2011 experimentell untermauert werden, als man ein *Higgs-Boson* im CERN fand. Es blitzte zwar nur für den Bruchteil eines Bruchteils einer Tausendstelsekunde auf, aber das reichte, um es zum Superstar unter den E.T. zu machen, weil es als Beweis für das Standardmodell und als besonders wichtiger Puzzlestein für ein komplettes Bild unseres Universums gilt. Ohne das *Higgs-Teilchen* und seine Bindekraft wären alle Objekte dieser Welt nur flüchtige Gase.

Zwischen der Theorie und seiner experimentellen Bestätigung lagen 47 Jahre mit unzähligen Höhen und Tiefen, Pannen und Irrwegen, technische Mängeln und fehlenden Geldern. Zwei bis drei Generationen von Forschern, insgesamt viele Tausend, arbeiteten am Beweis der Theorie mit. Und selbst als am 11.November 2011 in zwei getrennten Laboren im Teilchenbeschleuniger LHC das solange erhoffte Signal aufblitzte, dauerte es noch bis zum 4. Juli 2012, bis die Forscher die Signale hundertfach gecheckt und gegengecheckt hatten, mögliche Rechen- und Versuchsfehler ausgeschlossen hatten, bis die Theorie als gesichert galt.[64]

Als man das Higgs-Boson schließlich präsentierte, war der Jubel groß, manche Physiker sprachen sogar vom „Gottesteilchen". Es war das allererste Mal, dass ein *Boson* (wenn auch nur für Bruchteile von Sekunden) gesichtet wurde. Damit war die Theorie der Quantenfelder bewiesen und vor allem wurde geklärt, warum es im Universum nicht nur Gaswolken gibt, sondern feste Objekte mit unterschiedlicher Masse – von der Feder eines Vogels bis zum Körper eines Gesteinsplaneten.

Es ist ein berührender, historischer Fernsehmoment, als in einem Hörsaal, gefüllt mit weltberühmten Physikern in Anwesenheit des ehrwürdigen, tief gerührten Prof. Higgs, unter tosendem Applaus die Entdeckung des Higgs-Bosons verkündet wurde, das er 50 Jahre früher vorhergesagt hatte.

Eins aus vier: Die Suche nach der Vereinheitlichung

Stellen wir uns eine banale Situation vor. Wir wollen die Verkehrsflüsse einer Großstadt wie Wien berechnen. Dazu benennen wir vier Gruppen von Verkehrsteilnehmer*innen: die Fußgänger, die Radfahrer, die Öffis und die Autos. Für jede dieser Gruppe können wir Felddiagramme entwickeln, wie sie am besten durch die Stadt navigieren. Freilich werden diese Felddiagramme einzeln und isoliert nie stimmen, weil ja die Felddiagramme aller Gruppen einander beeinflussen: Radfahrer behindern Fußgänger und umgekehrt, Autos gefährden Radler und Fußgänger; Fußgänger trampeln ahnungslos auf Radwegen herum; Öffis nehmen den drei anderen Gruppen den Vorrang weg oder stehen im Autostau usw.

Dasselbe Problem gibt es bei der Wechselwirkung der vier Naturkräfte bzw. der Quantenfelder. In der Realität überlagern und überschneiden einander alle Felder ständig und beeinflussen einander. In einer Quantenrechnung müssen zusätzlich immer unendlich viele *mögliche* Wechselwirkungen und Wahrscheinlichkeiten mitgedacht werden, sodass alle Berechnungen uferlos sind und schließlich – wir wissen es schon! – „*unendlich*" als Ergebnis ausdrucken. Das Ergebnis, das die Physiker*innen am meisten hassen. Sie sprechen von der *Seuche der Unendlichkeiten.*

Daher versuchen Quantenphysiker*innen seit Jahren, aus vier Theorien eine gemeinsame Quantenfeldtheorie zu entwickeln: mit *einer* schönen, schlanken, gemeinsamen Superformel, die die Mechanismen aller vier Kräfte vereinigt, auf dass man das Universum staufrei durchqueren kann wie den Karlsplatz in Wien.

Mittlerweile ist die Vereinheitlichung von drei der vier Quantenfeldtheorien gelungen (elektromagnetischer, schwacher und starker Kraft). Man spricht etwas großspurig von der G.U.T. *(Grand Unified Theory).* Es scheint vieles darauf hinzudeuten, dass die vier verschiedenen Kräfte auf eine gemeinsame Kraft zurückgehen, die nach dem Urknall im Universum wirkte und dann zerfiel. Damit wäre das heute gültige „*Standardmodell*" der E.T. vervollständigt und die eine Superformel des Universums entdeckt.

???

Fast.

Mit einer winzigen, aber wichtigen Ausnahme, *(Achtung Running Joke!)* der *Gravitation*. Bis heute lässt sich die *Gravitation* nicht in die Reihe der anderen Kräfte einordnen: Wir können sie zwar dank Newton und Einstein auf der Erde und im Weltall gut und präzise berechnen, aber nicht in der Quantenwelt. Da aber alle Phänomene im Universum auf Quantenereignisse zurückzuführen sind, fehlt dieses wichtige Stück im Puzzle. Die sogenannte G.U.T. ist also unvollständig.

Nicht alle Physiker glauben an die Existenz der G.U.T. Einer spottete, die G.U.T. wäre, wie wenn man ein Schnabeltier, ein Erdferkel und einen Wal miteinander gekreuzt und das Ergebnis zum elegantesten Tier der Natur erklärt hätte.[65]

Viele Fragen, viele Experimente, viel Geld

„Teilchen-Kollision ist, wie wenn man ein Klavier aus dem Fenster wirft und dann versucht, sämtliche Eigenschaften des Klaviers aus dem Klang des Aufpralls abzuleiten."[66]

Quantenforscher auf der ganzen Welt versuchen, den faszinierenden Tanz der E.T., ihr ständiges Werden und Vergehen, Verschmelzen und Vernichten zu erforschen – rechnerisch und empirisch: Immerhin verdankt unser Universum seine Entstehung und seine jetzige Existenz diesem scheinbar chaotischen Wechselspiel der E.T.

Die Forschung ist kompliziert, weil die E.T. und ihre Vorgänge so winzig klein sind, dass wir sie oft nicht direkt *beobachten*, sondern nur auf Grund ihrer Wirkung *errechnen* können. Die meisten Experimente erfordern Unmengen an Ressourcen: riesige Räume, enorme Energiemengen, komplexe Rahmenbedingungen, Unsummen an Geld. Für ein einziges Experiment über den Zerfall *eines* Protons wurde ein stillgelegtes Bergwerk in ein Labor verwandelt und 8 Millionen Liter Wasser verbraucht. Teilchenflüge wie Peter & Paul finden mittlerweile zwischen weit entfernten Messstellen statt (z.B. zwischen Teneriffa und Lanzarote – mit entsprechendem Materialaufwand auf beiden Inseln).[67] Längst schielen die Physiker nach dem Weltraum, wo die erforderlichen „Laborbedingungen" herrschen. Viele Versuche finden schon heute zwischen der Erde und Raumstationen bzw. Satelliten statt, viele andere sind finanziell und technisch schlicht nicht möglich.

Symbolhaft für die Quantenforschung wurde das „CERN", die europäische Organisation für Kernforschung, in der Nähe von Genf, wo mit Hilfe großer Teilchenbeschleuniger der Aufbau des Universums untersucht wird. 3400 Mitarbeiter*innen und 14.000 Gast-Wissenschaftler*innen aus 85 Nationen arbeiten an CERN-Experimenten. In einem ringförmigen Tunnel von 27 km Länge, dem *Large Hadron Collider (LHC)*, werden Teilchen auf nahezu Lichtgeschwindigkeit beschleunigt und aufeinander geschossen, um ihre Wechselwirkungen zu erforschen. Immer neue Teilchen werden entdeckt, was das Gewirr im Universum nicht weniger macht, zuletzt das *Higgs-Boson*. Und auch das Gewirr der aufgeregten Wissenschaftler*innen ist beträchtlich, die wie E.T. in ihren Labors durcheinander schwirren, wenn ein neues Experiment gestartet wird.

Das Grundprinzip der Experimente ist dabei immer gleich: *Kollision* – ein E.T. prallt auf ein weiteres. Entweder schließt man aus den Trümmern auf die Bestandteile der E.T. oder man staunt über die Fusion der beiden. Ein Physiker erklärte diese Methode so:

> *„Man kann das […] vergleichen, als würde man sich fragen, aus welchen Einzelteilen ein bestimmter Pkw aufgebaut ist, hat aber dummerweise keine Werkzeuge, um ihn auseinander zu schrauben. Die Lösung: Man lässt ein Auto mit möglichst hoher Geschwindigkeit frontal gegen ein anderes Auto prallen, und versucht dann, aus den Trümmern abzulesen, aus welchen Teilen der Wagen aufgebaut ist."* [68]

Was bringt diese sündteure Grundlagenforschung?

Wir sind in einer merkwürdigen Situation. Es gibt eine physikalische Theorie, nämlich das *Standardmodell* der *Quantentheorie*, mit der wir verlässlich Phänomene auf der subatomaren Ebene und (wie wir noch sehen werden) im Universum berechnen können, in der sich aber die Hauptpersonen, die E.T., unserer Vorstellung meist entziehen. Dennoch können wir mit ihnen umgehen – experimentell wie theoretisch – und unsere moderne Technik darauf aufbauen.

Wir haben am Anfang des Kapitels zwei besondere Teilchen kennengelernt: das *Elektron* und das *Photon*. Allein das genaue Wissen um die Funktion der beiden bildet die Voraussetzung für *alle* elektromagnetischen Vorgänge in der Natur und damit für praktisch alle Geräte und Systeme, die Strom erzeugen oder verbrauchen, sowie die Grundlage für alle Lichteffekte, von der einfachen Taschenlampe bis zur Laserstrahlung. Ohne dieses Wissen wäre die gesamte Computertechnik und digitale Datenübertragung undenkbar.

Auch wenn die Quantenmechanik bis heute unseren Verstand und unsere Fantasie überfordert, ist sie längst im Alltag angekommen: Fortschritte in Medizin, Wirtschaft, Technik, Mobilität, Kommunikation wären ohne das Einbeziehen der Quantenphänomene undenkbar, ebenso wie die K.I., die längst in vielen Bereichen den Menschen ersetzt und überflügelt: in statistischen Auswertungen, im Recherchieren und Speichern des menschlichen Wissens, in der Spracherkennung, in Bildklassifikation und unzähligen anderen Bereichen. In Anton Zeilingers Worten:

„Wir können mit großer Sicherheit davon ausgehen, dass die Quantentheorie auf so solider Grundlage steht, dass sie (...) heute ein zentraler Punkt unserer Naturbeschreibung ist."[69]

Wir haben in der Einleitung über Modelle, die die Wirklichkeit beschreiben, diskutiert. Die Quantenphysik liefert solche Modelle: Sie scheinen manchmal einem Horrorroman oder einem psychedelischen Drogenrausch zu entstammen und widersprechen unserem Hausverstand. Aber so absurd die Modelle uns auch erscheinen mögen, sie bewähren sich in unserem Alltagsleben und bereichern alle Lebensbereiche.

Tauchen wir aus der Liliputwelt der E.T. wieder auf und freuen uns, dass all die kleinen Kerlchen in und um uns verlässlich die Arbeit erledigen, sodass wir im Garten der Alltagsrealität in einem Liegestuhl in der Sonne sitzen und eine Schale Kaffee oder eine Tasse Tee genießen können.

Der Makrokosmos: Das Universum

Es ist Abend geworden, und wir sind schon ein wenig müde und ziemlich durchgerüttelt vom Flug durch die Quantenwelt. Lehnen wir uns daher im UFO in unseren Fauteuils zurück, schauen durch die Glasdecke in den Nachthimmel und bewundern die Sternbilder, den Großen und den Kleinen Wagen und die Cassiopeia. Unsere Neugier ist sofort wieder hellwach: Woher kamen die Sterne? Woraus besteht das „Firmament", das wir über uns sehen? Und wie fing alles an?

„Unser" Universum

Woher kam das Universum?[70] Die alten Ägypter glaubten, dass am Anfang ein Ei war, das im Nil schwamm. In Polynesien glaubte man, dass das Universum in einer Kokosnuss begann. Und die Christen glauben, dass das Universum begann, als Gott den Lichtschalter anknipste.

Der Anfang des Universums ist naturgemäß ein heftig diskutiertes Thema – bei Naturwissenschafter*innen genauso wie bei Philosoph*innen und Theolog*innen. Schließlich war ja keiner von uns dabei. Wie ist das Universum wirklich entstanden? Wie laut war der Urknall, aus dem sich nach dem aktuellen, wissenschaftlichen Konsens das Universum entwickelte? Was war vor dem Urknall?

Was ist ein Universum?

In der Antike und in der Bibel sah man den Himmel als *„Firmament"*, als solides, stabiles Gewölbe. Die moderne Wissenschaft betrachtet das Universum als unendliche Ausdehnung des Weltraums ohne Barrieren, als „Gesamtheit von Raum, Zeit, Materie und Energie".

Unser *Universum* besteht aus unzählbar vielen *Galaxien* (man schätzt 200 Milliarden!). Eine *Galaxie* ist eine durch Gravitation gebundene Ansammlung von Sternen, Planetensystemen, Gasnebeln, Staubwolken, Schwarzer Löcher und sonstigen astronomischen Phänomenen. Ihr Durchmesser kann hunderttausende Lichtjahre betragen. Eine dieser Galaxien ist unsere *Milchstraße*. Wir vermuten, dass in ihr zirka 100 - 200 Milliarden (!) *Sonnen* mit dazugehörigen Planeten kreisen. Eines dieser *Sonnensysteme* ist unsere Sonne mit ihren acht Planeten. Den neunten, den Pluto, hat man kürzlich degradiert, weil er zu klein war.

Die Milchstraße können wir mit freiem Auge am Nachthimmel sehen, etliche andere *Galaxien* können wir im Fernglas beobachten, allerdings immer nur ihre Vergangenheit, weil sie so weit entfernt sind, dass selbst ihr Licht Jahrtausende braucht, um bei uns auf der Erde zu landen. Wir sehen also am Sternenhimmel Lichter der Vergangenheit..

Alle möglichen physikalischen Berechnungen betreffen immer nur dieses, unser *Universum*. Alles darüber hinaus ist Spekulation, weil wir ja nicht wissen, welche Regeln außerhalb unseres Universums gelten, falls es dieses „Außerhalb" gibt. Dennoch denken etliche Forscher*innen über dieses Universum hinaus, in einen weiten, weiten *Kosmos*, in dem vielleicht auch andere Universen und andere Dimensionen existieren.

Warum tun wir uns schwer, das Universum zu erforschen?

Die *Kosmologie*, die Forschung über das Universum, ist extrem fordernd: Wir können ja keine Experimente machen, indem wir beispielsweise Druck oder Temperatur des Universums verändern, wir können es nicht in ein Reagenzglas füllen und erhitzen, wir können es nicht von außen oder oben oder von innen betrachten, und wir können es auch (noch) nicht mit anderen Universen vergleichen, wenn es denn solche gibt. Daher ist die Forschung oft auf Interpretation und Vermutung angewiesen.

Dazu kommt, dass die beiden wichtigsten Theorien, um das Universum zu „vermessen", die Quantentheorie und die Relativitätstheorie, einander im zentralen Punkt der Gravitation noch widersprechen. (*Achtung! Running Joke!*) In den letzten 40 Jahren hat sich die *Big Bang – Theorie* über das Universum weitgehend durchgesetzt. Es gibt zwar auch Kritiker*innen, die auf Unzulänglichkeiten in der Forschung hinweisen, die diversen Alternativtheorien weisen aber allesamt dieselben Schwächen auf.

Um das Problem der Forschung an einem Beispiel zu zeigen: Die Erde düst mit 30 km/sec (!) um die Sonne, diese kreist mit 220 km/sec (!) um das Zentrum unserer Milchstraße, diese bewegt sich mit 200 km/sec (!) durch das Universum auf eine andere Galaxie zu, die sich mit ähnlicher Geschwindigkeit von uns wegbewegt. Da alle diese Objekte keinen Tacho haben, können wir Geschwindigkeiten und Richtungen nur indirekt (z.B. durch Rotverschiebung in der Farbskala der Temperaturen) messen. Jede kleinste Ungenauigkeit in der Messung, eine winzige mikromillimeterkleine Abweichung vom Kurs, eine unerwartete Gaswolke vor der Linse, die die Temperatur und damit die Farbe um Mikromikrotausendstel Grad verändert, hat in diesen Dimensionen enorme Auswirkungen auf die Ergebnisse.

Wann fängt das Universum an?

Dank dem irischen Bischof James Usher (1581 – 1656) wissen wir es genau: Laut seinem Kalender, der sich auf die Bibel stützt, fand der Schöpfungsakt im Jahre 4004 vor Christi Geburt am 23. Oktober um 09.00 Uhr Vormittag statt.

Es gibt aber auch unzählige andere Theorien, wie alt unser Universum sei, wobei in alten Quellen oft *Universum* mit *Sonnensystem* oder *Erde* gleichgesetzt wird. Heute können wir aufgrund von Beobachtungen und Berechnungen das Alter des Universums mit 13,81 Milliarden Jahren datieren. Unser Sonnensystem wird auf 4,5 Milliarden Jahre geschätzt.

Der Urknall

Gab es einen Anfang, oder gibt es das Universum schon ewig und fünf Minuten?

Die Physik bietet einen simplen Beweis, dass das Universum einen Anfang hatte. Wir können ihn jeden Tag am Nachthimmel sehen. Hätte das Universum mit seinen Galaxien und Sternen schon immer bestanden, dann hätten all die vielen Sterne unendlich viel Zeit gehabt, ihr Licht und ihre Wärme abzustrahlen, und dann wäre das Universum und damit unser Himmel immer hell und ziemlich warm. Weil das Universum aber noch jung ist und sich überdies ausdehnt, hat uns das Licht vieler Sterne noch nicht erreicht, und wir stehen nachts im Dunkeln und sehen nur ihre weit entfernten Scheinwerfer blass am dunklen Himmel.

Wenn wir genau hinhören, können wir die Entstehung des Universums als Rauschen hören, als *kosmische Hintergrundstrahlung*, die sich durch Zeit und Raum immer noch ausbreitet. Diese wurde 1964 von den amerikanischen Physikern *Robert Wilson* und *Arno Penzias* entdeckt, die einen besonders empfindlichen Mikrowellendetektor gebaut hatten und damit elektromagnetische Strahlung im Universum entdecken wollten. Zu ihrer Enttäuschung hörten sie, egal wohin sie den Detektor auch richteten, immer dasselbe gleichförmige Rauschen und vermuteten zunächst, dass ihr Gerät defekt sei oder Vogelkacke die Apparatur verdrecke, bis sie nach und nach realisierten, dass sie nichts Geringeres als den Nachhall des Urknalls hörten. Die Strahlung stammt aus den Anfängen des Universums, als sich Elementarteilchen in Kettenreaktionen zu Atomen zusammenschlossen. Da war das Universum von einer dichten, heißen Dampfwolke von interagierenden, explodierenden und sich transformierenden Teilchen verhüllt, bis nach und nach daraus Materie entstand, die die Nebel aufsog.

Es klarte auf, und es wurde Licht.

Dieses erste Licht, das in die neue Welt strahlte, wurde durch die Ausdehnung des Universums in ein tiefes Infrarot verschoben, das als Mikrowellenstrahlung bis heute messbar ist. Dass wir Licht hören können, liegt daran, dass die elektromagnetische Strahlung mit unterschiedlichen Wellenlängen für beides verantwortlich ist, so wie wir ein Gewitter ja auch als Blitz sehen und als Donner hören können. Auf alten Transistorgeräten können wir das Hintergrundrauschen tatsächlich hören, wenn wir am Empfängerrad nach Frequenzen suchen.

Am Anfang war ein Punkt

Beginnen wir also dort, wo unser Universum begann: mit dem *Urknall.* Aus komplizierten Berechnungen können wir mit einer Abweichung von nur 0,5 % genau sagen, dass der Urknall vor 13,8 Milliarden Jahren stattfand. Die mögliche Abweichung beträgt immerhin 50 Millionen Jahre, im Universumskalender sind das aber nur ein paar Sekunden.

Am Anfang war das Universum ein Punkt von unglaublicher Dichte im Nichts. Ein winziger Ball, in dem viel Potential steckte. In einem genialen, unbeobachteten Moment öffnete er sich wie eine Blüte und in den folgenden Nanosekunden spuckte er aus dem Nichts unfassbare Energiemengen aus sich heraus, die gigantische Kettenreaktionen auslösten. In diesem Nanosekundengewitter entstand aus dem Nichts *Alles:* die Elementarteilchen und die vier Naturkräfte, die zwischen den E.T. wirken und sie dazu bringen, sich zu verbinden: zu Atomen, zu Molekülen, zu Materieklumpen, zu Miniraumkörpern, aus denen später Sonnen und Planeten entstehen werden.

Theorien, wie das genau ablief, gibt es viele, beweisbar sind sie alle nicht, weil der Urknall so weit zurück liegt, weil die Bedingungen, die damals herrschten, unbekannt sind *(Was ist das „Nichts"?)* und weil die ungeheuren Energiemengen, die damals frei wurden, weder rechnerisch noch im Versuch nachvollziehbar sind. Die Ereignisse bei einem Vulkanausbruch (Hitze, Explosion, Zerstörung alter und Entstehung neuer Materie) können uns eine Ahnung vermitteln, was beim *Big Bang* los war.

> In einem meiner Lieblingsfilme zieht Mary Poppins laut singend aus ihrer Zaubertasche die komplette Einrichtung und den Hausrat ihres Dienstboten-Zimmers hervor. Und die *Tardis*, Doctor Who´s Raumschiff, schaut außen wie eine enge Telefonzelle aus, ist innen aber unermesslich groß. Vielleicht können wir uns diesen winzigen Punkt, aus dem alles entstand, so vorstellen: als Kombination von Mary Poppins´ Zaubertasche und der Tardis.

Aus der Quantenphysik (und dem vorherigen Kapitel) wissen wir, dass E.T. *zufällig* durch Kollisionen und Quantensprünge quasi aus dem Nichts entstehen können und das auch in jedem Augenblick tun. Nicht irgendwo, sondern rund um uns und in uns. Da das Universum am Anfang auch nur *ein* winziges Teilchen war, könnte es also auch *zufällig aus dem Nichts* aufgetaucht sein[71].

Auch die Entstehung der Galaxien und ihrer Sterne und Planeten haben wir dem *Quantenzufall* zu verdanken. Das Universum breitete sich nicht überall gleichmäßig aus, sondern es gab sogenannte *Quantenfluktuationen*, also Regionen, in denen sich eine größere Dichte von E.T. versammelte. Diese größere Dichte erzeugte größere Masse, und diese wiederum erzeugte stärkere *Gravitation*, die wiederum Masse anzog. So wie ein Magnet Eisenspäne anzieht, entstanden aus diesen Knäuel Galaxien. Das Wechselspiel zwischen kontinuierlichem Ausdehnen des Universums und dem lokalen Zusammenziehen von Massen löste heftige Kontraktionen aus, das enorme *Gravitationswellen* verursachte. Diese können wir messen, und sie dienen als weiterer Beweis für die Urknalltheorie.[72]

Himmelsfoto

Es gibt ein „Foto des Himmels", das die Mikrowellenstrahlung, also die Vorgänge nach dem Urknall visualisiert. Es wurde aus Daten zusammengesetzt, die der Satellit WMAP sieben Jahre sammelte, und zeigt als temperaturbedingte Farbflecken jene Stellen am Himmel, wo Quantenfluktuationen auftraten, die Milliarden Jahre zurückreichen. Die gelb-orangen, wärmeren Flecken sind die möglichen Geburtsorte der Galaxien, die blauen, kalten dagegen Zonen ohne messbare Verdichtungen.

> Wir sehen durch die Glasdecke im UFO ein unregelmäßiges Muster von Sternen, Nebeln und Dunkelheit. Schrödingers Wellenfunktion verwandelt sich täglich in den Nachthimmel, als sichtbarer Beweis der Quantennatur des Universums, das sich aus zufälligen Häufungen entwickelte.

Der Urknall war übrigens wohl kein Knall wie bei einer bösen Explosion, sondern eher das Gegenteil: eine friedliche Ausdehnung, nur dass diese unfassbar schnell vor sich ging, so als würde man einen Film in Supersuperzeitraffer zeigen. Er war, denkt man biologisch, auch der Anfang der Evolution: Denn schon in den allerersten Mikrosekunden entstand jene Handvoll E.T., aus denen sich auch heute die ganze Welt, alle Materie und alle Energie zusammensetzen. Alles Lebende und alles Anorganische, alle Sonnen und Planeten und alles, was auf ihnen entsteht und vergeht, entstand aus jenen 17 Teilchen, die als Wellen oder Felder durch das Universum rauschen. 17 Teilchen, die in einen winzigen Experimentierkoffer für Kinder passen würden.

Endlich, aber grenzenlos

Wo fand der Urknall statt? Da es ja vorher nichts gab, war unser kleiner Zauberball überall und nirgends. Der Urknall fand nicht an einem bestimmten Ort im Universum statt, sondern unser winziger Punkt war ja das Universum! Und aus diesem entstanden viele Punkte, und von jedem dieser Punkte bewegte sich jeder neue Punkt weg und dehnte das Universum. Die Physik nennt dieses Ereignis „*Singularität*", wo alle Berechnungen und Vorstellungen versagen. Rückblickend kann man sagen: Jeder Punkt im Universum ist sein eigener Mittelpunkt, weil er ja aus diesem heraus entstand. Die alte Diskussion, ob die Erde oder die Sonne im

Mittelpunkt steht, ist müßig. Aus einem unvorstellbar kleinen Punkt wurde eine unvorstellbar große Kugel, die sich immer noch ausdehnt.

> Wir kommen aus dem Nabel der Welt und sind daher selbst Teil des Nabels. So wie alle anderen Erscheinungsformen der Welt auch. Jeder und jedes von uns allen ist gleich*wertig* und gleich *wichtig*.

Die Kein - Rand - Bedingung

Lange Zeit glaubten die Menschen, die Erde sei eine Scheibe, und wenn wir am Ende der Scheibe anlangen, müssen wir aufpassen, dass wir nicht hinunterfallen. Seit wir die Erde als dreidimensionale Kugel kennen, wissen wir, dass wir auf dieser Kugel immer im Kreis laufen und wegen der Schwerkraft nicht hinunterfallen können. *„Wer in den Sonnenuntergang segelt, fällt von keinem Rand!"* sagt Stephen Hawking[73].

> Wenn wir in einem Schiff im offenen Meer segeln, sehen wir rundum den Horizont, wo Wasser und Himmel scheinbar zusammenstoßen. Hinter dem Horizont segeln andere Schiffe. Weil die Erde aber gekrümmt ist, können wir diese nicht sehen und sie uns nicht, weil sie hinter der Krümmung liegen. Taucht dann eins am Horizont auf, sehen wir zuerst die Mastspitze, dann die Segel und dann erst das ganze Schiff, so als würde es bergauf fahren.

Die Erde ist eine *dreidimensionale* Kugel. Aufgrund der Relativitätstheorie, über die wir gleich reden müssen (vgl. S.96), können wir uns analog dazu das Universum als *vierdimensionale* Kugel vorstellen. Und diese funktioniert genauso. Die Grenze des Universums nennt man *Kosmischen Horizont*. Er ist kein wirkliches Ende, sondern bloß eine fiktive Linie, über die wir nicht hinaussehen können. Segeln wir weiter, mit unserem UFO im Universum wie mit einem Schiff im Meer, verschiebt sich der Horizont immer weiter. Und es gibt kein Ende. Nur im Film *Trumanshow* stößt der Hauptheld *Truman* irgendwann an die Wand des riesigen Fernsehstudios, auf die ein Horizont aufgemalt ist.

Wer die Erde am Äquator umrundet, ist rund 40.000 Kilometer unterwegs. Die Strecke ist für einen Ausflug *ziemlich*, aber nicht *unendlich* lang. Die Reise um den Äquator hat keinen definierten Anfang und kein Ende. Wo wir mit der Umrundung beginnen und wie oft wir umrunden, ist unsere Freiheit. Wenn wir sie ein zweites Mal umrunden wollen, hindert uns keine Grenze. Die Erde ist also *endlich*, aber *grenzenlos*. Und das gilt auch für unser Universum: Es ist *endlich, aber grenzenlos.*

Was war vor dem Urknall?

In einer Fernsehdiskussion über den Urknall sagte eine berühmte Astrophysikerin seufzend, dass das die Frage sei, die ihr immer und überall gestellt würde – nach jedem Vortrag, in jeder Diskussion, in jedem Gespräch mit Laien, einfach immer. In der früheren, klassischen Physik gab es auf diese Frage meist die Antwort: *Das Universum existiert seit unendlicher Zeit und wird auch unendlich existieren.*

In der aktuellen Physik hat sich die *Urknalltheorie* für den Anfang durchgesetzt. Sie besagt, dass das Universum aus einer Singularität entstanden ist, aus einem minimalsten Punkt mit unglaublich hoher Dichte. Seither dehnt sich das Universum aus, so wie sich warme Luft ausbreitet, und es wird, sobald ihre Kräfte nachlassen und die Energie versiegt, sich wieder zusammenziehen. So wie ein Expander, den wir mit Muskelkraft dehnen können, bis die Muskeln müde werden oder wie ein Luftballon, dem nach und nach die Luft ausgeht.

Sagt die aktuelle Theorie. Wissenschaftliche Theorien gelten solange, bis eine bessere Theorie diese ergänzt, erweitert oder auch ersetzt. Die Urknalltheorie hat sich in den letzten 50 - 70 Jahren weltweit in der Wissenschaft als plausibelste Theorie durchgesetzt, die man sowohl rechnerisch als auch experimentell gut beweisen kann. Aber es gibt auch Gegenmeinungen, die viele Bücher füllen.

Die Frage, was *vor* dem Urknall war, ist leicht zu beantworten: *Die Frage ist nicht beantwortbar.* Da das ganze Universum aus dem Urknall entstanden ist und mit ihm *Alles*, können wir, die wir in diesem Universum existieren, nur „innerhalb" des Universums denken. Auch *Zeit* und *Raum* sind erst mit dem Urknall entstanden, vorher gab es kein *Vorher*, keine Zeit und auch keinen Raum. Wir können über ein Vorher *spekulieren*, seriös *berechenbar* ist es aber nicht.

Nächste Frage bitte.

Wie endet das Universum?

Verschwindet es mit einem satten Plopp wieder im winzigen Wunderball oder in einem *Schwarzen Loch*, das alle Materie und alles Licht aufsaugt? Auch diese

Antwort ist im Grund einfach: *Da das Ereignis noch nicht stattfindet, wissen wir nichts mit Sicherheit.* Spekulationen gibt es aber ohne Ende.

In alten Mythen gibt es oft dystopische Vorstellungen vom Untergang der Welt: In den nordeuropäischen Mythen versinkt die Erde im *Ragnarok*, einem gigantischen Schneesturm, und den Göttern droht die Götterdämmerung. Die *Johannes-Offenbarung der Bibel* prophezeit Katastrophen und apokalyptische Reiter, die das *Jüngste Gericht* ankündigen, bei dem wenigstens ein paar von uns heil in den Himmel davonkommen.

Die *Verkünder der Apokalypse* haben meist konkrete Daten bei der Hand: Da der Weltuntergang nicht – wie von vielen erwartet – im Milleniumsjahr 2000 oder nach der letzten Sonnenfinsternis 2024 eintrat, ist nun mit 2029 fix damit zu rechnen. Wobei die diversen Propheten meist das Ende unserer Erde mit dem Untergang des Universums gleichsetzen. Zum Trost: Das Ende der Erde, wie immer es aussehen wird, wird das Universum kaum beeindrucken, da stündlich Planeten entstehen und vergehen.

Die klassische Physik hatte geglaubt, dass man aus den damals bekannten Naturgesetzen die Zukunft vorausberechnen könne. Die Quantentheorie hat uns aber gelehrt, dass wir immer nur in Wahrscheinlichkeiten denken können. Die aktuell wahrscheinlichste Variante der Forschung ist die einer finalen Singularität. Also ein Universum, dass sich seit dem Urknall ausdehnt und nach Erlahmen der Energie wieder in einen winzigen Punkt zusammenzieht.

Schwupps, weg war es.

Hier ist aber das letzte Wort noch nicht gesprochen: Es gibt auch Anhänger der Unendlichkeit, wonach sich das Universum ewig ausdehnt und langsam erstarrt und irgendwann in einem Stadium ewig verharrt. Beide Varianten klingen nicht sonderlich angenehm: *In der ersten Variante* werden wir verschluckt und zerrissen wie in einer Müllzerkleinerungsanlage. *In der zweiten Variante* erstarrt unser Universum, es erlöscht langsam alle Energie und damit unsere Lebensgeister in einer eiskalten Welt. *In einer dritten Variante* für Unentschlossene pulsiert das Universum zwischen Ausdehnung und Kontraktion ewig hin und her wie ein JoJo oder ein Blasbalg.

Als Stephen Hawking eine Vortragsreihe in Fernost über das Universum hielt, wurde er von den Veranstaltern gebeten, das Ende nicht zu erwähnen, da es sich auf die Börsenkurse negativ auswirken könnte. Zum Trost für uns Laien: Mit diesem Ereignis ist nicht vor Ostern des Jahres 300.000.000 zu rechnen. Es lohnt sich also noch, die Gartenmöbel neu zu streichen und Rosen zu pflanzen.

Die Quantenwahrscheinlichkeit und die Relativitätstheorie „erlauben" grundsätzlich auch andere Zukunftsvisionen unseres Universums. *In einer vierten Theorie* wird die Inflation, also die Ausdehnung des Universums, erklärt wie eine Wasserblase in kochendem Wasser, die immer größer wurde. Nach dieser Theorie könnte unser Universum also auch nur *eine* Luftblase in einem großen Topf voll mit Ursuppe sein. Nach dieser Theorie könnten rechts und links von unserer Universums-Blase immer neue Blasen in einem Urknall entstehen, d.h. es könnte neben unserem viele andere Universen geben. Dieses Theorie heißt *„Multiversum"*, und so unglaublich sie klingt, scheint es nach dem aktuellen Stand eine der wahrscheinlicheren Theorien zu sein. (vgl. S. 157)

Das Ende der Welt hat uns Menschen immer beschäftigt, wobei oft nicht klar ist, ob wir vom Ende der Erde oder unseres Universums reden. Letztlich sind auch die christlichen und islamischen Vorstellungen von Himmel und Hölle mögliche Varianten einer Zukunft. Wie wahrscheinlich diese sind, darüber lässt sich trefflich streiten, daran glauben oder nicht glauben – mehr davon später.

Alles ist relativ

Wir können die Geschichte von der Entstehung unseres Universums auch anders erzählen.[74] Albert Einstein, wohl der genialste unter den Physikern, erklärte, wie das Universum entstanden ist, wie es sich weiterentwickelt hat und auch, wie alles Leben auf unserer Erde funktioniert. Seine Erklärung lautet: $E = mc^2$.

Nicht mehr, aber auch nicht weniger.

Kann man einen Lichtstrahl überholen?

Der junge Albert Einstein stellte sich in seiner Fantasie vor, neben einem Lichtstrahl in einem Raumschiff herzufliegen. Sein Gedankenflug war der Schlüssel zu seiner Relativitätstheorie. Geboren wurde Albert Einstein im Jahr 1879 in Ulm.[75] Er interessierte sich schon als Kind für Mathematik und Physik, besuchte Schulen in der Schweiz, studierte am Polytechnikum Zürich und unterrichtete als Fachlehrer für Mathematik und Physik.

Angeblich war Einstein ein schlechter Schüler mit jeweils einer „Sechs" in den Fächern Algebra, Geometrie und Physik, wobei gerne übersehen wird, dass in der Schweiz *Sechs* die Bestnote ist. Allerdings langweilte er sich oft im Unterricht, weswegen die Professoren über ihn schlecht redeten.

Sein Talent erkannte lange niemand. Er arbeitete zunächst als Hauslehrer, überlegte sogar den Job als Versicherungsvertreter, um seine Freundin und ihr gemeinsames Kind durchzubringen. 1902 – 1905 arbeitete Einstein als technischer Experte beim Patentamt Bern. 1905 veröffentlichte er als Unbekannter seine Arbeiten zum *Photoeffekt*, für die er 1922 den Nobelpreis erhielt, und die *Spezielle Relativitätstheorie*. Mit einem Schlag wurde er in Fachkreisen bekannt. Er habilitierte sich an der Universität Bern und arbeitete bis 1917 als Physiker in Zürich, Prag und Berlin. Von 1907 – 1915 entwickelte er die *Allgemeine Relativitätstheorie*. Als gebürtiger Jude fürchtete er Verfolgung durch die Nationalsozialisten und emigrierte 1932 in die USA, wo er fortan an der berühmten Princeton University arbeitete. Seine weltweite Bekanntheit nutzte er, um sich für Völkerverständigung und Frieden einzusetzen. Er war Vegetarier, Pazifist und wandte sich gegen jegliche Form von Gewalt. Er führte zwei Ehen und hatte drei Kinder. Über seinen

Glauben sagte er: *„Science without religion is lame, religion without science is blind."* [76] Er war begeisterter Musiker, spielte Klavier und Violine, las leidenschaftlich, vor allem philosophische Werke. Er genoss es, allein in der Natur spazieren zu gehen und dabei Probleme zu lösen. Er starb im Jahr 1955 und hinterließ das nette Zitat:

> *„Two things are infinite: the universe and human stupidity; and I'm not sure about the universe."* [77]

$E = mc^2$

Wenn wir unser Universum in einem Labor neu erfinden wollten, bräuchten wir vier Elemente:

* *Materie (=Masse):* Das ist der Stoff, aus dem all das feste Zeug besteht, das in unserer Welt herumfliegt und -liegt: Planeten, Sonnen, Tische, Sessel, Konservendosen, Wurstsemmeln, Rosensträucher, Zigarettenstummel. Die *Masse* eines Körpers sagt zweierlei aus: Es ist zum einen ein *Maß für sein Gewicht* (also die Schwerkraft, die den Körper Richtung Erde zieht; spüren wir, wenn uns eine Getränkekiste auf die Zehen fällt) und zum anderen ein *Maß der Trägheit* (also des Widerstandes gegen Bewegung; spüren wir, wenn wir einen Kleiderschrank verschieben wollen).

* *Energie:* Das ist der „Saft", der alle Vorgänge in unserer Welt speist und antreibt, der der Materie Kraft gibt, sich zu bewegen und sich zu verändern. Das kann Bewegungsenergie sein, Wärmeenergie, Gravitationsenergie, elektrische Energie, usw. Tritt auf als Benzin, Strom, Himbeersaft, Laser, Bier, Radioaktivität und in vielen anderen Erscheinungsformen.

* *Raum:* Das ist der Spielplatz, auf dem sich Materie und Energie austoben können. Raum gibt es in unserem Universum genug, so viel, dass wir mit dem Entdecken und Einrichten gar nicht nachkommen.

* *Zeit:* Das ist ein merkwürdiges Ding, das irgendwie mit Entstehen und Vergehen zu tun hat. Jeder spürt sie, aber niemand kann sie sehen, hören, riechen. Man könnte vielleicht sagen: Zeit ist die Bewegung, in der alles, was geschieht, geschieht.

Der Popstar unter den Formeln

Wie diese vier Elemente zusammenwirken, dass unser Universum so ist, wie es ist, das hat Einstein in eine einzige, simple Formel gepackt, die heute der Popstar unter den Formeln ist. Sie ziert T-Shirts, Poster, Wände und Buchcover: $E = mc^2$. Kennt jeder, versteht (fast) keiner. Versuchen wir, diese Zauberformel in einfaches Deutsch für Laien zu übersetzen, Anton Zeilinger hilft uns wieder einmal dabei [78].

Wie aus Masse Energie entsteht

Einstein sagt, Energie (E) und Masse (m), also zwei der vier Zutaten, sind im Grunde genommen dasselbe, sind zwei Seiten einer Medaille. *E = m:* Aus Energie kann Masse werden und umgekehrt. Wir kennen das aus dem Alltag. Wenn wir eine Wurstsemmel essen, verwandeln wir *Masse* (= Semmel + Wurst) in *Energie*, die uns Kraft für den Alltag gibt. Wenn wir im Auto Benzin verbrennen, dann verwandeln wir Masse (= flüssiges Benzin) in Energie, die unser Auto antreibt.

Energie (E) wird in Kilojoule(kJ) gemessen. 1 kJ ist die Energie, die man braucht, um einen 100 Gramm schweren Körper, z.B. eine Tafel Schokolade, einen Meter hoch anzuheben. Die *Masse* (m) wird in (Kilo-)Gramm gemessen.

Wer ein Kilogramm Schokolade isst, wiegt einen Kilogramm mehr und verbraucht 10 kJ (= 0,23 Kalorien), um sie vom Tisch in den Mund zu heben. Wollen wir das Kilogramm wieder abnehmen, müssen wir 29.307 kJ (= 7.000 Kalorien) Energie verbrauchen.

Diese Gleichung verknüpft Einstein nun mit einer unvorstellbar großen Zahl: *Lichtgeschwindigkeit mal Lichtgeschwindigkeit* (=c^2). Diese Verknüpfung soll uns sagen: Schon bei der Umwandlung von winzigen Massen kann enorm viel Energie (nämlich Masse mal 300.000.000 mal 300.000.000) freigesetzt werden.[79]

Stellen wir uns einen kleinen Stein und eine Steinschleuder vor. Ein Stein, der ein Gramm wiegt, hat in sich so viel Energiepotenzial, dass er mit 900.000.000.000.000.000 kJ einschlagen könnte. Wir können uns ausmalen (oder auch nicht), mit welcher Wucht der Stein einschlüge und wie die zertrümmerte Fensterscheibe ausschauen würde, wenn die Steinschleuder so viel Energie erzeugen könnte.

Genauso funktioniert die *Kernkraft*: Das Federgewicht eines Atoms schießt mit dem Potenzial von doppelter Lichtgeschwindigkeit los, trifft auf andere Atome und löst Explosionen und Kettenreaktionen mit unfassbar viel Energie aus.

Denken wir an ein Feuerwerk: Winzige Mengen Sprengstoff werden mit enormer Geschwindigkeit in die Luft gejagt und Energie freigesetzt: wunderbare Lichteffekte, lauter Krach und enorme Hitze, die uns die Finger verbrennt, wenn wir unvorsichtig sind. So ein Feuerwerk ist nur ein schwaches Aufglimmen im Vergleich zur Wucht der Atomkraft!

Dieses gewaltige Schauspiel findet in unserem Universum tagtäglich, rund um die Uhr und um uns herum statt! In unserer Sonne und in allen anderen Sternen des Universums werden schwere *Wasserstoffatome* durch Hitze verbrannt. Diese verlieren durchs Verbrennen ihre Masse (=Gewicht), die in Energie und leichte Heliumatome umgewandelt wird. Die entstehende Energie erzeugt Hitze, die wiederum Wasserstoffatome verbrennt – ein ewiger Kreislauf. Die viele, überschüssige Energie und das Helium strömen ins Weltall und sorgt dafür, dass wir es auf der Erde hell und warm haben.

Auch den Trick mit der Verbrennung können wir im Alltag beobachten: Wenn wir ein schweres Holzscheit verbrennen, bleibt ein leichtes Häuflein Asche über, der Rest strömt als Wärme aus dem Ofen.

Kann aus Energie Masse entstehen?

Funktioniert das auch umgekehrt? Einsteins Gleichung kann man ja umdrehen: *Kann aus Energie Masse entstehen?* Das können wir im Alltag zwar nicht beobachten, im Experiment funktioniert das aber. In einem Teilchenbeschleuniger (wie beispielsweise im CERN), kann man E.T. auf nahezu Lichtgeschwindigkeit beschleunigen und kollidieren lassen. Durch die enorme Energie entstehen in der Kollision neue Teilchen. Das ist eines der rätselhaften Phänomene der Quantenphysik. Wir können es zwar nicht verstehen, wie aus *zwei* Teilchen durch Explosion *mehr* Teilchen mit *mehr* Masse werden, in unseren Berechnungen und Experimenten funktioniert es aber.

Unser Leben funktioniert ja auch so: Aus bloß einer federleichten Eizelle und einer federleichten Samenzelle entsteht durch Vereinigung und Zellteilung schließlich ein schwerer, ausgewachsener Kerl und manchmal sogar Zwillinge oder Drillinge.

Einsteins Formel trägt auch in philosophischem Sinn Sprengstoff in sich: Betrachten wir *Masse* nicht mehr als festen, unveränderlichen Gegenstand, sondern als veränderbare Energieform, dann heißt das, dass feste Körper unter bestimmten Umständen sich in andere Zustände verwandeln können. Bei Kollisionen von E.T. wird Energie frei, die aber nicht verschwindet, sondern aus der neue E.T. entstehen können. Aus Masse wird also nicht nur Energie, sondern aus Energie entsteht neue Masse.

Das ist wie der Zylinder eines Zauberers: Dieser stopft bunte Tücher hinein und zieht eine weiße Taube heraus. Oder: Aus einem Stein kann (zumindest theoretisch im Zauberhut) ein Frosch werden.

In einer genial einfachen Formel hat Einstein uns erklärt, wie Materie (=Masse), Energie (= Wärme, Antriebskraft, Licht, Strom....) und Zeit (=Geschwindigkeit) zusammenhängen. Aus diesen drei Elementen entstand das, was wir Raum nennen: alle Objekte des Universums und alles, was dazwischen ist. Beim Urknall ist ein winziger Ball praktisch ohne Masse explodiert und hat unvorstellbare Mengen an Energie erzeugt, aus der wiederum Materie, Raum und Zeit entstanden.

Einsteins Formel zeigt aber nicht nur, wie Leben entsteht, sondern auch wie Leben vernichtet werden kann. Das macht diese Formel so faszinierend und gefährlich zugleich: In einem Atomkraftwerk genügen winzige Mengen Atom, um enorme Mengen an Energie zu erzeugen, die ein ganzes Land wärmen und beleuchten könnten. Für eine Atombombe, die unsere ganze Erde zerstören kann, braucht es aber auch nur ein paar winzige Teilchen.

Die zerrinnende Zeit: Spezielle Relativitätstheorie

Ein berühmtes Bild von Salvadore Dali heißt *„Die zerrinnende Zeit"*, in der Uhren in einer wüsten Gegend zerfließen wie schmelzender Camembert. Das Bild könnte als Leitmotiv für Einsteins Relativitätstheorie stehen: Auch bei ihm zerrinnen Zeit und Raum.

Bis zum 20. Jahrhundert glaubte man, dass Newtons Gesetze der Natur immer und überall gültig sind, wenn die gleichen Bedingungen herrschen. Ein Apfel fällt *immer* vom Baum auf den Boden, wenn wir ihn nicht vorher auffangen. Und die Erde dreht sich *immer* in der gleichen Geschwindigkeit um die Sonne, wenn sie nicht ein Komet aus ihrer Bahn stupst.

Albert Einstein behauptete nun, dass *manche* dieser Regeln nur in bestimmten Situationen gelten und abhängig vom Betrachter seien. In der *speziellen Relativitätstheorie* beschreibt Einstein die Bewegung von Objekten in sehr schnellen Systemen und erklärt, dass in bewegten Räumen die Zeit langsamer vergehe als im Stillstand. In der *allgemeinen Relativitätstheorie* untersuchte Einstein dann die Bezugssysteme Raum und Zeit, in denen alle Bewegungen stattfinden, und erklärte uns, dass Raum und Zeit *eine gemeinsame Dimension* seien: die *Raumzeit*, die nicht konstant sei, sondern sich verbiegen könne. Und er behauptete, dass *Gravitation* nicht durch die Newtonsche Anziehung erfolge, sondern durch die durch Masse gekrümmte Raumzeit.

Einstein zweifelte jahrtausendealtes, vermeintlich sicheres Wissen an, auf das wir unsere Welt gebaut hatten. Es war, als hätte er uns Menschen das Haus weggenommen, in dem wir lebten, und alle Uhren verstellt, nach denen wir unseren Tag orientierten.

Dass die Relativitätstheorie nur in bestimmten Situationen (bei sehr hohen Geschwindigkeiten) relevant wird, tat da nichts zur Sache. Die Welt war entsetzt. Die Relativitätstheorie wurde von den meisten seiner Kollegen lange so sehr angezweifelt, dass Einstein dafür *nicht* den Nobelpreis bekam, sondern Jahre später quasi als Trostpreis für seine vergleichsweise weniger spektakulären Erklärungen über das Wesen des Lichts. Erst als Einsteins Berechnungen immer wieder überprüft und vor allem in Experimenten bestätigt wurden, dämmerte den Wissenschaftler*innen langsam, dass mit Einstein eine neue Zeit angebrochen war, in der alte Sicherheiten nicht mehr galten.

Bevor wir uns Einsteins Behauptungen ein bisschen genauer anschauen, müssen wir uns über ein paar Begriffe klar werden. Lehnen wir uns also zurück, krümmen ein bisschen Raumzeit und gönnen uns eine Tasse relativ heißen Tee.

Was heißt „relativ"?

Wer im Alltag sagt *„Das ist relativ!"*, meint, dass eine Tatsache nur eingeschränkt gilt. *„Mir geht es relativ gut"* heißt, dass ich meinen Zustand mit einem anderen Zustand vergleiche. Vielleicht bin ich an Grippe erkrankt, und es geht mir heute schon *relativ* besser als vor einer Woche. Oder mein Nachbar liegt auch mit Grippe im Bett und hustet mehr als ich, daher geht es mir *relativ* besser als ihm. „*Relativ*" braucht ein *Bezugsystem*, an dem ich mich vergleichen kann. In der Physik nennt man diesen Bezug *Inertialsystem.*

Wir können es auch anders formulieren: Wenn die Perspektive des Betrachters Koordinaten verändert, dann sind diese *relativ*. Gelten die Koordinaten für Betrachter aus allen Perspektiven, dann gelten sie als *absolut.*

> Stellen wir uns einen Elfmeter in einem Fußballmatch vor. Der Schütze schießt aus seiner Sicht den Ball in die *linke* Ecke. Der Tormann muss aus seiner Sicht in die *rechte* Ecke springen, um den Ball zu fangen. Der *Weg des Balles* ist also *relativ*. Der Fußball, der getreten und gehalten werden soll, ist dagegen für den Schützen und den Tormann gleich schwer, gleich rund, gleich groß. Die *Konsistenz des Balles* ist also *absolut*.

Auf die Ebene der Physik übertragen: Von der Sonne aus gesehen ziehen die Planeten in Ellipsen um die Sonne. Von der Erde aus gesehen geht die Sonne täglich auf und unter, und die anderen Planeten vollführen komplizierte Schleifenbewegungen, die an die Spuren von Eisläuferinnen erinnern. Menschen wie Galilei hatten die große Vorstellungskraft, sich gedanklich als Beobachter auf die Sonne zu beamen. Genau das behauptet Einstein in seiner Theorie. Manchmal ist das Verhalten von Objekten vom Betrachter abhängig: dann ist es *relativ.*

Was heißt „Lichtgeschwindigkeit"? [80]

> Bereit für eine kleine Zeitreise? Wir starten unser UFO, heben ab und schweben durch die Lüfte. Testen wir, wie schnell wir fliegen können. Das schnellste Passagierflugzeug erreicht ca. 1.000 km/h. Das schnellste bemannte Düsenflugzeug, eine Lockheed Blackbird, erreichte über 3529 km/h. Raketen müssen, um die Erdanziehung zu überwinden mehr als 27.000 km/h erreichen, das sind 7 Kilometer pro Sekunde. Alles lahme Enten!
>
> Die *Lichtgeschwindigkeit* beträgt rund 300.000 Kilometer, aber – wohlgemerkt – pro Sekunde! Das ist mehr als eine Milliarde km/h!

Albert Einstein behauptete, dass nichts schneller sein könne als das Licht. Schneller geht's nicht. Er behauptete weiters, dass Licht *immer gleich schnell* sei, daher sei die Lichtgeschwindigkeit eine *Grundkonstante* der Natur. Das durchbrach alle bisherigen Erfahrungen. Wenn ein Flugzeug durch die Luft fliegt, ist seine Geschwindigkeit von vielen Faktoren abhängig: von der Energie, die das Objekt getankt hat, von seiner Bauart (stromlinienförmig oder pummelig?), seiner Antriebskraft (starke Motoren, schwache Motoren?), seinem Gewicht (Wie viele Personen an Bord, wie viele Koffer?), vom Luftwiderstand (Gegenwind?).

Licht dagegen fliegt immer gleich schnell. Licht fliegt 300.000 km/sec.

Es ist auch egal, ob das Licht von einer ruhenden oder bewegten Quelle abgefeuert wird. Licht, das ein Scheinwerfer eines fliegenden Flugzeuges nach vorne abstrahlt, ist genauso schnell wie das Licht der Rückstrahler. Nach normalem Menschenverstand müsste beim Vorwärtslicht die Fluggeschwindigkeit addiert, bei den Rückwärtsstrahlern abgezogen werden. Stimmt aber nicht:

Licht fliegt immer gleich schnell. Licht fliegt 300 000 km/s. In alle Richtungen.

Das Gewicht von Licht

Warum Lichtgeschwindigkeit die höchste aller möglichen Geschwindigkeiten ist, liegt am Gewicht von Licht: Photonen, also die Lichtquanten, wiegen nämlich so gut wie nichts (= haben eine Masse gegen Null), haben daher auch keinen Luftwiderstand. Je schwerer ein Fahrzeug ist, desto größer ist die Energiemenge, die es braucht, um es zu bewegen. Ein SUV säuft mehr Benzin als ein Mini. Und je schneller wir fahren, desto mehr Benzin brauchen wir. Um Lichtgeschwindigkeit zu erreichen, würden wir unendlich viel Energie brauchen. So groß kann kein Tank, keine Tankstelle, ja nicht einmal eine ganze Raffinerie sein. Licht hingegen kann so schnell sein, weil ein *Photon* nichts wiegt, also keine Energie braucht. Dass Lichtgeschwindigkeit nicht übertroffen werden kann, ist auch klar: Das *Photon* fliegt so schnell, wie seine Energiemenge es erlaubt, schneller geht´s nicht.

Licht fliegt immer so schnell, wie es kann: eben in Lichtgeschwindigkeit.

Die Uhren gehen langsamer

In der traditionellen Physik dachte man, dass die Naturgesetze *immer* gelten, auch in Systemen, die *in Bewegung* sind. Jeder kennt die Erfahrung, dass wir in einem Zug oder in einem Flugzeug nicht spüren, ob wir fahren oder fliegen, wenn wir keine Geräusche hören und nicht aus dem Fenster schauen. Wenn wir in einem Flugzeug unser Handy fallenlassen, fällt es genauso senkrecht auf den Boden wie auf der Erde. Auch im fahrenden Zug oder im Flugzeug gelten also Newtons Regeln der Schwerkraft[81].

V*or Einstein* glaubten die Physiker daher in Analogie auch, dass *Zeit* in einem bewegten System, in einem fahrenden Zug oder fliegenden Flugzeug, genauso abläuft wie am Boden.

Einstein behauptet aber, dass Uhren, die sich in Bewegung befinden, *langsamer* gehen als Uhren in Ruhe. Die Antwort auf die Frage *„Wie spät ist es?"* hängt laut Einstein davon ab, wie schnell wir uns bewegen.

Einstein behauptet, dass in Bereichen höchster Geschwindigkeiten (nahe Lichtgeschwindigkeit) das Verhalten von *Raum*, *Zeit* und *Masse* relativ sind, also vom jeweiligen Beobachter abhängig. Je schneller wir unterwegs sind, desto langsamer vergeht die Zeit, desto kürzer wird der Raum und desto schwerer ein Objekt. Die Physiker nennen dieses Phänomen *Zeitdilatation und Längenkontraktion.* Viele Kritiker nannten es anfänglich *Unfug.*[82]

> Simpel formuliert: In einem sehr schnellen Fahrzeug oder Flugzeug vergeht für uns als Mitreisende die Zeit langsamer und ist ein Meter kürzer als für einen Zuschauer, der außerhalb des Gefährtes steht. Das klingt schon recht ungeheuerlich!

Erstmals wurde diese gewagte Theorie durch ein Experiment im Oktober 1971 (und seither viele Male) mit zwei präzisen Atomuhren bewiesen. Eine davon bleibt unbewegt auf dem Boden, die andere umrundet im Flugzeug einmal die Erde Richtung Osten (also in Richtung der Erdrotation). Wie von Einstein vorhergesagt, ging die Uhr aus dem Flugzeug nach der Landung ein wenig nach. Durch die Bewegung war die Uhr an Bord langsamer *gegangen*, die Zeit dadurch langsamer *vergangen.* Der Unterschied der Zeit ist freilich so minimal, dass man ihn nur mit hochpräzisen Atomuhren im Nanosekundenbereich feststellen kann.

> Die Hoffnung, dass wir durch einen Flug mit unserem UFO einmal um den Äquator langsamer altern, ist also leider vergeblich.

Das Zwillingsparadoxon

Theoretisch wäre es aber denkbar. Je näher sich ein Fahrzeug der Lichtgeschwindigkeit nähert, desto langsamer vergeht die Zeit in diesem Fahrzeug. Ein Beispiel: Gäbe es ein Raumschiff, dass 10% der Lichtgeschwindigkeit fliegen könnte, würde die Zeit in diesem Raumschiff viel langsamer vergehen als bei uns auf der Erde. Während auf der Erde 22 Sekunden vergingen, wäre im Raumschiff gerade mal eine Sekunde vorbei.

Stellen wir uns ein Zwillingspaar vor, Hannes und Hanna. Hannes fliegt im Raumschiff mit 10% der Lichtgeschwindigkeit durchs Weltall, während Hanna auf der Erde bleibt und auf ihn wartet. Beide sind 20 Jahre alt, als Hannes die Erde verlässt. Als er nach 20 Jahren seiner Zeitrechnung zurückkommt, ist er 40 Jahre alt, seine Schwester nach der Zeitrechnung auf der Erde jedoch 90 Jahre.

> Im Sci-Fi-Film *Interstellar* von Christopher Nolen trifft der 35-jährige Raumschiffpilot Cooper (immer gespielt von Matthew McConaughey) nach einem langen Flug durchs Universum am Ende des Films kaum gealtert seine inzwischen 90-jährige Tochter Murphy (die inzwischen drei Schauspielerinnen als junge, mittlere und alte Person verbrauchte).

Man nennt dieses Phänomen das *Zwillingsparadoxon*, das dereinst den ersten Marsfahrern blüht, falls sie vom Mars nach zwei mal zwei Jahren Flug wieder auf die Erde zurückkehren. Da unsere Raumschiffe aber viel langsamer unterwegs sind, wird der Altersunterschied nur ein paar Minuten ausmachen, aber immerhin. Im Alltag bemerken wir fast nichts von der Relativitätstheorie. Das liegt daran, dass die Effekte erst ab circa 10% der Lichtgeschwindigkeit deutlich spürbar werden, ein Tempo, dass wir mit den gegenwärtigen Fluggeräten nie erreichen werden.

Im Labor können wir allerdings sehr kleine Objekte auf sehr hohe Geschwindigkeiten beschleunigen, und diesen Flug der *Photonen* und anderer E.T. können wir heute technisch nutzen. Die Signale, die Satelliten auf die Erde übertragen, haben so hohe Geschwindigkeiten, dass die *Zeitdilatation* spürbar wird.

> GPS und ähnliche Ortungssysteme im Weltall arbeiten nur deshalb so präzise, weil Einsteins Formel eingerechnet wird. Ohne Berücksichtigung der Relativitätstheorie würde die Genauigkeit der Positionsbestimmung beim GPS um etwa 10 Kilometer pro Tag schwanken. Wer von Wien nach Mödling will, könnte ohne Einstein im GPS auch in Schwechat oder in Klosterneuburg landen.

Die Delle im Tuch: Allgemeine Relativitätstheorie

In der traditionellen Physik galten Raum und Zeit als *fixe* Inertialsysteme. Der Raum war der Behälter, die Zeit war das ewig fließende Kontinuum, in dem sich alles Leben abspielt. Raum und Zeit galten als „absolut“ und unveränderlich, sie waren die Konstanten, die unser Universum festlegten, wie die Koordinaten einer Landkarte. Nur die Objekte *in* Raum und Zeit (also z.B. wir Menschen) galten als beweglich und veränderlich.

Für diese Objekte galten Newtons Regeln. Im Alltag spüren wir die Gravitation ununterbrochen, weil *Mutter Erde* mit ihrer Riesenmasse alle Dinge anzieht. Drum fallen Newtons Äpfel vom Baum, Galileis Bälle vom Schiefen Turm und unser Kaffeehäferl auf den Teppich, wenn wir es loslassen, und die Erde dreht sich in einer konstanten Ellipse um die Sonne. In dieser Welt fühlten wir uns 300 Jahre lang zuhause.

Die vierte Dimension

Einstein behauptete nun, das Raum und Zeit *relativ* seien.[83] Er behauptete weiter, dass Raum und Zeit keine getrennten Phänomene seien, und sprach von einer *vierten* Dimension, in der Raum und Zeit ineinander gefaltet seien: der *Raumzeit.* Und er erklärte, dass Newtons *Gravitation* eigentlich eine *Krümmung* der *Raumzeit* sei.

> Wenn wir in einem Sessel sitzen und ein Buch lesen (zum Beispiel dieses), haben wir das Gefühl, dass die Schwerkraft uns in den Sessel drückt. Einstein jedoch erklärt, dass wir in dem Sessel sitzen, weil die Masse der Erde den Raum über unserem Kopf krümmt und uns diese Krümmung in den Sessel fallen lässt.
>
> ???
>
> Das kann sich nun wirklich niemand vorstellen. Auch nicht die Physiker und wahrscheinlich auch Einstein selbst nicht. Ich fürchte, das müssen wir uns näher anschauen. Dazu brauchen wir viel Fantasie. Wir begeben uns also auf die Suche nach der mysteriösen Raumzeit.

Der Begriff *Raumzeit* (=*Spacetime*) wurde übrigens 1908 vom Mathematiker *Hermann Minkowski* erfunden. Die Anekdote will es, dass Minkovski ursprünglich Einsteins Mathematiklehrer war und Einstein immer wieder dessen Stunden schwänzte, da er ohnedies das meiste schon wusste. Als Minkovski, selbst begnadeter Physiker, erfuhr, dass sein ehemaliger, vermeintlich fauler Student Einstein die Relativitätstheorie erfunden hatte, reagierte er, wie Lehrer nun einmal reagieren. Er sagte lapidar: *„Das hätte ich dem Einstein gar nicht zugetraut.“* [84]

Das Tuch mit der Delle

Einstein schlägt vor, sich die *Raumzeit* als eine flache, aber elastische Ebene vorzustellen, etwa als gespanntes Leintuch oder als Trampolin. Ein Körper, wie zum Beispiel die Erde, rollt in diesem riesigen, gespannten Tuch dahin und beult es aus. Dadurch formt sich eine bewegliche Mulde. Laut Einstein verursacht die Masse der Kugel diese Einbuchtung, oder wie er es formuliert, eine *Krümmung* der Raumzeit. Je schwerer das Himmelsobjekt, desto größer die Delle, desto *gekrümmter* die *Raumzeit.*

> Durch die Krümmung dehnen sich Zeit und Raum. Wenn wir mit einem Fahrrad über einen Hügel fahren, spüren wir das. Die Strecke, die wir über den Hügel strampeln, ist länger, als wenn wir den Hügel durch einen geraden Tunnel durchrauschen, und wir brauchen auch mehr Zeit zum Drüberradeln.

Mithilfe der Mulde in dem gespannten Tuch können wir uns auch vorstellen, warum Massen sich gegenseitig anziehen, wie es Newton uns erklärt hat. Kleinere Kugeln auf einem straff gespannten Tuch rollen nämlich immer in die tiefe Mulde einer größeren Kugel und damit auf sie zu. Die größere Kugel zieht *scheinbar* die kleineren an. Einstein sagt nun, dass nicht die Masse der großen Kugel die kleineren anzieht, sondern einfach, weil durch die Kugel eine Mulde entsteht, in die die kleineren Kugeln hineinrollen. Die große Kugel krümmt das Tuch (=die *Raumzeit*).

> Damit lässt sich die Relativitätstheorie und die Geschichten von der *Gravitation* schon Kindern im Kindergartenalter beim Spielen mit Murmeln erklären.

Mit dem Bild vom gespannten Tuch können wir uns schließlich auch vorstellen, warum die *Raumzeit* nicht universell, also im ganzen Universum gleich ist. Jeder Himmelskörper, wo immer er unterwegs ist, verformt und verlängert die *Raumzeit.*

Das Tuch ist also an keiner Stelle des Universums gleich gespannt, sondern jede Bewegung eines Raumkörpers, jedes Rollen der Kugeln, verändert das Tuch (= *die Raumzeit*). Jedes Objekt im Universum hat daher seine individuelle *Raumzeit*, je nachdem, wie schnell es unterwegs ist, wie schwer es ist und welche anderen Objekte (=Mulden) ihm in die Quere kommen.

Schwarze Löcher

Besonders tiefe Dellen im Tuch des Universums erzeugen die sogenannten *Schwarzen Löcher*.[85] Ein *Schwarzes Loch* war ursprünglich ein Stern, dessen Masse immer größer, sein Gewicht und damit auch seine Schwerkraft immer schwerer wurden. Jedes andere Objekt, das sich diesem *Schwarzen Loch* nähert, rollt ebenfalls in die Leintuch-Mulde, wodurch die Masse im *Schwarzen Loch* noch größer wird, die Mulde tiefer und die Anziehungskraft für andere Objekte immer stärker, usw.

Schwarze Löcher gehören zu den Shooting Stars der Astrophysik. Die Vorstellung ist aber auch schön-schaurig: ein gefräßiges Loch, das nach und nach Himmelskörper anzieht, in das Planeten und Sonnen und Galaxien hineinrutschen und auf Nimmerwiedersehen verschwinden, bis das Loch am Schluss vielleicht unser ganzes Universum verschlingt. Das klingt nach *Mythos*, und tatsächlich gibt es solche *Mythen*.

> In der orientalischen Märchensammlung *„1001 und eine Nacht"* gibt es die Geschichte vom *Magnetberg*, eine Insel im Meer, die erbarmungslos alle Schiffe mit Eisenteilen magnetisch anzieht, wo sie schließlich mit Mann und Maus zerschellen.

Schwarze Löcher sind aber nicht bloß Mythen, sie sind mit Fakten belegbar. Schon 1773 (!) erwähnte Cambridge-Professor *John Mitchell Dunkle Sterne*.[86] Ihre Masse sei so groß, dass das Licht dieser Sterne nicht entweichen könne, weil es durch die Schwerkraft zurückgehalten würde. Dadurch strahlen diese Sterne nicht. Das kam der Theorie der *Schwarzen Löcher* schon sehr nahe.

Tatsächlich setzt sich bei einem Stern, der über große Masse verfügt, irgendwann die Gravitation gegenüber allen anderen Kräften durch. Verbraucht ein Stern im Lauf seines Lebens seinen Kernbrennstoff, kann er sich nicht mehr gegen seine eigene Schwerkraft wehren und zieht sich zu einem Punkt mit unendlicher Dichte und Masse zusammen. Wir können dabei leider nicht zuschauen: Denn die *dunklen*

Sterne schlucken auch jegliches Licht und sind damit unsichtbar. *Dunkle Sterne* wirken wie der *Magnetberg:* Sie ziehen durch ihre Gravitation andere Objekte an.

> *John Archibald Wheeler*, US-amerikanischer Physiker, schlug im Jahre 1967 den Begriff „*Schwarzes Loch*" vor, der sich rasch durchsetzte. Wheeler erzählte später, *der Begriff sei ihm während eines Vortrags von einem Zuhörer vorgeschlagen worden, der genervt war, ständig zu hören: „gravitativ vollständig kollabiertes Objekt".*[87]

2019 wurde zum ersten Mal ein *Schwarzes Loch* fotografiert: ein roter Feuerball, der eine schwarze, runde Silhouette umgrenzt. Hunderte *Schwarze Löcher* wurden bis heute identifiziert. Im Zentrum der Milchstraße, also praktisch bei uns ums Eck, gibt es ein *Schwarzes Loch*, ein Monster, das rund vier Millionen Sonnenmassen umfasst. Unser ganzes Sonnensystem würde locker hineinpassen. Wehe, wenn wir diesem Loch zu nahe kämen!

Die Grenze des *Schwarzen Lochs*, also den Kraterrand, nennt man „*Ereignishorizont*". Ab diesem Punkt gibt es kein Zurück. Wer sich mit dem Kanu einem Wasserfall nähert, muss immer stärker gegen die Strömung paddeln, bis er schließlich an dem Punkt landet, wo die Kraft des Wassers zu stark wird: Er stürzt hinab. Das ist der *Ereignishorizont.*

Das Informationsparadox und die Hawkingstrahlung[88]

In diesem Stadium versagen alle physikalischen Regeln. Wer ins *Schwarze Loch* fällt, fällt immer langsamer, weil die Zeit langsamer vergeht und irgendwann stillsteht. Und im *Schwarzen Loch* verschwinden auch alle individuelle Informationen, die wir über das arme Opfer hatten. Das *Schwarze Loch* schluckt also nicht nur Masse und Energie. Es schluckt auch alle Zeit und alle Information.

> Stopp! Energie und Information können nicht einfach verschwinden! Der erste thermische Grundsatz der Physik lautet, dass die Energiebilanz des Universums immer ausgeglichen sein muss. Verschwindet ein Teilchen vom Spielfeld, muss ein anderes irgendwo auftauchen, um die Bilanz ausgeglichen zu halten. So mir nix dir nix verschwinden, das geht laut den strengen Regeln im Universum nicht.

Viele Jahre rätselte die Physik über dieses „*Informationsparadox*". Am gefräßigen *Schwarzen Loch* schienen nicht nur die klassischen Naturgesetze, sondern auch die Regeln der Quantenphysik und der Relativitätstheorie zu versagen, ein Alptraum für alle Forschenden. Den Schlüssel zur Lösung dieses Problems lieferte aufgrund von Vorarbeiten des griechischen Physikers *Demitrios Christodoulou* 1972 *Stephen Hawking*. Er fand heraus, dass am *Ereignishorizont* Teilchen auftauchten, die den Einflussbereich des Loches verließen, was bislang als ausgeschlossen galt. Und er fand eine spannende Erklärung. Wir wissen ja schon, dass im Universum ständig virtuelle Teilchenpaare, z.B. ein Elektron und ein Positron, entstehen und einander normalerweise sofort wieder vernichten. Am *Ereignishorizont* eines *Schwarzen Lochs* passiert laut Hawking aber etwas Besonderes: Während ein Teilchen ins *Schwarze Loch* fällt, flüchtet sein Antiteilchen als Strahlung ins All. Daher gelten die Thermischen Grundsätze auch in dieser Extremsituation.

Hawking behauptet weiters, dass all die flüchtenden Antiteilchen, nicht auf Nimmerwiedersehen im All verschwinden, sondern als *Information* an der Oberfläche des *Schwarzen Loches,* dem Ereignishorizont, gespeichert werden. Damit schreibt Hawking dem *Teilchen-Antiteilchen-Konzept* eine völlig neue Bedeutung zu.

> „Hawkings Strahlung" und die Folgerungen daraus gehören zu den spannendsten Modellen am Theorienbazar der aktuellen Physik. Sie scheinen so genial wie verrückt und werden in der Szene heftig diskutiert. Wir werden im Kapitel über *das Holografische Prinzip* mitdiskutieren. (vgl. S.153)

Gravitationswellen: Wenn ein Sandkorn im Universum Wellen schlägt

Zunächst war es nur rechnerische Theorie in Computermodellen: Wenn zwei *Schwarze Löcher* aufeinander treffen, wenn also zwei riesige Dellen in unserem Tuch aufeinander zurasen und sich zu einem wirklich großen Loch vereinen, dann erzeugt das in unserem gespannten Tuch heftige Schwingungen. Etwas wissenschaftlicher formuliert: Wenn zwei *Schwarze Löcher* sich vereinigen, dann schwingt die *Raumzeit* so stark, dass die Schwingungen messbar sein müssten, auch wenn sie sehr weit weg und viel früher passierten. Diese vermuteten Vibrationen der Raumzeit nennt man *„Gravitationswellen"*.

> Simpler formuliert: Wenn wir in einem Trampolin hüpfen, dann beult und spannt sich bei jedem Sprung das Tuch und wir erzeugen – *Gravitationswellen.*

Da diese Wellenbewegung im Riesenuniversum nur sehr schwach spürbar ist, brauchte es schon den Supergau zweier aufeinander donnernder *Schwarzer Löcher*, um die vermuteten *Gravitationswellen* tatsächlich messen zu können.

Das Problem der Forschung war paradox: Die *Gravitationswellen* sind kaum messbar, obwohl sie das ganze Universum in Bewegung halten. So ist das, wenn die winzige Quantenwelt aufs riesige Universum trifft, wenn ein Sandkorn im Universum Wellen schlägt!

Das Gerät, das man erfand, um die Wellen zu messen, ist ein wahres Monstrum: ein *Gravitationswellendetektor*, eine riesige L-förmige Vakuumröhre mit Spiegeln. Mittels Laserstrahlen können darin die Streckung und Stauchung der *Raumzeit* und die dadurch entstehenden *Gravitationswellen* mikromillimetergenau gemessen werden, die weniger als ein Millionstel der Größe eines Atoms ausmachen.

1972 wurde dieses Technikmonster namens LIGO in den USA teure Wirklichkeit. Es besitzt zwei Observatorien, eins in Washington, eins in Louisiana, die 3000 km voneinander entfernt stehen. Jedes Observatorium hat L-förmige Vakuumröhren mit zwei Armen von je 4 Kilometer Länge. Mehr als 1000 Personen waren beteiligt, als 2015 tatsächlich die ersten Gravitationswellen im Labor gemessen wurden. Es war ein ähnlicher Triumph wie die Entdeckung des Higgsteilchens. Die Forscher*innen schlossen, dass die *Gravitationswellen*, die sie gemessen hatten, durch eine Kollision zweier Schwarzer Löcher entstanden waren, die vor etlichen Milliarden Lichtjahren von der Erde entfernt stattgefunden hatte, deren fernes Echo nun als sanfte Wellen im LIGO gemessen wurden.

Diese Entdeckung war der endgültige Beweis für die Existenz der *Schwarzen Löcher* und der *Gravitationswellen*, und damit auch von Einsteins *allgemeiner Relativitätstheorie*, die beides vorhergesagt hatte. Führende Physiker vermuten, dass die Entdeckung der *Gravitationswellen* revolutionäre Auswirkungen auf die Physik haben könnte. Wenn das Universum nicht still daliegt, wie unser Firmament es glauben macht, sondern sich *Raum und Zeit* überall verbiegen und krümmen, dann muss das Konsequenzen haben, die wir heute noch nicht abschätzen können.

Die Reise durchs Wurmloch[89]

Zeit für unseren nächsten UFO-Flug. Wir wären zwar neugierig, ein *Schwarzes Loch* zu erkunden, davon wird aber abgeraten. Wer in ein *Schwarzes Loch* hineinfällt, wird von der enormen Gravitation zerrissen („*Spaghettifizierung*" nannte es Hawking). Ein Durchreisen ist nicht möglich – es ist Einbahnstraße und Sackgasse zugleich. Angenehmer klingt da schon der alternative Flug durch ein Wurmloch.

Forscher fanden eine hypothetische Lösung, das Universum gleichsam zu untertunneln. Ein *Wurmloch,* auch ein Gedanken-Ableger der allgemeinen Relativitätstheorie, könnte als Tunnel oder Abkürzung durch die Raumzeit zwischen zwei weit entfernten Punkten im Universum fungieren. Theoretisch könnte man in einem *Wurmloch* sehr schnell große Entfernungen im Universum überwinden oder sogar in einem Paralleluniversum auftauchen, in dem alles genauso wie in unserem, aber seitenverkehrt funktionieren würde. Mein Gegen-Gerhard wäre also Rechtshänder!

Das *Wurmloch* wäre eine Art U-Bahn, eine Universums-Bahn, mit der wir kreuz und quer durchs Universum rasen könnten. Gemäß Einsteins Raumzeit-Krümmung wären diese U-Bahntunnel Abschneider durch Zeit und Raum: Wir könnten also an fernen Orten unseres Universums auftauchen. Oder – wenn die U-Bahn lichtgeschwind fährt – könnten wir auch durch die Zeit reisen und irgendwo in der Vergangenheit auftauchen: Mit der U1 auf ein Selfie zum Andromedanebel. Mit der U4 auf einen Afternoontea zu Queen Victoria.

Leider gibt es noch ein paar ungelöste Probleme: Es ist unklar, wie man ein Wurmloch erzeugen, offenhalten und sicher durchqueren könnte. *Wurmlöcher* wären wahrscheinlich sehr instabil, und sie bräuchten „exotische Materie", die bislang rein hypothetisch ist. Verblüffend ist, dass die Wurmloch-Theorie nicht von Spinnern entwickelt wurde, sondern dass sich seriöse Wissenschaftler wie der österreichische Physiker *Ludwig Flamm* schon 1916, und dann Albert Einstein und Stephen Hawking ernsthaft damit beschäftigten. Den Namen erfand übrigens auch John Archibald Wheeler, der schon das *„Schwarze Loch"* in die Welt gesetzt hatte.

Wir sehen, dass Fantasie, wirklich versponnene, absurde Ideen, am Beginn vieler wissenschaftlichen Erkenntnisse und Erfindungen stehen, oder wie Einstein sagte: *„Fantasie ist wichtiger als Wissen, denn Wissen ist begrenzt."*[90]

Ich hatte übrigens auch einmal einen Wurmlocheffekt. Wir stiegen im belebten Stadtzentrum von Barcelona inmitten von Häuserschluchten in die dortige U3, fuhren ein paar Stationen, kletterten die Treppen hoch und standen staunend auf einem Sandstrand mit Palmen, Schirmen und Liegebetten. Es war wie die Fahrt in ein anderes Universum. Man stelle sich vor, wir könnten in Wien in die U3 einsteigen, den Semmering und die Karnischen Alpen untertunneln und kämen direkt am Strand von Grado heraus.

Wie können wir uns das Raumzeit-Dings vorstellen?

Einstein hat uns Menschen den Boden unter den Füßen weggezogen, als er behauptete, dass Raum und Zeit in der Natur nicht absolute Größen, sondern bloß Konstruktionen unseres Intellekts seien, sozusagen künstliche Geländer, an denen wir uns im Alltagsleben entlang hanteln können. Den Verzicht auf einen festen Raum und eine kontinuierlich ablaufende Zeit können wir uns nicht vorstellen. Es fühlt sich unbehaglich an.

„Wissenschaftlichen Dadaismus" nannte ein netter Kollege Einsteins Konstrukt, *„verrückte Laune"* oder einfach *„Quatsch"* nannten es andere Zeitgenossen. Heute gilt die *Raumzeit* unter Physikern als Glücksfall, als stabiler Schutzschirm. Wer aus der Raumzeit fällt, für den ist Hopfen & Malz verloren. Dennoch bleibt sie schwer vorstellbar. Ich versuche drei Annäherungen.

Das Daumenkino

Ich habe in der Literatur einen Vergleich gefunden, der versucht, uns die vierdimensionale Raumzeit vorstellbar zu machen: das gute, alte Daumenkino[91].

> *Daumenkinos bestehen aus einem Block mit vielen Einzelbildern auf Papier, die erst durch das schnelle Blättern mit dem Daumen zu einem Film werden. Damit der Film flüssig abläuft, dürfen sich die einzelnen Bilder jeweils nur minimal voneinander unterscheiden. Durch das schnelle Abblättern entsteht im Gehirn die Illusion einer vollständigen Bewegung. Die Bilder auf den einzelnen Seiten sind zweidimensional, der Block ist dreidimensional. Die schnelle Daumenbewegung erzeugt die vierte Dimension: die Zeitdimension.*

Der Nachthimmel

Wir können die Erfahrung, dass Raum und Zeit relativ sind, auch täglich am Nachthimmel machen. Das Licht des nächsten Sterns, den wir mit Teleskopen sehen können, *Proxima Centauri*, braucht vier Lichtjahre bis zur Erde. Die *Magellanschen Wolken*, zwei kleine Galaxien, sind rund 200.000 Lichtjahre entfernt. Durch einen Blick in den Himmel sehen wir *gleichzeitig* die Geschichte von *Proxima Centauri* vor vier Lichtjahren, die Geschichte der *Magellanschen Wolken* vor 200.000 Lichtjahren. Was uns am Himmel als *gleichzeitig* an *einem* Ort (dem Nachthimmel über uns) erscheint, sind in Wirklichkeit individuelle Geschichten zu unterschiedlichsten Zeiten und an unterschiedlichsten Orten.

Unser Schatten

Eine andere tägliche Beobachtung der Relativitätstheorie: Laut Einstein hängt die Länge eines Objekts von dessen Bewegung relativ zum Beobachter ab und verkürzt sich bei hohen Geschwindigkeiten. Es ist daher physikalisch sinnlos, nach der absoluten Länge eines Objekts zu fragen, so ähnlich wie nach der absoluten Länge ...

....unseres Schattens. Dieser ist immer eine Projektion unseres dreidimensionalen Körpers auf eine zweidimensionale Fläche. Die Größe des Schattens hängt vom Projektionswinkel zwischen Lichtquelle und unserer Figur ab und ist manchmal kürzer oder länger. Unser Schatten ist also relativ! Wenn wir an einer Lichtquelle vorbeigehen, wächst unser Schatten vom Riesen zum Zwerg und zurück. Ähnlich verhält es sich mit der Projektion von Objekten aus Einsteins vierdimensionaler Raumzeit in unsere dreidimensionale Alltagswelt. Die Krümmung der vierdimensionalen Raumzeit verändert die Größe der Objekte.

> Alle diese relativistischen Effekte scheinen uns nur deshalb merkwürdig, weil wir die vierdimensionale Raumzeit nicht sehen können, sondern nur ein dreidimensionales Abbild davon. Platon hat das in seinem *Höhlengleichnis* so einmalig formuliert: Die Gefangenen im Höhlengleichnis sehen die „reale" dreidimensionale Außenwelt als zweidimensionale Schatten an der Wand ihrer Höhle. Die Analogie: Wir Menschen sitzen in unserer dreidimensionalen Höhle namens Alltagswelt und sehen nur die Schatten der vierdimensionalen Raumzeit.

Grenzen überschreiten

Der Sprung von einer Dimension in eine höhere hilft, Grenzen zu überwinden: Auf einem Blatt Papier bedeutet eine Linie eine unüberwindliche Grenze. Als zweidimensionale Figur auf dem Blatt könnten wir diese Barriere nicht überwinden. Übertragen wir das Bild vom Blatt Papier in einen dreidimensionalen Raum, können wir die Linie wie einen Zaun locker übersteigen. Ähnlich verhält es sich mit der vierten Dimension: Raum und Zeit haben in der dreidimensionalen Welt unüberwindbare Schranken, in der vierten Dimension – in Einsteins Raumzeit – sind diese Schranken aufgehoben.

In der Quantenphysik wurde dieses Übersteigen der Dimensionen als *Tunneleffekt* mittlerweile mehrfach nachgewiesen, bei dem ein masseloses Quant (ein Photon oder Elektron) eine Barriere einfach durchqueren („untertunneln“) kann, weil masselose Quanten in Lichtgeschwindigkeit keine Grenzen in der Raumzeit haben. Womit wir wieder beim Wurmloch wären.

Immer noch unverständlich? Dann versuch ich´s mit Literatur. Bei *Harry Potter* wurde der Sprung in eine andere Dimension literarisch verewigt: *„Um auf Plattform 9 3/4 zu gelangen, läufst du einfach schnurstracks auf die Absperrung zwischen Gleis 9 und 10 zu. Halt nicht an und hab keine Angst dagegen zu knallen, das ist sehr wichtig."*[92]

In unserer Fantasie können wir Raum und Zeit spielerisch überwinden. In Literatur, Bild und Film können wir uns überall hin *zoomen* oder her *beamen* und die dritte Dimension locker überwinden: in die Zukunft oder die Vergangenheit, ins Universum oder auch hinein in ein winziges Atom.

Ich selbst hatte meine persönliche Erfahrung von der Überwindung von Raum und Zeit an einem windigen Sommertag am Meer. Es war ziemlich hoher Wellengang, und ich schwamm viel zu weit draußen vor der Küste im tiefen Wasser. Wegen der hohen Wellen konnte ich das Ufer nicht mehr sehen, und da war plötzlich dieser Moment: Ich weiß nicht, wie lang ich schwamm und tauchte, anfangs ein wenig panisch, orientierungslos, rund um mich war nur gleichförmig wellendes Wasser. Mein Schwimmen wurde zum Schweben. Losgelöst vom festen Boden und ohne Blick auf einen Horizont schwebte ich im Wasser als raum- und zeitloses Schwebetierchen. Es war ein faszinierender Zustand, in dem ich durch das Wasser glitt. Wenn ich die Augen schloss und mich von den Wellen treiben ließ, verschmolzen Zeit und Raum. Ich war für ein paar Sekunden in der Raumzeit unterwegs: ohne Zeit, ohne Raum, endlich, aber grenzenlos. Wäre dieser Moment mein letzter, es wäre ein schöner gewesen.

Das Zeitparadoxon

Fragte der König: „Wie viel Sekunden hat die Ewigkeit?“ Da sagte das Hirtenbüblein: „In Hinterpommern liegt der Demantberg, der hat eine Stunde in die Höhe, eine Stunde in die Breite und eine Stunde in die Tiefe; dahin kommt alle hundert Jahr ein Vöglein und wetzt sein Schnäblein daran, und wenn der ganze Berg abgewetzt ist, dann ist die erste Sekunde von der Ewigkeit vorbei." (Brüder Grimm) [93]

Zeit ist relativ. Dazu braucht es keinen Einstein, das erfahren wir täglich aufs Neue: Eine Stunde mit einem geliebten Menschen vergeht im Flug, eine Stunde in einem langweiligen Vortrag dauert ewig.

Schon die alten Griechen unterschieden in ihren Betrachtungen zwei Arten der Zeit: *Chronos* (χρονος) und *Kairos* (καιρος). *Chronos* steht für den gleichmäßig tickenden Sekundenzeiger: die objektive, gemessene Zeit, *Kairos* für unsere subjektiv empfundene Zeit. Früher wurde die Zeit nach dem Sonnenstand, der Aktivität der Tiere und Pflanzen gemessen. Galilei maß seine Experimente mit rollenden und fallenden Kugeln zunächst nach seinem Pulsschlag. Später spannte er über seine hölzerne Kugelbahn in regelmäßigen Abständen Darmsaiten, sodass die darüber rollenden Kugeln Töne von sich gaben, die die Zeit maßen. Heute verwenden wir Atomuhren, die die Sekunde nach der Zerfallszeit des radioaktiven Elementes Caesium richten und in Milliardstel unterteilen.[94]

Ich habe keine Zeit

Quantenphysik und Relativitätstheorie schufen eine neue Bedeutung für den Zeitbegriff. Galt bis ins 20. Jahrhundert die gemessene Zeit als fixe Größe, die gleichförmig und immer gleich schnell fließt und die Vergangenheit von der Zukunft trennt, gilt das heute nicht mehr: Zeit ist ein sonderbares Wesen!

* Die Dauer zwischen zwei Ereignissen hängt davon ab, wo sich die Betrachter befinden: Die Uhr des Reisenden tickt langsamer als die Uhr des am Flughafen oder Bahnhof Wartenden, daher altert der Reisende langsamer als der Wartende.

Das kennen wir aus dem Alltag: Wenn wir bei einem Rendezvous auf einen Partner warten, der sich verspätet, haben wir das Gefühl während des Wartens deutlich zu altern.

* Die Zeit gab es nicht immer, sie ist ein Kind unseres Universums. Sie begann erst mit dem Urknall und dehnt sich wie der Raum mit dem Universum aus.

* Große Massen dehnen die Zeit: Wenn wir an einem massereichen Planeten vorbeifliegen, dehnt sich die Zeit. Und wenn wir in das massereichste aller Objekte des Universums fliegen, in ein Schwarzes Loch, dann steht die Zeit im Inneren still. Im Schwarzen Loch endet die Zeit.
* Auch in Lichtgeschwindigkeit steht die Zeit still: Im Photon tickt keine Uhr, verrinnt keine Zeit. Weil Photonen (und andere masselose E.T.) „keine Zeit haben", gibt es für sie auch keinen Zeitpfeil von der Vergangenheit in die Zukunft. Rein quantenmechanisch können sie auch in die Vergangenheit fliegen: die Raumzeit kennt keine Richtung!

Der Begriff „Ich habe keine Zeit" hat also nach der Relativitätstheorie ein völlig neue Bedeutung.

Reisen in die Vergangenheit[95]

All diese Erkenntnisse lösten Spekulationen aus. Wenn es uns Menschen gelänge, sehr schnelle Raumschiffe zu bauen, könnten wir dann nicht in die Vergangenheit reisen? 1895 schuf E. G. Wells seine *„Zeitmaschine"*, einen Science-Fiction-Roman, der von Flügen in die Vergangenheit und Zukunft erzählte. Unzählige Romane und Filme folgten.

Legen wir also den Rückwärtsgang ein, und fliegen mit dem UFO in die Vergangenheit! Wohin darf´s denn sein? Auf einen Sprung ins antike Athen, auf einen Kurztrip ins Paris des *Fin de siecle*, wie es Woody Allen in seinem bezaubernden Film *„Midnight in Paris"* tat, oder auf einen Tee mit Albert Einstein in Princeton, um mit dem Chef persönlich über seine Theorien zu plaudern? Können wir damit rechnen, dass wir irgendwann in die Vergangenheit fliegen werden?

???

Leider nein!

Was Photonen in ihrer Quantenwelt können, bleibt uns Sterblichen verschlossen. Selbst die verrückte Quantennatur hält sich an Gesetze, und eins dieser Gesetze ist das der *Unumkehrbarkeit der Zeit.*

Warum Zeitreisen nicht möglich sind[96]

Alle Vorgänge im Universum werden von zwei Faktoren bestimmt: von den *Anfangsbedingungen* (= der Ausgangssituation), in der sich Objekte befinden und von den *Bewegungsregeln*, wie sich Objekte verhalten.

Die *Bewegungsregeln* würden Zeitreisen durchaus erlauben. Ein *Photon* kennt keine Zeit, kann daher in der *Raumzeit* in alle Richtungen fliegen. Hätten wir ein Raumschiff, das Lichtgeschwindigkeit erreicht und wären wir leicht wie ein *Photon*, könnten wir nach den Regeln der Quantenmechanik auch in die Vergangenheit fliegen. Die *Anfangsbedingungen* verbieten es aber. Der Grund dafür liegt in der wachsenden Komplexität der Welt. Selbst die einfachsten Objekte und Lebewesen bestehen aus vielen Milliarden verschiedener E.T., die nach komplizierten Bauplänen zusammengesetzt sind.

> Nehmen wir ein simples Objekt her: ein Weinglas. Stellen wir uns eine Geburtstagsfeier vor. Wir prosten mit einem Glas Rotwein in der Hand dem Geburtstagskind zu. Leider stolpern wir, das Glas fällt uns aus der Hand, zerbricht in tausend Scherben, und der Rotwein spritzt in alle Richtungen. Ein Scherbenhaufen in einem Rotweinsee.

Hätte jemand die Szene gefilmt, könnten wir sie im Rücklauf anschauen: dass sich die Scherben im Flug wieder zusammensetzen, die Flüssigkeit ins Glas zurückschwappt, und – schwupps – dass wir wieder fröhlich mit dem Glas in der Hand dem Geburtstagskind zuprosten.[97] Was im Film möglich ist, ist es leider in der Realität nicht. Die *Ausgangssituation* für unser Weinglas und damit die Varianten, in wie viele Glasscherben das Glas zerspringen kann, ist 1 : 10^{1000} (eine Zahl mit 1000 Nullen). Wir müssten also 10^{1000} Versuche mit Glasscherbenhaufen haben, damit *wahrscheinlich* einer drunter ist, der sich im Rückwärtsgang wieder exakt zu unserem Glas zusammenfügt. So viele Scherbenhaufen kann es aber nicht geben, dafür reicht das Glas der gesamten Welt nicht aus.

Jedes lebende Wesen ist unendlich viel komplexer als ein Weinglas. Bei einem Flug in die Vergangenheit würde sich die Komplexität während des Fluges ja in den Ausgangszustand zurück entwickeln, je nachdem, wie weit wir zurück fliegen. Wir würden nicht als das *jetzige Ich* aus dem Raumschiff aussteigen, als das wir eingestiegen sind. Wir müssten – je nach Zeitpunkt der Landung – in der Vergangenheit als Teenager, als Baby oder als noch nicht geborene Ei- oder Samenzelle in der

Ursuppe des Universums ankommen. Die Wahrscheinlichkeit, dass das Experiment gelingt, ist – siehe oben – noch unglaublich viel niedriger als $1 : 10^{1000}$.

Das Grundgesetz, dass die Komplexität im Universum *immer* zunimmt und nicht umkehrbar ist, nennt man *Entropie*. Weil diese so wichtig ist, widmen wir ihr gleich ein eigenes Kapitel. (vgl. S.122)

Die Chronologieschutzvermutung

Spekulieren wir aber noch ein bisschen weiter: Selbst wenn es uns gelänge, in einem Photonenflugzeug in Lichtgeschwindigkeit *zeitlos* in die Vergangenheit zu fliegen, und dort als unser *jetziges Ich* auszusteigen, würden wir gegen ein anderes Grundgesetz des Universums verstoßen: Jede Aktion unseres Reise-Ichs würde die Vergangenheit so gravierend verändern, dass es unser Ich in der Zukunft nicht gäbe. So ein Flug würde ein *Zeitparadoxon* auslösen[98].

Wenn ich in die Vergangenheit reise, könnte ich dort meinen Großvater als Kind töten; dann könnte dieser nicht meinen Vater zeugen und dieser nicht mich, ich würde nicht auf die Welt kommen und könnte daher auch nicht in die Vergangenheit reisen.

Das Universum kann sich aber nie im Widerspruch zu sich selbst befinden. Stephen Hawking witzelte: „*Wo sind denn die Touristen aus der Zukunft?*“[99] Wären in der Zukunft Zeitreisen technisch möglich, dann müsste es ja bei jedem historischen Ereignis Horden von zeitreisenden Touristen aus der Zukunft geben, die hektisch versuchen, das Ereignis mit ihren Kameras festzuhalten: *Den Ausbruch des Vesuv in Pompeji, die Landung Columbus auf den Bahamas, die Einweihung der Pyramiden, die Eroberung von Troja, den Brand von Notre Dame,...* Dass das nicht möglich ist, dafür erfand Stephen Hawking das hübsche Wort „*Chronologieschutzvermutung*“.

Doctor Who, der *Timelord*, kann in der *Tardis* in Sekundenschnelle in jede Zeit und an jedem Ort des Universums reisen und darf sowohl historische als auch zukünftige Ereignisse beobachten. Die Bedingung: *Er darf nie in die Geschichte eingreifen und den Lauf der Dinge verändern.* Die Drehbuchautoren müssen sich also in jeder Folge raffinierte Wendungen einfallen lassen, sodass *Doctor Who*, der in einzelnen Episoden Van Gogh, Napoleon oder Hitler trifft, den Vesuvausbruch in Pompeij, den berühmten Heiligen Abend in Verdun im Ersten Weltkrieg oder Rosa Barks´

Vertreibung aus dem Bus 1954 live miterlebt, am Ende jeder Folge seine Eingriffe in die Geschichte ungeschehen macht.

Physiker spekulieren gern mit dem Irrealen. Sollten Zeitreisen doch einmal realisierbar sein, lade ich meine geschätzten Mitreisenden zu einer exklusiven Time-Travel-Tour in meinem UFO ein! Versprochen!

Wozu brauchen wir die Relativitätstheorie?

Zum Schluss dieses langen Kapitels sei die Frage erlaubt: Wozu, um Himmels willen, brauchen wir die Geschichte von der Delle im gespannten Tuch und von der Raumzeit? Ein schönes Beispiel liefert die jährliche Urlaubsfahrt meiner Familie mit dem Auto nach Grado im August.

Wenn ich zuhause in mein Notebook offline in Google Maps die Strecke von zuhause nach Grado eingebe, erhalte ich als Ergebnis 5,5 Stunden Fahrzeit. Das ist die *Newtonsche* Idealberechnung, die grundsätzlich stimmt. Verwende ich unterwegs die Onlinevariante am Handy, zeigt diese mir dank GPS aktuelle Verzögerungen durch Baustellen oder Unfälle. Das sind immer noch hochgerechnete Werte, die aber der augenblicklichen Realität dank *Relativitätstheorie* schon näher kommen. Was Google Maps (noch) nicht kann, ist die Berechnung unserer tatsächlichen Fahrzeit: wie oft wir einen WC-Stopp brauchen, ob wir unterwegs bei der ersten Autogrill-Station im Kanaltal schon einen italienischen Espresso verkosten wollen oder ob uns gar die Verlockungen des Hügels San Daniele auf eine Schinkenjause vom Kurs drastisch abweichen lassen. Das wären dann die unerwarteten Dellen in der *Einstein'schen Raumzeit*, für die wir *Schrödingers Wahrscheinlichkeitsgleichung* mitberechnen müssten. Muss Gerhard unterwegs wahrscheinlich aufs WC und wie dringend ist vermutlich seine Lust auf Espresso?

Weniger poetisch formuliert: Auch wenn wir im Alltag nichts von Relativitätstheorie, Raumdehnung, Zeitdilitation und Längenkontraktion bemerken, sind diese Phänomene doch immer und überall und greifen in unser Leben ein.

Weißt du, wieviel Sternlein stehen?

Harmonie und *Schönheit* sind Begriffe, die mit wissenschaftlicher Präzision eigentlich wenig zu tun haben, sondern, aus der Ästhetik entlehnt, eher subjektive Wertungen und individuelle Geschmäcker erwarten lassen. Dennoch gibt es viele Wissenschaftler*innen, die von der *„Ordnung im Universum"*, *„Harmonie im Kosmos"* oder *„Schönheit der Natur"* sprechen und damit ausdrücken, dass die Abläufe und Systeme unserer Welt perfekt aufeinander abgestimmt sind. Ob unser Universum wirklich ordentlich, harmonisch und schön ist, werden wir in diesem Kapitel diskutieren.

Thermodynamische Grundsätze: die eisernen Regeln

„Weißt du, wie viel Sternlein stehen
An dem blauen Himmelszelt?
Gott der Herr hat sie gezählet,
Daß ihm auch nicht eines fehlet,
An der ganzen großen Zahl."

Das Volkslied aus dem Jahr 1837 könnte das Motto für unser Universum sein. Es formuliert poetisch die thermodynamischen Grundsätze der Physik, die in unserem Universum als unumstößlich und unantastbar gelten.

Der erste Grundsatz besagt, dass Energie in einem geschlossenen System immer erhalten bleibt. Für unser Universum, das wir als geschlossenes System (endlich, aber grenzenlos) annehmen, gilt, dass Energie weder zusätzlich erschaffen noch vernichtet werden kann. Sie lässt sich nur in verschiedene Formen (zum Beispiel in Masse) umwandeln. Die Gesamtbilanz im Universum muss aber immer gleich bleiben, sogar im ominösen Schwarzen Loch, wie wir vorher gesehen haben. Stephen Hawking beschreibt das so:

„Ein Mann möchte auf einem flachen Grund einen Hügel errichten. Dazu gräbt er ein Loch in die Erde, um den Hügel aufzuwerfen. Das Loch ist exakt die negative Version des Hügels." [100]

Der zweite Grundsatz besagt, dass Energie in einem geschlossenen System dazu tendiert, sich gleichmäßig im Raum zu verteilen, wobei die Verteilung unumkehrbar ist. Diese sogenannte *Entropie* kann nie abnehmen, sondern nimmt zu oder bleibt zumindest konstant.

Die thermischen Grundsätze sind auch heute in der Physik das Maß aller Dinge: Sie gehören zu den fundamentalsten und am besten validierten Gesetzen. Ob eine wissenschaftliche Theorie haltbar ist, wird auch heute daran gemessen, ob die thermischen Grundsätze eingehalten werden.

Dem Volkslied gemäß wacht also der liebe Gott persönlich darüber, dass die thermischen Grundsätze des Universums strikt eingehalten werden, dass kein Stern fehlt, dass diese über das ganze Universum verteilt sind und ihre große Zahl immer erhalten bleibt.

Entropie: Das Universum im Kleiderschrank

Wir haben im letzten Kapitel gelernt, dass *Entropie* schuld daran ist, dass Zeitreisen in die Vergangenheit unmöglich sind. *Entropie* bestimmt aber nicht nur die Richtung der Zeit, sondern prägt die Gestalt unseres Universums und spuckt und spukt in viele physikalische Überlegungen und Berechnungen.[101]

Sisyphos: Die Natur ist gegen uns

Anton Zeilinger erzählt das Beispiel von Schafen, die auf einer großen, umzäunten Wiese grasen, bis sie der Schäferhund auf Kommando des Schäfers in einer Ecke des Geheges zusammentreibt, wo die Schafe dann dichtgedrängt warten. Aus unserer Alltagssicht erhöhen die Schäferhunde die Ordnung in der Herde. Alle Schafe zum Durchzählen still auf einem Fleck sind übersichtlicher als Schafe, die kreuz und quer über die Wiese wuseln. Die Natur sieht das anders: Sobald der Schäferhund weg ist, verstreuen sich die Schafe wieder über die Wiese.

Ähnlich verhält es sich mit unserem Schreibtisch, unserem Kleiderschrank oder unserer Küche. Tendenziell herrscht an diesen Orten *Unordnung*. Auf dem Schreibtisch kugeln Papier, Hefte und Schreibgeräte durcheinander; im Kleiderschrank verteilen sich Hosen, T-Shirts und einzelne Socken; in der Küche mischen sich sauberes und schmutziges Geschirr. Jeder, der eine eigene Wohnung hat, weiß, dass Gegenstände die Tendenz haben, chaotisch zu sein. Erst wenn wir eingreifen, Schreibtisch, Kleiderschrank oder Küche seufzend aufräumen, die Gegenstände sortieren und stapeln, kehrt Ordnung ein. Für kurze Zeit. Bald bekommen die Gegenstände wieder ein Eigenleben und beginnen sich untereinander zu mischen. Unser Kampf ist aussichtslos. Wir sind in der Sisyphos - Rolle. Die Naturgesetze der Physik sind gegen uns.

Entropie als Maß für Unordnung?[102]

Stellen wir uns ein dicht verschlossenes Glasgefäß mit zwei Kammern vor, die durch eine schmale, verschließbare Röhre verbunden sind. In einer Kammer befindet sich Gas, die andere ist leer, sie ist im Vakuum. Sobald wir die Röhre öffnen, verteilt sich das Gas in beiden Kammern. Ähnlich verhält sich Licht. Öffnen wir eine Tür, strömt das Licht von einem hellen Raum in den dunklen.

Das Gesetz der *Entropie* sagt: Materie oder Energie strömen immer von einem vollen Raum in einen leeren, so lang, bis beide Räume gleich gefüllt sind, wenn sie nicht ein Widerstand, eine Sperre oder ein Schäferhund daran hindert. Das Universum hat also die Tendenz zu wachsender *Entropie*. Zufällige Unordnung ist im Universum wahrscheinlicher als Ordnung. Dass sich Schafe grundlos freiwillig zusammendrängen, dass die Gas-Atome sich nur in einer Hälfte des Behälters versammeln und dass sich die Kleider im Schrank selbst falten und übereinander legen, ist nach der Quantenwahrscheinlichkeit zwar nicht ganz ausgeschlossen, aber höchst unwahrscheinlich.

Entropie und die Richtung der Welt

Entropie ist schuld, dass wir eine einmal verquirlte Eierspeise nicht mehr in Eiweiß und Eigelb trennen und schon gar nicht mit den zerbrochenen Schalen zum ganzen Ei zusammensetzen können.

Der *Zweite Hauptsatz der Thermodynamik* drückt aus, dass Naturvorgänge immer so stattfinden, dass sich die *Entropie* erhöht und dass diese irreversibel ist. Die *Entropie* eines *geschlossenen physikalischen Systems* kann niemals abnehmen; sie kann bestenfalls konstant bleiben, meistens nimmt sie zu. Aus diesem Grund sind, wie wir schon wissen, Zeitreisen unmöglich, wärmt der warme Ofen das kalte Zimmer, kann ein zerbrochenes Rotweinglas sich nicht wieder zusammensetzen und füllen, und aus einer Eierspeis kann kein Ei werden.

Biologie contra Physik?

In unserem Alltag klingt *„Ordnung"* meist sinnvoll und erstrebenswert: Schafe in Zweierreihe, Akten nach Größe und Farbe geordnet, Hemden und Pullover sauber getrennt und gefaltet – das hört sich nach sinnvoller Ordnung an. Nach unserem Hausverstand wäre der Zustand hoher *Entropie* (= also großer *Unordnung*) nicht erstrebenswert, und wir fragen uns, warum das Universum den Trend zur *Entropie* als Grundsatz hat?

Die zufällige Verteilung und Vermischung von Substanzen im Raum, also ein *„Mischmasch"*, scheint in unserem Alltag aber auch oft sinnvoll zu sein.

* Ein Krug mit Wasser und ein Krug mit Zitronensaft sind ein niedrigerer Grad an *Entropie* als ein Gemisch aus beiden. Mischt man die Krüge, entsteht ein Durcheinander von Zitronen- und Wassermolekülen. Dieses mag wohl auf molekularer Ebene als unordentlich gelten, demjenigen, der davon kostet, erscheint es als durchaus ordentliches Getränk.
* Gutes Essen ist meistens im Zustand hoher Entropie: Die Zutaten im Rohzustand, ordentlich getrennt, schmecken allein allesamt grauslich: ein Brocken rohes Fleisch, ein Löffel voll Salz, eine Brise Pfeffer. Erst in der Vermischung, also im Zustand der *Entropie*, schmeckt uns das Beef Tartare.
* Die *Entropie* im Zimmer, dass der Ofen Wärme abstrahlt und sich die Wärmeteilchen gleichmäßig und unordentlich im Raum verteilen, wärmt die Menschheit seit Jahrtausenden.

Der Schlüssel zur Auflösung dieses Widerspruchs liegt in der Interpretation des Wortes *Entropie*. *„Durcheinander"* muss nicht gleich bedeutend mit *„Unordnung"* sein. Der Begriff *„wachsende Komplexität"* trifft das Phänomen vermutlich besser. Was wir auf der Schafweide und im Kleiderkasten als *„Unordnung"* bezeichnen, nämlich das zufällige Verstreuen und Vermischen von Objekten im Raum, macht in der Biologie und in der Chemie durchaus Sinn, vor allem in der *Evolution*, die ja höhere *Komplexität* anstrebt.

Hundert Einzeller mit identen Zellen sind physikalisch *„ordentlicher“*, sie leben friedlich nebeneinander. Vereinigen und vermischen sich diese hundert Zellen biologisch zu einem „Mehrzeller“, dann teilen sich die Zellen untereinander die Arbeit auf, und jede Zelle übernimmt im Rahmen dieses neuen Lebewesens spezialisierte Funktionen. Der Mehrzeller ist nach physikalischer Denkart ein „unordentliches“ Gebilde, aber die biologische Komplexität ist höher als hundert isolierte Zellen aufgefädelt in einer Reihe.

Entropie bedeutet also nicht automatisch *höhere Unordnung*, sondern wertneutral *höhere Komplexität*. Die physikalische Tendenz, dass alle Wesen einander durchdringen und vermischen, entspricht durchaus der Dynamik der Evolution mit ihrem Ziel höherer Komplexität.

Entropie auf der Erde

Viele Wissenschaftler*innen diskutieren diesen Widerspruch zwischen der wachsenden Komplexität der Evolution und dem Grundgesetz der Entropie in der Physik.[103] Auf der Erde haben sich ja im Lauf der Evolution offensichtlich immer komplexere Strukturen entwickelt – von einfachen Einzellern bis hin zu hochentwickelten Organismen mit erstaunlichen Fähigkeiten und sogar mit Bewusstsein.

Für die Situation auf der Erde lässt sich die Entropiefrage auch gut lösen. Entropie gilt nur in geschlossenen Systemen (wie in unserem Beispiel mit der verschlossenen Glasflasche). Die Erde ist aber *kein* geschlossenes System, sondern ein offenes, weil sie in ständigem Energieaustausch mit dem Kosmos steht: Die Energie, die im Zuge der Evolution in höhere Komplexitätsformen, z.B. in die Ernährung von Lebewesen, gepumpt wird, geht der Sonne, die uns diese Energie schickt, verloren. Andersrum betrachtet: Die Sonne strahlt ihre Energie nach und nach wie ein Ofen ab und vergrößert dadurch die Entropie in ihrem eigenen Sonnensystem. Die Erde profitiert davon. Auch jedes einzelne Lebewesen, auch der Mensch, ist ein offenes System: Wir Menschen nehmen ständig aus unserer Umwelt Energie auf (durch Nahrung, Sauerstoff) und geben verbrauchte, ungeordnete Energie ab.

Entropie im Universum

Für das Universum als Ganzes gilt das nicht, da wir dieses als geschlossenes System kennengelernt haben. Also sollte im Universum die Entropie, die chaotische Unordnung immer zunehmen. Wir haben aber miterlebt, dass nach dem Big Bang aus ungeordnetem Chaos Sterne, Planeten und ganze Galaxien entstanden, also Systeme höherer Ordnung und Komplexität. Wie lässt sich dieser Widerspruch erklären? Dazu liefern Wissenschaftler*innen mehrere Ansätze.

Einige sehen die Lösung in der Existenz und Zunahme der Schwarzen Löcher, die sie als höchstmöglichen Grad der Entropie sehen. In ihnen bildet sich maximale Unordnung, wodurch das Entropiegesetz im Universum eingehalten wird. Die Löcher definieren sozusagen den Emmentaler! Andere lösen das Problem, indem sie das mögliche Ende des Universums mitbedenken, in dem es einige Versionen der maximalen Entropie gibt, in denen alle Energie und Materie im Chaos kollabieren: Wenn das Universum irgendwann in einem *Big Crunch* zermalmt wird oder in einem *Big Rip* durch extreme Ausdehnung zerrissen wird oder in einem *Big Splat* mit einem anderen Universum zusammenklatscht oder in einem *Big Freeze* alle Energie erloschen ist und erfriert, dann kommt also maximale Entropie als dickes Ende irgendwann auf das Universum zu.[104]

Die erfinderische Kraft der Natur

Können wir diesen vermeintlichen Widerspruch auch anders, weniger deprimierend, sehen?

Leben steht offensichtlich nicht im Widerspruch zu den strengen Regeln des Universums, sondern findet Wege, sie kreativ zu umgehen. Lebewesen sind offene Systeme, die Energie und Materie mit ihrer Umgebung fröhlich austauschen und ihre *Entropie* vergrößern und verringern können, je nachdem, wie sie es für nötig erachten.

Das am weitesten entwickelte Lebewesen, der Mensch, ist sogar in der Lage, den Grad der *Entropie* bewusst zu steuern: Hemden sauber geschlichtet im Schrank – niedrige *Entropie*, Wasser und Wein zum kühlen G'spritzten vermischt – hohe *Entropie*! Die gesamte Geschichte der Chemie mit ihren Mischkulanzen, – von der Medizin, über die Industrie bis zur Gastronomie – beweist den bewussten Umgang von uns Menschen mit entropischen Zuständen.

Letztendlich zeigt das Spannungsfeld zwischen *Evolution* und *Entropie* die erstaunliche Fähigkeit der Natur, innerhalb der Grenzen physikalischer Gesetze komplexe und dynamische Systeme hervorzubringen. Das Leben nutzt die thermodynamischen Gesetze, anstatt gegen sie zu verstoßen, und ist dadurch ein faszinierendes Beispiel für die kreative Kraft der Natur. Selbst chaotische Zustände totaler Entropie wie z.B. bei der Explosion einer Supernova sind oft der Ausgangspunkt für neue Systeme. Vielleicht bilden *Entropie* und *Evolution* die Gegenpole für einen ewigen Kreislauf des Werdens und Vergehens.

Wer die Bewertung der Entropie (und dieses Kapitel) für ein Orchideen-Thema hält, hat vordergründig recht: Ob wir eine verstreute Schafherde als unordentlich oder als komplex empfinden, ist dem Weltganzen egal. Für weltanschauliche, philosophische Überlegungen ist die Frage nach der *Entropie* aber von großer Bedeutung: Sehen wir das Universum als ein zufällig entstandenes Etwas, das dem Chaos, der maximalen Unordnung, entgegen treibt, oder verstehen wir das Universum als ein sinnvolles, gewobenes Ganzes, das durch Evolution zu immer mehr Komplexität, Vernetzung und Struktur neigt? *Wohin fliegt unser Universum? Fortsetzung folgt!*

Symmetrie: Schönheit und Klarheit

König Wilhelm III. ließ 1698 in Schloss Hampton Court bei London einen kleinen Privatgarten in barocker Gartenarchitektur errichten, den nur er betreten durfte. Wir haben seinen „Pretty Garden“ in unserem Vorgarten in einer Minimundus-version kopiert. Er ist streng symmetrisch angelegt: ein regelmäßiges Rechteck im Goldenen Schnitt, gleich hohe Strauchkugeln in jeder der vier Ecken und eine ausgewogene, symmetrische Verteilung der Pflanzen und Farben. Vom Balkon unseres Hauses ähnelt der Vorgarten einem orientalischen Teppich. Natur und Kultur werden kunstvoll verwoben, Symmetrie ist das Maß für Schönheit.

Über Jahrtausende galt Symmetrie als prägendes, künstlerisches Konzept im Orient wie im Okzident; galt als Kriterium für Schönheit und Ästhetik, aber auch für Klarheit und Übersichtlichkeit. Künstler*innen aller Gattungen und zu allen Zeiten arbeiten mit Symmetrien in der Bildgestaltung, in der Skulptur, Architektur, Literatur und Musik. Gemäß Psychologie empfinden wir ein symmetrisches

Gesicht, eine symmetrische Figur als „schön". Auch in den Naturwissenschaften spielte und spielt Symmetrie eine wichtige Rolle.[105] Die Suche nach Mustern und Regelmäßigkeiten war und ist notwendig, um sich im Wirrwarr von Systemen und Elementen zurechtzufinden. *Symmetrie* scheint tief in uns verankert zu sein. Sind Symmetrien nur Konstruktionen des menschlichen Geistes oder reale Strukturen der Welt? Ist Symmetrie ein Grundprinzip des Universums?

Symmetrie in der Alltagswelt

In der Alltagswelt verstehen wir unter Symmetrie, wenn Körper oder Flächen um eine Achse gespiegelt werden können.

* Ein Kaleidoskop, Spielzeug früherer Kindergenerationen, zeigt ein zufälliges Durcheinander bunter Glassteinchen. Durch Spiegel wird das Durcheinander mehrfach kopiert und die Bilder im Kreis angeordnet: Das Ergebnis zeigt symmetrisch-schöne Figuren.

* Eine Schneeflocke empfinden wir als schön, weil ihr Ergebnis, wenn man sie um 60 Grad dreht, immer gleich bleibt. Die Struktur der Schneeflocke ist symmetrisch.

Symmetrie in der klassischen Physik

In der Naturwissenschaft wurde der Begriff *Symmetrie* weiter gefasst: Er bezeichnet eine stabile, gleichbleibende Anordnung von Körpern (z.B. Himmelskörpern), von Teilchen (z.B. von Atomen in einem Molekül) und Elementarteilchen (und ihren Wechselwirkungen). *Symmetrie* kann auf unterschiedliche Art und Weise sichtbar werden: Es gibt die uns vertraute räumliche *Symmetrie*, es gibt aber auch zeitliche *Symmetrien*, *Symmetrien* der elektrischen Ladung, *Symmetrien* regelmäßiger Perioden u.v.m. *Symmetrie* gilt in vielen Fällen als wichtiges Kriterium, ob mathematische Formeln oder physikalische Theorien richtig sind, nämlich dann, wenn sie trotz Vertauschen bestimmter Elemente *invariant*, also stabil bleiben.

* Gleichungen gelten als schön (und richtig), weil sie symmetrisch sind. Links und rechts muss dasselbe Ergebnis stehen, auch wenn wir Elemente vertauschen.

* Ein gleichseitiges Dreieck ermöglicht drei Drehungen um den Mittelpunkt, jeweils um 120 Grad. Der pythagoräische Lehrsatz ist ein Urmodell der Symmetrie.

* Newtons Gravitationsgesetz überträgt Pythagoras´ Theorie ins Universum: Der Radius der Umlaufbahn von Planeten um die Sonne ist konstant, egal auf welchem Punkt der Betrachter steht.

* Eine Kugel ist noch symmetrischer (auch wenn man den Begriff eigentlich nicht steigern kann): Man kann sie in jede Richtung um ihr Zentrum drehen, und sie sieht immer gleich aus.

* Maxwells Gleichungen besitzen Symmetrie: Elektrische Felder lassen sich symmetrisch in magnetische Felder verwandeln.

* Der russische Chemiker Dmitri Mendelejew veröffentlichte 1869 das Periodensystem der chemischen Elemente, in das er alle bekannten Elemente anhand ihrer Eigenschaften nach einem streng periodischen Aufbau eintrug. Dort wo Lücken in der Tabelle waren, konnte er die fehlenden Elemente vorhersagen, bis diese tatsächlich im Labor gefunden wurden.

* Einsteins Gleichsetzung von Masse und Energie in der Formel $E = mc^2$ ergibt eine geniale Symmetrie des ganzen Universums.

Symmetrie in der Quantenphysik

Symmetrie ist auch in der Quantenphysik ein wichtiges Merkmal für Stabilität von Erscheinungen.

* In der *Quantenverschränkung* der E.T. liegen mehrfache Symmetrien: Peter und Paul reagieren immer synchron und symmetrisch. Als Symmetrie gilt aber auch, dass die Teilchen ortsunabhängig und zeitunabhängig agieren: Das Experiment funktioniert in Wien und in Paris zu jeder Tages- und Nachtzeit.

* In Murray Gell-Manns *Quarks-Theorie* bilden jeweils drei Quarks ein Neutron oder Proton. Wenn man die Teilchen austauscht, entsteht zwar ein anderes Element, die Struktur des Atomkernes bleibt aber immer streng symmetrisch, stabil und vorhersagbar.

* Die *Theorie der Antimaterie* besagt, dass jedes Teilchen im Universum ein Antiteilchen hat, die einander aufheben, sodass das Bild des Universums symmetrisch und ausgewogen bleibt.

Susy, die Supersymmetrie[106]

Eine aktuelle Theorie, um Lücken im Universum zu füllen, ist jene der *Supersymmetrie.* Sie behauptet, dass *Materieteilchen* (*Fermionen*) und *Kraftteilchen* (*Bosonen*) zwei Seiten derselben Medaille seien. Daraus folgt, dass jedes schwere Materieteilchen ein leichtes Kraftteilchen als Partner habe. Diese bilden im Universum geschlossene Schleifen, sodass sich ihre Energie neutralisiert. Ein großer Teil der *dunklen Materie* würde erklärt, wenn man die Teilchenzahl verdoppelt, und das *Standardmodell* erhielte durch die Visasvis-Teilchen eine wunderschöne Symmetrie.

Das noch ungelöste Problem: Laut Supersymmetrie müsste es im Universum 17 zusätzliche E.T.-Sorten geben, die sich bisher aber jeder Entdeckung entzogen. Wo verstecken sich die *S-Teilchen*, die *S-Elektronen*, die *S-Quarks* oder *Susys*, wie sie Physiker liebevoll nannten? Man hofft, dass man sie mit Teilchenbeschleunigern finden würde wie kürzlich das *Higgs-Boson.* Bis dato vergeblich. Heißt: weitersuchen.

Das ist übrigens eine typische Eigenschaft von Wissenschafter*innen: Solange nicht alle Fahndungsmöglichkeiten ausgeschöpft sind, sind sie nicht bereit, eine Theorie für falsch zu erklären. Als Physiker ist man daran gewöhnt, dass Erkenntnis ein wenig länger dauert. Von der Theorie bis zum Nachweis des *Higgs-Boson* hat es 50 Jahre gedauert, bei den Gravitationswellen verging sogar fast ein Jahrhundert. *„Entweder ist die Supersymmetrie die Antwort oder nicht, aber der einzige Weg, das herauszufinden ist, weiter zu suchen"*, seufzt Elodie Resseguie[107], einer der suchenden Physiker.

Einfachheit = Schönheit

Der Großteil der Naturwissenschafter*innen sieht Symmetrie heute nicht nur als ästhetisch befriedigenden Aspekt, sondern als Grundprinzip der Natur. Einer der führenden Quantenphysiker, *Stephen Weinberg,* formulierte es so:

„Auch wenn uns die Symmetrien oft verborgen sind, können wir spüren, dass sie latent in der Natur vorhanden sind und alles beherrschen. Das ist die aufregendste Idee, die ich kenne: dass die Natur viel einfacher ist, als sie erscheint." [108]

Etliche Physiker, wie auch Stephen Hawking, sind überzeugt, dass sich das Universum auf einige wenige Symmetrien oder gar eine einzige symmetrische Formel zurückführen lassen wird. Sie zitieren gern den englischen Dichter John Keats:

„Schönheit ist wahr, und Wahrheit ist schön. Nur das weißt du auf Erden, und größern Wissens bedarfst du nicht." [109]

Buridans Esel und die Symmetriebrechung[110]

In der Bildenden Kunst wurde Symmetrie als ästhetisches Prinzip ab Beginn des 20. Jahrhunderts hinterfragt und ist seither heiß umstritten, wenn nicht sogar geächtet. Fast die gesamte künstlerische Moderne leistet Widerstand gegen Ebenmaß und Symmetrie und gegen den Begriff der „Schönheit" als Wertmaßstab. Picasso war einer der lautstärksten Gegner symmetrischer Formen und malte verstörende, asymmetrische Gesichter und Gestalten. Im gleichen Maß, in dem Symmetrie in der Architektur zu Bauten aus der Retorte und bei Alltagsprodukten zu konformistischen, stereotypen Formen führte, brachen Künstler*innen lustvoll alle Symmetrien auf.

Es gibt auch in der Natur Abweichungen und Anomalien, die den Symmetrien widersprechen – im Mikrokosmos, im Makrokosmos und auch in unserer Alltagswelt. Es gibt daher Naturwissenschafter*innen, die warnen, dass die Suche nach *„Schönheit"* und *„Symmetrie"* irreführend sein kann. Diese zitieren gern *Buridans Esel.* Der französische Philosoph *Jean Buridan (1300 – 1360)* schrieb die Fabel vom hungrigen Esel:

Ein Esel steht zwischen zwei gleich großen und gleich weit entfernten Heuhaufen und kann sich nicht entscheiden, welchem er sich zuwenden soll. Er schaut hin und her und hin und her und verhungert.

Buridans Esel eröffnet eine spannende Diskussion über Entscheidungsfähigkeit, aber auch über Symmetrie. Diese kann ein idealer Zustand sein, aber auch ein Zustand des Stillstandes, eine Pattsituation, in der wir wie der Esel verhungern.

Der Esel kann nur weiterleben, wenn er spontan die Symmetrie bricht und sich einem der beiden Haufen zuwendet und ihn auffrisst.

In der Physik beobachtet man immer wieder Brechungen der Symmetrie. Die elementarste Symmetriebrechung ereignete sich wahrscheinlich bei der Entstehung des Universums, als es *ein* positiv geladenes Teilchen pro einer Milliarde Teilchen/Antiteilchen-Paare *mehr* gab, und durch diesen Symmetriebruch die gesamte Materie entstehen konnte. Seither wird der Symmetriebruch sowohl in der Quantenwelt als auch im Universum immer wieder als Lösung eines Problems oder auch als Aufbruch aus einem Stillstand beobachtet.

Im Universum „verdanken" wir *einem* Elementarteilchen *zu viel* die Entstehung der Galaxien. Und auch in der Evolutionsgeschichte ist jede Entstehung von Leben ein Bruch der (männlich/weiblichen) Symmetrie: Das neue Lebewesen ist entweder ein Männchen oder ein Weibchen *mehr* auf der Welt.

Entropie und *Symmetrie*: Unser Universum oszilliert ständig zwischen Ordnung und Unordnung.

* Einerseits gewährleisten *Symmetrie und geringe Entropie* Ordnung und halten vorhandene Strukturen zusammen: zum Beispiel, dass die Planeten in immer gleichen Bahnen um die Sonne kreisen und die Schafe in Zweierreihen marschieren.

* Andererseits machen *Symmetriebrüche und hohe Entropie* Veränderungen und Fortschritt möglich, erhöhen die Komplexität und Vielfalt der Welt, lassen neue Planeten entstehen und die Schafe sich vermischen und vermehren.

Einerseits – andererseits: Damit sind wir bei einem weiteren Grundsatz unseres Universums angelangt: der Komplementarität.

Komplementarität: Yin und Yang

Vor langer Zeit, nicht in einem Land vor unserer Zeit, sondern zu einer Zeit vor dem Land, gab es nichts im Universum außer einem riesigen eiförmigen Ding. Im Inneren des Eies waren die entgegengesetzten Kräfte von Yin und Yang durcheinander; es herrschte Chaos. Im Laufe der Zeit brachten die verschiedenen Substanzen und Energien schließlich ein Wesen hervor – einen zotteligen, gehörnten Riesen namens Pan Gu.

18.000 Jahre lang schlief Pan Gu und wuchs. Eines Tages erwachte er. Er öffnete die Augen, sah aber nur tiefste Dunkelheit. Er spitzte die Ohren, hörte aber nur zermürbendes Schweigen. Ganz verwirrt zauberte Pan Gu eine magische Axt herbei und hieb von innen auf die Schale. Das Ei zerbrach mit einem lauten Krachen in zwei Teile. Langsam begannen sich Yin und Yang zu trennen. Alles Dunkle und Schwere sank nach unten und formte die Erde – das Yin. Und der Rest, leicht und hell, stieg nach oben und bildete den Himmel – das Yang.[...][111]

Wer will, kann das Motiv vom *Urknall,* der aus einem winzigen Punkt seine Energie verströmt, in diesem uralten Mythos entdecken. Und damit auch die Idee, dass alle Materie und Energie einmal in einem Urzustand vereint waren, bevor sie sich in *Yin und Yang* trennten.

Die großen Momente der Naturwissenschaften waren oft solche, in denen zwei scheinbar widersprüchliche Thesen sich auflösten, weil wir ihre *Komplementarität* entdeckten: *Komplementäre Paare* stehen in den paradoxen Verhältnissen *„einerseits - andererseits“*, *„entweder - oder“* bzw. *„sowohl - als auch“*. Es sind Paare, die eigentlich zusammengehören, *obwohl* sie widersprüchlich scheinen.

Komplementarität bezeichnet, um es eine Spur wissenschaftlicher zu formulieren, die Existenz einander (nur scheinbar) widersprechender, aber doch zusammengehöriger und einander ergänzender Eigenschaften innerhalb eines Phänomens. Komplementäre Eigenschaften unterscheiden sich durch ihre Erscheinung, sind aber ihrem tieferen Wesen nach eins. Dieses Wesen lässt sich durch keine der beiden komplementären Eigenschaften alleine charakterisieren, sondern kann nur im Wechselspiel beider erfasst werden.[112]

Komplementarität in der Physik

* *Isaac Newton* gelang es, Himmel und Erde, also kosmische Phänomene und irdische Gesetze, zusammenzuführen und als ein und dasselbe Prinzip darzustellen. Die Bewegungen von Erde, Mond und Mars folgen denselben Regeln wie ein Apfel oder eine Birne, die vom Baum fallen.

* *Charles Darwin* zeigte, dass Mutation und Selektion, Anpassung und Auslese, Überleben und Sterben, dass also zwei einander widerstrebende Prinzipien die beiden Seiten der Evolution sind.

* *Albert Einstein* war es, der mit seiner Relativitätstheorie bewies, dass Raum und Zeit eng zusammenhängen, und nur die zwei Seiten einer gemeinsamen *Raumzeit* sind.

* Die Quantenphysik konnte den Widerspruch aus Welle und Teilchen auflösen – in der *Welle-Teilchen-Dualität.*

* Anton Zeilinger postuliert Komplementarität zwischen *Information und Wirklichkeit.* Ob die Wirklichkeit Information erzeugt (wie es die klassische Physik sagt) oder ob Information (z.B. durch eine Messung) die Wirklichkeit erschafft (wie es die Quantenphysik lehrt), scheint auch ein komplementäres Paar zu sein.

* Wahrscheinlich, so vermuten Physiker, ergeben auch Relativitätstheorie und Quantenphysik, jene zwei großen Theorien, die noch nicht zusammenpassen, in der Frage der *Gravitation* ein komplementäres Paar, aus dem eine Symbiose erwächst.

* Und schließlich scheinen auch Betrachter und das Betrachtete im Experiment in einem komplementären Verhältnis zu stehen.

Komplementarität in der Naturwissenschaft als Prinzip zu akzeptieren, bedeutet, scheinbar unüberwindliche Naturgesetze zu übersteigen. Newtons Erkenntnis, dass die Gesetze der Erde auch im Himmel gelten, galt seinerzeit als Ketzerei. Den Welle/Teilchen-Dualismus oder Heisenbergs Unschärferelation zu akzeptieren, kostete die Wissenschaft die Überwindung des rational-logischen Denkens.

Yin und Yang in der östlichen Philosophie

> Das Bewusstsein, dass Gegensätze einander nicht ausschließen, sondern zwei Seiten derselben Realität sind, die einander bedingen, gehört zu den großen mystischen Erfahrungen, sowohl in der spirituellen Tradition des Ostens, als auch im abendländischen Denken.

Die *Yin-Yang* Lehre, deren *Mythos* wir einleitend gelesen haben, geht von der Vorstellung eines ursprünglichen Chaos aus, in dem alle Materie vermischt ist. Diese Urmaterie wird auch als *Ch'i* bezeichnet. Das *Ch'i* spaltet sich in ein lichtes, leichtes *Yang*, welches nach oben steigt, und ein dunkles, schweres *Yin*, welches nach unten sinkt. Auf diese Weise entstehen Himmel und Erde, sowie alle anderen dualen Gegensätze, wie Sonne und Mond, Tag und Nacht, Wärme und Kälte, etc.

Abstrakt ausgedrückt steht *Yang* für das Aktive, Männliche, *Yin* für das Rezeptive, Weibliche, wobei in der ursprünglich fernöstlichen Kultur *Yin* und *Yang* nie wertend oder gar diskriminierend gesehen werden. Die *Yin-Yang* Philosophie betont, dass weder *Yin* noch *Yang* gesondert existieren können, beide absolut gleichwertig sind und stets dazu tendieren, von einem zum anderen überzugehen. Stabile Zustände werden durch eine möglichst harmonische wechselseitige Ergänzung von *Yin und Yang* erreicht. Ein solcher Ausgleich führt wieder zur ursprünglichen Form der Materie, dem *Ch'i* zurück.[113] In der östlichen Mystik wird *Yin und Yang* durch die Symbolik einer sich umschlingenden Kreisbewegung dargestellt.

> *„Die dynamische Rotationssymmetrie, wahrscheinlich von Lebenszyklen wie Tag und Nacht oder Winter und Sommer inspiriert, deutet an, dass eine Kraft den Samen ihres Gegenteils in sich trägt. Wenn eine Kraft ihren Höhepunkt erreicht, wächst der Same des Gegenteils, während die Kraft kleiner wird, bis die entgegengesetzte Kraft ihren Höhepunkt erreicht – und ewig so weiter.“*[114]

Das Wissen um *Komplementarität* bedeutet, dass alle Gegensätze voneinander abhängen und dass ihr Konflikt niemals den totalen Sieg einer Seite bringen kann. Komplementarität ist nie statisch, sondern immer ein dynamischer Prozess. Eine Weisheit der Zen-Buddhisten lautet:

> *„In der Abenddämmerung verkündet der Hahn das Morgengrauen, um Mitternacht die helle Sonne.“*[115]

Komplementarität scheint eines der Grundprinzipien unseres Universums zu sein. Auch in unserer Alltagswelt begegnen uns ständig komplementäre Paare: Wasser und Feuer, Tag und Nacht, Lust und Schmerz, Hass und Liebe, Gut und Böse, Body and Mind, Leben und Tod, Sonne und Regen, Frau und Mann. Eins funktioniert nur mit dem anderen, eins geht ins andere über, nur gemeinsam ergeben sie Sinn. *Heraklit* sagte schon vor über 2000 Jahren, dass alles, was existiert, zugleich durch sein Gegenteil bedingt ist und es als solches in sich trägt.

> *„Die schönste Harmonie entsteht durch Zusammenbringen der Gegensätze.“*[116]

Weltmodelle

„Wir dürfen das Weltall nicht einengen, um es den Grenzen unseres Vorstellungsvermögens anzupassen, wie der Mensch es bisher zu tun pflegte. Wir müssen vielmehr unser Wissen ausdehnen, sodass es das Bild des Weltalles zu fassen vermag."

Francis Bacon (1561-1626)[117]

Erkenntnisse über die Welt

Wir haben mit dem UFO eine erstaunliche Reise erlebt. Wir sind weit zurück zum Urknall geflogen und haben die Geburt der Galaxien staunend durch das Panoramafenster beobachtet. Wir haben wie ein Schiff auf dem endlosen Ozean den Rand der Welt gesucht (und nicht gefunden). Wir haben uns ganz nah an den Ereignishorizont eines Schwarzen Loches gewagt. Wir sind durch Quantenfelder geflogen und durch Wurmlöcher und haben versucht, auf Lichtgeschwindigkeit zu beschleunigen. Schließlich haben wir den Zufallsgenerator gestartet und sind wieder im Garten gelandet. Wir sind ein paar Universums-Sekunden älter und um ein paar Erfahrungen reicher, die wir noch einmal rekapitulieren sollten.

* Unser Universum entstand in einem „*Urknall*" aus einem winzigen Punkt im Nichts und dehnt sich seither aus und kühlt ab. Zeit und Raum entstanden erst in diesem einmaligen Ereignis, in dieser Singularität. In den ersten Sekunden entstanden alle Galaxien und ihre Himmelsobjekte, Sterne, Planeten und Schwarze Löcher durch Quantenfluktuation, zufällige Konstellationen und Verbindungen der Elementarteilchen.

* Das Universum ist aus einer Handvoll Elementarteilchen entstanden: aus nur vier E.T. setzt sich alle Materie zusammen; auch die vier Naturkräfte, die das Universum in Bewegung halten, werden von E.T. (den *Bosonen*) angeregt, die sich in Quantenfeldern manifestieren. Ereignisse, die in der Quantenwelt wirken, bewegen das Universum.

* Unser Universum ist in sich geschlossen wie eine Kugel, aber grenzenlos von unvorstellbaren Ausmaßen. In ihm vermuten wir 200 Milliarden Galaxien, eine davon ist unsere Milchstraße, auf der es rund 100 Milliarden Sonnensysteme gibt, eins davon ist unseres.

* Einsteins Relativitätstheorien zeigen, dass Newtons Naturgesetze, von denen man glaubte, dass sie immer und überall gelten, relativ sind und bei extremen Geschwindigkeiten nicht stimmen.

* Sowohl die Quantenphysik als auch die Relativitätstheorie schreiben uns Betrachtern wichtige Rollen zu. In der Quantenphysik bestimmen wir durch den Zeitpunkt unserer Beobachtung die Eigenschaften des gemessenen Objekts, in der Relativitätstheorie beeinflusst unser Standort die Dimensionen des Raumes und die Dauer der Zeit.

* Licht fliegt entgegen allen physikalischen Regeln zum Trotz immer in der gleichen, konstanten Lichtgeschwindigkeit. Von dieser sind alle anderen Messgrößen abhängig, wenn Energie in Masse umgewandelt wird oder umgekehrt. Das besagt Albert Einsteins Formel $E = mc^2$.

* Die Gravitation von interstellaren Objekten krümmt die *Raumzeit*, sodass im Universum Zeit und Raum keine Konstanten sind, sondern lokale, veränderliche Größen. Dadurch kann – je nachdem, wo wir stehen oder uns bewegen – Zeit langsamer vergehen und können Raummaße größer oder kleiner sein.

* Die im Universum seit dem Urknall vorhandene Energie muss nach dem *ersten Thermischen Grundsatz der Physik* immer konstant bleiben. Aus Energie kann Masse werden und umgekehrt, Masse kann sich in Energie verwandeln: daraus entsteht alle Materie.

* Energie und Materie haben die Tendenz sich in einem geschlossenen Raum und im Universum gleichmäßig zu verteilen und zu vermischen, das besagt der *zweite Thermische Grundsatz*. Dadurch wird das Universum komplexer, aber auch chaotischer. Dieser Prozess, *Entropie* genannt, ist unumkehrbar: Das empfinden wir als Zeitstrahl von der Vergangenheit in die Zukunft.

* Die *Evolution* der Natur hat Wege gefunden, in lebenden Strukturen die Entropie gleichsam umzupolen: sie erzeugt mehr Komplexität statt mehr Unordnung.

* Neben *Entropie* scheinen *Symmetrie* und *Komplementarität* Grundprinzipien zu sein, um im Universum eine Balance der Kräfte herzustellen. Manchmal ist aber ein Symmetriebruch erforderlich, um evolutionären Fortschritt zu ermöglichen.

* Die Zukunft dieses Universums können wir aufgrund der Unschärfe und des Quantenzufalls nur vermuten: Entweder dehnt es sich bis zum Zustand der Erschöpfung aus und friert ein, oder es zieht sich irgendwann wie ein Expander zusammen und verschwindet wieder in einer Singularität, in der es keine Zeit und keinen Raum gibt: in einem Schwarzen Loch oder in dem winzigen Ball, aus dem es entsprungen ist. Ob es dann wieder neu beginnt und in einer ewigen Kontraktion oszilliert, ist ungewiss.

Alle bedeutenden Physiker der Gegenwart, von Stephen Hawking bis Anton Zeilinger halten fest, dass trotz aller Ungeheuerlichkeiten, trotz *„Unschärfebeziehung"*, *„Zufall"* und *„Relativität"* die Quantentheorie wie auch die Relativitätstheorie präzise physikalische Theorien sind, deren Berechnungen durch unzählige, exakte Experimente bewiesen sind. Es gibt bis heute kein einziges, wissenschaftlich seriös durchgeführtes Experiment, das den beiden großen Theorien widerspricht.

Viele Fragen über unser Universum lassen sich mit profunden Theorien beantworten, mit einer kleinen, lästigen Ausnahme *(Achtung! Running Joke!):* In der Frage der *Gravitation*, einer der vier zentralen Kräfte des Universums, lassen sich Einsteins Relativitätstheorie und die Quantenmechanik noch nicht zusammenfügen.

Es bleibt also noch etwas zu tun übrig.

Gesucht: die Theorie von Allem

Die Suche nach der einen *Superformel*, mit der wir die ganze Welt erklären können, ist so alt wie die Wissenschaft selbst. Seit jeher forschen Menschen nach einer vollständigen, einheitlichen Theorie des Universums: der *Theorie von Allem*.

In der klassischen Physik bis zum 20. Jahrhundert war der Optimismus groß, dass man diese einheitliche Theorie bald finden würde. Mit Newtons Gesetzen, der

Entdeckung des Elektromagnetismus und der Atomstruktur schien man dieser Formel schon nahe zu sein, mit der man alle Phänomene der Welt erklären könnte. Quantenphysik und Relativitätstheorie haben die Suche nach der einheitlichen Theorie deutlich schwieriger gemacht, weil es in ihrem Wesen liegt, keine exakten Werte, sondern nur Wahrscheinlichkeiten und relative Größen berechnen zu können.

Die naturwissenschaftliche Erklärung unserer Welt ist heute ein Zusammenspiel aus der *Quantenmechanik* im Mikrokosmos und Einsteins *Relativitätstheorie* im Makrokosmos. Zwei Modelle für dasselbe Universum: beide nach heutiger Erkenntnis richtig und doch in der einen zentralen Frage - wir wissen es schon - der *Gravitation* widersprüchlich. Sehr naiv erklärt: Überträgt man Einsteins Theorie der gekrümmten Raumzeit auf die aktuellen Modelle der Quantenphysik, dann müsste entweder die Krümmung der Raumzeit *unendlich groß* sein, oder das Universum müsste sich an *unendlich vielen Stellen* zu *unendlich kleinen Volumina* zusammenfalten. Beides würde komisch ausschauen: wie eine endlos lang gedehnte Wendeltreppe mit Riesenstufen ins Nichts oder wie zig-milliardenfache winzigste Schneckenhäuser, in die nicht einmal ein Atom passt. Beides ergäbe kein gemütlich-bewohnbares Universum, und beides widerspräche allen unseren Erfahrungen und Berechnungen.[118]

Seit mehr als hundert Jahren suchen Menschen nun schon nach Erklärungen, wie denn die Erkenntnisse der Quantenphysik und der Relativitätstheorie sich zusammenfügen lassen. Ideen und Theorien gibt es viele: seriöse und auch unzählige unseriöse Spekulationen. Und manche Forscher*innen hegen überhaupt den Verdacht, dass es die *eine* Weltformel, die alle Berechnungen zusammenführt, gar nicht existiert. Schauen wir, wer recht hat?

Spekulationen über die Welt: Das Darknet der Physik

Bevor wir schauen, wie seriös Forschende aus den Erkenntnissen der vergangenen Kapitel ein Modell unseres Universums entwickeln, wollen wir einen Blick ins

Darknet der menschlichen Intelligenz werfen. Es gibt viele obskure Versuche, seriöse Forschung durch größenwahnsinnige Gedankenexperimente zu overrulen. Viele Deutungen kann man in die Schublade „Esoterik und Schwurbeleien" legen, manche sind aber durchaus raffiniert ausgetüftelt. Da sie teilweise sehr populär sind, uns in aufgeregten Medienberichten immer wieder begegnen und uns auch in Kunst, Religion und Politik beeinflussen, sollten wir über sie reden.

Der Spielzeugmacher

Doctor Who liefert uns wieder einmal ein anschauliches Beispiel: *den Spielzeugmacher.* Er ist ein Wesen von weit außerhalb unseres Universums und ist gekommen, um sich dieses zu unterwerfen. Besonders die Erde und ihre Bewohner haben es ihm angetan: Er verwandelt jedes lebende Wesen in ein mechanisches, willenloses Spielzeug, das nach seinen Regeln tanzen muss. Die einzige Schwachstelle des *Spielzeugmachers:* Er unterliegt seinen eigenen Spielregeln. *Der Doctor* besiegt den *Spielzeugmacher,* indem er sich in *zwei* Personen mit *einem* Bewusstsein aufspaltet. Er fordert den Spielzeugmacher zu einem Ballspiel, und als doppelter Doctor ist er dem mächtigen Gegner überlegen, besiegt ihn und schickt ihn zurück ins Nichts. Ein netter Trick, um unliebsame Besucher aus dem All loszuwerden.

Das sind die Horrorvisionen, die in Mythen und Filmen entwickelt wurden, um das Schicksal unserer Welt möglichst dramatisch zu beschreiben: ein allmächtiger Herrscher, der das Universum nach Belieben manipuliert und uns Menschen zu willenlosen Spielfiguren degradiert oder aus dem Ruder gelaufene *Künstliche Intelligenz*, die die Herrschaft über das Universum übernimmt. In *Herr der Ringe* ist es der Zauberer *Sauron*, der sich Mittelerde untertan machen möchte. Im *Star Wars -Universum* ist es die böse Seite der Macht in Gestalt des *Imperators*, bei *Harry Potter* der böse Magier *Lord Voldemort,* im *Marvel-Universum* der Superschurke *Thanos*, die die ganze Welt beherrschen wollen. In der *Matrix-Trilogie* haben Computer und in der *Terminator-Reihe* Roboter die Weltherrschaft übernommen.

Das Böse ist immer und überall! Ist das so?

Spekulation 1:
Fatalismus. Alles ist vorbestimmt.

> Die erste „böse" Deutung der Welt, der *Fatalismus* (oder *Determinismus*) ist ziemlich unbehaglich. Er besagt, dass alle Erscheinungen dieser Welt, alles Geschehen in Natur und Gesellschaft durch eine höhere Macht oder aufgrund logischer Notwendigkeit vorherbestimmt sind. Wir haben nichts zu entscheiden, alles ist schon längst festgelegt.

Nach dieser Theorie reagieren Peter und Paul im Zwillingsversuch deshalb synchron, weil sie nach einem Weltplan, einer „*Vorhersehung*" so reagieren *müssen*, und auch wir Betrachter handeln immer, wie es vorherbestimmt ist. Aus der Sicht von Fatalisten sind die Fügungen des Schicksals immer unausweichlich. Jede unserer Entscheidungen, wie groß oder klein auch immer, entspringt nicht unserem freien Willen, sondern einem fixen, vorherbestimmten Schaltplan, in dem wir Menschen nur Zahnräder einer Riesenmaschine sind, so wie *Charles Chaplin* in der großartigen Fließbandszene im Film *„Modern Times"*.

Die Vorstellung ist eine grausame: Ein anonymes Gesetz oder eine fremde Macht hält die Welt wie ein Marionettentheater an seinen Fäden und legt dessen Fortgang fest, wir alle sind bloß Puppen an seinen Fäden. Es wäre eine unendlich dumpfe Welt mit willenlosen Kreaturen.

In manchen Religionen – vor allem in sektenartigen Gruppierungen oder im naiven Volksglauben – existiert der Glaube an die Vorbestimmung durch Gottes Plan. In diesem *theologischen Determinismus* herrscht der *Prädestinationsglaube*, dass (ein) Gott alle Ereignisse in der Welt festlegt oder schon längst festgelegt hat. Grundlage dazu ist der Glaube in die Allmacht und Allwissenheit Gottes. Wird dieser Glaube so ausgelegt, dass Gott eh schon alles entschieden hat oder sich ununterbrochen in das Leben einmischt und alles reguliert oder korrigiert, nimmt das letztlich den von Gott geschaffenen Kreaturen ihre Würde und Selbstbestimmung. Ein liebender Gott kann wohl kaum seelenlose Wesen ohne freien Willen schaffen wollen. So ein Gottesbild wäre schäbig: Seine Schöpfung wäre nicht Ausdruck unendlicher Liebe, wie wir das vom „lieben Gott" erwarten, sondern ein rein mechanisches, lebloses Räderwerk.

Beim *wissenschaftlichen Determinismus* wird das Universum vollständig und notwendigerweise durch starre Naturgesetze bestimmt, wonach jedes Geschehen unvermeidlich aus früheren Ereignissen resultiert. Er wird durch das Gedankenexperiment des *Laplace'schen Dämons* veranschaulicht. Laplace, der schon Napoleon vor den Kopf stieß, postulierte, dass ein allwissender Beobachter, der alle Positionen und Geschwindigkeiten aller Teilchen im Universum kennt, die Zukunft vollständig vorhersagen könnte. Quantenlehre und Relativitätstheorie haben den wissenschaftlichen Determinismus widerlegt.

Die Tatsache, dass *Fatalismus* oder *Determinismus* nicht nur jeglichen freien Willen, sondern auch jede Ethik und Moral unmöglich und sinnlos machen, führt ihn ad absurdum. Es wäre eine Welt ohne jegliche gedankliche Eigenständigkeit, ohne Autonomie des Lebens und moralische Verantwortlichkeit, eine Welt voll Ohnmacht, Resignation, Lethargie und Verzweiflung. Und letztlich eine Weltherrschaft des Zynismus, in der jegliches moralisches Agieren sinnlos wäre.

Spekulation 2: Solipsismus. Die Welt im Kopf

Der *Solipsismus* besagt, dass die ganze Welt und alle Ereignisse nur im Kopf stattfinden, und zwar in *meinem eigenen* Kopf! Der Solipsismus ist eine absurde Verdrehung der Quantentheorie, wonach der Betrachter entscheidet, welchen Zustand ein Objekt annimmt.

In den indischen *Upanishaden,* einer Sammlung philosophischer Schriften des Hinduismus, aufgeschrieben zwischen 700 und 200 v.Chr., heißt es:

„Die gesamte Welt bin im Grunde ich allein und außer mir ist nichts anderes existent und die gesamte Schöpfung habe ich selbst gemacht“.[119]

Um das zu erklären, muss ich die Ich-Form wählen: Alles, was *ich* sehe, spüre, fühle, höre, ist laut dieser Theorie meine eigene Erfindung. Die ganze Welt da draußen findet nur in meinem Kopf statt. Alles, was um mich geschieht, ist nur Konstrukt meines eigenen Bewusstseins. Auch die Menschen, die um mich herum sind, sind nur Erfindungen in meinem Kopf. Auch ihr, liebe Mitreisende!

Solipsismus ist dem *Narzissmus* ähnlich, man könnte sagen, es ist seine absurd übersteigerte Form. Die Wahrnehmung der Realität läuft ausschließlich durch das eigene Selbst und seine Bedürfnisse. Sie macht die Person blind gegenüber einer größeren Realität und hindert sie daran, die Folgen ihres Handelns zu erkennen. In abgeschwächter Form begegnen wir immer wieder Narzissten, gehäuft in der Politik.

Pardon, liebe Mitreisende, ihr seid nur Fantasiewesen in meinem Kopf, also schreibe ich mir selbst ganz allein dieses Buch.

Dieses Weltbild ist eigentlich unwiderlegbar. Denn ein Gegenüber, der das Gegenteil behauptet, wäre ja nach dieser Theorie auch nur eine Erfindung in meinem Kopf. So unwiderlegbar diese Theorie ist, so absurd und deprimierend ist sie: Ein einzelnes Ich taumelt einsam wie mit einer VR-Brille durch eine VR-Welt, deren Überfülle an Erscheinungsformen letztlich völlig sinnlos ist.

Dass all die lebenden, verstorbenen und noch zu gebärenden Wesen der Welt ausschließlich *meine* Kopfgeburten sind, auch jene, die ich nie kennenlernen werde, ist gedanklicher Unfug. Dann hätte *ich* ja auch all die vielen Bücher geschrieben, die *ich* gelesen habe und auch alle jene, die ich *nicht* gelesen habe.

Ein wenig erinnert der *Solipsismus* an den unseligen König *Midas*, der sich von den Göttern wünschte, dass alles, was er berührte, zu Gold würde: Er war sehr schnell einsam und verhungerte und verdurstete vor goldenen Schalen voll golderstarrtem Essen und Getränken umgeben von stummen Goldstatuen.

Spekulation 3: Die Viele-Welten-Theorie

Auch die *Viele-Welten-Theorie* hat einen seriösen Kern, biegt dann aber in ein esoterisches Eck ab.

Der Physiker *Hugh Everett* (1930 – 1982) schließt an die quantenphysikalische Theorie an, dass die Beobachtung entscheide, welche Form das beobachtete Objekt annimmt. Everett spinnt diesen Gedanken weiter. Er behauptet, dass durch *jede* Beobachtung die Wirklichkeit verändert wird, und dass sich diese neue Wirklichkeit *jedes Mal* von der bisherigen Wirklichkeit abspaltet. Es entsteht also durch *jede* Beobachtung *jedes* Menschen in *jedem* Augenblick ein neues Universum. Und es entsteht dadurch natürlich immer auch ein neues Bewusstsein des Beobachters, der dieses Universum erschaffen hat und in diesem weiterlebt.

Ich bin viele!

So wie der Solipsismus ist diese Vorstellung zwar wahnwitzig, aber nicht widerlegbar, denn jeder von uns lebt ja in seinem eigenen Universum und merkt nicht, dass in jeder Sekunde sich andere Universen abspalten, die unser Doppelgänger, unser Nachbar oder unser Visavis beobachtet haben. Danach leben wir alle doppelt und dreifach und tausendfach in parallelen Universen. Klingt anstrengend.

Ockhams Rasierklinge

Die Vorstellung von Abermilliarden Universen, die sich bei jedem Gedanken vermehren, ist absurd und verschwenderisch. Die *Viele-Welten-Theorie* wurde eigentlich schon im Jahr 1341 widerlegt – durch *„Ockhams Rasierklinge"*. Der Philosoph und Theologe Wilhelm von Ockham formulierte damals das *„Sparsamkeitsprinzip"*, das besagt:

> *„Von mehreren möglichen Erklärungen für ein und denselben Sachverhalt ist immer die einfachste den anderen vorzuziehen. Und eine Theorie ist dann schlüssig, wenn sie möglichst wenige Variablen und Hypothesen enthält."* [120]

Occams verblüffende Theorie gilt bis heute als Richtschnur der Wissenschaft, um die *Konvergenz* (=Stimmigkeit) neuer Theorien zu verifizieren oder zu falsifizieren. Sie findet nicht nur in der Physik, sondern auch in anderen Wissenschaftsgebieten – von Wirtschaftstheorien bis zu Psychologie – Anwendung. Auf die *„Viele-Welten-Theorie"* angewendet, lautet Ockhams Rasiermesser: Wozu sollen wir ununterbrochen Welten erfinden, wenn es schlüssige Erklärungen gibt, die mit *einer* Welt auskommen? Nicht zu verwechseln ist die *Viele-Welten-Theorie* mit der wissenschaftlich fundierten *Theorie vom Multiversum*, nach der es neben unserem möglicherweise viele parallele Universen gibt (vgl. S.158)

Eine amüsante Version der Viele-Welten-Theorie liefert der Film *„Täglich grüßt das Murmeltier"*, in dem Bill Murray als misanthropischer Journalist täglich am selben Tag aufwacht und eine neue Version von sich und seiner Welt erlebt, die sich von den vorherigen unterscheidet: Er wird täglich ein bisschen klüger. Dazu brauchen wir aber keine „vielen Welten", oder?

Spekulation 4:
Die Kreationisten: Sieben Tage braucht die Schöpfung

Kreationismus[121] (von lateinisch *creatio*, *„Schöpfung"*) bezeichnet die religiös-pseudowissenschaftliche Auffassung, dass das Universum, das Leben und die Menschen *buchstäblich* so entstanden sind, wie es in den Heiligen Schriften der abrahamitischen Religionen und insbesondere in der alttestamentlichen Genesis geschildert wird. Also in sieben Tagen.

Als bedeutende Strömung trat der Kreationismus im frühen 20. Jahrhundert im Bereich des *Evangelikalismus* in den USA auf, wo er heute eine große Verbreitung erfährt. In seiner strengen Form lehnt er die Evolutionstheorie ab und geht von einem Erdalter von einigen Tausend Jahren und von der Schilderung der *Genesis* als Tatsachenbericht aus.

Von radikalen Verfechtern wird der *Kreationismus* nicht nur als naiver, religiöser Glaube, sondern als (pseudo)wissenschaftliche Theorie unter dem Namen *„Intelligent Design"* gehandelt. In den 1960er Jahren begannen die Kreationisten in den USA sich für die gleichberechtigte Behandlung ihrer Schöpfungslehre mit der Evolutionstheorie einzusetzen. In seinen verschiedenen Formen bewegt sich der *Kreationismus* also zwischen religiöser Sekte und Pseudowissenschaft. Er hat in den USA durch die Bewegung der Politischen Rechten beachtliche Popularität und Einfluss gewonnen – bis zum Eingriff in schulische Lehrpläne und Bücherverboten – und nähert sich damit einer politischen Ideologie.

„Am Anfang schuf Gott den Himmel und die Erde" (Gen. 1,1). So beginnt der Schöpfungsmythos der jüdisch-christlichen Tradition. Die Theologie der großen Religionen lehrt heute – angesichts der wissenschaftlichen Erkenntnisse – einen differenzierten Umgang mit den Mythen aus vorwissenschaftlicher Zeit. Wobei durchaus faszinierend ist, wie genau der *Genesismythos* die Entwicklung des Universums seit dem *Big Bang* sowie die *Evolution* der Erde in seine *Sieben-Tage-Erzählung* verpackt hat. Man kann die Genesis also durchaus mit der Evolution in

Einklang bringen, wenn klar ist, dass die biblische Erzählung reale Ereignisse in metaphorische Bilder verpackt.

Die Kreationisten glauben jedoch, die Welt und vor allem deren Geschöpfe sei tatsächlich wie in der biblischen Genesis erschaffen worden und nicht durch Evolution und ignorieren die Befundlage der gesamten Naturwissenschaft seit 2000 Jahren. Die destruktive Methode des Kreationismus besteht darin, Erklärungslücken der Evolutionstheorie aufzudecken, um sie zu widerlegen. Dass offene Fragen der Evolutionstheorie seit ihrem Erscheinen wissenschaftlich diskutiert werden, beweist aber nicht, dass sie falsch ist, sondern geht bloß den üblichen Gang der Forschung, die mit neuen Technologien immer auch neue Erkenntnisse bringt. Wir wissen heute z.B. durch Gentechnik und mikroskopische Studien an Objekten über die Evolution viel mehr als zur Zeit Darwins.

Wäre die Evolutionstheorie falsch, dann würden freilich auch alle anderen wissenschaftlichen Disziplinen fallen, die ein einheitliches Bild der Welt liefern, wie z.B. Physik, Chemie, Kosmologie, Geologie, Paläontologie, Archäologie, Frühgeschichte und viele mehr. Ohne evolutionäre Entwicklung gäbe es streng logisch nur zwei Erklärungsansätze über die Welt: einen *mythischen Ansatz*, der unser aufgeklärtes Denken um mehr als 10.000 Jahre in die animistische Welt der Hominiden zurückwerfen würde, oder einen *vulgär-quantentheoretischen Ansatz*, dass unser Universum und alles Leben, so komplex wie es ist, zufällig und spontan fixfertig vor 6000 Jahren entstanden sei: also ein Popup – Universum (was aber der Genesis erst recht widerspräche).

> *Kreationismus* ist aber nicht einfach nur eine harmlose Pseudowissenschaft, er ist auch eine extreme Form des *historischen Revisionismus*, der Geschichtsleugnung. Dort, wo er organisiert auftritt, bedeutet er – ob in christlicher, jüdischer, islamischer oder hinduistischer Ausprägung – massiven gesellschaftlichen und kulturellen Rückschritt: Auch Gesellschaft und Kultur sollen letztlich nach den jeweiligen fundamentalistischen Vorstellungen umgestaltet werden. Die USA scheinen zur Zeit auf dem Weg zurück in den Fundamentalismus zu sein und treffen dort auf ähnlich aufgeklärte Gruppen wie die Taliban in Afghanistan.

Genug der Spekulationen. Alle diese vier Modelle (und ein paar andere) gerieren sich nach außen hin als wissenschaftlich. Sie entlarven sich aber dadurch, dass sie gegen ein wesentliches Prinzip seriöser Wissenschaft verstoßen: die *Falsifizierung*, also die Bereitschaft, die Theorie zur Diskussion zu stellen und gegebenenfalls auch zu verwerfen. Gerade die scheinbare Unwiderlegbarkeit, die alle vier behaupten, macht sie obsolet!

Im Vergleich fällt auf, dass alle vier Modelle ein zutiefst pessimistisches, negatives Bild von Menschen zeichnen, der in Abhängigkeit von höheren Mächten steht bzw. ein Spekulieren mit Allmachtsfantasien, wodurch aus der vermeintlich wissenschaftlichen Theorie eine politisch, religiös oder (im Fall des Solipsismus) tiefenpsychologisch motivierte Ideologie wird.

Alle diese vier Modelle wurden in Literatur und Film vielfach thematisiert, daraus entstanden viele spannende Dystopien, die fast immer die Warnung oder Angst vor zeitgenössischen Verhältnissen in eine technologisch fortgeschrittene Zukunft projizieren, von Aldous Huxleys „*Brave New World*" über Orwells „*1984*" bis zu Frank Herberts „*Dunes*".

Modelle von der Welt

„Die Welt ist alles, was der Fall ist."
(Ludwig Wittgenstein im „Tractatus logico-philosophicus", 1918)

„Die Welt ist alles, was der Fall sein kann."
(Anton Zeilinger; 2004)

Unser nächster Flug verspricht besonders spannend zu werden. Er führt uns in *Terra Incognita*: Wir sind unterwegs wie einst die großen Forscher und Abenteurer der Neuzeit, wie Vasco da Gama oder Ferdinand Magellan, wie David Livingstone und Henry Morton Stanley, oder wie zukünftige Astronauten, die wir ins All schicken werden, um bewohnbare Planeten zu entdecken. Wir werden Universen kennenlernen, die zwar allesamt auf wissenschaftlich-seriösen Annahmen beruhen, deren tatsächliche Existenz aber noch nicht erforscht ist.

Wir kehren zurück in die seriöse Welt verantwortungsvoll denkender Menschen. Es ist faszinierend und ärgerlich zugleich: Die Forscher*innen sehen das Zusammenspiel von Quantenphysik und Relativitätstheorie tagtäglich, scheitern aber daran, ihre Vereinigung in einer gemeinsamen Weltformel darzustellen. Manche versuchen daher, aufbauend auf den bisherigen Erkenntnissen der beiden großen Theorien die Geschichte des Universums auf eine andere Weise erzählen. Fünf besonders interessante Modelle vom Universum wollen wir uns näher anschauen.

* Die *Stringtheorien* setzen anstelle der Elementarteilchen die Idee schwingender Saiten als Grundlage aller Berechnungen. Die *M-Theorie* versucht die *String-Theorien* (derzeit gibt es fünf Versionen) zu einer gemeinsamen Theorie zusammenzufassen.

* Das *holographische Prinzip* erklärt das Universum wie ein Hologramm. Alle Informationen über das Universum sind auf einer Art Festplatte gespeichert, alle unsere Vorstellungen, wie das Universum aussehen könnte, sind von der Festplatte generierte Hologramme.

* Die *Multiversum-Theorie* geht davon aus, dass unser Universum nur eines von vielen ist und dass es daneben eine große Zahl paralleler Universen gibt.

* Das *anthropische Prinzip* erklärt, dass unser Universum so ist, wie es ist, weil wir Menschen in ihm leben. Weil es uns gibt, ist das Universum auf unsere Bedürfnisse maßgeschneidert.

* Die *Informationstheorie* verlegt die Diskussion über das Universum auf eine quantenmechanische Ebene und sagt, dass alle Informationen über die Welt in Quanten gespeichert sind.

Diese Theorien, so abenteuerlich sie klingen mögen, lassen sich allesamt empirisch (noch) nicht komplett beweisen, erfüllen aber im Gegensatz zu den vorher gezeigten Spekulationen das wesentliche Kriterium: Sie bleiben am Boden der wissenschaftlichen Redlichkeit und stellen sich der offenen Diskussion. Teilweise widersprechen sie einander, in vielen Fragen greifen sie aber ineinander und ergänzen einander, woraus wir verblüffende Folgerungen ziehen können.

1. Stringtheorie und M - Theorie

"I look at the world, and I notice it's turning / While my guitar gently weeps
With every mistake, we must surely be learning / Still, my guitar gently weeps."

(The Beatles, 1968)

Stringtheorie[122]

Die *Stringtheorie* kam in den 1970er und 1980er Jahren in Mode und wird bis heute heftig diskutiert.

Die Uridee hatte der griechische Mathematiker *Pythagoras* (*570 v.Chr.), als er das Schwingen einer Saite beim Zupfen einer Leier analysierte. Er hörte Ähnlichkeiten zwischen dem Klang der Saite und den Resonanzen beim Klopfen mit einem Metallhammer und entdeckte Gemeinsamkeiten: *Frequenzen*, die in mathematisch berechenbaren Verhältnissen schwingen. Musikalische Schönheit ließ sich also mathematisch in Notenwerten beschreiben.

1968 entdeckten junge Physiker in einem alten Mathematikbuch eine seltsame Formel des Mathematikers *Leonhard Euler* aus dem 18. Jahrhundert und erkannten, dass dieser die Wechselwirkung *zweier* schwingender Saiten, *Strings* genannt, berechnet hatte. Daraus wurde die Idee geboren: *Im Schwingen einer Saite liegt die ganze Welt.*

Sie besagt, dass das Universum aus sehr schmalen *Saiten (=Strings)* bestehe, und dass wir uns alle *E.T.* als die Schwingungen dieser *Strings* vorstellen sollen, als unterschiedliche Töne der vibrierenden Saiten. Die Wirkungen, die man bisher den E.T. zuschrieb, würden durch die Schwingungen der Saiten erzeugt.

> Vorstellbar sind die *Strings*, wie ihr Name schon sagt, wie eine winzige Gitarrensaite. Wenn sie schwingt, verändert die Saite ihre Form, bewegt die Luft rundum, erzeugt Schallwellen und interagiert mit den anderen Saiten der Gitarre. Alle sechs Saiten einer Gitarre gemeinsam ergeben eine ungeheure Vielfalt von Tönen, Harmonien, Bewegungen.

Anstelle der Vorstellung eines „Teilchenzoos" der E.T., gibt es für jede Saite nur mehr *eine* Kennzahl, die die Größe der Saite angibt. Das Bild der schwingenden Saiten passt auch ganz gut zur Vorstellung schwingender Quantenfelder. Die Stringtheorie *könnte* also alle Materie und alle Kräfte durch *eine* mathematische Formel und *ein* eindringliches Bild unter einen Hut bringen, und auch das Problem der Quantengravitation *(Running Joke!)* elegant lösen. Diese wäre in diesem Modell schlicht und einfach eine der Schwingungen einer Saite.

> ...
>
> Könnte.
>
> ....

10 Dimensionen und 5 Theorien

So poetisch die Vorstellung schwingender Saiten ist, sie birgt ein paar bislang ungelöster Fallen.

* *Problem Nr. 1:* Die String-Theorie kann nur in zehn Dimensionen existieren. Wir leben in unserer Alltagswelt in drei Dimensionen und können uns mit Müh und Not Einsteins vierte Dimension vorstellen. Zehn Dimensionen kann unser Gehirn aber weder visualisieren noch begreifen, sie lassen sich auch experimentell nicht darstellen, sie sind bloß Ideen abstrakter Mathematik (vorerst) ohne Chancen auf empirische Überprüfung. Als *John*

Schwarz, einer der führenden Architekten der Stringtheorie, einmal gemeinsam mit dem großen Richard Feynman im Aufzug fuhr, fragte dieser: *„Na John, in wie vielen Dimensionen bist du heute unterwegs?"* [123]

* *Problem Nr. 2:* Um die zehn Dimensionen im Universum unterzubringen, argumentieren die Anhänger der Stringtheorie, dass das Universum ursprünglich zehndimensional gewesen sein könnte und dass sich im anfänglich instabilen Zustand sechs Dimensionen winzig klein zusammengerollt hätten. Der Durchmesser einer Saite hätte ein Billionstel von einem Billionstel Millimeter, dadurch könnten diese so klein zusammengerollt werden, dass wir sie nicht bemerken: sechs winzige zusammengerollte Schneckenhäuser-Dimensionen, unendlich viel kleiner als das kleinste Atom. Die Frage, wo diese sechs Dimensionen herumliegen, damit wir nicht irrtümlich auf eins draufsteigen, und vor allem, wozu das Universum sie benötigt, ist zugegeben polemisch zugespitzt, aber unbeantwortet.

* *Problem Nr. 3:* Es gibt derzeit aktuell fünf verschiedene Versionen der Stringtheorie. Jede Version erlaubt andere Arten von Saiten und beschreibt andere Wirkungen und Funktionen.

* *Problem Nr. 4:* Jeder String wäre aufgrund der Theorie 100 Milliarden, Milliarden mal kleiner als die Protonen im Atomkern. Und das sind schon Winzlinge! Um die Relation zu beschreiben, was wir im Universum suchen: Wäre ein Atom so groß wie unser ganzes Sonnensystem, dann wäre ein String darin ein bescheidenes Einfamilienhäuschen.

10 Dimensionen, 5 Theorien und keine Chance, die Winzlinge je zu sehen: Eine einfache Weltformel stellen sich die meisten Physiker anders vor.

M-Theorie[124]

Der amerikanische Physiker *Edward Witten* (*1953), der komplizierteste Gleichungen im Kopf ausrechnen kann und die Ergebnisse auf die Rückseite einer Serviette schreibt wie andere eine Telefonnummer, vermutete, dass die fünf Versionen der Stringtheorie eigentlich Teile derselben Theorie sind. Daraus entwickelte er die *M-Theorie*, die den *zehn* Dimensionen noch eine *elfte* hinzufügt und dadurch versucht, die fünf Stringtheorien unter einen Hut zu bringen. Er schlug den Begriff *„M-Theorie"* vor. Da er selbst skeptisch war, ob diese stimmen könne, stellte er in einem Interview klar:

> *„Manche Kollegen dachten, es gäbe eine elfdimensionale Theorie, die auf Membranen basiert. Doch ich war nicht davon überzeugt, dass sie vollständig funktioniert (...), wollte aber nicht widersprechen. Daher behielt ich das M von „Membran" und meinte, dass es sich mit der Zeit schon zeigen würde, ob das M für „Magie", „Mysterium" oder „Membran" steht."* [125]

So viel wissenschaftliche Redlichkeit beeindruckt!

Die mathematischen Objekte der *M-Theorie* sind ähnlich den *Strings* schwingende Elemente: die sogenannten *Branen,* deren Name sich von Mem*branen* ableitet. *Branen* stehen für Objekte mit unterschiedlichen Dimensionen (einige nur mit Länge wie ein Strich, einige mit Länge und Breite wie ein Blatt Papier, einige mit Länge, Breite und Höhe usw.), die miteinander interagieren. Idealerweise sollten die *Branen* alle Objekte unseres Universums repräsentieren: von ganz winzigen, wie E.T., bis hin zu ganz großen, wie Sonnen, Sternennebel oder Schwarzen Löchern. Die M-Theorie *wäre* damit eine Theorie, die alle vier Naturkräfte in *einer* Formel, in einer *Version* und in *einem* Bild beschreiben kann.

...

Wäre...

...

Offene Fragen und ein spannender Aspekt

Die Diskussionen sind heftig, die Kritiker laut wie bei jeder revolutionär-neuen Theorie, das ist nichts Außergewöhnliches. Die *Stringtheorien* und die übergeordnete *M-Theorie* sind noch weit von einer vollständigen, mathematischen Berechnung oder einer konsistenten, experimentellen Überprüfung entfernt, die praktikabel und verständlich sind. Die Idee, vom winzigen E.T. bis zum riesigen Schwarzen Loch alle entdeckten und auch noch nicht entdeckten interstellaren Erscheinungsformen unter einen Fingerhut voll *Strings* oder *Branen* zu bringen, ist ein – gelinge gesagt – ehrgeiziges Unterfangen.

Kritiker ziehen *Ockhams Rasiermesser* aus der Tasche, da sowohl die *Stringtheorie* als auch die *M-Theorie* viele Dimensionen und komplexe Berechnungen benötigen. Das widerspricht den bisherigen Erfahrungen über unser Universum, das klare, symmetrische Lösungen bevorzugt. Ein prominenter Kernphysiker meinte, um die *M-Theorie* wirklich zu verstehen, müsste er sich sieben Jahre in die ihr zugrunde liegende Mathematik vertiefen, so viel Lebenszeit habe er nicht. Wie wir gesehen haben, brauchten manche Theorien hundert Jahre und mehr, bis sie bewiesen waren. Es kann also noch etwas dauern, bis die *Stringtheorie* oder die *M-Theorie* bewiesen oder endgültig widerlegt werden.

Ein Aspekt lässt aufhorchen und deckt sich mit anderen Überlegungen vom Universum: Die *Stringtheorie* nimmt die Existenz einer Vielzahl von Universen an, die unserem nicht ähneln. Die meisten dieser Universen existieren nur Bruchteile von Sekunden und sind winzigst klein. Es könnte also neben unserem eine große Zahl von Paralleluniversen geben, die unterschiedlich viele Dimensionen besitzen. Manche Forscher sagen, dass all diese alternativen Universen bloß rechnerische Tricks sind. Renommierte Forscher wie Feynman, Hawking oder Zeilinger unterstützen hingegen die heftig kritisierte These.

Das Universum als schwingende Saiten mit einer Polyphonie von Klängen: Die Stringtheorien zeichnen ein freundliches Bild einer ganzheitlichen Welt und sind offen für die Vielfalt der Erscheinungsformen im Universum.

2. Holografisches Prinzip

"The myriad forms of light, turbulent evolutions
The projection on the lens of Gods, the mirror of the mind
They are all Holograms waiting to be scrambled"

(Himehina, 2022)

„*ABBA Voyage*" ist ein virtuelles Konzert der schwedischen Popgruppe ABBA in London. Dabei treten Avatare *(halboriginell "ABBAtars" genannt)* auf, die die Sänger*innen so darstellen, wie sie 1979 aussahen, und singen Songs, die speziell für diese Show neu aufgenommen wurden, begleitet von einer Live-Instrumentalband auf der Bühne. Wenn es nach manchen Physikern geht, ist *ABBA Voyage* ein Beispiel für unser Universum: *Wir alle sind Hologramme!*

Schwarze Löcher und die verschluckte Energie

Wir erinnern uns an die *Schwarzen Löcher* vor ein paar Seiten. Lange nahm man an, dass alle Materie, Energie und Information, die über den *Ereignishorizont* in ein *Schwarzes Loch* fällt, auf Nimmerwiedersehen verloren ist. Steven Hawking fand aber 1974 heraus, dass alle im Loch verschwundene Materie und Energie an der Oberfläche, also am *Ereignishorizont*, als Antiteilchen-Strahlung auftauche.

Das holografische Prinzip behauptet nun, dass diese Strahlung am Ereignishorizont nicht im All verpufft, sondern vollständig codiert und als Information gespeichert wird – wie auf einer virtuellen Speicherkarte oder in einer Cloud. Dadurch geht keine Information verloren. Die Speicherung funktioniert ähnlich einem Hologramm.[126]

Man muss die Tiefe verstecken – an der Oberfläche

Der österreichische Schriftsteller *Hugo von Hofmannsthal* schrieb einmal den Satz: „*Man muss die Tiefe verstecken – an der Oberfläche*".[127] Er meinte damals Seelenzustände, der Satz passt aber auch auf das *holografische Prinzip.*

Dieses wurde vor allem durch die Physiker *Gerard't Hooft* (*1946) und *Leonard Susskind* (*1940) entwickelt. Es besagt, dass eine zweidimensionale Oberfläche eine komplette mathematische Beschreibung eines beliebigen dreidimensionalen Objektes leisten kann. In unserer Alltagswelt sind Hologramme zweidimensionale flache Kunststoffschichten, in der verschlüsselt ein dreidimensionales Objekt enthalten ist. Durch Durchleuchten der Schicht mit einem Laser erscheint das dreidimensionale Bild: eine Technologie aus der Quantenmechanik.

Hologramme sind im Alltag längst Realität: z.B. in der Medizin, in der Operationen anhand eines 3-D-Computerbildes durchgeführt werden oder in der Architektur, in der 3-D-Modelle ganzer Städte errichtet werden. Wir begegnen 3-D-Dinosauriern in Erlebniswelten, und die Projektion von *Prinzessin Leia* in „*Star Wars*" ist in der Filmgeschichte längst ikonisch. Im Konzert ABBA-Voyage sehen wir die bislang wohl „lebensechtesten" 3-D-Projektionen von Menschen.

Das Universum als Hologramm

Das *holografische Prinzip* besagt, dass die gesamte *Information*, die unser Universum beschreibt, wie ein Hologramm gespeichert sein könnte. Alle Materie und Energie, jede Interaktion und jedes Ereignis, das im Universum stattfindet, würde an der Oberfläche des Universums als Code verschlüsselt und gespeichert. Die Welt, wie wir sie erleben, kennen und sehen, wäre dann eine Projektion der Daten als dreidimensionales oder vierdimensionales Hologramm.

> Das erinnert frappant an eine Internet-Cloud: Dort werden ja auch Informationen aus unterschiedlichsten Quellen – Filmen, Bildern, Texten, Musik oder anderer Software – einheitlich als *bimodaler Zeichencode* gespeichert und beim Abspielen dieses Codes durch diverse Endgeräte in ein dreidimensionales visuelles und/oder akustisches Signal übersetzt.

Nach dem *holografischen Prinzip* existiert jedes interstellare System, ein Schwarzes Loch, ein Planet oder ein Sonnensystem, auf zwei Arten: als Informations-Datenbank auf seiner unsichtbaren, zweidimensionalen Oberfläche und als drei-, vier- oder x-dimensionale Projektion. Die Informationsmenge des Systems darf dabei nie größer sein als diejenige in der Datenbank. Anders gesagt: Die Menge an Information, die in einem Himmelskörper gespeichert werden kann, wird also nicht durch sein *Volumen*, sondern durch die *Oberfläche* definiert, die dieses Volumen umschließt.

> Das erinnert wiederum an das menschliche Gehirn, dessen Größe ja auch nicht (nur) als Volumen, sondern als Fläche des Neocortex (=der Großhirnrinde) gemessen wird. Auch alle Informationen über einen Menschen sind an der Oberfläche seines Gehirns gespeichert. (vgl. S.224)

Das bedeutet, dass scheinbar völlig verschiedene Modelle der Welt – in denen nicht einmal dieselbe Dimensionszahl gelten muss – äquivalent sein können, je nach der Art der Projektion. Wir können im Experiment oder in Berechnungen unser Universum als drei-, vier- oder zehndimensionale Welt, als String-Kosmos oder als Quantenwelt projizieren. Unser angeborener „gesunder Menschenverstand“ wird aus den Daten hingegen immer die Wahrnehmung unserer dreidimensionalen Alltagswelt konstruieren.

Wir sind ein Hologramm

Die Filmtrilogie *Matrix* verwendet dieses Modell als Dystopie[128]. Die Menschheit verlor vor langer Zeit den Krieg gegen von ihr selbst erschaffene Computer mit künstlicher Intelligenz. Die Computer benutzen nun die an Maschinen angehängten menschlichen Körper zur Energiegewinnung und entwickelten die Simulation der *Matrix*, die den gefangenen Menschen vorgaukelt, in einer heilen 3-D-Welt zu leben.

Wenn wir das *holografische Prinzip* beim Wort nehmen, wäre unsere gesamte menschliche Wahrnehmung eine 3D-Projektion. Unser tägliches Erleben der Alltagswelt wäre nur eine tiefe Illusion. Wir selbst wären Teil des Hologramms so wie die *ABBAtare* auf der Bühne oder Prinzessin Leia in *Star Wars*.

Diese Vorstellung ist zwar eine unbehagliche, aber durchaus faszinierende. Denn anders als die ahnungslos dahinvegetierenden Gefangenen im Film *Matrix* waren wir Menschen ja selbst in der Lage, ein holografisches Modell unserer Alltagsrealität zu entwickeln: *das Internet*. Auch dieses ist ein gigantischer Datenspeicher, in dem sämtliche Daten unserer Welt einheitlich im *binären Code* gespeichert sind. Die „Daten-Oberfläche", von der die Physiker sprechen, sind die Clouds, auf die wir mittels Internetverbindung von jedem beliebigen Ort aus jederzeit zugreifen können. Jeder von uns, der seine Fotos in einer Cloud speichert oder Musik von einer Streamingplattform hört, ist Teil dieses Systems. *Wie* wir die Daten abrufen, ob wir sie in ein akustisches oder visuelles Hologramm übersetzen, entscheiden wir selbst: als 3-D-Projektion, als Stereo-Ton, als Text, als Film oder als Bild.

Was wir Menschen mit dem Internet für unsere Alltagswelt erschaffen haben, könnte also eine Kopie jenes Modells sein, das auch das Universum prägt: ein gigantischer Datenspeicher, der auf winzigstem Raum alle Daten der Welt speichert und diese als Hologramm repräsentieren kann. Vielleicht sind wir Menschen damit dem Geheimnis unseres Universums näher auf der Spur, als uns bewusst ist. Das erinnert an Viktor Borges fiktive Bibliothek am Anfang des Buches, in der ja auch alle Informationen über das Universum gespeichert sind.

Das holographische Prinzip versucht auch eine Brücke zwischen Quantenmechanik und allgemeiner Relativitätstheorie (Running Joke!) zu schlagen, indem es alle beobachteten Phänomene als Quantencode abspeichert.

Auch wenn wir die holografische Denkweise noch nicht ganz verstehen, scheint sie großes Potential zu haben.

* Es wäre die Bestätigung jener philosophischen Idee und zugleich auch physikalischen Theorie, dass die Welt aus Information bestehe.

* Wir Menschen funktionieren ja auch wie Hologramme: Alle sichtbaren und unsichtbaren Informationen über unseren Körper und Geist und unser Gedächtnis sind an der Oberfläche unseres Gehirns (im *Neokortex*) gespeichert und können über unsere fünf Sinne abgerufen werden.

* Es würde unser menschliches Bewusstsein in das Universum einbetten: Durch die Erfindung des Internets war der Mensch in der Lage, das holografische System des Universums auf der Erde zu simulieren.

* Es wäre (Achtung Spoiler!) die Realisierung der philosophischen Idee, dass jedes Element, jedes Sandkorn das ganze Universum in sich trage.

3. Multiversum: die Summe über alle Geschichten

„Ich bin ein andrer in 'nem Multiverse
Bisschen bekannter in 'nem Multiverse
Ich werde Kanzler in 'nem Multiverse / im Multiverse"

(Farid Bang, 2024)

Der geniale Richard Feynman hat uns ein spannendes Rätsel mitgegeben. Er entwickelte eine auf den ersten Blick abenteuerlich klingende Theorie von der *Summe über alle Geschichten*. Beim genaueren Nachdenken interpretiert er die Quantenmechanik auf geniale Weise neu. Stephen Hawking hat bis zu seinem Tod an dieser *Summe über alle Geschichten* gearbeitet und ihr auch sein letztes Buch gewidmet.

Der Doppelspaltversuch – neu interpretiert[129]

Wir kommen noch einmal auf unseren Doppelspaltversuch zurück. Feynman sagte über das Quantenexperiment, es *„enthalte das ganze Geheimnis der Quantenmechanik"*. Es ist ja auch gut 100 Jahre nach seiner Premiere noch immer faszinierend: Man schießt einzelne *Elementarteilchen* durch zwei Spalten auf eine Bildwand und erlebt seine blauen Wunder. Die zur Zeit gültige Interpretation lautet: Solange wir es nicht messen, hat das *E.T.* während seines Flugs durch den Doppelspalt keinen bestimmten Aufenthaltsort und auch keine festgelegte Form. Erst wenn wir hinschauen, outet sich das *E.T.* als Teilchen oder als Welle.

Feynman interpretierte das Experiment anders: Er schloss, dass das E.T. nicht *auf einer unbestimmten Bahn* fliege, sondern dass es *auf jeder möglichen Bahn gleichzeitig* fliege. Hawking lässt zur Erklärung seinen typisch britischen Humor spielen:

> *„Wenn beide Spalten geöffnet sind, könnte das Photon z.B. im Direktflug durch den oberen oder durch den unteren Spalt fliegen. Das Teilchen könnte aber auch zuerst durch den oberen Spalt fliegen, vor der Wand umdrehen und durch den unteren Spalt wieder retour fliegen. Unser Teilchen könnte unterwegs ein Restaurant aufsuchen [...] oder ein paarmal den Jupiter umrunden oder entlang der Milchstraße fliegen, bevor es auf dem Heimweg durch einen der Spalte fliegt und auf die Rückwand trifft. Man könnte Millionen Wege skizzieren, die unser Teilchen zurücklegt. Es kann jenseits von Zeit und Raum auf vielen Bahnen gleichzeitig unterwegs sein."* [130]

Auf diese Weise erwirbt das E.T. auch die Information, ob eine Spalte oder beide offen sind. Sind nämlich beide Spalten offen, fliegt es *immer auch* durch beide.

> Statt „Das Teilchen weiß nicht, wo es fliegt", behauptet Feynman: „Das Teilchen fliegt gleichzeitig auf jeder möglichen Bahn."

> Statt „Das Teilchen ohne Eigenschaften" ist es bei Feynman ein „Teilchen aller möglichen Eigenschaften".

Das mag verrückt klingen, aber es entspricht exakt der Logik der Quantenmechanik. Wir erinnern uns an *Schrödingers Wellenfunktion*, nach der unser E.T. *vor* unserer Messung auf *allen* wahrscheinlichen Pfaden durch die Luft fliegen kann (wie unser Bussard in der Luft!). Die Quantenwahrscheinlichkeit lässt alle, sogar unwahrscheinliche Flugbahnen zu. Und unser E.T. probiert, neugierig, wie es nun einmal ist, wie unser Bussard alle möglichen Flugbahnen aus.

Mathematisch ausgedrückt gibt es unendlich viele Pfade, die einander überschneiden oder überlagern. Durch Schrödingers Gleichung kann man aber die *Wahrscheinlichkeitsamplitude* errechnen: also jene Flugbahnen, die wahrscheinlicher sind als andere. Unser E.T. wird vermutlich öfter auf einer eher direkten Flugbahn zwischen Ausgangspunkt und Rückwand fliegen als quer durch die Galaxie oder in die Pizzeria ums Eck.

Natürlich entzieht sich das alles unserer Vorstellung! Aber es entzieht sich ja auch unserer Vorstellung, dass wir aus Milliarden sich bewegender Atome zusammengesetzt sind oder dass in diesem Moment Unmengen von Neutrinos durch unseren Körper sausen. Viele Phänomene unserer Welt entziehen sich unserer Vorstellung. Das heißt aber nicht, dass es sie nicht gibt. Das gilt auch für die vielen Flugbahnen eines Teilchens.

Bei großen Objekten, Fußbällen zum Beispiel, funktioniert das nicht so gut. Schießt man Fußbälle durch zwei große Löcher einer Schusswand, kommen sie – sofern der Schütze durchtrifft – immer relativ geradlinig an der Rückwand an. Dass ein Fußball zum Mond fliegt oder durch die zwei Spalten hin und her, schließen die guten, alten physikalischen Kräfte Newtons Masse und Luftwiderstand und die Fähigkeiten des Schützen aus. In der Quantenwelt gelingt Feynmans Ansatz problemlos: Unser E.T. fliegt gleichzeitig auf allen möglichen und unmöglichen Flugbahnen. Das Interferenzbild auf der Rückwand zeigt daher die Summe aller Möglichkeiten der Wahrscheinlichkeitsrechnung, die *Summe aller Flüge unseres Teilchens* oder wie Feynman es nannte: *Die Summe über alle Geschichten.*

Multiversum: Es gibt nicht nur ein, sondern viele Universen

Wenn wir bereit sind, diesen Gedanken zu akzeptieren und weiterzuspinnen, dann erhalten wir eine aufregende Deutung unseres Universums.

In der Physik nennt man den Verlauf eines physikalischen Vorgangs von der Ausgangsposition über seine Bewegung bis zur Landung die *„Geschichte eines Vorgangs“*. Im Doppelspaltversuch ist der Flug des E.T. vom Projektor, wo es losgeschossen wird, über den Pfad, den es fliegt, bis zum Auftreffen auf der Rückwand *die Geschichte des Teilchens*. Nach Feynmans Theorie hat ein E.T. *unendlich viele Geschichten.*

In einem kühnen Schritt überträgt Stephen Hawking Feynmans Theorie nun auf das ganze Universum.

So wie ein Teilchen unendlich viele Wege nimmt, so hat auch das Universum unendlich viele Geschichten.

Da unser Universum aber keine Flugbahn von A nach B nimmt, wie unser *E.T.* im Versuch, sondern sich grenzenlos in alle Richtungen gleichzeitig bewegt, redet

Hawking von jenen Universen, die die sogenannte *Kein-Rand-Bedingung* erfüllen, d.h. sich nach allen Richtungen ausdehnen, aber dennoch in sich abgeschlossen sind[131]. Hawking behauptet also: *„Wenn ein E.T. unendlich viele Geschichten haben kann, dann kann auch das Universum unendlich viele Geschichten haben.“*

???

Anders gesagt: Es gibt (unendlich?) viele Varianten des Universums.

???

Anders gesagt: Es gibt (unendlich?) viele Universen.

Kleiner, aber wichtiger Einschub: Mathematiker und Physiker diskutieren seit langem über den Begriff *„unendlich“*: In der Mathematik kann man problemlos damit rechnen, die Physiker können mit dem Begriff nichts anfangen, weil er sich nicht vermessen lässt. Daher sollte *„unendlich“* immer mit Fragezeichen verwendet werden.[132]

Und noch eine Klarstellung: Anders als in der spekulativen *Viele-Welten-Theorie* (vgl. S.144) hat Feynmans und Hawkings Ansatz einen seriösen Background.

* Bei der *Viele-Welten-Theorie* spalten ja unsere eigenen Beobachtungen laufend Universen ab, wobei völlig unklar bleibt, dank welcher Superenergie unsere Gehirne solche Alternativuniversen erschaffen können.

* Feynman und Hawking denken einfach die Quantentheorie konsequent zu Ende. Die *vielen Geschichten des Universums* entstehen aus der Wahrscheinlichkeitsnatur der Quantenphysik und brauchen keine externen Superhirne.

Die klassische Physik ging davon aus, dass das Universum nur *eine* eindeutige Geschichte hat (= dass es nur ein Universum gibt). Diese könne man mit Hilfe von physikalischen Gesetzen berechnen. Die Quantenmechanik legt dagegen nahe, dass es nicht nur eine Geschichte des Universums gibt, sondern gemäß Wahrscheinlichkeitsfunktion *unendlich viele*. Wir müssen, wie es die *Kopenhagener Deutung* lehrt, *alle möglichen Geschichten des Universums* in Betracht ziehen. Hawking (und wir im UFO) konzentrieren uns aber auf jene Geschichten, die für uns wahrscheinlicher sind und jene Bedingungen aufweisen, die unser Leben ermöglichen, wir konzentrieren uns also auf Universen, die die *„Kein-Rand-Bedingung“* erfüllen.

Wer immer noch glaubt, Bahnhof zu verstehen oder im falschen Film oder im falschen Universum zu sitzen, dem hilft vielleicht ein Vergleich.

Der Topf mit Wasser

Stellen wir uns die Welt als einen Topf mit kochendem Wasser vor. Aus dem Wasser brodeln viele winzige Dampfblasen hoch. Diese Dampfblasen sind viele kleine Universen. Die meisten dieser Miniuniversen zerfallen innerhalb von Bruchteilen von Sekunden, da ihre physikalischen Bedingungen keinen langen Bestand erlauben, weil sie die „Kein-Rand-Bedingung" nicht erfüllen. Ist ein Universum, also eine Miniblase, nicht in sich geschlossen, können Masse und Energie sofort entweichen und die Blase zerplatzt. Diese Universen können wir getrost ignorieren.

Einige (wenige?) dieser Universumsblasen werden aber groß und stabil, sodass sie nicht gleich zerplatzen. Das sind interessante Kandidaten: Es sind jene Universen, die die Kein-Rand-Bedingung erfüllen und daher jene Eigenschaften aufweisen, die wir auch in unserem Universum beobachten oder berechnen können: Sie dehnen sich in alle Richtungen aus, sie weisen aber eine geschlossene Form auf, sie sind endlich, aber grenzenlos, und alle Energie bleibt in ihnen erhalten.

War das mein Traum am Anfang des Buches, als ich in einer dieser Blasen schwebte? Denken wir es nochmals durch!

Es gibt (unendlich?) viele Geschichten des Universums. Die Geschichten unterscheiden sich: In manchen dieser Universums-Geschichten gibt es vielleicht zehn oder mehr Dimensionen. Manche Universen haben vielleicht nur zwei Dimensionen, in diesen ist es schwierig, sich fortzubewegen: Leben wäre immer nur ein Strich auf Papier. In manchen Universen könnten Atome so groß sein wie Tennisbälle, dann müssten die dortigen Lebewesen einen Kopf von der Größe des Mondes haben. Manche Universen sind vielleicht kleiner als ein Sandkorn, und alle ihre Galaxien liegen winzig zusammengefaltet drin wie Mikro-Rollmöpse in der Dose.

Wir können jedes beliebige Universum erfinden: Die Feynman-Theorie lässt alle diese Geschichten zu. Und regt unsere Fantasie an. Wir können aber vernünftigerweise einschränken, welche Universen für uns interessant sind, nämlich jene, in denen wir leben können.

* Diese Universen müssen die *Kein-Rand-Bedingung* erfüllen, sodass die Energie nicht versickern und Materie nicht spurlos verschwinden kann, sondern alle Energie erhalten bleibt, wie es der erste Satz der Physik verlangt.

* In diesen Universen muss es zufällige Bewegung und zumindest winzige Asymmetrien geben, damit aus unregelmäßigen Quantenhäufungen Galaxien entstehen können.

* In diesen Universen müssen Bedingungen herrschen, die ermöglichen, dass zumindest in *einer* ihrer Galaxien Leben entstehen kann.

* In diesen Universen muss es vier Dimensionen geben: drei im Raum, sodass wir aufstehen können und nicht flachgedrückt liegen, und eine Zeitdimension, sodass wir von der Vergangenheit in die Zukunft laufen können oder nach Einstein uns in der Raumzeit bewegen können.

Feynman und Hawking behaupten also: Wir leben in einem *Multiversum*, in einer Welt, in der es (unendlich?) viele Universen geben kann. Die meisten dieser Universen sind extrem kurzlebig und instabil. Es wird aber *wahrscheinlich* auch viele oder zumindest einige Universen mit ähnlichen Bedingungen geben wie unseres. Unter diesen Universen ist *auch* jenes, das unsere Geschichte schreibt.

Die Multiversum-Hypothese würde eine Reihe bisher ungelöster kosmologischer Probleme (vom Urknall bis zum Schwarzen Loch) lösen[133]. Und die anderen Weltmodelle, wie *Stringtheorie*, *holografisches Prinzip, anthropisches Prinzip* und *Informationstheorie* lassen sich mit dieser Theorie gut vereinigen. Umgekehrt lässt sich das Multiversum aus der Quantenphysik gut erklären: nämlich aus der *Superposition*, in der alle Objekte in unendlich vielen Möglichkeiten existieren.

Die Multiversumstheorie ist nicht eine aus der Luft gegriffene Fantasterei, sondern wurde im philosophisch-wissenschaftlichen Diskurs als Lösungsvorschlag zahlreicher fundamentaler Probleme entwickelt. Sie ist noch nicht beweisbar, gilt aber als seriöse naturwissenschaftliche Hypothese.[134] Eine interessante Verwandtschaft gibt es nicht nur mit anderen physikalischen Weltmodellen, sondern auch mit fernöstlichen Philosophien, die ja auch mit der Reinkarnation von Lebewesen in neuen Universen spekulieren.

Unser Universum ist einzigartig, aber nicht einmalig

Unsere Geschichte! Unser Universum! Endlich kommen wir Menschen, wir Betrachter des großen Spiels aufs Spielfeld. Welche Rolle spielen wir? Wie passen wir in Feynmans „Summe über alle Geschichten"? Ziemlich gut.

Wir Menschen haben im Lauf der Geschichte unzählige Methoden entwickelt, um die Welt zu beobachten. Wir sehen täglich die Alltagswelt mit unseren eigenen Augen, mit oder ohne Brillen, wir können mit Fernrohren und Observatorien ins Weltall schauen, wir können mit Mikroskopen den Mikrokosmos beobachten. Unzählige Beobachtungen in Millionen von Jahren!

Aus der Summe *aller* Beobachtungen haben wir Menschen gemeinsam *eine* der unendlich vielen Geschichten des Universums festgelegt, die dadurch für uns zur gemeinsamen Realität wurde/wird. Wir haben als Beobachter also *nicht das einzig mögliche* Universum gefunden, sondern *eins von vielen möglichen*. Durch unsere Beobachtung ist es aber *unser* Universum.

Feynmans und Hawkings Theorie löst auf elegante Weise das Mysterium des Doppelspaltversuches: Wir Beobachter beeinflussen nicht die Geschichte des Photons oder des Universums, sondern wir legen bloß *eine* Geschichte fest. Und diese Variante, dieses Universum, nennen wir „Realität" und sehen darin unsere Wirklichkeit.

Lange Zeit glaubten wir Menschen, die *Erde* sei einmalig und bilde den Mittelpunkt der Welt. Heute wissen wir, dass die Erde nur einer von acht Planeten ist, die um die Sonne kreist; und dass es in unserer Galaxie hunderte Milliarden Sonnen gibt; und dass es in unserem Universum hunderte Milliarden Galaxien gibt. Ist es da nicht mehr als wahrscheinlich, dass es nicht nur ein Universum gibt, sondern auch (unendlich?) viele Universen?

Die Geschichte, die *wir* beobachten, ist die Version *des* Universums, in dem *wir* leben. Alle anderen Geschichten sind für uns irrelevant, denn wir Menschen haben nun einmal gemessen und berechnet, welche bestimmte Eigenschaften unser Universum hat: Es gibt drei Raumdimensionen und eine Zeitdimension, es gibt Gravitation, es ist grenzenlos, aber in sich geschlossen und bewahrt dadurch Energie und Masse.

Es muss diese unsere Geschichte nicht einmal die *wahrscheinlichste* aller Möglichkeiten gewesen sein, aber es ist nun einmal *unsere*, die von uns berechnete, daher interessiert uns vorerst nur diese eine Version des Universums. Es mag unendlich viele Universen geben, aber dasjenige, das wir anschauen und berechnen, ist das für uns relevante. Weil wir es anschauen und berechnen, manifestiert es sich für uns. Dieses Universum folgt nicht einer bestimmten Theorie, es unterliegt keinen fixen Regeln oder Gesetzen, sondern umgekehrt: Wir Betrachter suchen nach Theorien und Regeln, wonach wir das, was wir sehen, bestmöglich beschreiben können.

Was wir als Beobachter sehen und messen, manifestiert also eine der vielen möglichen Geschichten. Als Beobachter verändern wir nicht das Universum, sondern legen bloß fest, welche Geschichte wir erleben.

???

Steht jetzt der Lindenbaum in meinem Garten, auch wenn ich nicht hinschaue? Wieso entsteht aus dem Gewirr der E.T. mein Körper, den ich spüre und den andere sehen? Wie fügen sich all die Zufälle der Quantenwelt so zusammen, dass unser Leben existiert, wie wir es erleben? Die Multiversum-Theorie sagt: Wir befinden uns in einem Universum, in dem (unser) Leben möglich ist – mit Lindenbaum, mit unserem Körpergefühl, mit vielen glücklichen und unglücklichen Zufällen. Wäre das Universum nur ein ganz klein wenig anders, könnten wir darin nicht existieren. Weil wir existieren, ist das Universum, wie es ist.

Davon handelt die nächste Theorie im nächsten Kapitel.

4. Das anthropische Prinzip *oder* die Beste aller Welten

„Gott kann zwar alle möglichen Welten denken, aber doch nur die beste von ihnen wollen, denn mit seiner Vollkommenheit wäre es unverträglich, das weniger Vollkommene, oder wenn man will, das Böse zu tun."

(Gottfried Wilhelm Leibniz. Theodizee, 1710)[135]

Ein Volksschullehrer erklärte seinen Kindern das Universum so:

„Gott liebt die Erde so, dass er die Erde im richtigen Abstand zur Sonne platziert hat. Nicht zu nah, sonst würden die Ozeane kochen. Nicht zu weit, sonst würden die Ozeane gefrieren." [136]

Damit war der Lehrer sehr nahe am *anthropischen Prinzip*. Dieses erklärt die merkwürdige Tatsache, dass die Naturkonstanten und die Entwicklung des Universums genau darauf abgestimmt zu sein scheinen, dass Leben auf der Erde möglich ist.

Unser Sonnensystem ist ein lauschiger Ort[137].

* Die Umlaufbahn der Erde um die Sonne hat eine Kreisbahn mit einer winzigen Ellipsenkrümmung von 0,02%. Das ist ein Glücksfall. Wären Ellipsenkrümmung oder Achsenneigung der Erde nur um den Wimpernschlag einer Nuance kleiner oder größer, würden wir (er)frieren oder (ver)brennen. Der Abstand der Erde zur Sonne ergibt exakt jene „grüne Zone", in der Leben möglich und erträglich ist, unter anderem, weil Wasser praktischerweise in flüssigem Zustand aus der Wasserleitung fließt, und nicht sofort verdampft oder gefriert.
* Damit wir auf der Erde leben können, muss seine Atmosphäre Kohlenstoff enthalten, er ist das Superfood des Lebens. Dieser wurde vor circa 10 Mrd. Jahren von einer explodierenden Supernova ins Universum geschleudert. Genauso lange – nämlich 10 Mrd. Jahre – dauert der Prozess, bis der Kohlenstoff einen Planeten angereichert hat. Wäre die Supernova ein paar Stunden früher explodiert, wäre der Kohlenstoff inzwischen verdampft, wäre sie später explodiert, wäre die Erde heute noch nicht angereichert. Der Urknall und die folgende Explosion der Supernova passierten also just in time, um *heute* Leben auf der Erde zu ermöglichen.
* Aus den Urelementen musste Wasserstoff, Helium und Lithium jeweils in einer ganz bestimmten Dosis entstehen, damit daraus ein Universum entsteht, das einen Planeten hervorbringt, in dem Leben möglich ist. Die Dosierung kann man auf einer Apothekerwaage abmessen, keine Prise mehr und keine weniger, sonst wäre die Ursuppe versalzen und es gäbe die Erde nicht.
* Wäre die Kernkraft etwas schwächer, würde die Sonne nie gezündet haben und bliebe dunkel und kalt. Wäre die Kernkraft eine Spur stärker, wäre die

Sonne schon längst ausgebrannt, so wie es der alte Lehrer seinen Schülern erklärte.

Das sind nur einige Beispiele für die komplexen physikalischen und chemischen Voraussetzungen, die im Universum erforderlich waren, dass wir heute auf der Erde bequem im Fauteuil sitzen, ein Glas Rotwein trinken und dieses Buch lesen können.

John Hands nennt in seinem Buch *Cosmosapiens* sechs Parameter, die das Universum exakt erfüllen muss, damit auf *einem* seiner Objekte, das wir Erde nennen, Leben möglich wurde:[138]

* das Vorhandensein komplexer Moleküle, die die lebensnotwendigen Elemente, vor allem Kohlenstoff enthalten;
* eine ausreichende Masse: nicht zu groß, sodass die Schwerkraft nicht alle möglichen Objekte aus dem Weltall anzieht und nicht zu klein, sodass die Gravitation ausreicht, die nötigen Gase und Flüssigkeiten auf der Erde zu halten;
* eine lebensfreundliche Temperaturspanne;
* ausreichende Energiequellen (die in den Gesteinsschichten und im großen Eisenkern liegen);
* Schutzschichten in der Atmosphäre, um gefährliche Strahlungen abzuschirmen;
* stabile Verhältnisse über einen bestimmten Zeitraum (rund 4 Milliarden Jahre), sodass sich Lebensformen entwickeln und behaupten können: z.B. Abstand von der Sonne, Geschwindigkeit, Achsenstellung und Drehung, Abstand des Mondes usw.

Der Physiker Freeman Dyson (1923-2020) schrieb: „*Das Universum scheint gewusst zu haben, dass wir kommen würden.*“[139]

Daraus entstand das *Anthropische Prinzip*[140]:

* Unser menschliches Vorhandensein begrenzt und definiert die Möglichkeiten des Universums, in dem wir uns befinden.

* Anders formuliert: Die Tatsache unserer menschlichen Existenz legt fest, von wo und zu welcher Zeit aus wir das Universum betrachten können.

* Anders formuliert: Das Universum ist genau so konstruiert, dass Leben *jetzt* auf unserem Planeten möglich ist.

Unser Universum und seine Gesetze scheinen exakt auf die Möglichkeit unserer Existenz zugeschnitten zu sein und bieten auch nur minimalen Spielraum für Veränderungen. Minimales Drehen an den Stellschrauben würde unser Leben vernichten. Was wir als *„heute"* empfinden, ist ein zufälliges, schmales Zeitfenster, in dem verschiedenste Bedingungen gleichzeitig zusammentreffen. Weil wir da sind, ist *„heute"*. Nur wenn *„heute"* ist, können wir da sein. Dass wir vermeintlich intelligenten Menschen zur Zeit heftig daran arbeiten, diese Idealbedingungen zu zerstören, die wir zum Überleben brauchen, steht auf einem anderen Blatt.

All die soeben beschriebenen Fakten zeigen, welche Kriterien ein Universum erfüllen muss, dass Leben möglich ist. Sie beweisen aber nicht, dass es *nur ein einziges* Universum gibt. Sie beweisen nur, dass es *zumindest ein* Universum, gibt, in dem wir tatsächlich leben. Wir leben also nicht in der einzigen, aber in der für uns besten aller Welten. Wir sind Kinder dieses Universums. Wir waren als Elementarteilchen von Anfang an mit dabei, sind mit Allem verwandt, sind Teil das Ganzen.

5. Das Informations-Universum

„Dass ich erkenne, was die Welt im Innersten zusammenhält..."

(Johann Wolfgang von Goethe, Faust 1, 1829)[141]

Einige mögliche Antworten auf Goethes Frage haben wir in diesem Buch schon diskutiert: Aus *Materie*? Aus *Energie*? Aus *Atomen*? Aus *Quanten*? Aus *Strings*? Aus *Zellen*? Aus *Genen*? Aus *Ideen*? Die Nobelpreisträger John A. Wheeler und Anton Zeilinger haben eine andere, überraschende Antwort parat:[142]

„Die Welt besteht aus Information."

* In der klassischen Physik sind es die Naturgesetze, die als verbindliche *Informationen* in alle Objekte der Welt gleichsam eingeschrieben sind.

* In der Quantenmechanik liegt das Geheimnis der Vielfalt der Materie in komplexen Bauplänen für Quanten-, Atom- und Molekülverbindungen; sichtbar gemacht in den Feynman-Diagrammen.
* In der lebenden Natur sorgt der Bauplan der DNA für jene *Informationen*, die Lebewesen exakt beschreiben und einmalig machen.

Information liefert die Grundlagen, wie alle Erscheinungsformen des Universums agieren, reagieren und interagieren.

Die schönste IKEA-Küche bleibt ein sinnloser Sperrholz- und Schraubenhaufen, wenn die *Bauanleitung* fehlt; die feinsten Speisen bleiben geschmacklos, wenn das *Kochrezept* fehlt. Die tollste Legoburg bleibt ungebaut, wenn es zu den Steinchen keinen *Bauplan* gibt.

Information wohnt allen Erscheinungsformen des Universums inne, gestaltet die Welt und dirigiert alle Objekte. Und in einem zweiten Wortsinn speichert Information alles Wissen dieser Welt: Früher füllte sie Bücher, Bibliotheken und Archive, heute die Datenbanken in Computersystemen und Internet-Clouds.

Was war zuerst: Wirklichkeit oder Information?

Am Anfang ist die Wirklichkeit.

Wir Menschen gehen durch unsere Alltagswelt, beobachten und erforschen sie, sammeln Eindrücke und speichern diese als Informationen ab. Die Wirklichkeit scheint zuerst da zu sein, und aus unseren Beobachtungen und Erfahrungen leiten wir jene Informationen ab, mit Hilfe derer wir die Wirklichkeit beschreiben.

Was wäre, wenn es umgekehrt wäre? Am Anfang ist die Information.

Gemäß dem *holografischen Prinzip* sind alle Informationen über ein Objekt an dessen Oberfläche gespeichert. Das Hologramm (also die Projektion des Objektes, die wir sehen) hat exakt jene Menge Information, die an der Oberfläche gespeichert ist. Das Verhältnis zwischen Information und Wirklichkeit ist also im Hologrammprinzip umgekehrt: Nur *das* kann sich als *Objekt* manifestieren, was als *Information* in einer Cloud gespeichert ist. Information erschafft also Wirklichkeit!

Damit sind wir an einer der Grundfragen der Philosophie angelangt! Information oder Wirklichkeit? Henne oder Ei? Materie oder Idee?

War zuerst die Idee da, aus der die Materie entstand oder zuerst die Materie, aus der wir unsere Ideen ableiten? Erschafft die *Information* (die wir Betrachter durch ein Experiment oder durch eine Messung kreieren) die *Wirklichkeit*, oder ist die *Wirklichkeit* eh schon da, und wir sehen sie als *Information* durch unsere Messung? Lassen wir die Frage vorerst offen, wir werden diese Diskussion noch ausführlich führen(vgl. S.366), und stellen fest: Vielleicht sind Wirklichkeit und Information ein komplementäres Paar, so wie *Yin und Yang*. Wheeler oder Zeilinger ziehen einen noch viel radikaleren Schluss:

„Wirklichkeit und Information sind dasselbe".[143]

20 Fragen[144]

Eines meiner Lieblings-Gesellschaftsspiele ist *Sharade*.

> *Die Rateperson muss draußen warten, der Rest der Mitspieler*innen einigt sich auf eine bekannte Person, die der/ die Ratende verkörpert und erraten muss. Manchmal wird der Begriff auf ein Post-It geschrieben und der Rateperson auf die Stirn gepickt. Diese muss nun mit Entscheidungsfragen, auf die die Mitspielenden nur mit „Ja" oder „Nein" antworten dürfen, erraten, wen er/ sie darstellt. „Lebe ich noch? Bin ich männlich? Bin ich eine reale Person? Bin ich berühmt?" usw. Der/ die Ratende hat 20 Fragen Zeit, um auf seine Figur draufzukommen. Das Spiel gibt es in unzähligen Versionen, vom Brettspiel bis zur populären Fernsehshow „20 Questions"*.

John Archibald Wheeler (wir kennen ihn schon als Erfinder der Begriffe *Schwarzes Loch* und *Wurmloch*) schlägt eine *Quantenversion* des Spiels vor:

> *Die Spielgruppe lässt den Zettel leer. Die Rateperson stellt seine Fragen, die Spieler haben nun aber eine viel anspruchsvollere Rolle: Mit jeder Antwort auf eine Ja-/Nein-Frage legt eine*r der Mitspielenden einen Aspekt der Lösung fest, der den vorhergehenden Antworten nicht widersprechen darf. Die gesuchte Person ist also nicht von vorherein festgelegt, sondern die Lösung entwickelt sich erst im Lauf des Spiels.*

Die bekannte Variante des Spiels entspricht unserer *Alltagsrealität*. Der Spieler muss eine Person aus der Wirklichkeit erraten. Wheelers Version entspricht der *Quantenmechanik:* Die Wirklichkeit ist unbestimmt, durch gezieltes Fragen wird jeweils ein neues Detail festgelegt, bis am Ende durch 20 Festlegungen sich eine bestimmte Person manifestiert (oder auch nicht).

Bits und Quanten

Anton Zeilinger erklärt, dass dieses *Ja/nein* – Fragespiel ein Grundprinzip der Quantenwelt ist. In dieser ist – wie wir schon wissen – die Wirklichkeit *vor* unserer Beobachtung/Messung unbestimmt, die zu messenden Objekte befinden sich im *Möglichkeitstatus*. Mit jeder Messung wird nun *eine* Eigenschaft festgelegt (Mehr erlaubt *Heisenbergs Unschärfebeziehung* nicht!), so wie auch in unserem Quantenspiel.

Ein *Quant* ist die kleinste Informationseinheit, die genau *eine* Information zu *einer* Eigenschaft eines E.T. trägt, z.B. die Richtung, in die es unterwegs ist. Durch *eine* Messung legen wir *eine* Information, eben *ein Quant*, fest: *ja oder nein, oben oder unten, links oder rechts*. Mehr als eine Frage kann ein Quant aber nicht beantworten, es trägt nur diese eine Information. Wir können laut Heisenberg nicht fragen: *„Wohin und wie schnell fliegst du?“*. Wir müssen zweimal fragen und zwei Experimente einrichten.

Die Quantenphysik ist also eine unendliche Folge von *ja/nein*-Fragen, mit denen wir E.T. in Experimenten konfrontieren. Komplexe Fragen, die eine ausführliche Antwort erfordern, müssen wir immer in *ja/nein*-Fragen zerlegen, bis die komplexe Antwort zutage tritt. Wir können also nicht fragen: *„Liebes Teilchen, welche Farbe hast du?“*, sondern immer nur *„Bist du grün?“* – *„nein“*. *„Bist du blau?“* – *„nein“*. - *„Bist du rot“* – *„ja!“*. *„Bist du dunkelrot?“* - *„nein!“*. – *„Bist du hellrot?“* – *„ja!“* usw.

Ein *Bit* ist die kleinste Einheit an Information in der Alltagswelt so wie ein *Quant* im Mikrokosmos. Beide sind ganzzahlig. Es gibt immer nur ganze Aussagen: *1* oder *0*, *ja* oder *nein*. Es gibt kein *„vielleicht“*, *„halb“*, *„1½“* oder *„3,79“*. Information als lange Kette von Entscheidungsfragen: daraus entsteht und besteht Wirklichkeit.

Gehirn und Computer

Wir können diese Quantifizierung auch in unsere Alltagswelt übertragen. Das Leben fordert in jeder Sekunde von uns Entscheidungen. Wir müssen den ganzen Tag Hunderttausende *ja/nein*-Entscheidungen treffen, ob wir wollen oder nicht.

* Viele sind harmlos (Esse ich einen Apfel? Oder eine Birne? Oder nix?).

* Manche sind wichtig (Gehe ich bei einer Weggabelung nach links? Oder nach rechts? Oder drehe ich um?).

* Manche sind überlebenswichtig (Das kennen wir aus Krimis, wenn eine Zeitbombe tickt, und James Bond in den verbleibenden 10 Sekunden entscheiden muss, ob er den roten oder blauen Draht durchzwickt – 9 -8 -7 -6 – 5-.....).

Viele dieser Entscheidungen müssen wir spontan und im Augenblick treffen. In der freien Wildbahn bedeuten viele dieser Entscheidungen überleben oder sterben. *„Nicht entscheiden"* bedeutet meistens *„nicht sein"*.

Die Bedeutung der Information spiegelt sich auch in der Evolution wider: Das wichtigste Organ des Menschen ist das Gehirn, es hat sich im Lauf der Evolution zum *Informationszentrum* entwickelt. In der Frage des Überlebens in unserer Welt spielen Informationen eine zentrale Rolle. Bei den Urmenschen waren es Informationen aus unserer unmittelbaren Umwelt, die unser Leben und Überleben sicherten. *Wo lauert ein Fressfeind? Wo finde ich Futter? Welche Pflanze ist giftig, welche nahrhaft?* Mit dem Sesshaft-Werden und dem Entstehen von Zivilisationen wurden die Informationen immer komplexer und diffiziler. Die Fülle an Wissen wurde so groß und so komplex, dass wir begannen, sie aus unserem Gehirn auszulagern: auf geritzte Tafeln, auf Papier, in Bücher, in Bibliotheken. Und schließlich erfanden wir den Computer und das Internet.

Und hier schließt sich ein faszinierender Kreis: Der von uns Menschen entwickelte *binäre Code* entspricht exakt dem Quanten-*Code*: Alle Daten werden auf die Informationen *„1"* und *„0"* reduziert. Egal ob wir Text, Bilder, Ton, Filme oder 3-D-Skupturen im Computer speichern: Alle Daten werden in Ketten von *0/1 – Informationen* transformiert, wobei *1* für „ja" und *0* für „nein" steht. Allgemeiner formuliert: Alles Wissen der Welt ist im Computer auf „ja"- und „nein" reduziert.

Wir Menschen haben also ein wichtiges Grundprinzip des Universums in unsere Alltagswelt übertragen. Wir haben unsere Computer so leistungsfähig gemacht, dass sie Abermillionen von Quantenrechnungen im *ja/nein*-Modus lösen können. Sowohl in unserem Gehirn als auch in den von uns erfundenen Computern spiegelt sich das Grundprinzip der Information des Universums. Damit nähert sich das Informationsmodell zwei anderen Modellen unserer Welt, die wir soeben kennen gelernt haben:

* Dem *anthropischen Prinzip*. Wir erinnern uns: Das Universum ist genauso wie es ist, weil wir da sind. Auf Informationsebene übertragen heißt das: Wir Menschen können „lesen", wie die Grundbedingungen im Universum be-

schaffen sein müssen, damit wir darin leben können. Und die Grundbedingungen sind so, dass wir sie lesen können.

* Gemäß der *Hologrammtheorie* ist die gesamte Information über ein Objekt in einer Art Cloud gespeichert und realisiert sich als Modell der Wirklichkeit. Dieses Objekt bzw. das Hologramm, das wir sehen, hat immer genauso viel Information, wie in seiner Cloud gespeichert ist. Das Verhältnis zwischen Information und Wirklichkeit beträgt in der Hologrammtheorie 1 : 1. Nur das kann Wirklichkeit werden, was als Information in einer Cloud gespeichert ist.

Einfacher gesagt: Unser ganzes Leben ist wie unser Universum ein Spiel von *ja/nein*-Fragen. Information, gespeichert in einer Cloud an der Oberfläche von Objekten, ist der Grundstoff des Universums.

Allerneueste Theorien

Während ich diese Zeilen zum gefühlt hundertsten Mal lese und redigiere, poppen in diversen Physikforen laufend neue Theorien auf, die versuchen das Problem der Quantengravitation zu lösen. Zwei Beispiele, die zeigen, wie dynamisch die wissenschaftliche Diskussion verläuft, möchte ich kurz erwähnen.

AQIs: Quanten und Bewusstsein

Ein deutsches Team rund um den Physiker *Thomas Görnitz* verknüpft das menschliche Bewusstsein mit der quantenphysikalischen Informationsverarbeitung, die wir soeben kennengelernt haben. Er vermutet im menschlichen Gehirn verschränkte E.T., wie wir sie beim Peter und Paul-Experiment kennengelernt haben und nennt diese Quantenbits „AQIs". Diese verschränkten E.T. tragen alle Informationen, die unser Gehirn über die fünf Sinne aufnimmt.

> *„Aufgrund der Verschränkung der zahllosen Quantenbits im Gehirn, z. B. entlang der Neuronen, entstehen „gebundene Bewusstseinsinhalte", subjektive Wahrnehmung. Verschränkte Quanteninformation wird genau zu dem, was wir als Eigenschaft des Bewusstseins in unserem lebendigen Gehirn – an und in uns selbst – subjektiv wahrnehmen. (...) Bewusstsein ist bedeutungsvolle Quanteninformation, die sich – im verschränkten Zustand seiner Quantenbits – selbst erkennt und „verspürt".*[145]

Im Klartext: Unser Bewusstsein und unser Gedächtnis sind nach dieser Theorie verschränkte Quanten, die die Außenwelt mit dem Gehirn verbinden. Assoziationen und Gedankenverbindungen funktionieren demnach wie Peter und Paul im EPR-Versuch.

Quantum Memory Matrix

Eine andere, spannende Theorie, an der der österreichische Physiker Florian Neukart beteiligt ist, heißt *„Quantum Memory Matrix"*. Diese Theorie glaubt gefunden zu haben, ***wo*** alle Informationen über das Universum nach dem holografischen Prinzip gespeichert sind: in der Raumzeit!

> *„Alles, was Quanteninformation trägt, prägt die Raumzeit und wird im Gedächtnis des Universums gespeichert". [...] In unserer Theorie ist Raumzeit nicht wie die passive Leinwand, auf der ein Bild gemalt wird, sondern [...] funktioniert wie eine Festplatte, freilich nicht als physisches Objekt sondern im quanteninformativen Sinn."* [146]

Im Klartext: Die *Raumzeit,* dieses merkwürdige, gespannte Tuch, wäre nicht nur Verursacher der Gravitation (wie es Einstein lehrte), sondern wäre auch der Träger aller Quanteninformationen über das Universum (gemäß dem holographischen Prinzip). Damit wäre die Raumzeit der Schlüssel zur Vereinigung von Relativitätstheorie und Quantenmechanik, könnte also unseren Running Joke endlich beenden.

Beide Theorien werden zurzeit in Onlineforen und Fachmagazinen von der weltweiten Physik-Community diskutiert, überprüft, weiterentwickelt oder verworfen. Ob eine der Theorien dereinst nobelpreiswürdig ist oder im Archiv der gescheiterten Ideen landet, ist offen....

Wir haben fünf seriöse Modelle des Universums und zwei neue spannende Theorien kennengelernt. Wir sind wieder einmal – wie so oft in diesem Buch – an den Grenzen unserer Vorstellungskraft angelangt. Jedes Modell klingt verrückt und spooky, jedem Modell liegen aber faszinierende Ideen zugrunde. Jedes Modell ist wissenschaftlich seriös begründbar, tuto modo aber noch nicht empirisch beweisbar. Die Diskussion über unser Universum verläuft spannend wie ein Agatha-Christie-Krimi. Der Kommissar hat alle Anwesenden im Salon versammelt. *Wer von den Verdächtigen ist jetzt der Täter?*

Die Landkarte ist nicht das Land

Stringtheorie oder Holografisches Prinzip, Multiversum oder Anthropisches Prinzip; Standardmodell oder Informationswelt? Welches Modell ist nun das richtige? Wie schaut denn nun unser Universum wirklich aus?

Der polnische Sprachwissenschaftler *Alfred Korzybski* gab die Antwort schon 1931: *„Die Landkarte ist nicht das Land.“* [147]

Wir haben in der Einleitung die Frage nach der *„Wirklichkeit“* gestellt und wie wir diese erkennen können. Gibt es einen Tag, an dem wir die endgültige Theorie des Universums finden werden? Erkennen wir irgendwann die ganze „Realität“ der Welt? Ist diese konstruiert wie Russische Puppen, in denen sich eine letzte, ultimative Puppe befindet, oder wie eine Zwiebel, die wir Schale für Schale schälen, bis wir zum Schluss nur Schalen und keinen Kern in streng riechenden Händen halten?

Roger Penrose (*1931) und *Stephen Hawking* (1942 – 1918), Lehrer und Schüler, zwei der besten Physiker unserer Zeit, die eng zusammenarbeiteten, kommen zu gegensätzlichen Ergebnissen. Hawking sagt: *„Ein physikalische Theorie ist lediglich ein mathematisches Modell. Es ist sinnlos zu fragen, ob sie mit der Realität übereinstimmt.“* Roger Penrose hält dagegen fest, *„ein Realist zu sein“*, also daran zu glauben, dass Physik die Wahrheit der Realität herausfinden könne.[148] Am Schluss seines Buches *Eine illustrierte kurze Geschichte der Zeit* skizziert Hawking vier Möglichkeiten:[149]

a) Es gibt eine vollständige Theorie des Universums, die wir eines Tages entdecken werden, wenn wir findig genug sind.

Diese philosophische Position nennt man *„Realismus“*. Sie impliziert, dass die Wissenschaft endgültige Aussagen über die Natur treffen kann. Sie wurde durch Quantenphysik und Relativitätstheorie im 20. Jahrhundert eigentlich widerlegt.

b) Es gibt *keine* vollständige Theorie des Universums. Ereignisse können nicht über ein gewisses Maß an Genauigkeit vorhergesagt werden, jenseits dessen sie zufällig und beliebig auftreten.

Diese pessimistische Weltsicht, der *„Antirealismus“*, bestreitet also grundsätzlich die Möglichkeit, die Realität durch Wissenschaft jemals komplett darzustellen.

c) Wir können zur Zeit keine endgültige Theorie des Universums finden, nur eine Folge von Theorien, die das Universum von Mal zu Mal genauer beschreiben.

Die Theorien rücken durch immer genauere Berechnungen und bessere Experimente näher an die Realität. Vielleicht können wir irgendwann die ganze Realität korrekt darstellen. Diese optimistische Position heißt *„Konvergenter Realismus“*, weil sie Annäherungen an die Wirklichkeit als möglich ansieht. Sie wird von etlichen Physikern vertreten, wie z.B. von *Roger Penrose*. Eine pragmatische Variante davon ist der *Instrumentalismus.*[150]

d) Physikalische Theorien liefern zwar gut funktionierende Modelle von Naturphänomenen, aber wahrscheinlich nie eine komplette Darstellung der gesamten Realität.

In dieser Interpretation der Physik ist nicht wichtig, ob die Theorien die „wahre“ Natur der Realität widerspiegeln, sondern darum, wie gut sie funktionieren. Physikalische Theorien liefern *Modelle* von Naturphänomenen, aber nie eine komplette Darstellung der gesamten Realität. *Steven Hawking* und *Anton Zeilinger* vertreten diese pragmatische Weltsicht.

Diese vierte Möglichkeit sollten wir uns genauer anschauen.

Modelle der Wirklichkeit

So wie man für die exakte Beschreibung eines Hauses mehrere Pläne braucht, um das ganze Haus darzustellen, einen *Aufriss*, einen *Grundriss* und einen *Kreuzriss*, könnte es sein, dass man das Universum auch aus verschiedenen Blickwinkeln und in mehreren Modellen darstellen muss, um sich der Wirklichkeit zu nähern.

Hawking postuliert eine *Summe von Theorien*, von denen jede *einen* Teilbereich des Ganzen gut beschreibt. Man kann ja auch nicht mit *einer* Landkarte die ganze Erde dokumentieren. Um die realen Dimensionen darzustellen, braucht man z.B.

* thematische Karten, die ein spezifisches Thema, wie Klima, Bevölkerung oder auch Wanderrouten und Ausflugsziele darstellen;
* topografische Karten, die grundlegende geografische Informationen wie Gelände, Wege und Siedlungen zeigen;

* politische Karten, die Staats- und Ländergrenzen zeigen;
* den Globus als dreidimensionale Erdkarte.

Ähnlich verhält es sich mit physikalischen Modellen: Wir haben *Modelle auf Atomebene* entwickelt, *subatomare Quantenmodelle*, *Modelle für unsere Alltagswelt* und *Modelle über das Weltall.* Nebeneinander gelegt scheinen sie einander zu widersprechen. Jedes der Modelle zeigt seine eigene Wirklichkeit aus einem anderen Blickwinkel. Übereinander gelegt „passen" sie aber zusammen. Im Großen und Ganzen sind wir heute überzeugt, dass die großen Universums-Modelle und ihre Theorien, die wir bisher kennengelernt haben, kongruent sind. Wie nahe wir der Wirklichkeit damit gekommen sind, wissen wir freilich nicht.

Die Schatten an der Wand

> Frei nach Platons Höhlengleichnis: Wir Menschen sind wie Gefangene, die an einer Wand in einer dunklen Höhle angekettet sind. Hoch über ihren Köpfen ist ein Fensterloch, das sein Licht an die gegenüberliegende Wand wirft. Die Angeketteten sehen an dieser Wand die am Fenster vorübergehenden Menschen als Schatten und halten diese Schatten für die Realität.[151]

Hawking überträgt Platons Gleichnis in die aktuelle Welterfahrung und nennt es *„modellabhängigen Realismus"*. Wir Menschen können *nie* die *Wirklichkeit* sehen, was immer das auch sein mag, sondern immer nur *Modelle* davon, die wir Menschen von der Wirklichkeit erstellen.

Ptolemäus´ Modell, dass die Erde von der Sonne umkreist werde, war in seiner Modellhaftigkeit ebenso gültig wie das Modell seines Landsmannes *Aristarch*, der die Erde um die Sonne kreisen lässt. Beide Modelle sind von der Perspektive des Betrachters abhängig. Auf der Erde stehend sehen wir tatsächlich die Sonne auf- und untergehen. Auf der Sonne stehend würde man sehen, dass die Erde und die anderen Planeten um die Sonne kreisen. Zwei Modelle, die ein und dieselbe Wirklichkeit aus unterschiedlichen Perspektiven beleuchten und zu unterschiedlichen Ergebnissen kommen, von denen keins *absolut*, aber beide *relativ* richtig sind. Wir halten heute Aristarchs Theorie für richtiger als jene von Ptolemäus. Für ein Alien weit außerhalb unseres Sonnensystems sind vermutlich beide bloß Annäherungen an die Wirklichkeit des Universums.

Hawking schließt aus Beispielen wie diesem, dass es *keine unabhängige, objektive Sicht auf die Realität* gibt, sondern immer nur *modellabhängigen Realismus*. Wir sehen immer nur *Modelle der Wirklichkeit*, die von unserem Standpunkt und unseren Messmethoden abhängen. Lehrt uns das nicht auch die Quantenmechanik, wenn sie feststellt, dass der Betrachter die Position des betrachteten Objekts festlegt?

Im Film „*The Truman-Show*" aus dem Jahr 1998 von *Peter Weir* ist *Truman Burbank* (gespielt von *Jim Carrey*) der ahnungslose Star einer Fernsehshow, in der er sein gesamtes Leben in der künstlichen Welt eines gigantischen Fernsehstudios verbringt. Er wurde in diesem Studio geboren und hält die Studiowelt für die *reale* Welt, in der er mit vermeintlich realen Menschen kommuniziert – bis zu dem Moment, als ein Filmscheinwerfer aus heiterem Himmel vor seine Füße fällt und er zu zweifeln beginnt. Alle seine Mitmenschen wissen dagegen, dass sie nur Schauspieler*innen und Komparsen einer Show sind.

Trumans Weltmodell ist seine vermeintliche Heimatstadt namens *Seahaven*. Für die Schauspieler*innen und den gesamten Filmstab ist *Seahaven* auch real, aber als riesiges Fernsehstudio. Und für die Zuschauer? Wir wissen aus zahlreichen Untersuchungen, dass viele Menschen Filme für bare Realität nehmen und Darsteller mit ihren Figuren identifizieren. Für manche Zuschauer ist Seahaven also ebenso „echt" wie für Truman, für manche ist es „nur" ein Film.

Zweifel als Grundprinzip jeder Erkenntnis

Bevor wir in einen unangenehmen Relativismus verfallen, wo es kein „richtig" oder „falsch" gibt und auf gut Wienerisch „wurscht ist", welcher Weltsicht wir anhängen, sollten wir die Herren Sokrates und Karl Popper in unser Buch einladen.

Seriöse Suchende, Wissenschaftler*innen, aber auch Philosoph*innen und Künstler*innen tragen jenes Bewusstsein in sich, das Sokrates, von Beruf Denker, 400 v.Chr. laut Platon mit seinem Spruch „*Ich weiß, dass ich nichts weiß*" auf der Agora im alten Athen seinen Schülern predigte. Für Sokrates war die Einsicht in das eigene Nichtwissen der erste Schritt zur wahren Weisheit, da sie ihn offen für das Lernen, aber auch für das Hinterfragen machte. Im Film „*Konklave*"[152] hält der Kardinalsdekan (gespielt von *Ralf Fiennes*) zu Beginn des Konklaves eine Predigt, in der er die „*Gewissheit*" als die schlimmste aller Todsünden nennt. Er meint damit jene Geisteshaltung von Menschen, die sich über alle Zweifel erhaben fühlen.

Wir treffen hier einen heiklen Punkt. Immer wieder gibt es Propheten, selbst erklärte oder von ihren Anhängern ernannte, die behaupten, ihre Weisheit aus einer inneren Erleuchtung oder plötzlichen Eingebung zu beziehen. Oft ist diese Erleuchtung verknüpft mit der Überzeugung von der eigenen Unfehlbarkeit, der oben erwähnten „Gewissheit". Sie kann Kardinäle befallen, Päpste, Diktatoren, Wissenschaftler*innen, aber auch jedermann, dich und mich.

Der Grat von der Eingebung zur Einbildung ist schmal. Sektenführer, Machthaber und in der heutigen Zeit Influencer aller Art berufen sich oft auf eine Eingebung von außen oder von oben, um damit Kritik an der eigenen Person oder den aufgestellten Behauptungen zu unterbinden. Mit der Berufung auf eine höhere Instanz soll jede Diskussion oder kritische Überprüfung unterbunden werden. Viele dieser Eingebungen sind harmlos. Wir kennen aber aus der Geschichte auch Erleuchtungen von Gurus und Politikern, die Tausenden oder gar Millionen Menschen das Leben gekostet hat. Und manche Machthaber, begründen ihre vermeintliche Weisheit bloß mit dem Recht des Stärkeren, nach dem Motto: *Wer Macht hat, der hat immer recht. Und wer die Macht hat, macht sich auch das Recht.*

Es gibt auch in Wissenschaft und Forschung sendungsbewusste Typen, die die *„Gewissheit"* für sich beanspruchen und ihre Theorien für sakrosankt erklären. Manchmal wehren sich Etablierte gegen Newcomer und deren neue Ideen. Auf die Frage in einem Interview, wann seine Quantentheorie von der Kollegenschaft akzeptiert wurde, antwortete Max Planck: *„Nie! Erst die nachfolgenden Generationen haben sich ernsthaft mit ihr beschäftigt."* [153] Übersteigertes Selbstbewusstsein, Stolz, Neid, Missgunst oder der Drang nach Geld, Macht oder Position machen auch vor Wissenschaftler*innen nicht Halt, wenn sie bereit sind, ihre Anschauungen oft wider besseres Wissen mit Zähnen und Klauen zu verteidigen.

Bescheidene Zweifel

Die Grundhaltung seriöser Wissenschaft und Erkenntnissuche ist dagegen immer der *Zweifel* und die Bereitschaft, jede neue Theorie, auch die eigene, auf die man so stolz ist, laufend zu hinterfragen. Dieser Zweifel hat nichts mit moralischen Skrupeln zu tun, sondern gilt als Grundprinzip allen wissenschaftlichen Denkens.

Der österreichische Weltbürger *Karl Popper* (1902 – 1994) begründete die philosophische Richtung des *Kritischen Rationalismus.* Popper beschreibt ihn als

Lebenseinstellung, *„die zugibt, dass ich mich irren kann, dass du recht haben kannst und dass wir zusammen vielleicht der Wahrheit auf die Spur kommen werden".*[154] Popper forderte von jedem Wissenschaftler die bedingungslose Bereitschaft, seine Theorien jederzeit kritisch zu hinterfragen und gegebenenfalls auch zu falsifizieren und sagte: *„Sollte auch einer einst die vollendete Wahrheit finden, so wüßte er sie doch nicht. Es ist alles durchsetzt von Vermutung."*[155]

Das macht es uns leicht – auch und gerade in Zeiten der Fake News – seriöse Wissenschaftler*innen (und Politiker*innen und Influencer*innen!) von Scharlatanen zu unterscheiden: Der Unterschied liegt im *Zweifel.* Wer seine Behauptungen und seine Weltsicht als absolut und in Stein gemeißelt hinausposaunt, ist *immer* ein Hochstapler. *„Da wollen einem bescheidene Zweifel aufsteigen"*, singt Johann Nestroy in einem Couplet über die ewigen Besserwisser. Zweifel ist auch ein Merkmal *echten* Glaubens. Viele tiefgläubige Menschen kennen Lebensphasen, in denen sie (Glaubens-) Zweifel nahe an die Verzweiflung führen.

> Nur wer bereit ist, sein Wissen und seine Theorien jederzeit zur Diskussion und in Frage zu stellen, der verdient es, dass man ihm zuhört. Karl Popper war ein kluger und unbequemer Zeitgenosse. Er sagte auch: *„Lasst Theorien sterben und nicht Menschen"*.[156]

Wer nur einen Hammer hat....

Dass wir mehrere Modelle der Welt kennen, ist kein Nachteil. Je vielfältiger die Modelle sind, die wir uns von der Welt machen, desto reichhaltiger wird sich auch ihre Natur vor uns entfalten. Wer nur *ein* Modell hat, dem geht es wie den Gefangenen in Platons Höhlengleichnis, die die Schatten für Wirklichkeit halten. Je eingeschränkter unsere Gedankenmodelle sind, desto eingeschränkter ist auch unsere Weltsicht.

> Wer nur einen Hammer hat, für den schaut die ganze Welt aus wie ein Nagel.[157]

Übertragen auf unser Universum heißt das: Es scheint so, als könne kein einziges Modell jeden Aspekt des Universums ganz beschreiben. Es gibt keinen Hammer, der die ganze Welt festnageln kann. So wie es eine Reihe von Landkarten in verschiedenen Maßstäben und Perspektiven braucht, um ein komplettes Bild der Erde zu zeichnen, braucht es auch eine Reihe von Modellen, die das Universum beschreiben.

In der klassischen Physik glaubte man, dass es eine *objektive Wirklichkeit* gäbe, die unabhängig vom Betrachter nach allgemein gültigen Regeln funktioniere. Quantenphysik und Relativitätslehre haben uns gelehrt, dass es diese objektive Wirklichkeit nicht gibt. Die Welt, die wir sehen, ist *immer* von uns Betrachtern und unserer Perspektive abhängig.

Hawking – und eine große Zahl bedeutender Physiker – schließen daraus, dass wir die Welt *immer nur* als Modell sehen. Urknall und Schwarze Löcher, Quanten und Quarks und Strings werden wir vermutlich nie in der Natur sehen. All diese Objekte sind *Modelle von der Wirklichkeit*, die in unseren Berechnungen und Experimenten „stimmen". Manche dieser Modelle, etwa das *Planetenmodell*, versuchen eine optische Annäherung an die vermutete Wirklichkeit, manche, wie etwa die aromatisch duftenden Quarks mit bunten Haarfarben sind Erfindung eines originellen Physikers und haben mit der Realität vermutlich wenig zu tun. So wie auch meine humanoiden E.T. lediglich meine Vorstellung von Elementarteilchen sind.

Dazu passt als Abschluss eine Geschichte.

Die Legende vom Elefanten[158]*:*

Fünf Menschen mit verbundenen Augen begegnen zum ersten Mal in ihrem Leben einem Elefanten. Der Erste betastet das Ohr des Elefanten und erklärt, ein Elefant sei flach und zweidimensional. Der zweite berührt den Schwanz und stellt fest, dass ein Elefant einem Seil ähnle. Der dritte, der das Bein abtastet, erklärt dass ein Elefant wie eine feste Trommel aussehe und dreidimensional sei. Der vierte streichelt den Rüssel und sagt, ein Elefant sei ein biegsamer Schlauch. Der fünfte greift nach den Stoßzähnen und ist überzeugt, dass ein Elefant sich wie ein gekrümmter Holzspeer anfühlt.

Der ganze Elefant, der da im Raum steht, ist das Universum in seiner einmaligen Pracht.

....

Liebe Mitreisende!

Wir sind wohl alle erschöpft und ein wenig ratlos von all den widersprüchlichen, skurrilen und absurden Modellen unserer Welt. Andererseits fasziniert die Vielfalt menschlicher Fantasie, die nicht nur Basis jeder Kunst, sondern auch die Grundlage jeder Wissenschaft ist. Wie gehen wir nun mit all den Theorien um?

Mein Vorschlag: Sehen wir das vergangene Kapitel wie einen Spaziergang durch ein Museum, in dem die unterschiedlichsten Bilder ausgestellt sind: Manche Künstler*innen versuchen, die Welt möglichst realistisch zu zeichnen, so wie *Albrecht Dürer* seinen „Hasen". Manche zerlegen die Wirklichkeit in tausende Punkte und Striche wie *Vinzent van Gogh* oder die *Pointillisten*. Manche sehen die Wirklichkeit als Farbrausch wie die Expressionisten. Manche verzerren die Wirklichkeit, indem sie Figuren in ungewöhnlichen Perspektiven malen wie *Pablo Picasso*. Manche malen surreale Bilder von unmöglichen Welten wie *René Magritte*. Und manche stellen Alltagsgegenstände wie einen Ziegel Butter oder eine alte Badewanne ins Museum und sagen, das sei Wirklichkeit, wie *Josef Beuys*. Keines der Bilder und Objekte zeigt die absolute Wirklichkeit, aber alle zeigen Facetten der Vielgestaltigkeit der Welt.

Alle großen Künstler*innen ringen um die Darstellung der Welt und leisten einen Beitrag dazu. Oft zweifeln und verzweifeln sie an ihrer Kunst oder werden von den Zeitgenossen verkannt. Das gilt auch für die Wissenschaftler*innen, und ihren Modellen, die wir kennengelernt haben. Nur ein paar Betrüger sind darunter, in der Kunst, in der Wissenschaft und vor allem in der Politik: Sie erzeugen „Deep Fakes", Fälschungen, und behaupten, diese seien die einzig wahre, echte Wirklichkeit. Vor diesen sollten wir uns in Acht nehmen.

Die biologische Evolution

„Die wohl spannendste Frage der Menschheit (...), die uns tiefer angeht als irgendetwas anderes, ist die Bestimmung der Stellung, die der Mensch in der Natur einnimmt und seine Beziehung zur Gesamtheit der Dinge." (Thomas H. Huxley, 1863) [159]

Wir sind tief in den Mikrokosmos eingetaucht, in die subatomare Welt der Quanten, und sind kreuz und quer durch unser Universum geflogen. Jetzt landet unser UFO auf der Erde, um mitzuerleben, wie aus anorganischer Materie organisches Leben wächst. Wie wirken sich die Erkenntnisse aus der Betrachtung des Kosmos und des Mikrokosmos auf unser Leben auf der Erde aus? Und welche Rolle spielen wir Menschen darin?

Woher kommt das Leben?

„Die Eigenschaften, die wir [am Leben] so bewundern: Dass es in der Lage ist, Energie aus der Umgebung aufzunehmen, um sich selbst zu organisieren und dass es in der Lage ist, sich permanent zu erneuern und zu vervielfältigen. Das ist ja etwas, was ein Stein nicht kann. Der kann nicht einfach mal einen neuen Stein zusammenbauen."

(Petra Schwille, Lebensforscherin am Max Planck-Institut) [160]

Das Lebensmolekül und die DNA

Die Frage *„Woher kommt das Leben?"* beschäftigte die Menschheit seit jeher. Naturforscher und Philosophen glaubten lange, es gäbe eine Art *„Lebenskraft"*, die Organismen Leben verleihe. Im Garten und in der Donauau sehen wir tagtäglich die wunderbare Vielfalt des Lebens: blühendes und sprießendes, kriechendes, hüpfendes, flatterndes, krabbelndes und fliegendes Leben. Was macht Leben aus?

Psyche, Seele, Geist und Atem[161]

Bei *Homer* (8. Jh.v.Chr.) verlässt die *Psyche* (*ψυχή*) den Körper eines Helden, wenn er stirbt. Die griechischen *Stoiker* (ab dem 3. Jh.v.Chr.) sahen das *Pneuma* (πνεῦμα) vieldeutig als Atem, Seele und als Lebensgeist. Daraus entstand der römische *Spiritus,* ebenfalls in der Doppelbedeutung von Atem und Geist. Das Christentum übernahm diesen *Spiritus* als *Heiligen Geist,* die dritte Person in der Dreieinigkeit Gottes. In den indischen *Upanishaden* gibt es den Begriff *Prana,* in dem die Wurzel für Atem steckt, das aber auch im weiteren Sinn als „Lebensenergie" übersetzt werden kann. Im chinesischen *Daoismus* gibt es das *Ch´i* sowohl als Atem als auch als lebenspendender Geist.

In den verschiedensten Kulturen dominiert die Vorstellung eines *Leib-Seele-Dualismus*, wonach ein materieller Körper von einer *geistigen Energie,* wie immer sie auch genannt wird, belebt wird. Man interpretierte diesen *Geist* als Teil einer gestaltlosen, größeren Instanz oder als *Seele*, die ein Gott der unbelebten Materie einhaucht, um ihm Leben zu geben. Nach christlichem Glauben ist diese *spirituelle Seele* unsterblich. Nach buddhistischer Lehre kehrt das *Prana* in unterschiedlichen Körpern immer wieder und löst sich irgendwann im *Nirwana*, im Weltganzen auf.

In der europäischen Philosophie der Aufklärung spielt die Wiederentdeckung von *Aristoteles* aus arabischen Übersetzungen eine wichtige Rolle: Er vertritt die Vorstellung einer *Lebenskraft*, die unabhängig vom materiellen Körper besteht, aber keinen göttlichen Ursprung benötigt. Bis ins 19. Jahrhundert prägte diese Idee unter dem Namen *Vitalismus* die Vorstellung von Leben. Man unterschied zwei Arten von Substanzen: *organische* in Tieren und Pflanzen und *anorganische* (Mineralien); nur den *organischen* wohnt ein *Geist* inne.

Durch die Erkenntnisse der modernen Chemie und Physik dominiert im 20. und 21. Jh. in der Wissenschaft eine reduktionistische Sicht, die die Entstehung von Leben aus rein chemisch-physikalischen Vorgängen erklärt und „angereicherte" Materie als Basis des Lebens sieht. Daneben gibt es aber nicht nur in Religionen, sondern auch in der Wissenschaft immer wieder Überlegungen, ob dahinter noch eine andere Kraft steckt, die der antiken *Psyche* oder dem *Pneuma* entspricht.

Schrödingers Lebensmolekül

> Nobelpreisträger *Erwin Schrödinger*, eine der Schlüsselfiguren der Quantenphysik, gilt manchen als *„Godfather des Lebens."* [162]

Schrödinger wurde 1887 in Wien geboren, studierte Physik in Wien und unterrichtete an den Universitäten Zürich, Berlin, ab 1936 in Graz. Nach dem Anschluss politisch unentschlossen, war er den Nazis suspekt. Eines Tages wurde Schrödinger Zeuge, wie junge Nazis jüdische Passanten schikanierten. Er versuchte sie zu stoppen, wurde selbst verprügelt und überlebte nur, weil einer ihn als Nobelpreisträger erkannte.[163] Er verließ Österreich und arbeitete er in Rom, Cambridge und Dublin. 1956 kehrte er an die Universität Wien zurück und engagierte sich für das eben gegründete *Forum Alpbach*. Er starb 1961 und sollte in dem kleinen Tiroler Bergdorf begraben werden. Der dortige Pfarrer verweigerte das, weil Schrödinger aus der Kirche ausgetreten war. Erst ein Wink aus dem Vatikan, dass Schrödinger Mitglied der *wissenschaftlichen Akademie des Heiligen Stuhls* war, ermöglichte ihm eine christliche Ruhestätte. Schrödinger erhielt neben dem Nobelpreis viele internationale Auszeichnungen, ist Namensgeber etlicher Forschungsinstitute, eines Gletschers, eines Mondkraters, eines Asteroiden und zierte den Tausend-Schilling-Schein. Mit der *Schrödingergleichung* und *Schrödingers Katze* erlangte er Weltruhm weit über die Physikszene hinaus.

Er betätigte sich auch als Schriftsteller und Philosoph und schrieb 1944 das Buch *„Was ist Leben?"*, das tiefgreifenden Einfluss auf die naturwissenschaftliche Forschung nehmen sollte. In diesem Buch stellte er die revolutionäre These auf, dass ein *genetischer Code* von einer Generation lebender Organismen auf die nächste weitergegeben werde. Er vermutete, dass dieser Code nicht in einer *Seele*, sondern in den *Molekülen* unserer Körperzellen gespeichert würde. Er verlagerte die Entstehung des Lebens also von einer mystisch-spirituellen Ebene auf die physikalische Ebene der Atome, wobei er die mögliche Existenz Gottes aber nicht ausschloss. In seinem Buch sagte er sehr präzise voraus, was die Forschung bald nachweisen konnte.[164]

Die DNA

Zwei Physiker und Molekularbiologen, *James D. Watson* (1928-2025) und *Francis Crick* (1916-2004), waren so fasziniert von Schrödingers Idee eines *Lebensmoleküls*, dass sie mit Hilfe der Quantenphysik danach suchten – und fündig wurden. Sie entdeckten Atome, die sich zu Ketten komplexer Moleküle zusammenfügen, die wie eine doppelte Spindel (=*Doppelhelix*) aussehen. Sie erkannten, dass diese *DNA-Moleküle* den fundamentalen Prozess des Lebens und der Fortpflanzung bilden.

Alle Informationen über ein Lebewesen, seine Gestalt, seine Struktur, sein Aussehen, seine geistigen und körperlichen Anlagen, seine Verhaltensweisen, einfach alles, was das Leben definiert, ist in diesen DNA-Doppelsträngen in jeder (!) Zelle des Lebewesens codiert, und diese DNA wird bei der Fortpflanzung vererbt.

Damit war die physikalisch-chemische Seite des Lebens entschlüsselt. Die beiden erhielten den Nobelpreis, und das *Humangenomprojekt* konnte starten, das zuletzt eine vollständige Beschreibung der DNA-Moleküle des Menschen liefern sollte. Die einzelnen Abschnitte dieser *DNA*-Doppelstränge nennt man *Gene* und das gesamte, komplette Kunstwerk eines Lebewesens mit allen Genen ist sein *Genom.* Wir lesen daher in der Literatur oft von der *DNA* eines Menschen, seinen *Genen* oder seinem *Genom.* Gemeint ist letztlich immer das Gleiche: die Summe aller Eigenschaften und Anlagen eines Lebewesens und sein unverwechselbarer „Daumenabdruck“. Damit war es möglich, Darwins Theorie der Evolution aus dem 19. Jahrhundert mithilfe der Gentechnik wissenschaftlich abzusichern und den Stammbaum des Lebens auf der Erde als genetische Abfolge zu rekonstruieren. Jeder lebende Organismus, Pflanze oder Tier oder Mensch, hat seinen Platz in diesem Stammbaum.

Was ist ein Lebewesen?[165]

Stephen Hawking beantwortete die Frage „Was ist Leben?“ lapidar:

„Leben ist ein geordnetes System, das sich gegen die Tendenz zur Unordnung (Entropie) behaupten und sich reproduzieren kann.[166]

Geht das ein bisschen deutlicher?

Versuchen wir es: Ein Lebewesen ist ein *offenes System*, das ungeordnete Energie von außen – Nahrung, Sonnenlicht, Energie – in seinem Körper in Wärme, Bewegung und geordnete Strukturen umwandelt. Aufgrund dieser Lebensenergie und seiner Strukturen kann ein Lebewesen auf Reize der Außenwelt reagieren. Grundsätzlich können sich die meisten Lebewesen auch fortpflanzen, das ist aber kein zwingendes Merkmal.[167]

Zum Überleben braucht ein Lebewesen zwei Voraussetzungen: *Informationen*, die seinem System sagen, wie es überlebt und wie es sich reproduziert, und einen *Mechanismus*, der diese Informationen umsetzt. Biologisch gesehen stecken die Informationen in den *Genen,* und der Mechanismus heißt *Stoffwechsel.* Auf uns Menschen bezogen: Die *Gene* bestimmen unser Aussehen, unsere geistigen und körperlichen Anlagen und unsere Verhaltensweisen, der Stoffwechsel heißt beim Menschen *Ernährung und Atmung* (fürs Überleben) und *Fortpflanzung* (fürs Reproduzieren).

Und, naja, zum *Stoffwechsel* und zur *Fortpflanzung* kommt noch ein drittes Merkmal für *Leben:* der *Tod.* Was lebt, muss auch irgendwann sterben und Platz machen. Würden sich Lebewesen unendlich fortpflanzen (das kann bei Viren, Mäusen und Kaninchen sehr schnell gehen) ohne zu sterben, wäre der Lebensraum recht bald recht eng. Der Tod ist ein wesentliches Merkmal des Lebens. Manche Lebewesen sterben gleich nach dem Akt der Fortpflanzung, um ihren Nachkommen Platz zu machen. Wir Menschen und andere Säugetiere versuchen unsere Kinder noch großzuziehen, ehe wir abtreten.

Den Zusammenhang zwischen Fortpflanzung und Tod nennen die Franzosen *„la petite mort"*, den kleinen Tod. Der Begriff kommt in Liedern und Filmen vor, und in Brüssel heißt ein berühmtes Café so. Ich beginne abzuschweifen.

Die Erde entsteht

Fliegen wir auf der Suche nach der Entstehung von Leben nochmals ein Stück weit zurück, genauer gesagt 13,8 Milliarden Jahre zum *Big Bang.*[168]

Sekunden nach dem Urknall begannen Elementarteilchen aktiv zu werden, zu zerfallen, zu kollidieren, und sich neu zu formieren. Es startete der vorher beschriebene Vorgang der Wechselwirkung von Quanten mit Knall und Explosion und ständigem Werden und Vergehen. Es entstanden die Elemente *Wasserstoff* und *Helium.* Es brodelte, aber noch war es viel zu heiß, als dass sich aus Atomen größere Moleküle bilden konnten.

Supernovae

Wir düsen zwei Milliarden Jahre weiter, bis 11,8 Milliarden vor unserer Zeit.

An einigen Stellen im Universen gab es durch *Quantenfluktuationen* höhere Dichte, daraus waren erste Sterne entstanden, diese bildeten die ersten schwereren Elemente: *Sauerstoff, Kohlenstoff, Eisen.* Alles war aber noch ziemlich instabil. Etliche dieser ersten Sterne explodierten als *Supernovae* wie ein gigantisches Feuerwerk in gewaltigen Energien und Schockwellen. Im Sterben leuchteten diese *Supernovae* bis zu 100 Millionen Mal heller als vorher und schickten ihre Sternenmasse in den Weltraum: all ihre Elemente – die leichten *Wasserstoff* und *Helium*, die drei schweren *Kohlenstoff, Sauerstoff, Eisen* und ein paar andere.

Es scheint im Universum eine ähnliche Entwicklung stattgefunden zu haben, wie wir sie später in der biologischen Evolution auf der Erde erleben werden: eine Entwicklung von niedrigeren Strukturen zu komplexeren.

John Hands[169] spricht von *Sternen der ersten, zweiten und dritten Generation*, die im Lauf von Jahrmillionen jeweils an Komplexität zunehmen. Aus den Resten der Sterne der ersten Generation entsteht eine zweite, die wiederum in einem gewaltigen Prozess von Kernspaltungen explodiert und neue Sterne der dritten Generation bildet. Im Zuge dieser Sternenevolution entstanden aus einfachen Wasserstoffkernen immer komplexere Atome, sodass sich nach und nach jene 94 natürlich vorkommenden Elemente ergaben, die heute im Universum und auch auf der Erde zu finden sind.[170]

Vom Planetesimal zum Planeten

Wir springen (mit unserem UFO kein Problem!) in die Zeit vor 4,7 Milliarden (=4.700 Millionen) Jahren: Unser Sonnensystem entsteht aus den Überresten der früher explodierten Sterne, darunter auch die Erde. Sie wird sozusagen aus Weltraummüll gebildet, vor allem aus *Kohlenstoff, Wasserstoff, Sauerstoff* und *Eisen.*[171]

Am Anfang war die frühe Erde eine rasend schnell rotierende Scheibe aus Gesteinspartikeln, die zu einem *Planetesimal* (=kleiner Planet) zusammenwuchsen, die Schwerkraft wurde stärker, zog neue Trümmer an und die Erde erhielt durch die Schleuderbewegung ihre runde Gestalt.

Das können wir uns vorstellen, wie eine Zuckerwattemaschine, in der ein Holzstäbchen auf einer rotierenden Scheibe feuchte Zuckerteilchen auffängt, die sich zu einer klebrigen Masse verbinden.

Vor 4,5 Milliarden Jahren kollidierte vermutlich ein anderer Protoplanet namens *Theia* mit der *Erde*, aus dem Frontalzusammenstoß entstanden die heutige Erde und aus davonfliegenden Trümmern der Mond.

Vor 4,4 Mrd. Jahren kühlt die Erdkruste ab, es entstehen Ozeane, und nun gab es Raum und es war Zeit, dass Leben entstand.

Vor rund 3,8 bis 3,5 Mrd. Jahren fanden sich die auf der Erde versammelten Atome schön langsam zu jenen DNA-Molekülen zusammen, die *Watson* und *Crick* als Elemente des Lebens entdeckt hatten. Ob diese ersten komplexen Moleküle mit dem Weltraummüll geflogen kamen oder sich erst auf der Erde entwickelten oder vereinigten, wissen wir nicht.[172]

Beim Zeugungsakt der ersten Lebewesen waren wir noch nicht live dabei.

Unser Planet wirkte damals nicht sehr lebensfreundlich: Er war eine Ansammlung hochgiftiger Gase bei brennheißen Temperaturen und wurde von Blitzen, tödlichem Sonnenlicht und Meteoriten heimgesucht. Offensichtlich war aber genau diese unwirtliche Umgebung die Voraussetzung fürs Leben. Atome und seine leblosen, anorganischen Quanten verbanden sich zu Molekülen, und plötzlich machte es *„Klick!"* oder *„Bumm!"* oder *„Zisch!"*, und aus anorganischen Atomen entstanden komplexe Moleküle und organisches Leben.

Stopp! So einfach geht das nicht! Das *„Klick"* oder *„Bumm"* oder *„Zisch"*, also der Moment, in dem aus Gestein plötzlich Leben entstand, gehört zu den größten Momenten des Universums, aber auch zu den ungelösten Rätseln der modernen Wissenschaft.

Woher kommt das Leben?[173]

„Wer sagt, er oder sie wisse, wie das Leben auf der Erde vor ungefähr 3,45 Milliarden Jahren begann, ist ein Narr oder ein Betrüger." (Stuart Kaufmann, 1995)[174]

Das *„Klick, Bumm und Zisch!"* ist Thema einer eigenen Forschungsrichtung, der *Abiogenese*, in der diskutiert wird, wie Leben auf der Erde aus unbelebter Materie hatte entstehen können.[175] Halten wir uns zunächst an die belegbaren Fakten. Dazu brauchen wir ein bisserl Chemie.

Vor etwa 4 Mrd. Jahren gab es also eine ungemütliche Atmosphäre mit Wasserdampf, Methan (eine Kohlenstoffverbindung), Ammoniak und Wasserstoff auf der Erde. Blitze, UV-Strahlung oder heiße Quellen könnten die folgenden chemischen Reaktionen ausgelöst haben.

Eine besondere Rolle unter den vorhandenen Elementen nimmt der *Kohlenstoff* ein, das vierthäufigste Element im Universum.[176] *Kohlenstoff* ist für das Leben, wie wir es kennen, unverzichtbar; ohne ihn gäbe es uns nicht. Er kann sich mit mehreren Atomen oder mit sich selbst verbinden, kann hübsche Schichten, Ringe, lange Ketten und verzweigte Strukturen bilden und wirkt wie Plastilin. Daraus entstehen komplexe Moleküle: die *Biomoleküle*. Ohne Kohlenstoff gäbe es keine *DNA*, keine *Proteine* und kein Leben. Außerdem liefert er bis heute die wichtigste „Zutat" zum Leben, nämlich die *Kohlehydrate*, Grundlage vieler Lebensmittel und Energiequellen.

Kohlenstoff ist aber auch die Basis für *Aminosäuren*, aus denen wiederum *Proteine (=Eiweißmoleküle)* entstehen.[177] *Aminosäuren* sind für fast alle biologischen Prozesse im Körper verantwortlich. Sie sind die Grundbausteine aller Zellen, aus denen wiederum Pflanzen, Tiere und wir Menschen zusammengesetzt sind. Und sie sind das „Rückgrat" der Nukleinsäuren DNA & RNA, die alle Erbinformationen tragen. Es gibt in lebenden Zellen rund 20 (von 500) verschiedenen *Aminosäuren*, die sich durch ihre Händchen (es gibt Linkshänder und Rechtshänder) untereinander zu vielen Formen verbinden können.

Für Nicht-Chemiker: *Aminosäuren* verhalten sich zum Leben so ähnlich wie feuchter Ton zu einer Teetasse: Jener muss geformt und gebrannt werden, bis blütenweiße Porzellan-Kunstwerke entstehen. Auch Aminosäuren werden von ihrer Umgebung geformt und gebrannt, bis blütenweißes *Eiweiß* (englisch: *Protein*) entsteht, das in allen lebenden Zellen vorhanden ist. Das Bild ist hübsch, aber schief: Denn während Porzellan leblose Materie ist, steckt in den Proteinen blühendes Leben.

Aus anorganischen Atomen (dem Kohlenstoff) entstanden also in einer glühend heißen, feuchten Giftküche namens Erde in einer wilden Mischkulanz organische, lebendige Moleküle (Aminosäuren und DNA-Moleküle).

Über das WIE und WANN sich anorganische Atome zu organischen Molekülen zusammengefunden haben, wissen wir also ganz gut Bescheid, WARUM, das ist freilich noch ein großes Rätsel.

Der Biologe und Chemiker *Stanley Miller* (1930 – 2007) galt lange als Pionier bei der Entdeckung von Leben. Miller bildete 1956 in einer simplen Versuchsapparatur die angenommene giftige Uratmosphäre der frühen Erde nach und setzte sie elektrischen Entladungen aus, die Blitze simulierten. Nach nur einer Woche hatte sich bei diesem Versuch ein beträchtlicher Teil des giftigen Methans in Aminosäuren umgewandelt. Er hatte also die glühend heiße, feuchte Giftküche namens Erde in einem Reagenzglas nachgestellt. Dies war der erste Nachweis, dass Lebensbausteine unter natürlichen Umgebungsbedingungen spontan entstehen können. Leben aus dem Reagenzglas, auch wenn der Laborversuch die wirklichen Zustände auf der Erde nicht einmal annähernd simulieren konnte, und Miller von vielen Forschern kritisiert wurde, da das Experiment *nicht* zeigte, *wie* diese im Gurkenglas entstandenen Aminosäuren sich zu komplexen DNA-Molekülen zusammensetzen und replizieren konnten. Hier setzen heftige Diskussionen ein:[178]

* Da der Schritt von der leblosen Materie zum Leben so unglaublich komplex war, dachten etliche Forscher*innen, es müsse eine intelligente Kraft im Spiel sein, die von außen gezaubert habe: Göttliche Intelligenz.

Gott haucht Adam Leben ein! Die Theorie ist simpel, erspart Nachforschen und ist unbeweisbar. Man kann sie nur glauben oder nicht.

* Andere Wissenschaftler*innen schlugen vor, das Leben sei aus dem Weltraum auf die Erde gelangt, in Form von Bakterien, die auf Kometen oder Asteroiden auf die Erde ritten.

Intelligentes Leben galoppiert aus dem Weltall heran. Auch diese Theorie ist hübsch, liefert Stoff für Science Fiction und ist ebenfalls unbeweisbar.

* Manche Forschende reduzieren die Entstehung von Leben schlicht auf den quantenmechanischen Zufall einer spontanen Verbindung von Quanten: Wir Betrachter schauen hin und die Quanten realisieren sich „Klick-Zisch-Bumm“ zum Leben.

Das ist aus Sicht der Quantenlehre zwar schlüssig, letztlich aber doch unbefriedigend, angesichts der unvorstellbaren Vielfalt, die das Leben hervorbringt, bloß auf milliardenfache Zufälle zu setzen.

* Der „Mainstream" zur Erklärung von Leben ist die evolutionäre *Ursuppentheorie:* Sie bezieht sich auf die frühe Atmosphäre aus Wasserstoff, Methan, Ammoniak, Wasserdampf, Sonnenenergie und Blitzen. Die frühen Ozeane waren eine alerte, warme Ursuppe, in denen sich (so ähnlich wie Schimmelpilze in einer feucht-warmen Umgebung) Moleküle wohlfühlten. Diese Moleküle veränderten sich im Lauf mehrerer Millionen Jahre durch zufällige Mutationen, bis sie – neben vielen Fehlentwicklungen – ein RNA-Molekül hervorbrachten, das sich selbst kopieren und Proteine erzeugen konnte. Lebensfähigkeit durch Protein und Weitergabe der Informationen durch die RNA-Botschaft – damit waren die zwei wichtigen Kriterien der Evolution erfüllt. Und in weiteren Millionen von Jahren und unzähligen weiteren Mutationen entstanden daraus stabile DNA-Moleküle und die ersten lebenden Zellen.[179]

Die Vorstellung enorm vieler zufälliger Mutationen ist zwar schlüssig, aber für viele Forschende letztlich noch nicht zufriedenstellend. Es braucht noch etwas....

* Dieses *Etwas* zur Entstehung von Leben liefert die *Emergenz-Theorie*, die von Selbstorganisation lebender Strukturen ausgeht[180]: Wenn eine Struktur (zum Beispiel eines Lebewesens) komplex genug geworden ist, ermächtigt sich diese Struktur gleichsam selbst weiterzuentwickeln. Durch den Zusammenschluss von Elementen entstehen neuartige Eigenschaften und Qualitäten, die es vorher nicht gab. Das Netzwerk mehrerer komplexer Moleküle bildete quasi in Eigenregie eine lebenstüchtige, komplette Zelle. Das Netzwerk mehrerer einzelner Zellen findet sich zu einem fröhlichen Mehrzeller zusammen und das geht so weiter, bis ein ausgewachsenes Lebewesen entsteht.

Auf uns Menschen übertragen: *Emergenz* ist gegeben, wenn sich elf fußballbegeisterte Kicker zu einer Fußballmannschaft zusammenfinden oder wenn vier begabte Student*innen aus unterschiedlichen Studienrichtungen ein erfolgreiches Startup gründen. Ein arbeitsteiliges Team erreicht mehr Qualität und Innovation als bloß die Summe seiner Einzelpersonen. Kreative Ideen, berufliche Erfolge oder sportliche Leistungen entstehen, wenn Gleichgesinnte ihre unterschiedlichen Talente zusammenlegen. Aristoteles sagte: *Das Ganze ist mehr als die Summe seiner Teile.*[181] Der Begriff der *Emergenz* wird uns fortan durch dieses Buch begleiten!

All das sind aber nur Beschreibungen *wie* und keine Antwort, *wieso* aus Molekülen oder Eiweißen eine funktionierende Zelle entsteht. Tatsächlich müssen die Wissenschaftler*innen, wenn sie nicht eingefleischte Vertreter einer Theorie oder eines Glaubens sind, zugeben, dass wir bis heute nicht endgültig wissen, *wieso* aus Unbelebtem das Leben entstanden ist.

Die DNA

Höchste Zeit, die *Desoxyribonukleinsäure* genauer vorzustellen, ein herrliches Wort, das mir schon in der Schule gefiel. DNA ist die international gebräuchliche Abkürzung, nicht so lustig, aber einprägsamer. Sie kommt heute in jedem zweiten Krimi vor, um den Mörder an einem Haar oder einer Lippenspur am Rotweinglas zu entlarven, das Procedere kennt jeder Krimiseher.

Die DNA ist eine *Doppelhelix*, die wie eine sich drehende Strickleiter ausschaut.[182] Die beiden Seile der Leiter bestehen aus Zucker, der *Desoxyribose*, verbunden mit Phosphat. Wie Sprossen einer Leiter werden die beiden Seile von vier organischen *Basen* (das sind Wasserstoff-Moleküle)[183] verbunden: *Adenin* (A) und *Thymin* (T) bzw. *Cytosin* (C) und *Guanin* (G) bilden Paare, aus denen die Sprossen sind. Die Sequenzen (also die Anordnung der Sprossen) der Basen *auf einem* Strang entspricht exakt den Sequenzen *auf dem anderen* Strang. Diese Abschnitte nennt man *Gene*. Die Anordnung der Basen und die Reihenfolge der Sequenzen legt die genetische Information des Lebewesens fest und damit alle Eigenschaften aller seiner Gene. Die DNA ist in jeder Zelle des Lebewesens ident vorhanden, egal ob in Muskeln, Herz, Leber oder Gehirn.

Ein wenig erinnert die DNA an die *Quipus*, die Knotenschrift der Inkas. Quipus bestehen aus bunten Schnüren, in denen verschiedene Knoten und Farben unterschiedliche Bedeutungen haben. Damit konnten die Inkas rechnen und Geschichten aufschreiben. Wer will, kann sich die DNA auch als eine Folge von Buchstaben vorstellen, die zusammengesetzt die gesamte Information, quasi des „Buch unseres Lebens" enthalten. Es handelt von der unverwechselbaren Geschichte jedes Lebewesens, seiner Vergangenheit, seiner Gegenwart und als Anlagen und Vererbungsmerkmale seiner Zukunft.

Die beiden identen DNA-Stränge können sich trennen und dienen als Vorlage für die Herstellung neuer Ketten. Das Ganze funktioniert wie ein Kopierer, der die genetische Information vom Originalblatt auf beliebig viele Kopien überträgt. Die DNA ist das Original, die RNS (Ribonukleinsäure) sind die perfekten Kopien. Die RNA hat eine besondere Eigenschaft: Sie kann sich selbst und damit die genetische Information reproduzieren. Für diese Fortpflanzung gibt es zwei Möglichkeiten, eine vertikale und eine horizontale.[184]

Auch wenn es so klingt, es ist nicht anzüglich gemeint!

* *Vertikale Fortpflanzung:* Wird DNA vervielfacht (=geklont), entsteht daraus ein Lebewesen, das mit dem Original völlig ident ist: Schaf Dolly war das erste Geschöpf aus dem Kopierer. Heute können 3-D-Drucker unter dem Begriff „Bioprinting" bereits lebende Zellen und Zellulose reproduzieren.

Ganze Menschen kommen vorerst aber noch nicht aus dem Drucker.

* *Horizontale Fortpflanzung:* Verschmelzen die DNAs zweier Lebewesen derselben Art miteinander, dann vermischen sich die Gene, und ein Baby kommt auf die Welt, das zu je 50% die Gene des Vaters und der Mutter in sich trägt, (die wiederum die Gene der Großeltern 50 : 50 in sich tragen). Wie die Verteilung der Gene erfolgt, also welche Gene von Vater und Mutter stammen, ist zufällig und (noch) nicht beeinflussbar. Der objektive Zufall des Universums steuert also auch die Ebene des Lebendigen.

Aus der horizontalen Fortpflanzung entsteht immer etwas völlig unverwechselbares Neues: Jeder von uns ist ein Unikat! Welche Folgen das hat, erzählt uns die Geschichte der Evolution.

Die Evolutionstheorie

"Alles, was gegen die Natur ist, hat auf Dauer keinen Bestand."
(Charles Darwin, 1809 – 1882)[185]

Darwins Lehre

Zeit für unsere nächste Reise. Wir haben die große Ehre, mit der HMS Beagle, einer britischen 10-Kanonen-Brigg als Forschungsschiff auf Weltreise an die Küsten Südamerikas und Australiens zu gehen.[186]

Zunächst fliegen wir aber ins Jahr 1809. Unser Ziel: Shrewsbury, bezaubernde mittelenglische Kleinstadt. Fachwerkhäuser, Blumengärten und Teehäuser zeugen vom Reichtum der ansässigen Tuchhändler. Auftritt: *Charles Darwin.* Schon im frühen Kindheitsalter interessierte sich Darwin für die Natur. Er beobachtete das Verhalten von Vögeln, sammelte Muscheln und Mineralien und führte eigene Experimente durch. Darwin begann das Medizinstudium an der Universität Edinburgh. Weil ihn der Unterricht aber langweilte (andere Quellen behaupten: weil er kein Blut sehen konnte), wechselte er zum Theologiestudium, das er absolvierte. Das große Interesse an der Natur ließ ihn aber nicht los. Obwohl er kein ausgebildeter Naturwissenschaftler, sondern Hobbyforscher war, wurde er 1831 zur Reise mit der *HMS Beagle*, einem Vermessungsschiff der britischen Marine eingeladen. Kolonialistisch-militärisches Denken und wissenschaftlicher Entdeckergeist gingen ja oft Hand in Hand. Auf dieser Fahrt nach Patagonien und Feuerland in Südamerika kam die Beagle 1835 auch auf die Galápagosinseln. Diese Inselgruppe mit 18 Inseln und etlichen Felsen im Pazifik liegt etwa 1.000 km vor der Küste Ecuadors. Durch die isolierte Lage konnte eine Vielzahl von Pflanzen und Tierarten dort Jahrtausende überleben, die nirgendwo sonst auf der Erde vorkommen und die Darwin fasziniert studierte. Er war im Garten Eden gelandet.

Galápagosfinken: Wie der Schnabel gewachsen ist

Die *Galápagos-Finken* (oder *Darwinfinken,* wie man sie später nannte) sind eine Gruppe von Singvogelarten, die nur auf den Galápagos-Inseln vorkommen. Es handelt sich dabei um 18 sehr engverwandte Arten, die alle von einem gemeinsamen Vorfahren abstammen. Wahrscheinlich durch Stürme wurden diese Finken in grauer Vorzeit auf die Inselgruppe verschlagen; möglicherweise bestand die Gründerpopulation nur aus einem oder einigen wenigen Paaren. Nach und nach vermehrten sie sich und bevölkerten die Inseln, wobei sich im Laufe der letzten Millionen Jahre die über alle 18 Inseln verstreuten Finken von ihren gemeinsamen Vorfahren abspalteten und je nach Insel eigenständig entwickelten.

Eine besondere Rolle spielten die Schnäbel. Die Finken hatten unterschiedliche Schnabelformen, je nachdem, auf welcher Insel sie wohnten und welches Futter sie fraßen. Einige fraßen Insekten, andere saugten Samen oder Nektar aus Kaktuspflanzen, manche knackten Nüsse und wieder andere ernährten sich vom Blut anderer Tiere. Die einen brauchten als Schnabel spitze, dünne Bohrer, um Insekten aufzuspüren; andere brauchten harte Nussknacker, um Schalen oder Rinden zu öffnen, manche brauchten eine Art Saugrüssel usw. 18 Inseln – 18 verschiedene Finkenarten mit unterschiedlichen Schnäbeln. Die Anpassung an die Umwelt brauchte aber Zeit, viel Zeit. Da die Inseln bis zum Eintreffen der Expedition im 19. Jahrhundert unentdeckt waren, konnten sich die Finken ungestört entwickeln. Die unterschiedlichen Nahrungsvorlieben aufgrund der unterschiedlichen Schnäbel-Werkzeuge ermöglichten den 18 eng verwandten Finkenarten, auf engem Raum zusammenzuleben, ohne dass eine Art den anderen das Futter wegfraß.

Als Darwin die Tiere beobachtete, kam ihm – sagt die Legende – die grundlegende Idee für die Evolutionstheorie. Die Story ist zu schön, steht bis heute in praktisch allen Biologiebüchern, dürfte aber erst 1947 in dieser Form erzählt worden sein. Darwin war zwar auf den Galapagosinseln und fand dort die merkwürdigen Finken, die konkreten Schlussfolgerungen dürften aber er und seine Nachfolger erst nach und nach formuliert haben. Die Finkengeschichte erklärt aber exemplarisch Darwins Theorie so anschaulich, das sie heute ein kanonisierter Mythos ist.

Die Entstehung der Arten

Darwin verbrachte nach der Rückkehr noch gut 20 Jahre mit Experimenten, Beobachtungen und Lektüre, bis er sein Werk *„Die Entstehung der Arten"* (*On the Origin of Species*) 1859 veröffentlichte, das einen Sturm der Empörung und zugleich eine Welle der Begeisterung auslöste und bis heute eins der meistdiskutierten Bücher der Welt ist. Darwin gilt heute als Ikone auf einer Stufe mit Newton oder Einstein, tatsächlich erfand er die Evolutionstheorie aber nicht im Alleingang, sondern stand in einer langen Forschungstradition, in der z.B. der schwedische Botaniker *Carl von Linné* 1735 die aufsteigende Klassifizierung von Tieren, Pflanzen und Mineralien und der französische Zoologe *Jean-Baptiste Lamarck* 1809 die Grundzüge der Vererbung lang vor Darwin formulierten. Es gab auch Zeitgenossen Darwins, die zeitgleich ähnliche Ergebnisse publizierten, aber nicht so anschaulich und präzise wie Darwin, der auch ein genialer Networker in eigener Sache war. Sein Verdienst ist trotzdem groß: Er brachte die Evolutionslehre auf den Punkt und wagte sich weit vor.

> Darwin hinterfragte mit seinem Werk nicht weniger als das bisherige Weltbild und die biblische Schöpfungsgeschichte. Er prägte das Prinzip *„survival of the fittest"*: Wenn es hart her geht, überleben diejenigen Arten, die am besten an die Umweltbedingungen angepasst sind und die entscheidenden Überlebens-Eigenschaften an die nachfolgenden Generationen vererben.

Der berühmte *„Struggle for life"* ist aber kein Kampf zweier *Individuen*, bei dem der Stärkere gewinnt, sondern ein Wettbewerb der *Arten*: Jene Arten, die z.B. bei der Suche nach Ressourcen (=Futter), bei der Anpassung an ein sich änderndes Klima oder beim Verstecken oder Flüchten vor drohenden Fressfeinden am geschicktesten sind und dadurch Gefahren überleben, können ihre Gene an die nächste Generation weitergeben. Giraffen mit den längsten Hälsen, die Futter von sehr hohen Bäumen fressen, Schmetterlinge, die sich als Blüte tarnen, oder jene Antilopen, die am schnellsten vor dem Löwen davonlaufen, haben die besten Chancen zu überleben und ihre Eigenschaften zu vererben. Es kommt nicht immer auf körperliche Stärke an, sondern auf bestimmte, vorteilhafte Merkmale oder Eigenschaften. Natürlich setzte sich bei manchen Arten die Kampfkraft durch, etwa bei den Männchen der ziemlich aggressiven Menschenaffen, von denen das stärkste im Zweikampf gewinnt, von Weibchen umschwärmt wird und seine Gene weitergibt. Oft sind aber *klein* und *unscheinbar* die entscheidenden Kriterien zum Überleben.

> Das haben die *„Übermenschen*-Theoretiker" nie kapiert. Ein großer, lauttrommelnder Muskelprotz hat in vielen Umweltsituationen schlechtere Karten als ein kleines, kluges Mäuschen oder eine flinke Kakerlake.

Lebewesen mit ungünstigen Merkmalen sterben nach und nach aus, weil sie getötet werden, keine Nahrung finden oder sich nicht fortpflanzen können. Das nennt Darwin *Selektion.* Und er spricht von *Mutation* (oder *Variation*): Wenn sich über viele Generationen Lebewesen aufgrund bestimmter Merkmale an ihre Umwelt anpassen, kann ein Artwandel folgen, das heißt die Entstehung einer neuen Art, so wie die Gálapagosfinken letztlich 18 neue Arten bildeten. Die Anpassung der Arten an die Umwelt erfolgt freilich nicht willentlich und absichtlich, sondern zufällig. Laufvögel in der Steppe entscheiden sich nicht bewusst, ein mausgraubraunes Gefieder zu tragen, um sich vor Raubtieren zu schützen. Sondern diejenigen Vögel überleben länger, die *zufällig* in Tarnfarben auf die Welt kamen und diese, weil sie überlebten, an ihre Nachkommen vererben.

Mutationen sind Kopierfehler

Auf genetischer Ebene heißt das: Bei der Kopie der Gene im Zuge der Fortpflanzung (wir wissen: DNA und RSA) kommt es immer wieder einmal zu minimalen Abweichungen, also Kopierfehlern. Manche sind fatal, weil die Fortpflanzung nicht mehr funktioniert oder weil das einzelne Lebewesen oder auch die ganze Gattung durch diesen Kopierfehler ausstirbt. Riesenhirschen mit besonders mächtigen, schweren Geweihen schauen zwar imposant aus, wurden aber auf der Flucht vor Raubtieren im dichten Wald durch genau dieses Riesentrum am Kopf behindert und starben aus.

Manche Kopierfehler erwiesen sich dagegen als vorteilhaft. Lebewesen finden sich dadurch in ihrer Umwelt leichter zurecht und überleben und pflanzen sich samt ihrem Kopierfehler fort. Eine braune Hasenfamilie war in Regionen mit viel Schnee leichte Beute für Raubvögel und konnte nicht überleben, Schneehasen mit weißem Fell dagegen schon. Evolution spielt sich auch vor unserer Nase und heute ab: London war vor 200 Jahren eine dreckige Stadt mit viel Kohlenrauch, der die Gebäude verschmutzte. Zu dieser Zeit hatten die meisten Mottenarten die dunkelgraue Farbe der Hausmauern. Später wurde London sauberer, die Hausmauern heller, die dunklen Motten starben aus, weil sie leicht zu sehen und zu erschlagen waren. Die Mottenplage ist aber nicht vorbei: Jetzt dominieren in London helle Motten. Und Motten im Wald überleben gut getarnt als grüne Blätter.[187]

Umwege

Es gibt auch Umwege der Evolution. Männliche Pfauen haben lange, bunte Schwanzfedern. Das scheint zwar imposant, aber in der freien Wildbahn eher ein Nachteil zu sein. Auffällig leuchtende Federn eignen sich schlecht als Tarnung vor Fressfeinden. Weil aber in der Natur meistens die Weibchen aussuchen, mit welchen Männchen sie sich paaren, wählen die Pfauendamen (instinktiv, nicht bewusst!) die männlichen Tiere mit der prächtigsten Federntrophäe. Ihre Intuition: *Ein Pfau mit riesigen, bunten Federn, der überlebt, muss stark, klug und gesund sein. Ein geeigneter Samenspender also!* Kranke, schwache Pfauen haben niemals einen schönen, bunten Schwanz. Auch das Rotkehlchenmännchen mit der größten und rotesten Brust ist vermutlich das fitteste, auf das die Mädchen fliegen. Die schwächeren Männer sind entweder eh schon tot, oder haben bei der Damenwelt keine Chance.[188]

> Überleben ist also Glückssache (oder bloßer Zufall?). Den Hirschen wurden Riesengeweihe zum Verhängnis, den Pfauen helfen die riesigen bunten Federn zu einer bunten Kinderschar. Einmal ist die Trophäe ein Nachteil, einmal ein Vorteil. Evolution ist nicht berechenbar. So wie die Bewegung der Quanten.

Widerspruch und Weiterentwicklung

Bis heute gibt es erbitterte Diskussionen über die Auslegung von Darwins Lehre. *Neo-Darwinisten* interpretieren die Evolution bis heute streng nach der „reinen Lehre". Daneben gibt es aber eine Reihe von Forschungsrichtungen, die zwar Darwins Beitrag zur Evolutionslehre anerkennen, aber Erweiterungen oder Ergänzungen vorschlagen.[189]

Ungeheuerlichkeiten

Neben den oben beschriebenen Gesetzen von *Selektion* und *Mutation* und dem *Survival of the fittest* behauptete Darwin zwei Ungeheuerlichkeiten, mit denen er sich praktisch alle Religionen und unzählige skeptische Menschen bis heute zu Feinden machte.

* Darwin behauptete, dass alle Lebewesen (also auch wir Menschen) sich durch biologische Evolution weiterentwickelten und nicht durch Gottes Plan.

* Und er behauptete, dass alle Lebewesen auf eine gemeinsame Abstammung zurückgehen und sich auf einem gemeinsamen Stammbaum finden.

Wir Menschen, die sich gern als Krone der Schöpfung und auserwählte Rasse fühlen, hätten also Würmer und Schwämme als Vorfahren und Affen, Schweine und Hühner als enge Verwandte. Ungeheuerlich! So etwas gehört verboten. Was manche Schulen in der US-Provinz und in Afghanistan auch tun!

Was lange diskutiert wurde, lässt sich längst wissenschaftlich beweisen, weil wir die DNA von Lebewesen und damit ihre Verwandtschaft weit zurück bis zu Fossilien nachvollziehen können. Nach aktuellem Wissenstand stammen ALLE Lebewesen – Bakterien, Pilze, Pflanzen, Tiere – von EINER genetischen Ureinheit ab, einem Einzeller. Untersuchungen zeigen, dass die menschlichen Gene mit denen einer Banane zu 50%, eines Weizenkorns zu 60%, mit Tieren zwischen 70 und 90%, mit Schimpansen sogar zu 98% übereinstimmen. Wenn wir Menschen also (ungiftige) Schwammerl, Brot oder ein Schnitzel essen, versorgen wir uns mit den Grundelementen, aus denen wir selbst hervorgingen und die wir zum Leben brauchen.

Missverstanden

Darwins Lehre wurde im Lauf der Geschichte immer wieder missverstanden. Die größten Feinde des Darwinismus waren einerseits Religionen, andererseits Nationalisten aller Art, die einen als erbitterte Gegner, die anderen als glühende Anhänger.

* Die Vorstellung der Verwandtschaft aller Lebewesen widersprach dem Bild der Christen und anderer Religionen vom Menschen als „Krone der Schöpfung“. Außerdem widersprach Darwin der Bibel, in der die Erschaffung der Erde nur sechs Tage dauert. Vor allem: In der Vorstellung der meisten Religionen hat Gott alles Leben erschaffen, die Vorstellung von zufälligen Mutationen war zutiefst ketzerisch. Die Anhänger der Bibeltreue, die *Kreationisten*, versuchen bis heute, die Evolutionstheorie zu diffamieren und ihre pseudowissenschaftlichen Behauptungen unter dem Titel *„intelligentes Design“* entgegenzusetzen.

* Anders läuft die Diskussion bei *Rassisten.* Noch im 19. Jahrhundert wurde der Darwinismus von Rassisten und Nationalisten europaweit kräftig missinterpretiert und bejubelt. Die Formel *„only the fittest survive"* wurde als „Recht des Stärkeren" umgedeutet, wonach z.B. die weiße Rasse allen anderen überlegen sei. Daraus leitete man ab, dass die eigene Rasse sich nicht mit anderen Rassen kreuzen dürfe, um das „hochwertige Erbgut" zu bewahren, und dass man – im bösesten Fall – die minderwertigen Rassen ausrotten müsse, um den „guten" Menschen zu schützen. Rassismus gab es in ganz Europa, nicht nur in Deutschland; seine verbrecherisch-konsequente Umsetzung fand er allerdings in bis heute unfassbarer Grausamkeit im Nationalsozialismus. Freilich hat diese Art von Rassenlehre nichts mit Darwin zu tun und ist die perfide und perverse Verdrehung seiner Gedanken. Alle Menschen haben zu 99% übereinstimmende Gene!

Erbsen zählen[190]

Dass Darwins Evolutionslehre „funktioniert", ist einem Augustinermönch aus Brünn zu verdanken. *Gregor Mendel,* Mönch, Lehrer und Forscher, widmete sich ab 1856 der Vererbungslehre.

Mendel unternahm im Garten seines Klosters seine systematischen Kreuzungsexperimente mit sorgfältig ausgewählten Erbsen-Sorten, deren Merkmale klar zu unterscheiden waren, beispielsweise violett oder weiß blühende Sorten. Er kreuzte sie und unternahm große Versuchsreihen. Aus 355 künstlichen Befruchtungen zog er 12.980 Hybriden und konnte so gesicherte Erkenntnisse über die Regeln der Vererbung gewinnen. Zwischen 1856 und 1863 kultivierte er zirka 28.000 Erbsenpflanzen.

Mendel löste 1865 in seinem bahnbrechenden Werk *„Versuche über Pflanzenhybriden"* die Frage, wie denn nun konkret Erbmerkmale weitergegeben werden. Seine Vererbungsgesetze zeigten unter anderem, dass Gene, die für vorteilshafte Merkmale eines Individuums verantwortlich sind, ***unverändert*** vererbt und von Generation zu Generation weitergegeben werden können, wodurch er zeigte, dass die von Darwin angenommenen zufälligen Mutationen wichtiger Eigenschaften über Generationen dauerhaft erhalten bleiben.

Bei seiner Abschlussprüfung an der Universität Wien scheiterte Mendel übrigens zweimal, weil sein Prüfer die von Mendel vorgebrachte Art der Befruchtung als Verschmelzung einer weiblichen und einer männlichen Zelle strikt ablehnte.

Mendels Vererbungsregeln holten Darwins theoretische Überlegungen über Selektion und Mutation in die Praxis und schufen damit das Fundament der modernen Genetik. Darwin selbst kannte Mendels Aufsatz nicht, erst im frühen 20. Jahrhundert wurde die große Bedeutung Mendels erkannt. Vor allem der Engländer *William Bateson* (1861-1926) machte Mendels Theorien weltbekannt und begründete die neue Forschungsrichtung *Genetik*.

Zufall oder wachsende Komplexität?

Moderne Errungenschaften der Biologie, der Genetik und der Physik machten es möglich, Darwins Ideen kritisch zu überprüfen, manche zu verwerfen, manche zu ergänzen oder weiterzuentwickeln.

Die Vorstellung, dass die faszinierende Vielfalt der Lebewesen, die Weiterentwicklung vom Einzeller bis zum Organismus der Säugetiere und des menschlichen Gehirns ausschließlich Produkte von unzähligen Zufällen sind, wurde und wird bis heute heftig diskutiert. Manche Forscher*innen sehen in der Evolution eine Zielgerichtetheit von einfachen zu immer komplexeren Formen, die durch puren Zufall nicht erklärbar ist. Die Entwicklung der Arten führte – oft auf Umwegen, aber letztlich immer – von einfacheren zu komplexeren Strukturen. Wenn es Regressionen gab, also Rückschritte in der Komplexität, starben diese Arten aus oder besetzten winzige Nischen! Manche Arten, die in Höhlen leben, verloren nach und nach ihr Augenlicht, weil sie es zum Überleben nicht benötigten. Stattdessen schärften sich aber die übrigen Sinne, was für diese Arten auch Weiterentwicklung bedeutete. Darwin selbst bekannte:

„Da die natürliche Zuchtwahl nur durch und für das Gute eines jeden Wesens wirkt, so wird jede fernere körperliche und geistige Ausstattung desselben seine Vervollkommnung zu fördern streben." [191]

Schon Zeitgenossen Darwins, wie der erwähnte Lamarck, vertraten die Ansicht, dass die biologische Evolution eine dem Leben innewohnende Tendenz zu wachsender Komplexität aufweise. Julian Huxley (1887 – 1975), Biologe und Vorläufer der Verhaltensforschung formulierte:

„Fortschritt gab es, noch ehe der Mensch überhaupt auf der Erde erschien [...]. Sein Aufstieg bedeutete nur die Fortsetzung [...] und Beschleunigung eines Vorgangs [192]

Kooperation oder Konkurrenz?[193]

Der zweite Aspekt von Darwins Lehre, der diskutiert wird, ist der Aspekt der bedingungslosen *Konkurrenz*, dass sich im *„Struggle for life"* immer der *„Fittere"* durchsetze, wodurch letztlich immer ein *Kampf* um den Platz in der Umwelt impliziert wird, bei dem die Schwächeren aussterben. *Thomas Huxley*, ein Verfechter eines radikalen Darwinismus (nicht zu verwechseln mit dem vorher erwähnten *Julian Huxley*) schrieb 1888:

> *„Die Welt der Tiere befindet sich etwa auf der gleichen Ebene wie ein Gladiatorenkampf. Die Tiere werden einigermaßen gut behandelt und zum Kampf aufeinander losgelassen; dabei überleben die stärksten, schnellsten und gerissensten, die am nächsten Tag wieder kämpfen."* [194]

Dieser radikalen Ansicht (die sich auch die oben erwähnten Rassisten zu eigen machten), widersprechen viele Wissenschaftler*innen und setzen dem Prinzip der totalen *Konkurrenz* die Idee der *Kooperation* entgegen. Der russische Revolutionär und Anarchist *Peter Kropotkin* (1842 – 1921) wurde zu einem Wegbereiter der Gegenrichtung.[195] Durch sorgfältige Tierbeobachtungen fand er heraus, dass es im Tierreich nur wenige Beispiele rücksichtsloser Konkurrenz, dagegen aber viele Beispiele gegenseitiger Kooperation in allen Lebensformen gibt, und zwar sowohl *innerhalb* der Arten, als auch *artenübergreifend.* Seine Studien wurden seither vielfach bestätigt.

Schon die frühen Bakterien fanden sich zu Stämmen und Kolonien zusammen, um zu überleben. Einzeller fanden sich zu mehrzelligen Gebilden zusammen, weil sie sich dadurch in der Umwelt besser behaupten können (Emergenz!). Vogelschwärme arbeiten eng zusammen, sowohl bei der Jagd, als auch beim Vogelzug, bei dem sie in großen Gruppen auf Nachzügler warten. Mehrere Vogelarten singen offenbar wie zur Bestätigung ihrer Kooperation in einer Art Chor miteinander. Bisamratten bauen dorfartige Siedlungen, Wölfe jagen in Rudeln, während die gejagten Tiere – Wildpferde, Zebras, Kühe – Schutzkreise der stärkeren Tiere um die schwächeren und jüngeren bilden.

Innerhalb der Arten zieht sich das Kooperationsprinzip also vom Ameisenhaufen bis zum Bienenstock, von Vogel- und Fischschwärmen bis zum Wolfsrudel und schließlich von den Affenclans bis zu menschlichen Gemeinschaften von der Familie, über die Gruppe bis zum Dorf. Die Natur kennt auch viele *Symbiosen, bei denen unterschiedliche Arten* kooperieren. Bei Parasiten befällt ein Organismus einen anderen und profitiert einseitig. Das bekannteste Beispiel für wechselseitigen Nutzen ist wohl die Bestäubung von Pflanzen durch die Pollenübertragung von Insekten. Die Pflanzen können sich fortpflanzen und die Insekten finden Nahrung. Bekannt sind auch die Putzerfische, die die Zähne größerer Fische von Parasiten reinigen.

Unter dem Namen „*Symbiogenese*" wird das enge Zusammenleben von Pflanzen und Pilzen untersucht, wobei sich zwei verschiedene Arten in einem symbiotischen Vorgang vereinen und zu einem komplexeren Organismus zusammenfinden. Im nächsten Schritt entstanden *Biotope*, wo unterschiedlichste Arten ein symbiotisches Zusammenleben praktizieren und dadurch ihr Überleben sichern.

Zwei Theorien weisen also heute über Darwins Evolutionslehre hinaus:

* Die Evolution des Lebens scheint nicht ziellos zu verlaufen, sondern von einfachen zu komplexeren Formen zu führen.
* Neben Darwins *Prinzip der natürlichen Auslese* mit impliziter Rivalität scheint auch das *Prinzip der Kooperation* ein Motor der Evolution zu sein.

Mit diesem Vorwissen wird es Zeit für unsere nächste Zeitreise mit dem UFO: Wir folgen Darwins faszinierendem Pfad durch die Geschichte zur Entstehung von Leben.

Vom Einzeller zum Säugetier

Es wimmelt vor Leben auf der Erde! Weltweit sind heute rund 1,8 Millionen Arten von Lebewesen bekannt und wissenschaftlich beschrieben – aufgeteilt in Pilze, Pflanzen und Tiere. Weit mehr Arten sind unentdeckt und unerforscht: Sie hocken in den Baumkronen tropischer Wälder, tummeln sich in den Tiefen der Ozeane oder fliegen als Insektenschwärme in Savannen und werden wohl nie entdeckt werden. Schätzungen sprechen von mindestens 10 Millionen, manche sogar von bis zu 80 Millionen Arten. Die Gesamtzahl der Lebewesen liegt bei einer Trillion – das ist eine Eins mit 18 Nullen.

Eine dieser Arten sind wir, die Menschen. Und obwohl das Schicksal und die Lebensgeschichte jeder Art spannend wäre, konzentrieren wir uns in diesem Buch auf jene Entwicklungslinie in der Evolution, an deren (vorläufigem?) Ende wir Menschen stehen.[196] Nobelpreisträger *Konrad Lorenz* schränkte allerdings augenzwinkernd ein:

„Ich habe, glaube ich, die Zwischenstufe zwischen Tier und Homo sapiens gefunden. Wir sind es!“[197]

Luca, das erste Lebewesen

Irgendwann zwischen 4,7 und 3,8 Milliarden Jahren begann also das Leben. Die Suche nach frühen *Fossilien* ist nicht einfach: Die meisten Organismen wurden – tot oder lebendig – aufgefressen oder zersetzten sich oder verschwanden im Schlamm und Sand der Jahrmillionen.

Es entbrannte dennoch ein Wettlauf der Forscher, wer die ältesten *Mikrofossilien* fände. Die ältesten Fundstücke sind bakterienähnliche Einzeller. Hilfreich bei der Suche nach den ältesten Lebewesen sind auch die Funde sogenannter *Extremophile*, das sind Lebewesen, die unter extremsten Bedingungen (Hitze, Kälte, Säure) in Höhlen, in der Tiefsee oder in Vulkanen oft lange Zeit überleben können. Manche dieser *Extremophilen* bevölkern auch heute noch unsere Erde. Von ihren Organismen können wir auf die frühesten Lebensformen schließen.

Nach dem aktuellen wissenschaftlichen Verständnis stammen alle Lebewesen der Erde von *einem* gemeinsamen Vorfahren ab: Diese*r Uropa/Uroma heißt LUCA (*Last Universal Common Ancestor*)[198]. LUCA war ein Einzeller, der vor etwa 3,5 bis 3,7 Milliarden Jahren vermutlich in heißen Quellen oder in der Tiefsee lebte. Er war eine *Prokaryote*, so nennt man einzelne, unabhängige Zellen, deren DNA noch nicht von einem Zellkern umschlossen ist. Alle folgenden Lebewesen bestanden wie LUCA aus Zellen mit ähnlichen Zellstrukturen, besitzen eine DNA und haben ähnliche Proteine. Aus diesem Urlebewesen entstanden durch Mutationen drei große Arten:

* Die erste Art sind die *Bakterien*. Das sind *Prokaryoten*. Sie besitzen zusätzliche DNA-Stränge, weswegen sie sich schnell und zahlreich durch Zweiteilung fortpflanzen können, wodurch idente Kopien entstehen. Es gibt sie als Kugeln, Stäbchen, Spiralen. Sie leben auch heute praktisch überall, auch in unserem Organismus, und können, wie wir wissen, großen Nutzen und auch großen Schaden anrichten.

* Besonders hart im Nehmen sind die *Archaeen*: Sie sind nahe Verwandte der Bakterien und gehören zu den *Extremophilen*. Sie überleben locker Hitze bis zu 121 Grad und eisige Kälte. Sie tummeln sich in extrem salzigen, sauren oder sonst wie giftigen Gewässern. Sie waren lang vor uns auf der Welt und werden uns Menschen locker überleben.

* Die dritte Gruppe von Lebewesen sind die *Eukaryoten*, die geschlossene Zellkerne besitzen und eine Spur komplexer konstruiert waren. Aus ihnen gingen später alle Mehrzeller hervor: Pilze, Pflanzen, Tiere und letztlich auch wir Menschen.

Unsere ältesten Vorfahren waren also putzige Einzeller, die wir uns ganz gut vorstellen können, weil ihre direkten Nachfahren als *Pantoffeltierchen* noch heute existieren. Das Urpantoffeltierchen hatte Wimpern, mit denen es im Wasser strampeln konnte, es konnte Hindernissen ausweichen, trank Wasser, fraß Bakterien, konnte pinkeln und legte Eier. Immerhin.

Es zeigt sich in der Evolution, dass manche Arten in der Entwicklung stehen blieben (das nennt man „*Stasis*"), wie etwa das Pantoffeltierchen, das heute noch ausschaut wie seine eukaryotischen Vorfahren vor 3 Millionen Jahren, während wir Menschen uns aussehensmäßig doch zu unserem Vorteil verändert haben.

Blaualgen und der Sauerstoff

Eine wichtige Voraussetzung für Leben ist *Sauerstoff*. Die Ur-Atmosphäre bestand neben Wasserdampf aus Gasen wie Kohlendioxid und übelriechendem Schwefelwasserstoff. An dieser „Luft" würden wir sofort ersticken. Vor über zwei

Milliarden Jahren gab es aber erste Spuren von Lebewesen, die Sauerstoff benötigten. Woher kam dieser?[199]

Noch deutlich älter sind versteinerte Spuren von mikroskopisch kleinen Bakterien, *Blaualgen* genannt. Diese Organismen waren die ersten, die die Energie des Sonnenlichts für ihren Stoffwechsel nutzen konnten. Sie nahmen Wasser und Kohlendioxid aus ihrer Umwelt auf und wandelten diese mit Hilfe der Sonnenenergie in Zucker um, der ihnen als Energiespeicher diente. Bei dieser chemischen Reaktion entstand sozusagen als Abfallprodukt Sauerstoff, mit dem die Bakterien nichts anfangen konnten und ihn daher einfach in die Umgebung ausschieden. Damals gab es reichlich Sonnenlicht und Kohlendioxid, und die Weltmeere waren warm. Beste Bedingungen für Blaualgen, die sich stark vermehrten und immer mehr Sauerstoff produzierten, der sich über Jahrmillionen zunächst in den Meeren und später in der Atmosphäre ansammelte.

So schuf Bakterienscheiße die Voraussetzungen für höhere Lebensformen im Wasser und auf dem Land.

Aus den Bakterien gingen später die *Chloroplasten* hervor, das sind jene Zellteile, die bis heute in jeder Pflanze die Sonnenenergie einfangen und die sogenannte *Fotosynthese* durchführen, bei der Sonnenlicht, Wasser und Kohlendioxid zu Zucker und Sauerstoff umgewandelt wird. Der Zucker nährt die Pflanze, der Sauerstoff schenkt Menschen und Tieren das Leben. Eine der genialsten Erfindungen des Lebens!

Mehrzeller: Schwämme, Quallen und Würmer

Dank des Sauerstoffs entstand ein Stoff namens *Collagen*, eine Art Klebstoff. Dieser ermöglichte, dass Zellen aneinander klebten und sich zu Mehrzellern verbanden.

Noch heute ist *Collagen* ein wichtiges Element im menschlichen Bindegewebe und am Apothekenmarkt ein Bestseller: Es schmiert kaputte Gelenke, festigt Knochen und Muskeln, strafft die Haut und manche behaupten, dass uns *Collagen* langsamer altern lässt.

Die ersten Mehrzeller waren nichts anderes als eine aneinandergeklebte Ansammlung von Einzellern. Dazu gehörten *Schwämme*, deren Haut sich bis heute auf unserer Haut so herrlich angenehm anfühlt, weil sie nahe Verwandte von uns sind. Wenn man Schwämme in Stücke schneidet, durch einen Fleischwolf dreht und anschließend ein paar Wochen in lauwarmes Wasser legt, klumpen sich die Zellen wieder zusammen, als wäre nichts gewesen, und bilden einen neuen Schwamm. Mehrere *Einzeller* zusammen überleben leichter als ein einzelner. Schwammzellen können sich leichter an einem Felsen anhaften und Nahrung gemeinsam aufsaugen und intern verteilen. Wenn eine *Zelle* mehr Nahrung erwischt, verteilt sie diese an die anderen.

Wir Menschen haben dieses Prinzip des Teilens bis heute nicht wirklich kapiert.

So eine Zusammenarbeit wird noch viel sinnvoller, wenn jede *Zelle* eine eigene Aufgabe übernimmt. Ein Lebewesen mit tausend Augen, aber ohne Nase und Mund ist zum ewigen Zuschauen verdammt. Einzeller waren lange Zeit zwar da, aber das war´s dann auch schon mit ihren Lebensaktivitäten. Arbeitsteilung ermöglichte Weiterentwicklung: Zellen spezialisieren sich, jede Zelle übernimmt eine individuelle Aufgabe.

Das ist ein schönes Beispiel für Emergenz, von der in diesem Buch noch viel die Rede sein wird: dass das Ganze durch Diversifikation mehr ist als die Summe seiner Teile.

Die *Quallen* waren die ersten Lebewesen, die diese (r)evolutionäre Idee verwirklichten. Quallen hatten zwar noch keine Gehirnzellen, sondern ihr Nervensystem war über den ganzen Körper verteilt, aber nach und nach entwickelten sich Zellen, die lichtempfindlich waren und hell und dunkel unterscheiden konnten: die Vorläufer der Augen. Es ging ihnen also schon ein Licht auf!

Von den Quallen spalteten sich irgendwann *Würmer* ab. Diese hatten schon ein winziges Gehirn mit Sinnesorganen an einem Ende und eine Nahrungsöffnung am anderen – Mund und Ausscheidungsorgan waren noch in einem.

Es ist ein weiter Weg bis zu uns Menschen mit differenzierten Zellfunktionen.

Die Erfindung des Sex

Die ersten Mehrzeller hatten noch keinen Sex. Zur Fortpflanzung teilten sie sich einfach in zwei Teile, und der Nachkomm war fertig – ein identer Klon zum Vorfahr. Das Verfahren funktionierte, Veränderungen dauerten aber ewig. Jeder *Plattwurm* sah genauso aus wie sein Vorfahr, Jahrhunderttausende immer dieselbe Kopie, die gleichen *Plattwürmer.* Minimale Kopierfehler bei der Zellteilung erzeugten höchstens winzige Veränderungen in der DNA der Nachkommen, das dauerte aber ewig. Die Erde drohte langweilig zu werden, und die Evolution kam nur langsam voran.

Mit der Erfindung des Sex änderte sich das schlagartig. Wenn sich ein Männlein und ein Weiblein paaren und aus einem befruchteten Ei eine neue Zelle entsteht, dann passiert die Veränderung und Weiterentwicklung der Gene rasanter. Das neue Lebewesen setzt die Gene von Mutter und Vater neu zusammen und es entsteht automatisch etwas, das anders aussieht, sich anders anfühlt und auch anders agiert. Abgesehen vom Spaß an der Fortpflanzung schaltete die Evolution nun den Turbo ein. Was früher *Tausende* Millionen Jahre dauerte, passierte jetzt schon in *Hunderten* Millionen.

Vor rund 500 Millionen Jahren hätte man schon einen Unterwasserzoo eröffnen können mit vielen merkwürdigen Lebewesen. Wir stehen vor der großen Glasscheibe und bewundern stachelige *Wiwaxias,* schneckenartige *Kimbarellas, Springgina,* das erste Raubtier der Geschichte, und *Anaomalocarsis,* ein Meter lange krebsartige Monster.

Unsere Vorfahren: Manteltier, Lungenfisch und Tiktaalik

Welches mag wohl unser nächster Vorfahre gewesen sein?

Es war das Manteltier.[200]

Es lebte am Meeresgrund und schaute aus wie ein unscheinbares, biegsames Röhrchen, ähnlich einem Geleestangerl oder einem kurzen Strohhalm. Auf den ersten Blick etwas enttäuschend, aber diese Urmanteltiere hatten etwas, auf das wir Menschen heute noch stolz sind: ein *Rückgrat.* Dieses beweist nicht nur Charakter, sondern hat den großen Vorteil, dass die empfindlichen Nervenbahnen darin gut geschützt sind. Damit begründet es die Familie der *Wirbeltiere*. Simple Nachfahren der Manteltiere gibt es heute auch noch im Meer, und wir können unsere Urbrüder und Urschwestern live beim Tiefseetauchen oder im Internet unter dem Sammelnamen *Tunicata* anschauen.

Da wir kein Biologiebuch schreiben wollen, müssen wir ein bisschen Gas geben.

Leben spielte sich damals ausschließlich im Meer ab. Vor 500 Millionen Jahren wuchsen auf der Erde dann erstmals Pflanzen auf dem Land, vor 400 Millionen Jahren tauchten die ersten Insekten auf. Der genetische Unterschied zwischen beiden Arten war minimal: Die einen liebten es, fest verwurzelt in der Erde zu stehen und verwandelten Sonnenlicht in Sauerstoff, die anderen wollten sich lieber bewegen und atmeten den Sauerstoff ein. That´s it! Parallel dazu entwickelten sich im Meer Fische, und nach und nach krochen einige der Fische neugierig als *Amphibien* an Land. Die meisten davon waren *Reptilien*.

Der Lungenfisch

Der nächste geniale Vorvorfahre von uns Menschen war der *Lungenfisch*. Er hatte die Kiemen eines Fisches und auch schon so etwas wie eine Lunge, einen Ballon, in den der Lungenfisch Luft pumpen konnte. Also eine Art Hybridfahrzeug für Wasser und Land. Seine Flossen waren schon beinartig, vier Stück, damit konnte das Tier am Meeresgrund, aber auch am Ufer dahinwackeln. Er war ein *Fisch* auf dem Weg zum *Amphibium*, vom Meerestier zum Landtier und vom Kiemenatmer zum Lungenatmer.

Gestatten, Tiktaalik[201]

Der nächste Verwandte taucht vor rund 380 Millionen Jahren auf. Nach jahre--langer Suche konnte ein Paläontologe namens *Neil Shubin* 2006 im Polargebiet der Arktis die Fossilien unseres UrUr....Urgroßvaters finden: eine *Amphibie* mit flachem Kopf, einem Riesenmaul wie ein Krokodil, Nasenlöchern, einem kurzen dicken Hals, zwei Vorderarmen mit Ellenbogen und Handgelenk, scharfen Zähnen und einem richtigen Skelett. Shubin nannte das Tier *Tiktaalik*, ein Wort aus der Inuit-Sprache. Der Kerl wurde knapp drei Meter lang, schaute aus wie ein grantiger Alligator, war Allesfresser und ein böser Räuber. Kein sehr sympathischer Vorfahre.

Vom *Tiktaalik* stammten alle *Amphibien* ab. Das sind eierlegende Lungenatmer. Daraus entstand zum einen die Gruppe der *Kröten, Frösche* und *Salamander*, denen wir heute noch gerne begegnen.

Die andere Gruppe waren die *Reptilien*. Sie fühlten sich an Land besonders wohl und dominierten eine Zeitlang die Erde. Es entstanden die *Dinosaurier*, die obwohl längst ausgestorben uns heute noch faszinieren, sowie die *Schlangen*, die *Eidechsen* und die *Geckos*, die noch heute umher kreuchen. Zwei nette Reptilien gibt es auch noch, die uns an das Reptilienzeitalter der Erde erinnern: den *Ameisenigel* und das *Schnabeltier*, die so aussehen, als hätten sie sich nicht entscheiden können, wie sie aussehen wollen. Manchen Dinosaurierarten wuchsen Haare, die sich nach und nach in Federn verwandeln: die *Vögel* entstehen. Kohlmeise und Spatz sind also die kleinwüchsigen Urgroßnichten und Urgroßneffen der Flugsaurier, die bis zu 10 m Flügelspannweite erreichten.

Und, auch wenn es ein bisschen peinlich ist: Auch die Säugetiere, und damit wir Menschen, stammen letztlich von Reptilien ab.

Zur fortschrittlichsten Reptiliengruppe in der realen Welt gehören die *Therapsiden*.[202] Unter ihnen sind die Vorfahren der Säugetiere zu finden. Sie standen auf kräftigen Beinen, die sich senkrecht unter dem Rumpf befanden, so dass sie ihr Körpergewicht nicht erst hochstemmen mussten, um sich fortzubewegen. Diese Entwicklung sparte Energie und ließ die Tiere schneller und weiter laufen.

Im *Doctor Who* kommen die *Silurianer* vor, eine reptil-humanoide, hochintelligente Spezies, die vor 400 Millionen Jahren die Erde beherrschte und zu den *Homo Reptilia* gezählt wird. In einer Episode begegnet ihnen Charles Darwin, in einer weiteren werden sie beim Bau der Londoner Underground in ihrer Rückzugshöhle geweckt, zum letzten Mal wurden sie 1973 im englischen Wenley Moor gesichtet.

Wo bleiben die Säugetiere?

Die Evolution der Lebewesen zieht sich dahin, gleichförmig, geduldig und langsam. Schön langsam wird es Zeit für uns Säugetiere. Aber noch dauert es. Die anderen Reptilien waren einfach zu übermächtig. Meeressaurier im Wasser, Flugsaurier in der Luft und abscheuliche Dinosaurier auf dem Festland dominierten die Erde – ähnlich wie heute wir Menschen. Grad einmal winzige Säugetiere wie Urmäuse konnten nachts durch den Wald schleichen und hoffen, unentdeckt zu bleiben.

Es brauchte ein Ereignis von außen, um Platz auf der Erde zu schaffen. Heute weiß es jedes Kind: Vor 65 Millionen Jahren schlug ein riesiger Meteor in Mexico auf der Erde ein, der alles Lebendige im Umkreis von hunderten Kilometern tötete. Eine Schockwelle, Tsunamis, Erdbeben, gigantische Waldbrände und eine jahrelang verpestete und verdunkelte Atmosphäre führten dazu, dass ein Großteil der großen Lebewesen vernichtet wurde.

Die Atombomben auf Hiroshima und Nagasaki 1945 hatten wohl eine ähnliche Wirkung. Mit dem heutigen Arsenal von Kernwaffen könnten wir Menschen locker in wenigen Minuten ein ähnliches Desaster auf der ganzen Erde anrichten wie vor 65 Millionen Jahren. Wir brauchen dazu keinen Meteoriten. Die Krone der Schöpfung, wie wir uns gern bezeichnen, ist fähig, sich selbst und mit ihm die meisten Lebewesen auszulöschen.

Die Welt der Säugetiere

Die Erde würde eine Atomkatastrophe allerdings locker überleben. Und viele winzige Tierarten, Insekten, Mikroben, Bakterien ebenso. Auch nach dem Meteoriteneinschlag überlebten Lebewesen, rappelten sich wieder auf und pflanzen sich fort. Auch ein paar Säugetiere hatten überlebt. Winzlinge wie Nagetiere.

Vom Ei in den Beutel und dann in den Bauch

Der Schritt von *eierlegenden Tieren zu Säugetieren* gilt als großer Meilenstein auf dem Weg zur Menschwerdung. Wie funktionierte der Übergang? Warum schlüpfen wir Menschen nicht aus einem Ei?

Das Ausbrüten eines Eis ist langwierig, unpraktisch und ungemütlich. Die Brüter sind ständig selbst gefährdet, wenn sie reglos dahocken. Wenn sie Futter für sich suchen, müssen sie das Ei allein lassen. Nicht immer ist ein mitbrütender Partner zur Stelle. Dann kann das Ei leicht gestohlen werden (Eier sind für fast alle Lebewesen Delikatessen!) oder auskühlen (dann war die ganze Brüterei für die Katz!). Das Bild von brütenden Pinguinen, die stundenlang stoisch im Schneesturm still stehen, kennt jeder.

Vor allem aber: Ein Baby im Ei hat als Nahrung nur das zur Verfügung, was im Ei vorhanden ist: ein bisschen Eiweiß. Selbst im größten aller Eier, dem Straußenei stecken höchstens 2000 Kalorien. Am meisten Kalorien brauchen die Gehirne zum Wachsen. Ein frisch geschlüpfter Vogel Strauß hat daher nur das Gehirn einer Walnuss. Um ein Menschengehirn zu entwickeln, braucht es viel mehr Nahrung. Säugetiere erhalten durch die Muttermilch unendlich viel mehr nahrhafte Kalorien, 2000 Kalorien „schafft" eine Menschenmutter in ein paar Tagen. Drum haben Menschenbabys auch größere Köpfe mit größeren Gehirnen drin.

Wie gelang dieser Übergang? Die Biologen fanden die überraschende Lösung der Evolution in Australien: *Känguru* und *Koala*, die Beuteltiere. Das lebend geborene Baby findet im Beutel der Mama Känguru oder Panda ähnlichen Schutz und Wärme wie im Ei. Beuteltiere werden als winzige Würmer geboren, die sich im Mutterbeutel in Ruhe entwickeln können wie im Ei, durch das Säugen erhalten sie aber Nahrung im Überfluss. Und die Mutter muss nicht still hocken, sondern kann sich bewegen, Futter suchen oder vor Fressfeinden flüchten.

Das erste Säugetier stammt aus Brasilien

Wem die Ehre zukommt, das erste *echte* Säugetier zu sein, ist heftig umstritten. Laut dem renommierten *National History Museum* in London wurde aufgrund von fossilen Zahnfunden das 225 Millionen Jahre alte *Brasilodon*[203] mit diesem Titel ausgezeichnet, das 2022 in Brasilien entdeckt wurde. Es schaut aus wie eine Kreuzung aus Ratte und Spitzmaus, wird 12 cm lang und hat zwei putzige Zähne.

Vor 200 Millionen Jahren gab es dann schon einen riesigen Zoo voll von Säugetieren, die durch Wald und Flur, Prärie und Wüste liefen. Manche – wie die Wale – bleiben lieber im Wasser, die meisten leben aber an Land: Von kleinen Mäusen und anderen Nagern bis zu Säbelzahntiger, Wollelefanten, Riesenhirschen. Alles nahe Verwandte von uns. Ururgroßonkel Elefant und Ururgroßtante Giraffe. Weit und breit aber noch keine Menschen. Bis Lebewesen auftauchen, die wir als *menschenähnlich* bezeichnen können, vergeht noch einmal ganz schön viel Zeit.

Sowohl Fossilienfunde als auch genetische Untersuchungen weisen im Zeitverlauf von Millionen Jahren eine Richtung vom Einfachen zum Komplexen auf: von den Einzellern zu den Mehrzellern, von simpel gestrickten Wirbellosen zu komplex konstruierten Wirbeltieren, von schlichten RNA-Kopien bis zu Säugetieren mit komplexer Erbfolge. Dabei handelt es sich nicht um *linearen* Fortschritt, sondern es kommt in der Evolution zu Verschmelzungen und Verzweigungen in unzählige Abstammungslinien. Viele Arten starben aus (wie die Dinosaurier oder die Mammuts), manche Abstammungslinien erreichten einen Stillstand („Stasis") und leben über hundert Millionen Jahre weiter bis heute, wie manche Amöben in der Tiefsee oder augenlose Höhlentierchen. Aber in jeder Abstammungslinie, die wir verfolgen können, nimmt die Komplexität zu, auch in der Abstammungslinie der Primaten bis hin zu uns Menschen.

Die biologische Evolution des Menschen

„Wir sind Sternenstaub, wir sind golden / Wir sind Millionen Jahre alter Kohlenstoff."
(Joni Mitchell, 1070)

Was macht den Menschen zum Menschen?

Eigentlich waren wir die krassen Außenseiter im Tiergarten. Es gibt Tiere, die sind schneller im Laufen, geschickter im Klettern, besser im Fliegen, stärker im Kämpfen, haben schärfere Zähne zum Beißen, sind aufgrund ihrer Behaarung zäher bei Kälte. Wir sind zu klein, um zu kämpfen und zu groß, um unauffällig zu sein. Wir nackten, patscherten Gestalten schauen im Vergleich zur Tierwelt also traurig aus. Um im Wettkampf mit den Tieren zu überleben, mussten wir Menschen uns also ganz schön was einfallen lassen. Bevor wir uns unsere menschlichen Urgroßahndln und ihre Entwicklung anschauen, wollen wir daher fragen, was uns Menschen tatsächlich von anderen Lebewesen unterscheidet.[204]

* Das erste, was in der Regel auffällt, ist: *großes Gehirn*. Das Hirnvolumen eines Menschen ist ungefähr 10-mal so groß wie das anderer Säugetiere. Wie wich-

tig das Gehirn für den Menschen ist, zeigt sein Energiebedarf: Das menschliche Gehirn verbraucht 25% der Körperenergie, obwohl es nur 2-3% vom Körper wiegt. (Beim Affen sind es nur 8% Energieverbrauch). Es ist aber nicht nur die Größe (also das Volumen) des Gehirns wichtig, sondern vor allem die Fläche der Großhirnrinde, des *Neokortex*. Und da sind wir Menschen unangefochtene Weltmeister.

* *Der aufrechte Gang*. Wer aufrecht geht, sieht mehr von seiner Umgebung. Die Stellung und Bedeutung des Gehirns und der Augen im Kopf wachsen. Der Mensch hat den Überblick. Die Vorderflossen braucht er nicht mehr als Füße, sondern kann sie als Greifwerkzeuge ausbilden. Der aufrechte Gang beeinflusst auch die Form des Kopfes: Mund, Kiefer und Hals formen sich so, dass das Sprechen leichter wird. Wir richteten uns auf, konnten die Dinge be-greifen und hatten auch schon die Klappe ständig offen.

* *Herstellen von Werkzeugen*: In puncto handwerklicher Geschicklichkeit ist der Mensch unschlagbar. Er kann Geräte aus unterschiedlichsten Materialien – Waffen, Kleidung, Zelte und jede Menge nötiges und überflüssiges Zeug – herstellen und praktisch jedes Material bearbeiten.

* *Der Gebrauch des Feuers*. Feuer bedeutet Licht, Wärme, Schutz vor Fressfeinden, vor allem aber eine Revolution in der Nahrungsaufnahme: Wir essen vielfältiger und nahrhafter, wodurch wir auch gesünder und – wenn uns nicht ein Löwe über den Weg läuft – länger leben. Und wir brauchen nicht so viel Zeit zur Nahrungssuche und zur Jagd, weil wir Lebensmittel konservieren können.

Ursprünglich mussten wir Menschen uns in der Nahrungskette ziemlich weit hinten anstellen. In der freien Wildbahn waren die meisten Tiere gefährlicher oder geschickter bei der Jagd. Die ersten Menschen agierten daher wie die Aasgeier oder die Hyänen. Sie warteten, bis die großen Jäger ihre Beute erlegt und verzehrt hatten und näherten sich erst dann vorsichtig, um die Reste zu holen. Wobei die echten Aasgeier und Hyänen auch noch Vorrang vor den Menschen hatten. Die Herstellung von Waffen und der gezielte Einsatz des Feuers ließen die Menschen in der Hierarchie plötzlich steil nach oben marschieren. Plötzlich konnten wir große Tiere jagen oder vertreiben und vor allem Fressfeinde angreifen und erlegen. Wir waren plötzlich wer im Tierreich!

* *Die Entwicklung eines Sozialsystems* hat einen dramatischen Hintergrund. Im Vergleich zu vielen anderen Tieren ist der Mensch eigentlich eine Frühgeburt. Er kommt als hilfloses Bündel auf die Welt und muss über Jahre hinweg aufgezogen, beschützt, ge- und entwickelt werden. Im Gegensatz dazu kommen viele Tiere praktisch „fertig" auf die Welt, manche Tierarten können nach wenigen Minuten oder Stunden stehen und die Welt erkunden. Alleinerziehende Menschenmütter und ihre Kinder hätten in der frühen Zeit keine Überlebenschance gehabt, selbst die Vater-Mutterfamilie wäre dafür zu schwach gewesen. Nur im Sozialsystem einer Großfamilie oder Horde konnten Kinder bis zur Selbstständigkeit überleben.

* *Die Verwendung der Sprache.* Laute können auch die meisten Tierarten zur Verständigung von sich geben. Die Voraussetzungen für differenziertes Sprechen entwickelten aber nur die *Hominiden.* Sobald unsere Sprechwerkzeuge ausgebildet waren, begannen wir klug zu reden und hörten nicht mehr auf.

Natürlich haben auch andere Tierarten manche der genannten Kompetenzen entwickelt: Giraffen haben den Kopf hoch oben, Affen können Werkzeuge herstellen, viele Tiere leben im Sozialverband des Rudels, der Herde oder des Schwarms; auch Tiere verständigen sich durch Laute. In der Kombination aller Kriterien sind wir Menschen aber einzigartig, und vor allem das Wechselspiel von Gehirnentwicklung und dem reflektierten Gebrauch der Sprache sind Alleinstellungsmerkmale des Menschen.

Unsere Vorfahren: Vom Baum hinaus in die Welt

„Look for the girl with the sun in her eyes!"
(Lucy in the sky with diamonds, The Beatles 1967)

Lucy in the Sky

Die Wissenschaft geht davon aus, dass vor etwa 7 Millionen Jahren eine Primaten-Urmutter in Afrika zwei hübsche Töchter gebar: Die eine Tochter war die Urmutter der *Schimpansen*, die andere die Urmutter der *Hominiden*, also der Vormenschen. Schimpansen sind also unsere Geschwister, die anderen Menschenaffen wie *Bononos, Orang Utans* und *Gorillas* sind Cousins und Cousinen.[205]

Die ersten Hominiden, die es in die Schulbücher schafften, waren die *Australopithecus*, die vor ca. 4 Millionen Jahren in Ostafrika lebten und zwischen Affenmenschen und Menschenaffen eingestuft werden. Sie konnten sich sowohl in Bäumen als auch am Boden fortbewegen, gut klettern, aber auch schon auf zwei kurzen Beinen gehen. Ihre Nahrung bestand aus Früchten, Wurzeln und kleineren Tieren. Ihr Gehirn war etwas größer als ein Affenhirn, und sie wurden zwischen 1.20 und 1.40 m groß. Das älteste Exemplar des *Australopithecus*, das man als fast vollständiges Skelett fand, war eine hübsche Dame namens *Lucy*. Sie bzw. ihr Skelett wurde 1973 gefunden, sie erhielt ihren Namen nach einem Beatles-Song und war zur Fundzeit geschätzte 3,2 Millionen Jahre alt.

Die *Australopithecus* lebten 2 Millionen Jahre lang zufrieden in Ostafrika auf den Bäumen und machten erste wacklige Schritte am Waldboden auf dem Weg zum Menschen. Evolution braucht Geduld. Lange Zeit glaubte die Wissenschaft (und so lernte ich es auch noch an der Uni), dass die Menschenarten sich in einer chronologischen Abstammungslinie entwickelten: Aus dem *Australopithecus* wurde der *Homo habilis* und daraus wiederum der *Homo erectus*, der dann zum *Homo sapiens* wurde – als lineare Erbfolge, so wie *Heinrich, der II.*, auf *Heinrich, den I.*, folgt. Heute gilt diese Ansicht als überholt, und es hat sich die Theorie durchgesetzt, dass mehrere Arten[206] von Hominiden an den verschiedensten Orten Afrikas parallel lebten und sich individuell entwickelten: *Homo rudolfensis, Homo habilis, Homo ergaster, Homo erectus* und andere Arten lebten zeitgleich ca. 2,5 Mio. Jahre v.Chr. in Afrika.

Out of Africa

Eine dieser Arten waren die *Homo erectus*, deren Spuren zwei Millionen Jahre zurück reichen. Die *Homo erectus* richteten sich ihrem Namen gemäß auf, marschierten drauflos und hörten nicht mehr auf zu wandern - wie *Forrest Gump* im Film. Sie waren die erste Art, die ihre Heimat in Afrika verließ und entwickelten sich zu Weltenbummlern, die nach Nordafrika, weiter in die Levante und von dort nach links Richtung Europa und nach rechts Richtung Asien abbogen. Das darf man sich natürlich nicht als Wandertag einer Gruppe vorstellen, die in der Früh am 21.März in Dschibuti loszieht und am 1.April abends in Alexandria am Mittelmeer landet, sondern als sehr, sehr langsame Bewegung mit vielen Zwischenstationen, die viele Generationen andauerte.

> Die „*Out of Africa*" - Bewegung des *Homo erectus* gilt heute als die am besten belegbare, weithin anerkannte Theorie, dass sich die Menschen ausgehend von Afrika auf der Erde verbreiteten. Wir sind alle Afrikaner im Herzen und in den Genen.[207]

Je nach der Weltgegend, in der sie landeten, entwickelten die *Homo erectus* spezielle Eigenschaften und Fähigkeiten. In den verschneiten Wäldern Nordeuropas erforderte die Natur andere Lebensweisen als im Dschungel Indonesiens oder in den Steppen Zentralasiens. Aus den *Homo erectus* entwickelten sich nach und nach verschiedene Menschengruppen, die sich durch Anpassungen an Lebensräume und irgendwann auch durch *genetische Drift* voneinander abgrenzten.[208]

Vielfalt der Menschenarten

Die Ur-*Homo erectus* waren besonders robust gebaut, wurden zwischen 1,60 und 1,80 m groß, galten – wenn sie nicht gerade liefen und jagten – als eher faul und fühlten sich in den Steppen Asiens besonders wohl, wo sie fast zwei Millionen Jahre, überlebten, womit sie die menschlichen Rekordhalter im Überleben sind. Ihr Gehirnvolumen nähert sich langsam dem modernen Menschen, der Gebrauch des Feuers, Herstellung von Steinwerkzeugen und Errichtung von Hütten ist durch Funde belegt.

Aus der Art geschlagene Verwandte gab es auf der Insel Flores im indonesischen Archipel: die *Floresmenschen (Homo floresiensis)*, die in der Wissenschaft den Spitznamen *Hobbit* tragen: Sie wurden nur 1 m groß und 25 kg schwer, schwangen aber mutig den Speer und jagten Elefanten (die aber auch viel kleiner waren als die heutigen).

In Afrika blieben verschiedene Gruppen in unterschiedlichen Entwicklungsstufen, auch daheimgebliebene *Homo erectus* und ihre mutmaßlichen Nachfahren, die *Homo heidelbergensis*. Die Entwicklung der Arten war also ein buntes Durcheinander und Nebeneinander wie auch bei den Tierarten. Es gibt ja auch viele Arten von *Bären*, vom grimmigen *Grizzly* bis zum pummeligen *Panda*. Überall in der eurasisch-afrikanischen Welt lebten also Menschengruppen oder -arten nebeneinander, meist ohne voneinander zu wissen. Manchmal trafen vielleicht zwei Gruppen einander zufällig. Was dann passierte, wissen wir nicht: ob sie einander beschnüffelten und sich paarten oder ob sie einander nicht riechen konnten und bekriegten.

> Der Geruch spielte beim Steinzeitmenschen übrigens eine wichtige Rolle in der Frage, ob man einander akzeptierte oder nicht. Vom Steinzeitmenschen in uns lebt bis heute die gesamte Parfumindustrie.

Die Entwicklung der Arten passierte nicht synchron. Es gab nicht den *einen* Tag, an dem alle Menschen auf der Erde Feuersteine zu klopfen begannen. Manche Gruppen bastelten vielleicht gerade Pfeil und Bogen, während andere so praktische Dinge wie Zelte aus festen Blättern flochten. Wo es kalt war, knüpfte man aus Naturfasern erste T-Shirts, wo es Flüsse gab, schnitzte man ein Boot aus Baumstämmen. Manche Gruppen hatten vielleicht sogar schon das Feuer entdeckt. Vielfalt kennzeichnete die Welt der *Hominiden.*

Die Krux der Forschung

> *„Paläoanthropologie und Archäologie des Frühmenschen operieren auf einem Gebiet, in dem keine Experimente möglich und Daten spärlich sind. Es gibt wenig andere Wissenschaften, in denen ein einziges isoliertes Beweisstück ein Interpretationsmodell stützen kann, ohne geprüft werden zu können." (Archäologe Robin Derricourt)* [209]

Die Forschung ist bis heute auf Zufallsfunde angewiesen: Fossilien, die man ausgräbt, aus dem Meer herauftaucht oder über die man in einem Hochmoor stolpert. Was wir finden, sagt uns immer nur etwas über den konkreten Fundort und die dortigen Menschen, nie über die Menschheit allgemein. Im Nachbartal könnte der Entwicklungsstand ein ganz anderer gewesen sein. Funde sagen auch nichts über die Bevölkerungsdichte aus, sondern nur über die Bedingungen zur Konservierung von Leichen. Will man den Zeitpunkt eines Ereignisses einschränken, kann man das oft nur auf ein paar Zehntausend oder Hunderttausend Jahre „genau".

Wie mühsam paläontologische Forschung ist, zeigt der Name „*Steinzeitmenschen*", weil man bei Fossilien der Urmenschen eben nur Steinwerkzeuge fand. Eigentlich waren es aber *Holzmenschen,* der überwiegende Teil ihrer Alltagsgegenstände war aus Holz, das aber leider rasch verrottet, während die seltenen Steingegenstände erhalten blieben. Wir finden in Geschichtsbüchern unterschiedlichste Darstellungen und Berechnungen von der Entwicklung der Menschen, viele Theorien stehen nebeneinander. Im Gegensatz zum früheren Verständnis von Wissenschaft, als man die Geschichte des Menschen einfach und geradlinig drauflos erzählte, gehört es aber heute zur Seriosität, dass man alle Unsicherheiten offen darlegt.[210]

Was wir aber sicher wissen: Rund 2 Millionen Jahre lang bis vor rund 10.000 Jahren, existierten *gleichzeitig* mehrere Menschenarten auf der Erde. *Eine* davon nennen wir *Homo sapiens,* die klugen Menschen, und zwar, überheblich wie wir nun einmal sind, *die unsere.* Werfen wir aber zuerst noch einen Blick auf unsere unmittelbaren Vorfahren.

Das Missing Link aus Heidelberg und seine Nachfahren

Die alte Residenzstadt Heidelberg ist bekannt für ihre malerische Altstadt und die Ruprecht-Karls-Universität, die älteste Hochschule Deutschlands. Man isst dort gern Sauerbraten oder einen deftigen Pfälzer Teller mit Blut- und Leberwurst und trinkt schweren Wein. Nicht nur Student*innen und Touristen, sondern auch Steinzeitmenschen trifft man dort. Der erste Fund eines *Homo heidelbergensis*-Schädels stammt aber nur zufällig aus Heidelberg in Deutschland, es gibt auch Funde in Afrika, Spanien und in Asien, er war also, anders als sein Name nahelegt, ein internationaler Typ.

Die *Homo heidelbergensis* lebten etwa vor 600.000 bis 200.000 Jahren. Sie waren vermutlich ein wichtiger Evolutionsschritt in der Menschheitsgeschichte und eine Art Brücke zwischen älteren Arten wie *Homo erectus* und den späteren Arten der *Neandertaler*, der *Denisova-Menschen* und der *Homo sapiens.* Ihre Fähigkeiten und Anpassungen machten sie zu Überlebenskünstlern in der Altsteinzeit. Die *Homo heidelbergensis* hatten einen robusten Körperbau, ähnlich dem des *Neandertalers*, der für kalte Klimazonen gut geeignet war. Ihr Gehirnvolumen lag mit etwa 1100-1400 Kubikzentimetern zwischen dem *Homo erectus* und dem modernen Menschen, was schon auf eine weiterentwickelte Intelligenz hindeutet. *Homo heidelbergensis* beherrschten die Steinbearbeitung und nutzten fortschrittliche Werkzeuge. Archäologische Funde zeigen 300.000 Jahre alte Holzspeere, die für Großwildjagd geeignet waren. Es wird vermutet, dass die *Homo heidelbergensis* sozialem Zusammenhalt entwickelten und schon über eine einfache Sprache verfügten.

Etwa 200.000 Jahre vor unserer Zeit waren die *Homo heidelbergensis* anscheinend ausgestorben oder hatten sich in ihre klugen Nachfahren weiterentwickelt. In Afrika entstanden die *Homo sapiens,* während ausgewanderte Gruppen in Europa zu den *Neandertalern*[211] und in Asien zu *Denisova-Menschen*[212] mutierten. In vielerlei Hinsicht dürften *Neandertaler* und *Denisova-Menschen* anfangs auf derselben Entwicklungsstufe gestanden sein wie die *Homo sapiens*. Sie gelten schon als sehr klug, und ihre Gruppen entwickelten eine beachtliche Kultur: Sie pflegten einfache Formen der Kommunikation und lebten ein hohes Sozialethos, in dem sie sich auch um ältere oder kranke Mitglieder kümmerten. In der frühen Evolution ließ man in der Regel die Kranken und Alten einfach zurück, weil sie die Gruppe aufhielten und gefährdeten.

Spannend war wohl das Aufeinandertreffen, als die aus Afrika einwandernden *Homo sapiens* die Reviere der alteingesessenen *Neandertaler* und der *Denisova-Menschen* betraten. Dass nur wir *Homo sapiens* überlebten, ist schade. Es wäre interessant zu sehen, wie die Welt sich entwickelt hätte, hätten neben den *Homo sapiens* auch die friedfertigen *Neandertaler* und die kunstsinnigen *Denisova-Menschen* überlebt und Hochkulturen gegründet.

Bevor der *„kluge Mensch"*, wie wir uns überheblich nennen, die Bühne betritt, wollen wir einen Blick *„inside the Shell"*, also ins menschliche Gehirn machen und drei wichtige Schritte der Evolution besprechen, die auf dem Weg zum *Homo sapiens* ganz besonders wichtig waren.

* Die Evolution des Gehirns
* Die Evolution des Lernens
* Die Evolution der Sprache

Inside the shell: Die Evolution des Gehirns

„Das Denken überlassen wir den Pferden, die haben die größeren Köpfe."

pflegte unser Geschichtelehrer zynisch zu sagen, wenn einer in unserer Klasse eine besonders falsche Antwort gab. Was hat es mit dem „großen" Gehirn auf sich?[213]

Als USP der *Homo sapiens* und damit als seine „Superwaffe" gilt ja das besonders große und komplex ausgebildete Gehirn. Mutationen der DNA ließen es wachsen, vor allem die Zahl der *Neuronen* und damit das Netz der Gedankenverbindungen wuchs beim *Homo sapiens* sprunghaft an.

Wie diese Mutationen in der evolutionären Entwicklungslinie des Menschen abliefen, dazu schauen wir uns einige Meilensteine an.

Milestone 1: Signalverkehr & Riechorgan: Bakterien

Selbst eine so simple Kreatur wie das Darmbakterium *Escherichia coli* ist fähig, auf Reize in seiner Umgebung sinnvoll zu reagieren. Empfangsmoleküle in der Zellwand helfen ihm, Nahrungsquellen oder Giftstoffe wahrzunehmen. Werden diese Rezeptoren gereizt, erzeugen sie chemische Signale. Sie veranlassen das Tierchen, sich mit seinen propellerartigen Geißeln in die richtige Richtung zu bewegen – hin zum Futter oder weg vom Gift.

Ein erster Hinweis auf Ansätze von *Bewusstsein* von *Ich und Du*! Diese uralte Form des *Signalverkehrs* hat die Natur auf dem Weg zum Menschenhirn bis heute beibehalten: *Riecht etwas giftig, grauslich oder verdorben oder duftet etwas verführerisch-appetitlich?* Der Geruchssinn ist bis heute der unmittelbarste der menschlichen Sinne. Beim Sehen, Hören oder Fühlen müssen die Signale erst in der *Großhirnrinde* des Gehirns verarbeitet werden. Gerüche dagegen wirken im Gehirn direkt auf das *limbische System*, wo Emotionen verarbeitet und Triebe gelenkt werden. Das gilt fürs Essen wie auch für den Sexualtrieb.

Milestone 2: Die Erfindung der Neuronen: Quallen

Die *Quallen* kamen als erste Lebewesen in den Genuss der wohl wichtigsten Erfindung der Evolution: den Nervenzellen (*Neuronen*). Sie bildeten sich aus Zellen der äußeren Hautschicht, die unmittelbar der Umgebung ausgesetzt waren, und hatten die Aufgabe, Reize zu empfangen und weiterzuleiten. Die mobilen, räuberischen Quallen gehören zu den ältesten heute noch existierenden Organismen, die über Neuronen verfügen, wobei diese freilich noch nicht ausdifferenziert waren.

Neuronen bilden auch heute das zentrale Informationsnetzwerk für die Kommunikation zwischen Gehirn und Körper und innerhalb des Gehirns, indem sie *sensorische Informationen* empfangen und *motorische Steuerbefehle* als elektrische Signale weiterleiten. Sie bilden quasi die Datenleitungen unseres persönlichen Intranets.

Milestone 3: Warum der Kopf oben ist: Würmer

Eine Zusammenballung von Informationszellen, die den Namen *Gehirn* verdient, erprobte die Natur erstmals bei *Würmern*, den ersten Lebewesen, bei denen sich vorn und hinten unterscheiden lässt. Schlägt ein Tier bevorzugt eine Richtung ein, also vorwärts, ist es sinnvoll, wenn sich ein Großteil seiner Nerven und Sinneszellen vorn konzentriert. Schließlich kommt dieser Körperteil meist zuerst mit den Verheißungen oder Gefahren einer neuen Umgebung in Berührung. Würmer zählen zu den ersten Lebewesen, bei denen dieses Konzept auftaucht: Vorn sitzt ein Kopf mit Augenflecken und dahinter liegt ein rudimentäres Gehirn. Zwei Nervenstränge verlaufen symmetrisch entlang der rechten und linken Körperhälfte, von denen kleine Nerven zu den Seiten führen und die beiden Stränge verbinden, sodass der Wurm ein vom Gehirn gesteuertes *peripheres Nervensystem* hat.

Vom *Plattwurm* mit dem Kopf vorne bis zum Menschen mit dem Kopf ganz oben, war es dann nur mehr ein kleiner Schritt.

Milestone 4: Schädel und Wirbelsäule - Wirbeltiere

Als nächsten Schritt sehen wir die Entwicklung bei den Wirbeltieren, deren Gehirn durch einen *Knochenschädel* und deren Nervenstränge durch die *Wirbelsäule* geschützt werden. Das Gehirn wird als „Denkzentrum“ etabliert und die Nervenbahnen werden von dort durch die Wirbelsäule in den Körper geleitet und Wirbel für Wirbel in die außenliegenden Muskeln verzweigt. Jeder Mensch mit Bandscheibenproblemen kennt den Mechanismus, wenn Wirbel auf Nerven drücken. Das ganze Nervensystem ist zweigeteilt in ein *autonomes* Nervensystem im Hirnstamm, das automatisch auf Reize reagiert und ein *somatisches* Nervensystem, das sich willentlich vom Gehirn steuern lässt.

Der Fortschritt: Im Gehirn sitzt die zentrale Steuerung, und in der Wirbelsäule gibt es gut geschützte Nervenbahnen. Dieses alte Stammhirn, bestehend aus Vorder-, Mittel- und Hinterhirn, besitzen wir Menschen heute noch, und es mischt noch kräftig mit!

Milestone 5: Nervensystem der Säugetiere

Aus den Reiz-Reaktionssystemen von früher entwickelte sich bei den Säugetieren das *elektrochemische Nervensystem*, das nun über spezialisierte, elektrisch erregbare Zellen verfügt: die *Neuronen.* Jedes *Neuron* besteht aus einem *Zellkörper* mit *Zellkern.* Von diesem führen *Dendriten*, weit verzweigte Nervenfäden, in den gesamten Körper, um Impulse zu empfangen und ein breites *Axon*, das Impulse aussendet. Wir unterscheiden drei Arten von *Neuronen*: *Sinnesneuronen*, die von den Sinnesorganen Informationen aufnehmen und als elektrische Impulse ans Gehirn weiterleiten; *Interneuronen*, die die empfangenen Impulse im Gehirn verarbeiten und an die überall im Körper verdrahteten *Motoneuronen* Befehle für entsprechende Reaktionen aussenden. Neuronen sind also hochspezialisierte Experten für alle Körper- und Geistesregungen.

Ein Schlag auf die Patellasehne des Menschen wird von den *Sinnesneuronen* als Schmerz – *Autsch!* – empfangen, die *Interneuronen* geben den Befehl –*Zuckreflex*! – an die *Motoneuronen* des Oberschenkelmuskels weiter, die das Knie nach vorn schnellen lassen.

Milestone 6: Der Neokortex beim Menschen

Die Gehirnentwicklung gleicht einem alten Haus, das durch Zubauten ständig erweitert wird. Während der alte Kern, das *Stammhirn* der Säugetiere, bis heute weitgehend unverändert blieb, „baute" die Evolution rund um diese ältesten Hirnteile beim Menschen nach und nach die *Großhirnrinde* aus. Das Stammhirn wird also von einer etwa 2 mm dünnen, eng gefalteten Schicht, die dicht mit Neuronen besetzt ist, überzogen: dem *Neokortex* (oder *Großhirnrinde*), der aus grauer Substanz (den berühmten *grauen Zellen*) besteht.[214]

In der Faltung liegt das Kunstwerk: Damit diese wachsende, hauchdünne Neuronenschicht noch in den Schädel passte, faltete sie sich so zusammen, dass das Gehirn des *Homo sapiens* allmählich sein walnussartig faltiges Aussehen annahm. Der *Neokortex* beim Menschen besitzt im Vergleich zu einer Maus (in Relation zur Größe) eine 1000fach größere Oberfläche, weil er eng gefaltet ist wie ein frisch gebügeltes Leintuch; im Vergleich mit Affen beträgt die Oberfläche mindestens das Zehnfache. Stärkere Faltung bedeutet Platz für mehr *Neuronen*, mehr Verbindungen zwischen den *Neuronen*, ein dichteres Netzwerk – und damit

Kapazität für mehr Gedanken und Erinnerungen. Die Entfernungen zwischen den *Neuronen* sind kurz, das reduziert die Übertragungszeit für Nervenimpulse und verhindert die sprichwörtliche *„lange Leitung"*.

Nicht Größe und Gewicht, sondern vor allem die Oberfläche des Neokortex entscheidet also über die Intelligenz eines Lebewesens: *Klugheit misst man nicht (nur) in Volumen, sondern vor allem in Fläche.* Laut Schätzungen enthält das erwachsene menschliche Gehirn ungefähr 86 Mrd. *Neuronen*, die einander über rund 500 Billionen *Synapsen* (=winzige Schaltstellen) Signale und Informationen schicken. Die Faltung beträgt etwa 1800 cm^2. Das macht das menschliche Gehirn zum komplexesten Gebilde des bekannten Universums.

> *Das* Merkmal, in dem sich die Evolution des menschlichen Gehirns am meisten von denen aller anderen Tiere, aber auch anderer Menschenarten unterscheidet, ist also der *Neokortex*, der für höhere kognitive Funktionen wie Kurzzeitgedächtnis, Assoziation, Kreativität, Sprache, Denken und Selbstreflexion zuständig ist. Das Gehirn von Pferden ist übrigens nur so groß wie eine Grapefruit und bringt nur 400 – 700 Gramm auf die Waage. Der Kopf ist zwar groß, drinnen sitzt aber nur ein winziges Gehirn. Sorry, Herr Professor.

Das Gen ARGHGAP11B[215]

Nachdem sich die evolutionären Wege von Mensch und Schimpanse am Anfang des Kapitels getrennt hatten, legte das Hirn der Hominiden zunächst genauso langsam zu wie das seiner Affengeschwister. Vor etwa zwei Millionen Jahren beschleunigte sich sein Wachstum aber rasant: Es verdreifachte es sich beim *Homo sapiens*. Verantwortlich ist wahrscheinlich eine Mutation im Gen ARHGAP11B, eine winzige, zufällige Veränderung in der Sequenz *eines* Gens. Diese sorgte dafür, dass sich die Zahl der Nervenzellen im Gehirn drastisch vermehrte. Diese Mutation finden wir erstmals beim *Heidelbergmenschen* und dann bei seinen Nachfahren, beim *Homo sapiens* in Afrika, beim *Denisova-Menschen* in Asien und beim *Neandertaler* in Europa. All diese Vertreter der Gattung Homo haben oder hatten ein Hirnvolumen von 1,3 bis 1,4 cm^3.

Der Auslöser für diese Genmutation war *nach der führenden Theorie* ein Klimawandel und damit verbundene, veränderte Umweltbedingungen, die die frühen Menschen vor neue Herausforderungen stellte. Menschenarten *mit* der Genmutation überlebten die dramatischen Umweltbedingungen eher als Menschenarten *ohne* diese. Erhöhte geistige Fähigkeiten und eine gesteigerte Geschicklichkeit der Hände half ihnen, bessere Werkzeuge, Kleidung und schlagkräftigere Waffen herzustellen. Dadurch erweiterte sich das Nahrungsangebot und verbesserte die Methoden der Nahrungsherstellung und Konservierung. Die erhöhte Energiemenge, die dem menschlichen Körper zur Verfügung stand, pumpte die Evolution ins Gehirn, wodurch die Zahl der Neuronen zunahm. Folglich wurden die Menschen noch geschickter und intelligenter.

Eine andere Theorie sagt, großes Gehirn habe mit dem *Leben in Sozialverbänden* zu tun, das ein hohes Maß an gemeinsamem Planen und Handeln sowie Kommunikation verlange. Vermutlich stehen beide Theorien in enger Wechselwirkung. Eine geniale Wachstumsspirale kam in Gang, die uns Menschen an die Spitze der Überlebenskünstler beförderte.

Menschen mit größerem Neocortex und einer größeren Menge von Neuronen erweiterten ihre haptischen, sozialen und sprachlichen Kompetenzen, wodurch sie sich den schwierigen Umweltbedingungen besser anpassten und gesünder lebten. Menschen, die sich besser anpassen konnten und gesünder lebten, überlebten eher. Gesündere und angepasstere Lebensweise ließ das Gehirn weiter wachsen und so fort.

Die Evolution des Lernens

Nachdem wir einen Blick in die Gehirne von Lebewesen gewagt haben, wollen wir nun schauen, wie das Gehirn Verhaltensweisen steuert.

Als entscheidendes Kriterium wird meist *Intelligenz* genannt. Wenn man den Intelligenzbegriff auf seinen Kern reduziert, sodass er für alle Lebewesen vom einfachsten an gilt, können wir definieren:

„Intelligenz ist die Fähigkeit, sich (selbstständig) Wissen anzueignen und es erfolgreich für einen bestimmten Zweck oder ein Ziel anzuwenden, insbesondere in neuen und/ oder herausfordernden Situationen.“ [216]

Ein Schlüsselbegriff ist also *„lernen“*. Diese Fähigkeit teilen wir Menschen mit *allen* Lebewesen. Auch die einfachsten Organismen zeigen Spuren von Intelligenz, wenn sie lernen, ihre Handlungen so zu adaptieren, dass sie damit erfolgreich sind.[217]. Ein zweiter Schlüsselbegriff ist „*selbstständig*". Das Gehirn von Lebewesen funktioniert ursprünglich automatisch und instinktiv. Je komplexer das Gehirn entwickelt ist, desto selbstständiger kann es Entscheidungen treffen, um auf seine Umwelt adäquat zu reagieren. Dazu braucht das Lebewesen – dritter Schlüsselbegriff – ein Minimum an *Bewusstsein*, also einen Zustand des wachen Wahrnehmens und Reagierens auf die Umgebung. Da wir *Intelligenz* nicht in absoluten Zahlen messen, sondern nur anhand konkreter Handlungen beobachten und beschreiben können, wollen wir uns anschauen, wie Lebewesen bis herauf zum Menschen Verhaltensweisen *lernen*, auf ihre Umwelt zu reagieren.[218]

Stufe 1: Direkte Reaktionen

Direkte Reaktionen zur Selbsterhaltung machen bei allen Lebewesen vom Bakterium bis zum Menschen den größten Teil der Verhaltensweisen aus. Diese sind auch bei uns modernen Menschen unverändert aktiv: Das gute, alte *Stammhirn* steuert die überlebenswichtigen Funktionen wie Atmung, Blutdruck, Stoffwechsel wie ein vorprogrammierter Computer. Viele Reaktionen unsere Organe laufen unbewusst oder unterbewusst und automatisch ab, auf dieser Stufe spielt Lernen keine Rolle.

Unser Gehirn ist ein „selbstfahrendes" Fahrzeug, das auch ohne unser Bewusstsein ganz gut zurecht kommt. Einige solcher *direkten Reaktionen* können wir uns bewusst machen, aber nur mit Mühe unterdrücken: z.B. das Zwinkern mit den Augen oder der oben beschriebene Patella-Reflex. Direkte Reaktionen sind immer genetisch vererbt und daher angeboren.

Stufe 2: Instinktive Verhaltensweisen[219]

Es raschelt im Gebüsch. Wir spannen alle Sinne an und fokussieren uns auf das Geräusch. Unsere Instinkte befehlen „Flucht", wenn das Rascheln zu einer Schlange gehört, die sich aus den Blättern hervorwindet. Sie aktivieren unseren Jagdtrieb, wenn ein Kaninchen hervorlugt. Sie wecken unseren Appetit, wenn duftende, rote Beeren im Wind rascheln. Sie erregen unsere Lust, wenn sich hinter dem Gebüsch ein paarungsbereites Wesen versteckt. Und sie lassen unsere Aggressivität hochschnellen, wenn wir hinterm Busch einen möglichen Feind vermuten.

Tiere und auch wir Menschen handeln gemäß angeborenen Instinkten: Auf einen Reiz reagiert das Stammhirn sofort und automatisch mit der passenden Reaktion: Fluchtreflex, Jagdinstinkt, Appetit, Aggression oder sexueller Lust. Wir folgen folgsam jenen Basisinstinkten, die den zentralen Überlebenszielen aller Lebewesen dienen: *Selbsterhaltung* und *Arterhaltung*.

> *Nesthocker* reißen ihren Schnabel instinktiv weit auf und liefern den Eltern damit den Schlüsselreiz, Futter in den Babyrachen zu stecken. *Säugetierbabys* beginnen mit Saugbewegungen, sobald sie an ihrem Maul/Mund und ihrer Zungenspitze eine Berührung spüren.

Konrad Lorenz (1903 – 1983) und *Nikolaas Tinbergen* (1907 – 1988) erhielten den Nobelpreis für Verhaltensbiologie, weil sie Instinkte als wichtigen Mechanismus der Verhaltenssteuerung von Tier und Mensch erkannten. Wir reagieren auch heute noch instinktiv auf *Schlüsselimpulse,* wenn wir in eine ungewohnte Situation geraten, z.B. wenn wir einen unbekannten Ort oder Raum betreten: ein Wartezimmer oder eine fremde Website oder ein neues Level am Computerspiel.[220]

* Zunächst registrieren wir *lebensbedrohliche Zeichen:* auffällige Signale, die auf eine akute Bedrohung hinweisen, z.B. laute oder undefinierbare Geräusche, grelle Lichter, ungewöhnliche Bewegungen.

* Dann scannen wir *Mimik und Körpersprache* des Gegenübers, egal ob fremder Mensch auf der Straße oder das Monster im dritten Level: Bekannt oder unbekannt? Fressfeind oder potentielles Futter? Zeigt es Begrüßungs-, Unterwerfungs- oder Drohgebärden? Aggression oder Angst, Freude oder Trauer, Wut oder Beschwichtigung?

* Droht keine unmittelbare Gefahr, achten wir auf jene Signale, die unserer *Selbsterhaltung* dienen: Futter fassen! Der unwiderstehliche Duft nach frischen Semmeln aus der Bäckerei oder ein verführerisches Food Design auf Instagram lässt uns instinktiv einspeicheln.

* Schließlich registrieren wir Signale, die uns zur *Arterhaltung* auffordern: ein paarungsbereites Männchen oder Weibchen in entsprechender Pose auf einem Werbeplakat oder in einem Film wecken unsere Sexualinstinkte.

Den Dschungel oder die Steppe richtig zu lesen, war für die Steinzeitmenschen überlebensnotwendig. In der modernen Welt und im virtuellen Dschungel ist es genauso. Wir tragen dieselben Urinstinkte wie unsere Vorfahren in uns, und wenn es eng wird, reagieren wir instinktiv wie Steinzeitmenschen. Werbeindustrie und Polit-Ideologen versuchen mit gezielt platzierten Schlüsselimpulsen die Urinstinkte in uns zu wecken, damit der Steinzeitmensch über den Vernunftmenschen siegt.

Stufe 3: Erlernte Verhaltensweisen: Wiederholen und nachahmen

Schon bei einfach gestrickten Zeitgenossen wie *Mollusken* (z.B. Schnecken oder Muscheln) lässt sich rudimentäres *Lernverhalten durch Wiederholungen* beobachten: Bringt die wiederholte Reaktion auf einen Außenreiz *immer* positive Ergebnisse, dann erlernt das Tier individuell diese Reaktion.

Bei Tieren mit höherem Entwicklungsgrad spielt das *Lernen durch Nachahmung* der Elterntiere eine wichtige Rolle. So schlüpft ein Kanarienvogel nicht mit einer fix eingeschriebenen Melodie seines Werbegesangs im Kopf aus dem Ei, sondern lernt sein Lied, indem er erwachsenen Männchen zuhört.

Die Entwicklung von Lebewesen mit größeren Gehirnen läuft also nicht ausschließlich durch vererbte und automatisierte Verhaltensweisen, sondern diese lernen *individuell* durch *Trial and Error* und *Orientieren an Vorbildern.* Unser Kanarienvogel ist imstande, nach ein paar schmerzhaften Kollisionen zu begreifen, dass die Fensterscheibe ein unsichtbares Hindernis ist. Eine Fliege hingegen versucht bis zur Erschöpfung immer wieder, durch das Glas zu gelangen. Die Formel ist simpel: Je größer das Gehirn, desto mehr kann ein Lebewesen individuell lernen. Das evolutionäre Wachstum des Gehirns fördert die individuelle Lernfähigkeit. Und diese wiederum fördert das Wachstum des Gehirns: Jeder Lerninhalt schafft im Gehirn neue Verknüpfungen (=Synapsen) und schafft dadurch mehr Andockmöglichkeiten für neues Wissen.

Das ist der entscheidende USP von uns Menschen! Unsere Lernfähigkeit ist grenzenlos! Wir lernen individuell und können als einzige Art direkte Reaktionen bis zu einem gewissen Grad overrulen (Wir können z.B. für ein paar Sekunden den Atem anhalten oder Einschlafen unterdrücken) und instinktive Reaktionen durch individuelles Verhalten vermeiden. (Wir können bewusst hungern und Flucht-, Paarungs- oder Aggressionsverhalten unterdrücken).

Stufe 4: Soziales Lernen

In der Tierwelt und beim Menschen gibt es *„Lerngemeinschaften"*, die dazu dienen, dem Individuum eine Rolle in einer Gemeinschaft zuzuweisen und dadurch das Überleben der Gruppe zu sichern. Im Sozialverhalten unterscheiden wir zwei Systeme: den *Kollektivismus*, das instinktiv erworbene, gleichsam sozial erzwungene Verhalten in der Gruppe und die *Kooperation*, die freiwillige, durch Vorbilder erlernte Zusammenarbeit.

Ameisen und Bienen leben in arbeitsteilig organisierten Völkern. Ihre Insektenhirne bestehen „nur" aus knapp einer Million Neuronen. Alles, was sie leisten, wird *kollektiv* von der Evolution gesteuert. Das soziale Verhalten von Ameisen im Bau oder von Bienen im Schwarm ist angeboren, zum Beispiel welche Rolle dem einzelnen Tier – Arbeiterin, Königin, Putzbiene, Amme oder Honigsammlerin – zugewiesen wird.

Die wesentlich größeren Gehirne von Wirbeltieren sind dagegen in der Gruppe lernfähig und können sich daher in einer sich ändernden Umwelt besser und flexibler behaupten. Bei Säugetieren ist die soziale Rolle innerhalb der Gruppe nicht genetisch festgelegt, sondern wird sozial erlernt. Die Rangkämpfe um Positionen oder die wechselseitige „Fellpflege" und Fütterung bei Primaten sind Beispiele dafür, wie innerhalb der Gruppe der Zusammenhalt „inszeniert" wird.

> Wer ein Haustier besitzt, weiß: Diese Tiere beobachten ihre Menschenfamilie ganz genau und ziehen ihre Schlüsse daraus. Katzen erkennen die Schwächen der Menschen und übernehmen meist heimlich im Haushalt die Führungsrolle, während Hunde gern das Verhalten ihrer Menschen nachahmen, um sie günstig zu stimmen und auf diesem Weg das zu bekommen, was sie wollen.

Stufe 5: Innovatives Lernen

Die höchste Form ist das *selbstständige, innovative* Lernen, d.h. die Fähigkeit, in bestimmten Situationen *neue Verhaltensweisen* zu entwickeln und *neue Methoden* anzuwenden. Dieses innovative Verhalten setzt ein hohes Maß Intelligenz voraus. Innovatives Lernen zeichnet zwar den Menschen besonders aus, ist aber nicht auf ihn allein beschränkt. In anderen Abstammungslinien der Evolution gibt es auch Arten, die hohe Intelligenz zeigen, wie etwa die *Delphine* oder *Krähenvögel.* In unserer

Abstammungslinie der Primaten zeigen sich etwa bei *Schimpansen* und *Bononos* Ansätze von erstaunlicher Intelligenz.

Im Vergleich zum Menschen und seiner Lernfähigkeit bleibt die Intelligenz der Tiere aber dennoch überschaubar. Schimpansen und Krähen können Hölzchen als Werkzeug zum Stochern verwenden und sogar entsprechend schnitzen: Schimpansen entlauben Zweige, Krähen können kleine Äste mit ihrem Schnabel in Hakenform zurechtbeißen. Das war es aber auch schon. Diese Werkzeuge technologisch weiterzuentwickeln, bleibt ihnen seit Jahrmillionen verwehrt, während der Mensch das Stocherhölzchen vom Handbohrer über elektrisch betriebene Heimwerkergeräte bis zu computergesteuerten Tiefseebohrern weiterentwickelt hat. Wir erleben auch in der Evolution des Lernens eine kontinuierliche Entwicklung von einfachsten Formen der Intelligenz bis zum innovativen Lernen, das nur wenigen Arten vorbehalten ist und beim Menschen am weitesten ausgeprägt ist.

Die Entwicklung des Sprechens

„Es grünt so grün, wenn Spaniens Blüten blühen."
(Alan J. Lerner und Frederick Loewe: My Fair Lady, 1956)

„Alle Menschen hatten die gleiche Sprache und gebrauchten die gleichen Worte. Als sie von Osten aufbrachen, fanden sie eine Ebene im Land Schinar und siedelten sich dort an. Sie sagten zueinander: [...] ‚Auf, bauen wir uns eine Stadt und einen Turm mit einer Spitze bis zum Himmel und machen wir uns damit einen Namen, dann werden wir uns nicht über die ganze Erde zerstreuen.' Da stieg der Herr herab und sprach: ‚Seht nur, ein Volk sind sie und eine Sprache haben sie alle. Und das ist erst der Anfang ihres Tuns. Jetzt wird ihnen nichts mehr unerreichbar sein, was sie sich auch vornehmen. Auf, steigen wir hinab und verwirren wir dort ihre Sprache, sodass keiner mehr die Sprache des anderen versteht.' Und der Herr zerstreute sie von dort aus über die ganze Erde." (Genesis 11, 1-9)

Die Bibel hat doch recht. Auch aus wissenschaftlicher Sicht gab es eine gemeinsame Ursprache, aus der sich alle anderen Sprachen nach und nach abspalteten.

Die Entwicklung der menschlichen Sprache ist ein faszinierender Prozess, der über Jahrmillionen stattgefunden hat. Sie lässt sich aber nicht so leicht erforschen wie konkrete Fundstücke, z.B. Werkzeuge oder Knochen. Sprachforscher können aus genetischen Vergleichen und Fundstücken nur indirekte Schlüsse ziehen. Zum

Beispiel kann man aus evolutionären Veränderungen des menschlichen Gaumens die Fähigkeit zu artikulieren und aus Funden ritueller Grabbeigaben die Fähigkeit zum abstrakten Denken und Sprechen ableiten.

Indizien deuten darauf hin, dass die Entwicklung der Sprache schon sehr alt ist. Forscher haben bei 1,8 Millionen Jahren alten Frühmenschen breite Kanäle für jene Nerven entdeckt, die die Atmung kontrollieren. Dadurch können wir Menschen Tonhöhen und Lautstärke regulieren und letztlich Sprache modulieren. Affen hingegen, denen diese Kanäle fehlen, können den Atemfluss nicht steuern und beherrschen nur eine sehr kleine Bandbreite an Lauten. Schon die *Australopithecus* verwendeten Lautäußerungen, um einfache Botschaften wie Warnungen oder soziale Signale zu vermitteln. Diese Laute waren jedoch intuitiv und noch nicht bewusst, ähnlich den Kommunikationsweisen heutiger Primaten.

Sprachtheorien[221]

Für die Entwicklung von intuitiven Lautäußerungen bis zum bewusstem Sprechen gibt es einige spannende, teils auch kurios anmutende Theorien.

* Gemäß der *Naturlaut-Theorie* verwendete die Spezies Mensch am Anfang nur Ausrufewörter. Also Konversation wie *Öha! Hallo! Auweh! Schau! Wow!*
* Die Vertreter der *Nachahmungstheorie (=onomatopoetische Theorie)*. gehen davon aus, dass die Menschen zunächst Laute von Tieren oder den Klang von Geräuschen nachahmten, um sich zu äußern. Für Kleinkinder heißen alle Tiere anfangs *Wauwau*, nach und nach differenzieren sie die *Miau-Katze, die Muh-Kuh, das Bäh-Schaf und den Kikeriki.*
* Die *„Holistische Sprachgenese-Theorie“* nimmt an, dass Sprache ursprünglich kein grammatisches System besaß, sondern aus spontanen, isolierten Äußerungen bestand, die jeweils aus einer konkreten Situation entstanden: Zum Beispiel war *„Wir gehen heute Mammut jagen!“* eine komplett andere Sprachhandlung als die Aussage *„Wir gehen heute Antilopen jagen“*. Während wir unsere Sprache konstruieren und nur die Wörter *Mammut* durch *Antilopen* ersetzen, mussten die frühen Menschen für jede Situation ein neues Sprachmuster erfinden.
* Die *Gesangstheorie* vermutet, dass es sich bei der frühen menschlichen Protosprache um eine Art Gesang handelte, der im Laufe der Zeit immer ausge-

feilter wurde. Laute wurden durch Rhythmen und Melodien ergänzt. Das ist nicht so absurd, wie es klingt. Melodische und rhythmische Ausdrucksmittel, um Botschaften zum Beispiel über größere Distanzen oder gegenüber einer großen Gruppe weiterzugeben, gibt es viele: die spezielle Technik des Rufens über Täler hinweg (die Urformen des Jodelns), die Weitergabe rhythmischer Signale über weite Strecken durch Trommeln oder Rufsignale, oder das (sich) Präsentieren vor einer größeren Gruppe durch Tanz, Gesang, Gestik und Pantomime hat sich ja bei vielen Naturvölkern und in unserer Folklore bis heute erhalten. Auch der formelhafte Singsang in Gebetsformeln aller Religionen (Rosenkranz, Suren, Mantras) verweist auf diese Theorie.

* Der Entwicklungspsychologe Michael Tomasello sieht in *Gesten und Mimik* Vorstufen der Sprache. Sprache habe sich langsam und parallel mit dem sozialem Bewusstsein und dem eigenen Körperbewusstsein entwickelt. Zur Gestik der gegenseitigen Fellpflege, wie es bei Primaten üblich ist, kamen Laute und Äußerungen, z.B. wohliges Grunzen. Die Verbindung von Körpersprache und verbalen Äußerungen hat sich bis heute erhalten. Kleine Kinder zeigen auf Sachen, die sie benennen: *„Teddy – da!"*. Auch wir fuchteln und gestikulieren ja mit unseren Händen, wenn der Umgebungslärm zu laut ist oder weil wir Aussagen besonders betonen wollen. Manche Gebärdensprachen haben sich zu vollwertigen Sprachen entwickelt, von der Gehörlosensprache bis zur Tauchersprache.

Lesen wir über alle diese verschiedenen Sprachtheorien, liegt die Vermutung nahe, dass die Entwicklung der Sprache nicht durch *eine* Theorie, sondern aus allen gemeinsam zu erklären ist.

Die Ursprache und das Gen FOXP

Schon früh ging die Forschung von der *Monogenese* aus, dass sich alle Sprachen aus einer einzigen *Ursprache* entwickelt haben. Da man den Ursprung aller Menschen auf *Adam* zurückführte, galt seine, die *adamitische Sprache*, als Ursprache aller Menschen.

Eva kommt in dieser Theorie nicht vor.

Auch die biblische Erzählung vom *Turmbau zu Babel* lässt auf eine gemeinsame Ursprache schließen, die sich irgendwann differenzierte. Aufgrund der Ergebnisse der DNA-Erforschung unterstützen die meisten Sprachforscher*innen heute diese *Monogenese-Theorie*. Die Vertreter einer *Polygenese*, also der Entwicklung der Sprache an verschiedenen Orten, können bislang keine überzeugenden Belege vorbringen.

Ein interessantes Phänomen ist, dass *alle* gesunden Menschen die physiologischen Voraussetzungen besitzen, im Prinzip *jede* Sprache zu lernen. Die Erstsprache, die wir erlernen, ist die, in deren Sprachfamilie wir zufällig geboren wurden. Wären wir in China, im Kongo oder in Grönland auf die Welt gekommen, würden wir die Sprachen dieser Kulturen genauso problemlos erwerben. Auch das deutet darauf hin, dass die Fähigkeit zu sprechen sehr früh in der Urgeschichte vorhanden war, lang bevor die Sprachen sich ausdifferenzierten.

Für den Spracherwerb wird heute eine Mutation im *Gen FOXP2* verantwortlich gemacht.[222] Diese Mutation dürfte nicht erst und ausschließlich beim *Homo sapiens*, sondern schon früher bei den gemeinsamen Vorfahren, den *Heidelbergmenschen* passiert sein. Der aktuelle Stand der Forschung ist, dass beim *Homo sapiens* die Sprache hochentwickelt war; *Neandertaler* und *Denisova-Menschen* hatten eine Sprache, die noch nicht so komplex ausgeprägt war wie unsere, wohl auch, weil sie ausstarben und keine Chance zur Entwicklung hatten.

> Raffiniert gefaltete Gehirnwindungen mit vielen Neuronen und Synapsen und damit eng verbunden, die Fähigkeit zu lernen und zu sprechen: Wir sind dem modernen Menschen schon ganz dicht auf den Fersen. Aktuelle Forschungstheorien kombinieren heute *biologische* und *kulturelle* Ursachen für die Entwicklung der Menschen: eine Wechselwirkung von genetischen Anpassungen im Gehirn (Wachstum des Nervensystems und des Neokortex) und kulturellen Anwendungen (lernen & sprechen). Weil ihr Gehirn komplexer wurde, konnten die Menschen mehr lernen und differenzierter sprechen. Weil sie mehr lernten und differenzierter sprachen, verdrahtete sich ihr Gehirn zu komplexeren Strukturen.

Die kognitive Revolution

Es wird Zeit für den nächsten Schritt! Jahrmillionen waren unsere Vorfahren von der Umwelt abhängig und konnten auf ihre Phänomene nur reagieren. Anpassungen an die Umwelt durch Veränderungen ihrer Physis und Psyche brauchten Hunderttausende von Jahren, bis die *biologische Evolution* Entwicklungsschübe durch genetische Mutationen ermöglichte. Zwischen 100.000 und 10.000 v.Chr. überholten die *Homo sapiens* auf der Autobahn der Geschichte ihre eigene *biologische Evolution* und nahmen die Entwicklung selbst in die Hände. Die *genetische Entwicklung* des *Homo sapiens* endete mit dem letzten großen evolutionären Schub vor 10.000 Jahren. Seither gab es keine größeren genetischen Veränderungen mehr, stattdessen wurden *kognitive Leistungen* zum Motor menschlicher Entwicklung.

Wie die *Homo sapiens* den Riesenschritt von der *biologischen Evolution* zur *kognitiven Revolution* schafften, wie ihr (Selbst-) Bewusstsein erwachte und wie sie begannen, ihre Umwelt aktiv zu gestalten, davon handelt dieses Kapitel.

Homo sapiens

Zuerst werfen wir wieder einen Blick *„Inside the shell"*, um das Phänomen zu ergründen, das den Aufstieg der *Homo sapiens* begleitete: das *Selbstbewusstsein*, von dem wir offensichtlich eine große Portion erhielten.

Inside the shell: Reflexives Bewusstsein

„Die Königin hatte einen Spiegel, vor den trat sie alle Morgen und fragte: „Spieglein, Spieglein an der Wand: wer ist die schönste Frau im ganzen Land?". Da sprach das Spieglein allezeit: Ihr, Frau Königin, seyd die schönste Frau im Land."

(Brüder Grimm: „Schneewittchen" in Kinder- und Hausmärchen, 1812)

Wir stehen vor einem Teich und schauen hinein und erkennen im Spiegelbild verdutzt, dass das Wesen, das uns da anschaut, wir selbst sind.

Geist und Bewusstsein[223]

Geist (= Verstand, engl. mind) und Bewusstsein (engl. consciousness) sind zwei eng miteinander verbundene, aber unterschiedliche Konzepte unseres Gehirns.

Geist umfasst alle unsere mentalen Prozesse, einschließlich Gedanken, Gefühle, Erinnerungen, Wahrnehmungen und Erfahrungen. Es ist die Fähigkeit des Gehirns, die uns ermöglicht, Informationen zu verarbeiten, zu lernen und Entscheidungen zu treffen. *Bewusstsein* ist der Zustand, sich selbst und seine Umgebung bewusst zu erkennen. Es die subjektive Wahrnehmung der geistigen Prozesse und die Fähigkeit, diese zu reflektieren.

Der Geist ist die Hardware, die die Prozesse ausführt, während das Bewusstsein die Software ist, die diese Prozesse erlebt und überwacht. Dass wir denken und fühlen, regelt der Geist. Dass wir wissen, dass wir denken und wie wir uns dabei fühlen, regelt das Bewusstsein.

Die Unterscheidung zwischen Geist und Bewusstsein ist nicht immer klar zu ziehen. Zum Beispiel können wir unbewusste Gedanken und Gefühle haben. Manche Philosophen glauben, dass Bewusstsein eine emergente Eigenschaft des Geistes ist, also gleichsam eine höhere Entwicklungsstufe.

Selbstbewusstsein

Mit zunehmender Komplexität des Nervensystems und Wachstums des Neokortex wächst das Bewusstsein von Lebewesen, bis zu dem Punkt, an dem es sich seiner selbst bewusst wird. Als *Spiegeltest*[224] wird ein Experiment zur Selbstwahrnehmung bezeichnet, bei dem ein Spiegel ins Sichtfeld eines Testtiers oder einer Testperson gebracht und die Reaktion auf ein künstlich auf dem Körper angebrachtes Merkmal, meist einen Farbfleck, beobachtet wird. Der Test gilt als bestanden, wenn die Testperson oder das Testtier versucht, den Fleck wegzuwischen. Außer uns Menschen bestehen einige wenige Tierarten, Delfine, Menschenaffen, Elefanten, Elstern und Schweine, den Test, Menschenkinder meist ab dem 2. Lebensjahr. Der Spiegeltest zeigt aber nur die einfachste Stufe des Selbstbewusstseins, nämlich das Erkennen, dass das Bild im Spiegel kein Fremder ist, sondern man selbst.

Ausschließlich beim Menschen entwickelte sich dieses *Selbstbewusstsein* weiter. John Hands nennt es *„reflexives Bewusstsein"*, also die Fähigkeit, sich nicht nur als *Selbst* zu erkennen, sondern auch das eigene Verhalten und das anderer kritisch zu reflektieren und daraus Schlussfolgerungen zu ziehen.

Mir gefällt der Begriff *„reflexives Bewusstsein"* gut, weil er über *„Selbstbewusstsein"* hinausgeht und durchaus anspruchsvolle Forderungen an das Menschsein stellt. Das Wissen über uns selbst sollte ja auch immer selbstkritische Reflexion miteinschließen. Nicht nur stolzes Trommeln auf die Brust (Ich bin ich!), sondern auch das Nachdenken über sich (Wer bin ich wirklich?) machen uns zu Menschen.

Die *Homo sapiens* erlebten vor etwa 100.000 bis 10.000 Jahren[225] diese drastische Veränderung in ihrem Denken, Handeln und Kommunizieren. Mithilfe ihres Gehirns mit zigmilliardenfachen neuronalen Vernetzungen auf dem Neocortex erwarben sie nach und nach reflexives Bewusstsein. Da der *Homo sapiens* als einzige Menschenart überlebte (vermutlich genau wegen dieser Fähigkeit), können wir definieren:

> *„Der Homo sapiens ist die einzige bekannte Art, die über reflexives Bewusstsein verfügt und dadurch in der Lage ist, über sich selbst, seine Beziehung zur Umwelt und zum Universum, als dessen Teil er sich weiß, nachzudenken."*[226]

Das *reflexive Bewusstsein* ermöglichte uns modernen Menschen nach und nach Fähigkeiten, die wir auf vier Ebenen betrachten können.

Ebene 1: Die Menschen erkennen die Umwelt und versuchen sie zu verstehen.

* Die Menschen beginnen äußere Vorgänge in ihrer Umwelt zu verstehen und entwickeln Einsicht in innere Zusammenhänge: *z.B. kapieren sie den Wechsel von Tag und Nacht durch Sonnenaufgang und -untergang und erkennen die Folgen für sich und die Umwelt.*

* Sie nutzen ihr Gedächtnis zum Erinnern und Speichern von Informationen und ziehen daraus Schlussfolgerungen: *Sie merken sich, dass täglich die Sonne aufgeht und es dadurch hell und wärmer wird.*

* Sie beginnen aufgrund von Erinnerungen vorauszuschauen und entwickeln die Vorstellungskraft, *dass auch in den nächsten Tagen die Sonne wieder aufgehen wird.*
* Sie können mit den anderen Gruppenmitgliedern darüber kommunizieren.

Ebene 2: Die Menschen denken über die Umwelt, über sich und die anderen nach.

* *Individuelles Denken:* Sie werden sich ihrer selbst bewusst und damit auch der Position der anderen: *Ich bin ich, du bist du, und dort drüben steht ein Dritter!*
* *Logisches Denken:* Sie können Informationen aus der Umwelt differenzieren und abstrahieren, und daraus Schlüsse ziehen. *Für Kleinkinder ist alles Essen zuerst „mamam", erst nach und nach differenzieren sie ihre Wahrnehmung und unterscheiden Lebensmittel an Form und Geschmack.*
* *Gemeinschaftliches Denken:* Sie können miteinander über verschiedenste Themen reden und daraus soziale Strukturen und Vorgangsweisen entwickeln. *Juval Harari sieht den täglichen, banalen Familientratsch als wesentliches Element menschlicher Gemeinschaft.*[227]
* *Absichtsvolles Denken:* Sie entwickeln einen eigenen Willen, Dinge selbst zu gestalten und versuchen gezielt, Probleme zu lösen. *Ein Loch im Krug – wie können wir es stopfen?*
* *Mythisches und animistisches Denken:* Sie beginnen über die reale Welt hinauszudenken und suchen Erklärungen für scheinbar übernatürliche Ereignisse wie *z.B. Naturereignisse, Geburt, Tod.*

Ebene 3: Die Menschen gestalten ihre Umwelt und geben ihr Erbe weiter.

* Sie können kreative und innovative Ideen im Kopf erschaffen und in konkrete Ergebnisse umsetzen:
  - *Magisches Denken* führt zur Entwicklung von Religionen.
  - *Soziales Denken* führt zu Regeln des Zusammenlebens und zu gesellschaftlichen Strukturen.

- *Kreatives Denken und Erfinden* führt zum Herstellen von Werkzeugen, Geräten und Waffen; zur landwirtschaftlichen Gestaltung der Natur und zur Architektur von Dörfern und Städten.
- *Symbolisches und abstraktes Denken* ist der Grundstoff für alle Künste, Rituale und kulturelle Überlieferungen.

* Sie beginnen, die Umwelt nach ihren Ideen und Bedürfnissen umzugestalten.
* Sie halten ihre Gedanken und all ihr erworbenes Wissen in Sprache, Bild und Schrift fest und geben sie dadurch an die nächsten Generationen weiter.

Ebene 4: Die Menschen können durch Reflexion sowohl angeborenes als auch anerzogenes Verhalten selbst steuern und ändern.

* Die *Reflexion über ihr eigenes Ich* ermöglicht ihnen, moralische und ethische Vorstellungen zu entwickeln und danach zu handeln. Sie entwickeln Begriffe wie Ethos, Schuld, Ehre, Verantwortung.
* Sie können ihre eigenen Gefühle und Haltungen kritisch hinterfragen – von Stolz bis zum Minderwertigkeitsgefühl, von Liebe bis Hass – und können instinktives oder erlerntes Verhalten unterdrücken.
* Sie können sich gegen ihre angeborenen Instinkte wehren, z.B. Gewalt gegen einen Feind auszuüben oder ein dargebotenes Futter sofort aufzuessen.
* Sie können anerzogene Werturteile, zum Beispiel Fremdenhass, übersteigen und tolerant handeln.

Beim Lesen dieses „Leistungskatalogs“ sind wir in unserer UFO-Reisegruppe nachdenklich geworden. Es könnte uns einerseits stolz machen, welche Fähigkeiten in uns Menschen schlummern. Andererseits dämmert uns, dass die Liste keine Erfolgsbilanz ist, auf der wir uns ausruhen können, sondern eher ein Aufgabenkatalog, der ein Leben lang harte Arbeit für jeden einzelnen bedeutet.

Die Unterteilung des *reflexiven Bewusstseins* in vier Ebenen ist natürlich eine willkürliche Kategorisierung. Tatsächlich „passieren“ all diese Gedankenprozesse in enger Wechselwirkung und bedingen einander. Jeder Schritt auf Ebene 4 setzt Gedankenverbindungen mit den Ebenen 1 – 3 voraus. Die vier Ebenen sind auch nicht als strikte Abfolge zu sehen, sondern deuten die wachsende Komplexität des *reflexiven Bewusstseins* an. Die Entwicklung vollzieht sich ursprünglich als kollektiver Entwicklungsschub der gesamten Spezies *Homo sapiens* und ab da – in enger Verknüpfung mit der vorher beschriebenen Lernfähigkeit – bei jedem Menschen, bei jedem von uns, individuell.

Die Folgerungen daraus sind spektakulär.

* Wir lernen nicht mehr ausschließlich durch angeborenes Verhalten, sondern erwerben unser Wissen selbstständig.
* Wir reagieren nicht mehr nur passiv auf unsere Umwelt, sondern beginnen sie aktiv selbst zu gestalten.
* Wir „übersteigen" die *biologische Evolution*, indem wir unser Wissen selbst an die nächste Generation weitergeben.

Man nennt diese Entwicklung *kognitive Revolution.*

Entwicklung des Homo sapiens

So! Jetzt haben wir also das nötige Rüstzeug entwickelt. Es wird Zeit, wieder einmal das UFO zu starten und unsere Vorfahren auf der Reise von der Wildnis in die moderne Zivilisation zu begleiten.[228]

Die *Homo sapiens* schafften einen doppelten Aufbruch: einen *geografischen*, als sie sich zwischen 100.000 und 10.000 v.Chr. über die ganze Welt verbreiteten, und einen *geistigen*, durch den sie zu Leistungen fähig wurden wie kein anderes Lebewesen. Wahrscheinlich war das eine Wechselwirkung: Ständig neue Herausforderungen, Eindrücke und Erfahrungen auf ihren Reisen forderten und förderten die Entwicklung des Gehirns der *Homo sapiens*, die dadurch flexibler und besser auf die Herausforderungen der neuen Umwelten reagieren konnten. Besser als die einheimischen Gruppen, die den Einwanderern und Eroberern intellektuell unterlegen waren.

Archäologische Befunde

Stein-Werkzeuge der frühen *Hominiden* findet man schon vor 2,5 Mio. Jahren. Sie hatten Steine so behauen, dass sie scharfe Kanten oder Spitzen hatten. Diese „*Faustkeile*" verwendeten sie Hunderttausende von Jahren unverändert, so wie die Affen Hölzchen zum Bohren und Stochern. Ab 100.000 v.Chr. änderten sich die archäologischen Funde und Befunde.

* *Werkzeuge*: Geschliffene Steine wurden mit einer Art Klebstoff oder mit Schnüren mit Holzgriffen verbunden. Diese Fertigung erfordert handwerkliches Geschick und Erfindergeist, drei oder vier Materialien miteinander zu verbinden. Das gilt auch für sogenannte *Mikrolithen* aus dieser Zeit, die zeigen, wie differenziert die *Homo sapiens* bastelten: Pfeil- und Speerspitzen, Harpunen, zugespitzte Ahlen und Nadeln. Werkzeuge entstehen aus Stein, Holz, Stoßzähnen und Geweihen; Tierhäute werden zu Kleidung und Zelten, Darmsaiten zu Schnüren. Das alles zeugt von einem differenzierten Haushalt.

* *Feuer*: Die *Hominiden* dürften das Feuer schon viel länger genutzt haben. Die diffizile Verwendung, z.B. für Kochen und Braten von Lebensmitteln und vor allem für das Schmelzen von Mineralien zu Eisen, Bronze und Stahl blieb den *Homo sapiens* vorbehalten.

* *Schmuck*: Mit Symbolen und Ornamenten gravierte oder bemalte Muschelschalen als Halsketten oder Ockerstücke beweisen Kunstsinn und die Verbindung von ästhetischem und spirituellem Denken, ebenso wie die ersten Figurinen und Flöten aus Horn, die 35.000 Jahre alt sind. Sie gehen Hand in Hand mit...

* *...kultischen Handlungen*: Bestattungen oder kultische Feiern zu Ehren animistischer Wesen oder Göttern beweisen Nachdenken über ein Leben nach dem Tod.

* *Handel:* Forscher fanden ähnlich verzierte Muschelschalen in der Levante teils in Küstennähe, teils hunderte Kilometer weiter. Sie sehen darin einen Hinweis, dass Schmuckstücke von Stämmen in Küstennähe nicht nur hergestellt, sondern auch gehandelt wurden.

* *Schifffahrt:* Dazu passen Funde, die auf selbstgebaute Boote und Schiffe hindeuten. Zunächst gab es Schifffahrt im Mittelmeer in Küstennähe und von Insel zu Insel. Vor 60.000 Jahren kamen Menschen in Australien an, mussten also Hunderte Kilometer offenes Meer in selbstgebauten Schiffen überquert haben, eine nautische und handwerkliche Meisterleistung.

* *Sprache* können wir nicht unmittelbar in Fossilien feststellen, sondern erst ab dem Auftauchen erster schriftlicher Befunde. Als Voraussetzung für all die vorher genannten Leistungen, die allesamt Kommunikation erfordern, muss sie aber schon präsent gewesen sein.

Genetische Befunde

Physisch war der neue Mensch bis auf minimale „Korrekturen" vor 10.000 Jahren „fertig" konstruiert. Bis längstens vor 10.000 Jahren gab es beim *Homo sapiens* minimale genetische Veränderungen (z.b. die verstärkte Produktion von Melanin für Menschengruppen in sonnenreichen Gegenden). Seither sind keine relevanten genetischen Veränderungen der *Homo sapiens* mehr feststellbar. Die Spezies des modernen Menschen hatte sich weltweit durchgesetzt und veränderte sich genetisch nicht mehr. Genetische Unterschiede innerhalb der Spezies Mensch werden heute auf höchstens 0,1% geschätzt.

Langfristige Selektionen und Mutationen fanden vor allem deswegen nicht mehr statt, weil die Eingriffe der Menschen in ihre Umwelt die Lebensbedingungen nachhaltig stabilisierten. Medizinischer Fortschritt, bessere Ernährung, Schutz vor Klimaextremen durch Behausungen und Kleidung, Verhütung und andere Faktoren verhinderten Lebensphasen, die ein genetisches Aussterben einer ganzen Gruppe oder eine gravierende Mutation bewirken würden.

> Simpel gesagt: Entschied früher die Evolution, welche Tiere einen dichten Pelz hatten und daher in kalten Zonen überlebten, konnten die *Homo sapiens* selbst Pelzmäntel schneidern.

Die Globalisierung der Menschheit trug auch dazu bei, dass es kaum mehr von der übrigen Weltpopulation isolierte Menschengruppen gibt, die sich wie einst die Darwinfinken ungestört entwickeln konnten. Alle weiteren ***noetischen*** (= geistigen) Entwicklungen des modernen Menschen passieren also nicht mehr auf genetischem Weg über tausende Generationen, sondern auf kulturellem Weg von einer Generation auf die nächste, also durch *kulturelle Evolution.*

> Ob dereinst in ein paar Zehntausend Jahren neue Ernährungsformen, kulturelle Gewohnheiten oder der extensive Gebrauch digitaler Medien und ihrer vom Menschen durchaus verschiedenen „Denkweise" die Menschen und ihre Gehirne biologisch-genetisch verändern wird, lässt sich freilich noch nicht vorhersagen.[229]

Jäger und Sammler

> So wie alle ihre hominiden Vorgänger waren die *Homo sapiens* die längste Zeit Nomaden. Das Leben war damals mit Sicherheit kein idyllisches Wandern durch den *Garten Eden* im Einklang mit der Natur, wie es heute manchmal manipulativ-idyllisch gezeichnet wird, sondern ein täglicher, brutaler Kampf ums Überleben.[230]

Die Menschen waren ständigen Bedrohungen durch angreifende Wildtiere, giftige Pflanzen, Witterungsunbill sowie durch Krankheiten und Seuchen nahezu schutzlos ausgesetzt. Bei der Jagd nach Futter hatten sie sich in der Hierarchie der Tiere ganz hinten anzustellen, oft gab es tagelang kaum etwas zu essen – und auch Pflanzen, Beeren und Pilze wuchsen nicht auf Bestellung wie in den heutigen Glashäusern.

Dazu erzählen Fossilienfunde in Massengräbern, dass das Aufeinandertreffen auf fremde Menschengruppen fast immer gewalttätig verlief und Überfälle feindlicher Gruppen oft in Massakern endete; und zwar nicht nur die Begegnung mit anderen Menschen*arten*, sondern auch von *Homo sapiens* - Gruppen untereinander. Auch Formen des Kannibalismus lassen sich nachweisen. Noch verstörender sind die Funde, die systematische Tötungen innerhalb der Gruppe belegen: Wer nicht fähig war, die Gruppe zu unterstützen oder sie am Fortkommen hinderte, wurde oft in der Wildnis schutzlos zurückgelassen, lebendig begraben oder getötet. Kinder, Kranke oder alte, gebrechliche Menschen genossen lange, lange Zeit – bis zum Auftauchen *des reflektierenden Bewusstseins* – keinen Schutz.

Erste Erfahrungen hin zum reflektierenden Bewusstsein

* Erste Erfahrungen, in denen das menschliche Bewusstsein langsam erwachte, waren wohl das Erkennen zyklischer Muster in der Natur: Die Jahreszeiten mit ihren klimatischen Eigenheiten von Hitze bis Kälte, die Tageszeiten mit ihrem Wechsel von Hell und Dunkel, von Tag und Nacht.

* Die Menschen sahen die strahlend gelbe, über den Taghimmel gleitende große Kugel als Wärme- und Lichtspenderin und die matt schimmernde, rhythmisch zu- und abnehmende kleine Kugel am Nachthimmel als Herrin der Gezeiten und später auch als Spenderin der Fruchtbarkeit – im Rhythmus der Menstruation. *Luna*, der/die Mond/Mondin wurde als Gott/Göttin der Fruchtbarkeit verehrt, *Sol,* die/der Sonne, als Göttin/Gott der Kraft und des Lebens – erste Spuren des Animismus, bei dem Naturphänomenen übernatürliche Kraft zugeschrieben wird.

* Irgendwann erkannten die Menschen die Fruchtbarkeit der Frauen als wichtiges Überlebenskriterium der Gruppe und stellten gebärende Frauen als Fruchtbarkeits-Spenderinnen auf eine höhere Stufe. In kleinen Figurinen werden die Brüste und die Vulva der Frau hervorgehoben – zahlreiche Funde wie die *Venus von Willendorf* beweisen diese frühe kultische Verehrung und Anerkennung der Frau. Die Darstellung von weiblicher Nacktheit war also respektvoll und nicht voyeuristisch gedacht.

* Nach und nach wurden auch andere Naturobjekte als beseelte Wesen gesehen, die Lebenskraft spendeten und die man in rituellen Handlungen ehrte: Opfertiere, die die Ernährung der Gruppe sicherstellten; ein Fluss oder eine Quelle; Bäume, die Schatten oder Früchte spendeten; Felsen oder Höhlen, die Schutz boten. Aber auch furchterregende Phänomene und Gestalten – Löwen, Feinde, Unwetter – wollte man durch Ritualisierung besänftigen. Die Menschen trugen ein *Totem* der verehrten Figur um den Hals oder als Statuette in der Gruppe mit oder malten Figuren an die Wände von Höhlen, die sie abends beim Beisammensein mit rhythmischen Formeln und Tänzen verehrten und versuchten, sie günstig zu stimmen.

* Irgendwann entdeckten die Menschen den Schlaf als Spiegel von Jenseitsvorstellungen: Im Traum sahen sie die verstorbenen Eltern wieder, erlebten böse oder glückliche Momente, sahen furchtbare Gestalten und vermeint-

liche Jenseitsvorstellungen. *Der Schlaf der Vernunft gebiert Ungeheuer* heißt ein berühmtes Gemälde von *Goya*: Wirre Traumgestalten und Trugbilder waren die Grundlage der ersten *Mythen*.

* Der Tod war in der Gruppe nichts abgehoben in der Zukunft Liegendes, das sie fürchteten, sondern er war alltäglich und eine selbstverständliche Erfahrung. Sie verbanden ihn mit dem Atmen: Solang ein Lebewesen atmete, lebte es. Folglich wuchs daraus die Vorstellung eines *Lebensatems/einer Seele*, die dem Menschen eingehaucht wird.

* Eine oder einer in der Gruppe tat sich bei den kultischen Handlungen besonders hervor, weil sie/er intensiv trommelte oder sang oder in Trance tanzte und dabei die Zukunft heraufbeschwor. Er/sie wusste die mysteriösen Zeichen der Natur zu deuten, die Wirkung von Kräutern, den Flug der Vögel, den Stand der Sterne, die Lage der Eingeweide bei einem verstorbenen Tier. Er/sie erhielt als *Schaman*in* eine Sonderstellung in der Gruppe.

* Um all die Erfahrungen festzuhalten, erfanden die Menschen Symbole, die erst als Ornamente, später als Figuren gemalt oder als Skulpturen geformt wurden; sie erfanden rhythmische Töne, sprachliche Formeln oder Tanzbewegungen, die die *Jenseitserfahrungen* reflektierten.

* All dies entsprach dem Entstehen des reflexiven Bewusstseins: die *Vorstellung einer über-sinnlichen Welt*, der *Animismus einer beseelten Umgebung*, erste Formen religiöser Verehrung, erste Zeugnisse abstrakter und konkreter Kunst.

* Dieses reflexive Bewusstsein lieferte auch die ersten Vorboten der *sozialen Sorge und des Verantwortungsgefühls*, das sich im gemeinsamen Beschützen der Kinder, in der Fürsorge für Alte und Gebrechliche und in würdevollen Begräbnisritualen spiegelte.

Heute wird der Anteil der Jäger und Sammler (=Wildbeuter) der Weltbevölkerung auf weniger als 0,001 Prozent geschätzt. Man schätzt die Zahl der Menschen in Afrika und Südamerika, zu denen die zivilisierte Welt noch keinen Kontakt aufgenommen hat, auf höchstens 50.000 – 60.000. Die Zahl der Menschen, deren Lebensgrundlage zum größten Teil auf Jagd- und Sammelwirtschaft beruhen, liegt bei 3,8 Millionen weltweit.[231]

Homo sapiens: eine Intelligenz-Bestie?

Zwei wissenschaftliche Anschauungen über die Entwicklung der *Homo sapiens* prallen aufeinander: Eine reduktionistisch-pessimistische Sichtweise, vertreten vom israelischen Historiker Juval Harari, und eine idealistisch-optimistische, formuliert vom britischen Universalwissenschaftler John Hands[232]. Polemisch-populärer Bestsellerautor versus penibel-akribischem Grübler. Beide stellen bemerkenswerte Überlegungen zum Mensch-Sein an, sodass ich versuchen werde, das UFO auf unserer Reise durch die Menschheitsgeschichte zwischen beiden Sichtweisen ausbalanciert zu manövrieren.

Out of Africa

Wir glauben heute zu wissen, dass die *Homo sapiens* aus Ostafrika losmarschierten, wie zwei Millionen Jahre vor ihnen die *Homo erectus*.[233] Man spricht daher auch von einer *Out of Africa II* – Bewegung der *Homo sapiens*[234]. Sie kamen zuerst nach Arabien und in die Levante; vor 60.000 Jahren hatten manche ihrer Gruppen Ostasien erreicht; vor 45.000 Jahren waren Gruppen nach Europa vorgedrungen. Die nach Asien gewanderten *Homo sapiens* erbrachten die großartige Leistung, hochseetaugliche Boote zu bauen, und erreichten damit ausgehend vom indischen Kontinent Australien und die umliegenden Inseln. Alaska, das nur über die Landenge am Beringmeer erreichbar war, wurde von den europäischen *Homo sapiens* vor 16.000 Jahren erobert, was Erfindungsreichtum und handwerkliches Geschick im Umgang mit Kälte, Schnee und Eis – von „Thermokleidung" bis zum Schlittenbau – voraussetzte. Zwischen 14.000 und 12.000 v.Chr. breiteten sich die *Homo sapiens* auch in Amerika aus.

Was löste diesen hartnäckigen Wandertrieb aus, der sie in knapp 60.000 Jahren die ganze Erde besiedeln ließ? Wir wissen es nicht. Sozialer Druck zuhause, Klimaveränderungen und Ressourcenknappheit, Unzufriedenheit, Neugier oder so etwas wie unbewusster Entdecker- und Erobererdrang? Vermutlich von allem etwas! Wie das halt zu allen Zeiten üblich war, wenn Menschen drauflosmarschieren, bis heute.

Vermischungstheorie und Verdrängungstheorie

Was passierte mit all den anderen Menschenarten, die schon da waren und auf die *Homo sapiens* bei ihren Wanderungen nun stießen? Dazu gibt es zwei Theorien:

Die *Vermischungstheorie* erzählt die alte Geschichte von Kennenlernen, Beschnuppern, Sex und Vermischen der Arten. *Harari* kommentiert das trocken: *„Wenn man dieser Theorie glaubt, trieben es die afrikanischen Migranten auf ihren Wanderungen mit allen, die ihnen über den Weg liefen"*.[235] Demnach wäre die Genstruktur der heutigen Menschen also ein Mischmasch aus vielen Menschengruppen. Das klingt aufs erste erotisch und friedfertig, hat aber einen Haken. Wenn sich die *Homo sapiens* tatsächlich mit asiatischen, afrikanischen und europäischen Gruppen friedlich gemischt hätten, dann gäbe es in der genetischen Zusammensetzung und Vermischung deutliche Unterschiede zwischen Menschen in Europa und Asien und Afrika.

Genau das behaupten Rassisten! Und genau das ist wissenschaftlich durch die Genforschung eindeutig widerlegt. Alle Menschen – Asiaten, Afrikaner und Europäer – unterscheiden sich in ihrem Genom höchstens um 0,1%. Genetische Unterschiede, die eine Rassenlehre berechtigen würden, gibt es nicht! Afrikaner sind mit Europäern genetisch genauso verwandt wie Niederösterreicher mit Tirolern. Alle heute lebenden Menschengruppen stammen von den afrikanischen *Homo sapiens* ab und sind eng verwandt! Gäbe es verschiedene Rassen (also Menschenarten), wären sie untereinander nicht fortpflanzungsfähig, was nicht stimmt, wie weltweit unzählige, fröhliche Kinder beweisen.

Bleibt die *Verdrängungstheorie*. Harari zeichnet die *Homo sapiens* als brutale Eroberer. Diese fanden die Ureinwohner, auf die sie trafen, als unsympathisch oder als unangenehm oder als unterentwickelt. Die *Einwanderung* wurde zur *Eroberung*. Offensichtlich waren die *Homo sapiens* waffentechnisch und gruppendynamisch den Alteingesessenen überlegen, und was dann passierte, können wir nur vermuten: Vielleicht schlachteten sie alle gnadenlos ab. Sie hatten ja das Überraschungsmoment auf ihrer Seite, mit dem sie die ahnungslosen und friedfertigen Ureinwohner überrumpeln konnten.

Mit dieser Taktik waren auch viel später im 15./16. Jahrhundert die Spanier in Lateinamerika unterwegs, wo sie trotz numerisch krasser Unterlegenheit die Völker der *Inkas, Azteken* und *Mayas* vernichteten, die zwar kulturell genauso hochstehend waren wie die Spanier, militärisch aber krass unterlegen.

Vielleicht vertrieben sie die Ureinwohner, die auf der Flucht nach und nach dahingerafft wurden und (aus-)starben. Vielleicht hielten sie die Ureinwohner auch als Sklaven oder wie Haustiere, die nach und nach verschwanden. Die *Verdrängungshypothese* hat – leider – die besseren wissenschaftlichen Argumente auf ihrer Seite.

2010 gab es in der Genomforschung zwei überraschende Ergebnisse: 4% aller Gene der modernen Menschen in Europa könnten von *Neandertalern* stammen, und bis zu 6% Erbgut der *Denisova-Menschen* lässt sich in Asien nachweisen. Es muss also sexuelle Kontakte zwischen Eindringlingen und Ortsansässigen mit Nachwuchs und Erbfolgen gegeben haben, aber offensichtlich nur bei Menschenarten, die den *Homo sapiens* im Erbgut sehr ähnlich waren, sodass eine Fortpflanzung noch möglich war: nämlich bei den *Neandertalern* und den *Denisova-Menschen*. Dieses Ergebnis stützt letztlich auch die *Verdrängungstheorie*, selbst wenn Spuren vom *Neandertaler* in uns weiterleben. Alle Menschen auf der Welt tragen einheitlich das *Homo sapiens* - Genom in sich, mit kleinen Einsprenkeln vom *Neandertaler* oder vom *Denisova*-Menschen.

Homo aggressivus

Neben Hararis Theorie, dass die *Homo sapiens* alle anderen Arten gewaltsam verdrängt und vernichtet haben, gibt es auch andere Erklärungsversuche, warum alle anderen Menschenarten untergegangen sind. Sie gehen meist davon aus, dass diese sich an Klima- und Umweltveränderungen nicht anpassen konnten. Letztlich laufen diese Theorien aber auch auf Ressourcenkonkurrenz hinaus: Die intelligenteren *Homo sapiens* waren technologisch und kommunikativ den anderen Arten überlegen und verdrängten sie.[236]

Um diese Tatsache kommen wir nicht herum: Wo immer die *Homo sapiens* auf der Welt auftauchten, verschwanden über kurz oder lang die dort lebenden Menschenarten. Die *Homo sapiens* haben sich *immer* durchgesetzt, selbst gegenüber den *Neandertalern*, deren Kultur mit den *Homo sapiens* vergleichbar war. Die *Neandertaler* waren nicht nur körperlich topfit, sondern hatten ein ähnlich großes Gehirn wie unsere Vorfahren. Trotzdem verschwanden sie. Dank ihrer Waffentechnologie und Kompetenz als Jäger setzten sich die *Homo sapiens* offensichtlich *gewaltsam* durch, mit dem Ergebnis, dass es heute auf der Welt nur *Homo sapiens* gibt.

Die Eroberung der Welt und das Märchen von der Sintflut

Wo immer die *Homo sapiens* hinkamen, hinterließen sie verbrannte Erde, im wörtlichen Sinn. Sie waren nicht nur intellektuell und handwerklich allen anderen Menschenarten überlegen, sondern sie besaßen auch die nötigen Waffen und die Geschicklichkeit, um Tiere aller Art, selbst gefährliche Groß-Säugetiere zu erlegen. Und sie kannten das Feuer und nutzten es nicht nur friedlich am Lagerfeuer, sondern auch im großen Stil für Brandrodungen. Wann immer sie auf eine fremde oder bedrohliche Umwelt stießen, fackelten sie riesige Flächen ab und vernichteten Wald- und Grasland und alle darin wohnenden Lebewesen. Einige Beispiele:

* In Australien, wo die *Homo sapiens* vor 45.000 Jahren landeten, verschwand innerhalb relativ kurzer Zeit ein Großteil der dort vorkommenden Tierarten. Man schätzt, dass 23 von 24 Großsäugetierarten ausstarben. Durch Brandrodung wurde auch ein großer Teil der ursprünglichen Flora vernichtet, bis auf die resistenten Eukalyptusbäume, die nach Brandrodungen schnell nachwachsen.

* Ähnlich desaströs verlief die Eroberung Sibiriens und Alaskas. Die *Homo sapiens* entwickelten geniale Methoden, um der Kälte zu trotzen – Schneeschuhe, „Thermokleidung" und spezielle Waffen – und vernichteten Mammuts, Wollnashörner, Mastodonten, Rentiere und andere Großsäuger.

* Im Zuge der Besiedelung Amerikas in nur 2000 Jahren zieht sich eine Spur der Verwüstung durch den Doppelkontinent: 34 von 47 Großsäugerrassen in Nordamerika und 50 von 60 in Südamerika wurden ausgerottet. Durch Brandrodung verschwanden Tausende von kleineren Säugetierarten, Reptilien, Vögel und Insekten.

* Rund 3500 v.Chr. begannen die *Homo sapiens* aus verschiedenen Richtungen kommend die atlantischen und pazifischen Inseln zu erobern, wo sie ebenfalls Tausende Tierarten auslöschten und die Flora nachhaltig veränderten. Die letzte Insel, die den Menschen zum Opfer fiel, war Neuseeland, das vor knapp 1000 Jahren erobert und deren Tierbestand vernichtet wurde. Nur ganz wenige Inseln wurden bis ins 19. Jahrhundert in Ruhe gelassen, wie die

Galapagosinseln, auf denen Charles Darwin einen Garten Eden von großer Vielfalt in Fauna und Flora vorfand.

Wir wissen von diesem Vernichtungsfeldzug so genau Bescheid, weil sich überall auf der Welt bei Fossilienfunden dieselben Mechanismen zeigten. Bis zum dem Zeitpunkt, als die *Homo sapiens* auftauchten, gab es reiche Fossilienfunde vieler Tierarten. Egal ob Madagaskar oder die Cookinseln, ob Samoa oder Tonga, ob Osterinseln oder Hawaii. Exakt ab dem Zeitpunkt, zu dem wir in einer Region die *Homo sapiens* nachweisen können, verschwinden schlagartig die Fossilien unzähliger Tierarten. Entlang der *Homo sapiens*-Reiserouten, die wir anhand von Funden nachverfolgen können, zieht sich also ein Tsunami der Verwüstung.

Wir Menschen erfanden das romantische Märchen von *der Arche Noah und der Sintflut*. Da gingen bekanntlich die Menschen in der Flut unter, Noah und seine Familie bauten ein riesiges Schiff, die *Arche*, und retteten zwei Tiere jeder Art. Die Geschichte von der Sintflut scheint eine zynische Verdrehung der tatsächlichen Menschheitsgeschichte zu sein. Wir Menschen waren die Sintflut, die über die Tier- und Pflanzenwelt hereinbrach, und alles vernichtete, wo Noahs Arche auftauchte. Noahs Arche war kein friedlicher, schwimmender Tiergarten, sondern die schlimmste Eroberungs- und Kriegsflotte aller Zeiten.

Landwirtschaftliche Revolution als biologisches Desaster?

Auch die nächste Etappe der *Homo sapiens*, der Übergang von der nomadischen Wildbeutergesellschaft zur sesshaften Ackerbaukultur wirkte sich auf die Fauna und Flora der Erde desaströs aus. Wälder wurden bedenkenlos niedergebrannt und in Ackerland umgewandelt. Alle Tiersorten, die den neuen Siedlungen gefährlich werden konnten, wurden gnadenlos gejagt und vernichtet. Nur ganz wenige Sorten, die dem Menschen nützlich waren, wurden verschont und gezüchtet. Aber auch für diese Tierarten bedeutete die Unterjochung unter den Menschen ein trauriges Schicksal: Entgegen ihrer Natur wurden sie eingesperrt und mussten schwerste Arbeiten für den Menschen erledigen.

Die *landwirtschaftliche Revolution* war also für die Tier- und Pflanzenwelt eine weitere Katastrophe unvorstellbaren Ausmaßes – bis heute. Seit der *industriellen Revolution* betreiben wir Menschen Massentierhaltung, bei der wir Tiere unter unwürdigsten Bedingungen halten: in Legebatterien, auf Spaltböden, in winzigsten Käfigen, ohne auf die Bedürfnisse der Tiere Rücksicht zu nehmen. Bis heute werden Wildtiere gnadenlos ausgerottet, wenn sie den Ernteertrag oder der Viehzucht gefährlich werden können: von Insekten, die wir als „Schädlinge“ identifizieren, bis zu Wölfen, Bären, Bibern und Füchsen, denen wir jedes Lebensrecht absprechen und ihre Vernichtung vorantreiben, weil sie unsere Schrebergärten gefährden.

Auch heute werden Tierarten systematisch vernichtet und Biotope zerstört: durch Brandrodung am Amazonas, durch Bodenversiegelung in Europa, durch Überfischung und Verdreckung der Ozeane und durch „Abschussrechte“, die wir uns selbst erteilen.

Das Genom des *Homo sapiens* muss ein aggressives und intolerantes Element in sich tragen. An diesem Unterdrücker-Erbe leiden wir noch heute. In der Geschichte der Menschheit genügten immer schon winzige Unterschiede in der Sprache, in der Hautfarbe, in der Religion, damit eine Gruppe der *Homo sapiens* eine andere, schwächere verfolgte und zu vernichten drohte. Und Tiere und Pflanzen behandeln wir generell überheblich als Ding und unser Eigentum.[237] Wir nennen unsere Vorfahren *Homo sapiens*. Vielleicht würde es *Homo aggressivus* besser treffen.

Sesshaftigkeit: vom Dorf zur Stadt

Zwischen 12.000 und 10.000 vor unserer Zeitrechnung wurden die Wildbeuterhorden der *Homo sapiens* nach und nach sesshaft, errichteten feste Siedlungen, bauten Getreide an, züchteten Haustiere. Besonders die klimatisch begünstigte *Levante*, also die Ostküste des Mittelmeeres, scheint ein beliebter Ort für die ersten fixen Siedlungen gewesen zu sein. [238]

Auch diese Entwicklung erfolgte nicht sprunghaft. Nomadentum bedeutete ja nicht, dass die Menschen ununterbrochen auf Achse waren. Auch Wildbeuter verweilten gern einmal ein paar Wochen oder vielleicht auch Monate an einem Platz, der ihnen gefiel, wenn er ihnen Zugang zu Nahrung, Wasser und sichere Lebensbedingungen bot. Hielten sie sich beispielsweise in Nähe zum saisonalen Wanderpfad eines Tiers auf, blieben sie möglicherweise die ganze Saison über dort. Wenn sie auf einen See stießen, der voller Fische und Wasservögel war, blieben sie vielleicht jahrelang. Ein verschneiter Gebirgspass konnte eine Gruppe in den kälteren Monaten daran hindern, ihn zu überqueren.

Menschen in verschiedenen Regionen der Welt hatten unterschiedliche Gründe, ihren einst nomadischen Lebensstil aufzugeben. Eine Theorie besagt, dass die Menschen in Zeiten des Überflusses begannen, Formen der Lebensmittellagerung zu entdecken. Vorratskammern waren für die Menschen ein Anreiz, nicht weiter zu wandern. Auch das umgekehrte Argument ist möglich: Wenn man selbstständig Getreide anbaut und Tiere züchtet, ist man weniger von der Umwelt abhängig.

Frühe Nomadengruppen waren Gemeinschaftskulturen, die die Ressourcen teilten, nicht viel besaßen und kein Gefühl für persönlichen Besitz hatten. Sesshaftigkeit dagegen schuf Eigentum, ermöglichte es den Menschen, Wohnungen zu bauen, Dinge anzuhäufen und, wenn sie keine Lust dazu hatten, nicht mehr mit anderen zu teilen. Vielleicht war es auch viel einfacher: Die Menschen schätzten einen Platz, den sie entdeckt hatten, so sehr, dass sie einfach blieben.

Wir können uns den Ablauf vielleicht so vorstellen:

* Die wandernde Gruppe entdeckt Territorien, wo es sich lohnt zu bleiben: an einer Quelle, einem Flussufer, im Schwemmgebiet eines Flusses, an einem Waldrand, in einer windgeschützten Senke.

* Im Zuge ihres Aufenthaltes entdecken die Menschen neue Zyklen der Natur: Fisch-, Vogel- und Wildzüge zu bestimmten Jahreszeiten; regelmäßige Überschwemmungen des Landes mit fruchtbarem Schlamm; das Blühen von wilden Getreidesamen und Früchten im Frühjahr, ihr Wachsen im Sommer und ihre Reife im Herbst.

* Sie beginnen, selbst Wildgetreide und Früchte anzubauen, zu bewässern und zu ernten. Sie legen Äcker und Obstgärten an und betreiben systematisch Landwirtschaft. Weizen, Erbsen, Linsen, Oliven, später Reis, Mais, Kartoffeln, Hirse, Gerste und Wein deckten damals (wie heute) 90% des menschlichen Kalorienbedarfs.

* Dafür brauchen sie Wasser: Sie lernen einen Kanal anzulegen, um den Fluss oder Bach in eine gewünschte Bahn zu lenken oder Regenwasser zu sammeln. Sie errichten Erdwälle zum Schutz vor wilden Tieren oder Überschwemmungen.

* Sie fangen Tiere ein (immer die zahmeren einer Art) und beginnen sie zu züchten: Hühner, Ziegen, Schafe, Kühe, Pferde, Esel, Hunde. Sie haben

plötzlich Milch und frisches Fleisch und Eier, manchmal so viel, dass sie den Überschuss gegen nützliche Waren eintauschen können.

* Sie erkennen, dass eine Kooperation in größeren Dorfgemeinschaften vorteilhaft ist. Sie bauen Behausungen mit immer stabileren Materialien, z.B. Baumstämmen oder Lehmziegeln. Aus offenen Laubhütten werden feste Häuser mit Türen und Fenstern.

* Sie erzeugen dauerhafte Geräte, die jetzt ruhig auch schwer und sperrig sein können, weil man sie nicht mehr mittragen muss: Pflüge aus Holz und Geweihen; Mühlsteine zum Mahlen des Getreides; große Tontöpfe und Karaffen aus dem Flusslehm zum Lagern von Lebensmitteln.

Die Entwicklung vom *Dorf* zur *Stadt* verläuft fließend.

* Die Gruppe wächst, und es entsteht eine Siedlungsgemeinschaft, in der nach und nach die Bewohner differenzierte Aufgaben übernehmen: die arbeitsteilige Gesellschaft entsteht.

* Menschen mit speziellen Fähigkeiten konzentrieren sich auf eine Tätigkeit und werden Handwerker. Manche lernen, Metalle zu erhitzen und mit Werkzeugen zu formen: Gold, Kupfer und Zinn für Schmuck und einfache Geräte. Aus Legierungen wie Bronze entstehen Waffen. Der Bau von Brennöfen und Ambossen ermöglicht es, Eisen zu schmieden.

* Lokale Händler verkaufen ihre Waren in der Siedlung, Wanderhändler schleppen Waren aus weiter entfernten Gegenden an. Auf dem Markt bieten die Bauern ihre Feldprodukte an.

* Einerseits haben die Menschen den Weg zur Kooperation und zur Gemeinschaft eingeschlagen, andererseits kommt immer wieder der Konkurrenzinstinkt hervor. Dieser führt – wie einst Revierkämpfe wandernder Gruppen – zu Kämpfen um die Herrschaft über einen begehrenswerten Flecken Land, die sowohl innerhalb der Siedlungen als auch zwischen zwei Dörfern ausgetragen wurden. Nachbarschaftsstreitigkeiten gehören ab jetzt zum Alltag.

* Zur Sicherung der Siedlung werden immer größere Mauern, Türme und Basteien errichtet. Nun braucht man auch kräftige Männer, die einerseits die Siedlung verteidigen, andererseits selbst Raubzüge unternehmen – zum

Landgewinn oder zur Plünderung feindlicher Kommunen. Ein neuer Berufsstand entsteht: Soldaten.

* Andererseits entdecken die Menschen, dass nicht alle Fremden, die auftauchen, Feinde sind. Sie beginnen mit Nachbarortschaften Handel zu treiben und durchziehende Fremde zu integrieren, mehr oder weniger freiwillig, zum Beispiel weil man Feldarbeiter braucht.

* Gefangene werden gemacht. Manche lässt man am Leben und setzt sie als Sklaven ein, oder sie dienen als Menschenopfer für die neuen Götter.

* Die Siedlung und die Population wachsen. Hatte man anfänglich noch gemeinsam am Dorfplatz gesessen, Rat gehalten und das Siedlungsleben organisiert, entsteht schön langsam eine Hierarchie und Klassengesellschaft.

* Einer, der besonders reich ist oder sich als Anführer besonders bewährt hat, hat das Sagen im Dorf oder in der Stadt. Er baut sich ein besonders schönes Haus, später einen Palast und lässt sich zum Herrscher wählen oder erklärt sich selbst dazu.

* Sobald es Herrscher gibt, gibt es auch Untertanen, und diese müssen Abgaben leisten. Irgendwann wussten die Herrscher nicht mehr, wie sie Gelder für ihr ausuferndes Hofleben, aber auch für Bauten der Community (Wehrmauern, Festungsanlagen) oder zur Finanzierung von Soldaten aufbringen sollten. Der Gedanke, einen Teil des privaten Vermögens aller Bürger einzukassieren, um öffentliche Aufgaben zu erfüllen, reicht bis ins 3. Jahrtausend v. Chr. Steuern wurden die längste Zeit willkürlich erlassen und vor allem Menschen auferlegt, denen es sozial und wirtschaftlich ohnehin schon schlecht ging.

* Je größer die Gemeinschaft wird, desto mehr gibt es zu organisieren und zu verwalten. Steuerlisten sind zu führen, Gesetze aufzuschreiben, Haus- und Grundbesitz aufzuzeichnen. Es braucht Beamte, die anfangs Diener des Herrschers waren und sich im Lauf der Zeit zu einer angesehenen und auch einflussreichen Berufsgruppe entwickelten.

* Es gibt überall Menschen, die vom System „Sesshaftigkeit“ mehr profitieren als andere. Typen, die über die besseren Ressourcen verfügen, weil sie zufällig, durch Schlauheit oder Gewalt den besseren Acker oder den besseren

Brunnen für sich ergattern; Typen, die im Gegensatz zu allen anderen reicher werden und damit auch einfluss-reicher, und irgendwann die Ärmeren für sich arbeiten lassen: als Lohnarbeiter oder als Sklaven. Aus der klassenlosen Gesellschaft der Gruppe wurde die Zweiklassengesellschaft: Reiche und Arme, Privilegierte und Underdogs, Wichtige und Unwichtige, Mächtige und Machtlose, sogenannte Adelige und normale Leute.

* Die Klassen spiegeln die Stellung in der Community wider, die in der Regel vererbt werden: ganz oben die Adeligen und Priester, dann Krieger, Händler, Handwerker, Bauern und dann die rechtlosen Sklaven und Obdachlosen.

* Die Siedlungen entwickeln sich zu autokratisch regierten Städten, aus denen Stadtstaaten hervorgehen und einige besonders mächtige sich zu Reichen entwickeln: groß, komplex, zentralistisch und hierarchisch.

Jericho. Eine Stadt für alle Menschen

Jericho (auf Arabisch *Ariha*) ist eine Stadt im Westjordanland, die als eine der ältesten durchgehend bewohnten Städte der Welt gilt. 9000 v.Chr. gab es erste Siedlungsspuren an den Süßwasserquellen der Levante. Diese Siedlungen hatten vermutlich erst kreisrunde Laubhütten, später Lehmziegelhäuser von ca. 5 m Durchmesser. Vermutet man zunächst 200 – 300 Einwohner, lebten 8000 v.Chr. schon ca. 9000 Menschen im Dorf, das nun auch schon Stadtmauern und einen Turm errichtet. Rund um Christi Geburt ist Jericho eine blühende Stadt, wegen des angenehmen Winterklimas errichten Könige einen prächtigen Palast, einer von ihnen ist der durch die Bibel berühmt gewordene *Herodes*. Immer wieder wird Jericho erobert, aufgegeben und wieder aufgebaut. Die Bibelgeschichte der *„Posaunen von Jericho"* erzählt von so einer Eroberung. Römer, Araber, Kreuzritter, Ayyubiden und Mameluken, Osmanen und Briten besetzen die Stadt im Lauf der Geschichte.

Heute hat Jericho 22.000 Einwohner. Muslime, Juden und Christen leben hier, 40% kamen als Flüchtlinge, eine besondere Community bilden die *Black Palestinians*, Nachfahren aus afrikanischen Ländern: Diese kamen als Pilger, Soldaten, Sklaven, Flüchtlinge. Eine Friedensoase ständig am Rande von Krieg und Eroberung. Einst wie heute.

Die Wohlstandsfalle?

Die Sesshaftigkeit erwies sich oft auch als Problem, oder wie Harari es nennt, „*Luxusfalle*". [239]

> Lange galt in der Geschichtsschreibung die Sesshaftwerdung als „*landwirtschaftliche Revolution*" und als Fortschritt: Die Menschen wurden klüger und deshalb sesshaft. Heute beurteilt die Wissenschaft das differenzierter: Sesshaftigkeit bedeutet per se kein angenehmeres Leben, oft das Gegenteil. Die neue ortsfeste Stellung brachte in den meisten Fällen mehr Arbeit und mehr Anstrengung.

Natürlich lebten die *Wildbeuter* gefährlicher, mussten oft Hunger- und Durststrecken durchtauchen, wenn sich kein Wild zeigte. Ohne den harten und oft brutalen Alltag der *Wildbeuter* zu idyllisieren, lässt sich dennoch sagen: Insgesamt lebten sie gesünder, arbeiteten weniger, hatten abwechslungsreichere Tage. Die Kost der *Wildbeuter* war bunter, die Menschen durch die ständige Bewegung gesünder und abgehärteter. Der Alltag einer Wildbeutergruppe: Sie streift durch Wälder, sammelt Pilze, Beeren und gräbt essbare Wurzeln aus; fingen die Jäger Wild oder Fische, gab es ein Festmahl. Dazwischen gab es viel Freizeit zum Ausruhen. Die Kehrseite: Es gab viele Unfälle, deren Verletzungen selten heilbar waren und die Verletzten hilf- und nutzlos machte; Tod durch Raubtiere, Hungertage, wenn die Beute ausblieb, die Kindersterblichkeit war hoch, die Alterssterblichkeit war natürliche Auslese in ihrer härtesten Form. Die Lebenserwartung lag aber gemäß der Fossilienfunde überraschenderweise bei 60 Jahren.

> Die an Freiheit gewöhnten *Wildbeuter* mussten als *Bauern* plötzlich von Sonnenaufgang bis Sonnenuntergang säen, bewässern, Unkraut jäten, ernten, pflügen. Sie waren nicht mehr Herren/Frauen ihrer Zeit, sondern mussten sich dem Kreislauf der Natur beugen. Im wahrsten Sinn des Wortes. Statt durchs Gelände zu wandern, standen die Menschen nun gebückt mit Werkzeugen auf ihrem Acker und bekamen schmerzende, gekrümmte Rücken. Das Zeitalter des Bandscheibenvorfalls hatte begonnen.

Der Alltag eines Bauern war härter, eintöniger und weniger befriedigend als der von Jägern und Sammlern. Ihre Ernährung war einseitig. Es gab zwar meistens *mehr* zu essen, in der Regel aber eintönigen, nährstoffarmen Getreidebrei, und als Folge Mangelernährungen und damit verbundene Krankheiten. Dürreperioden, Unwetter, Heuschrecken oder Pilzbefall konnten ganze Ernten vernichten, die

Hungersnöte der *Sesshaften* waren andauernder und verzweifelter. Man war ja jetzt örtlich gebunden, fortlaufen hieß, das erwirtschaftete Hab und Gut zurückzulassen. Die Hygieneverhältnisse waren in dörflichen Siedlungen in aller Regel drastisch schlechter als in der freien Natur. Die Enge des Zusammenlebens in Dörfern erzeugte zwar eine Bevölkerungsexplosion, aber genau diese forcierte wiederum Mangelerscheinungen und ansteckende Seuchen und Siechtum. Es gab *mehr* Menschen, aber *weniger* gesunde.

Die durchaus überraschenden Schlussfolgerungen, die heute Historiker ziehen:

* Wildbeuter waren in der Regel gesünder, kräftiger und flexibler, weil sie täglich mit neuen Herausforderungen der Natur fertig werden und die Spuren und Eigenschaften vieler Tiere und Pflanzen richtig einschätzen mussten.
* Die Sesshaften waren kränklicher und verlernten nach und nach viele Eigenschaften und Fähigkeiten, die Jäger und Sammler ausgezeichnet hatten. Ihre Muskel schrumpften, ihre Sinneswahrnehmung wurde schwächer.
* Andererseits hatten sie plötzlich Zeit, die nicht nur dem Lebenserhalt diente. Zeit als Muße, die sie für scheinbar nutzlose Handlungen verwenden konnten: zum Aufschreiben von Geschichten und Geschichte, zum Malen, zum Anfertigen von Schmuck und steinernen Kunstwerken, zum Philosophieren, zum Beobachten der Natur, zum Forschen, zum Erfinden....

Warum entschieden sich die Menschen, sesshaft zu werden?

Unsere ersten sesshaften Vorfahren erlebten ein eigenes Dach und eigenen Besitz als Qualität. Anfangs überzeugte auch, dass man die Nahrung nicht mehr suchen, sondern selbst produzieren und dass man Haustiere züchten konnte, statt Wildtieren ewig nach oder vor ihnen weg zu rennen. In guten Jahren schien das ein gelungenes Leben.

Schon nach wenigen Generationen war die neue Lebensform selbstverständlich. Die Jungen erlernten nicht mehr die Fähigkeiten, die man in freier Wildbahn täglich brauchte: sportliche Fitness, extrem wache Sinne, Kenntnis von Pflanzen und wilden Tieren. Die Folgegenerationen der Sesshaften wurden Couchpotatos, eine Rückkehr in die Wildnis war ausgeschlossen. Irgendwie erinnert das entfernt an heutige

Zustände, wo uns digitale Helferlein viel Arbeit abnehmen, aber auch uns unserer Fähigkeiten, wie zum Beispiel Zeitgefühl oder Orientierungssinn berauben.

Instinkt versus Moral

Wir müssen aber vorsichtig sein, unsere heutige Sichtweise über frühere Generationen darüberzustülpen. So wie die Evolution nie den Individuen, sondern immer bloß dem Überleben der Art nutzte, und nicht nach qualitativen Gesichtspunkten, sondern nach dem – oft brutalen – Gesetz des Zufalls entschied, wer überlebte und wer nicht, so dürfen wir an die frühen Menschen auch nicht heutige moralische Kriterien anlegen.

Die Richtschnur der frühen Menschen waren nicht Moral, Religion oder Ethos, das gab es alles noch lange nicht, sondern die harten Gesetze der Natur. Ein früher Mensch hatte zwei Aufgaben: die Existenz seiner Gruppe zu sichern und selbst zu überleben. Genau das unterscheidet uns, die wir im warmen Lehnsessel über die Altvorderen lesen und die Nase rümpfen, von unseren Vorfahren. Wir leben heute eben nicht mehr ausschließlich nach den Regeln der *biologischen Evolution* und nach den harten Regeln der Natur. Wir Menschen von heute besitzen zumindest theoretisch andere Maßstäbe, nach denen wir unser Leben ausrichten sollten. Wieso, davon handeln die nächsten Kapitel.

Die Modellierung der Welt

Im Universum dreht sich alles um den Zusammenhang zwischen Wirklichkeit und Information. Wir wissen, dass Quanten alle wesentlichen Informationen über die Beschaffenheit der Welt enthalten und vermutlich auch das menschliche Bewusstsein steuern. Jedes noch so kleine oder große Objekt im Universum trägt sämtliche Informationen über sich selbst in seinen Quanten.

Die zentrale Fähigkeit der modernen Menschen seit der kognitiven Revolution ist es, diese Informationen über die Welt *bewusst* wahrzunehmen. Wir Menschen lernten, Informationen über die Welt zu erkennen, und wir schufen Medien –

Sprache, Schrift und Bild – um diese Informationen zu sammeln, darzustellen und zu speichern. Informationsaustausch mit Mitmenschen und Informationsweitergabe an die Nachwelt wurden mächtige Werkzeuge in der Hand der Menschen. In diesem Kapitel wollen wir miterleben, wie die Menschen diese Werkzeuge erschufen und wie sie damit umgehen.

Inside the Shell: Wie wir die Welt wahrnehmen

Bevor wir uns mit den neuen Menschen lesend, schreibend, zeichnend und sprechend auf den Weg durch die Weltgeschichte machen, werfen wir noch einmal einen kurzen Blick *„inside the shell", ins menschliche Gehirn.* Wir schauen, wie unser Gehirn Informationen über die Welt wahrnimmt und aktiv mit- und umgestaltet.[240]

Wahrnehmen: Der Sturm im Gehirn

„Wahrnehmen ist eine Flutwelle im Gehirn"
(Stanislav Dehaene) [241]

Lange Zeit glaubte man, dass *Wahrnehmen* nicht viel mehr sei als eine schlichte Projektion eines Bildes auf eine innere, weiße Leinwand, und dass unser Gedächtnis so ähnlich funktioniere wie das Füllen eines Archivs, in das wir Akten schlichten. Gehirnphysiologie, Neurologie und kognitive Psychologie zeigen uns heute ganz etwas anderes. *Wahrnehmen* ist kein passives Empfangen und Speichern von Signalen, sondern ein vielschichtiger, hochaktiver Prozess, der im Englischen *Information processing* genannt wird.

Mehr als zwanzig Gehirnareale sind beteiligt, um Informationen aus der Umwelt von den Sinnesorganen ins Gehirn zu leiten, dort zu verarbeiten und zu einem Gesamtbild zusammenzufügen. John Eccles nennt das Gehirn *„eine 100-millionenfache Demokratie"* [242], weil Informationen nie unkommentiert abgelegt, sondern auf vielen Ebenen unseres Gehirns diskutiert und reflektiert werden.

Wir sind nie passive Informationsempfänger, sondern unser Gehirn trägt immer aktiv bei, um dem Wahrgenommenen Sinn zu verleihen. All unser Vorwissen und unsere Vorerfahrungen, unsere Einstellungen und unsere Emotionen treffen auf die neuen Informationen, bestimmen, welche wir sofort löschen, welche wir zulassen und wie wir diese verstehen und deuten.

Wahrnehmungsfilter

Die Schlüsselszene in *Robert Schneiders* Roman *„Schlafes Bruder"* ist das Hörwunder. Der Knabe Elias Alder wird davon überwältigt, dass er plötzlich alle Geräusche dieser Erde – vom fallenden Tautropfen bis zum Herzschlag eines Neugeborenen – zugleich wahrnimmt. Er hört die Kakophonie der Welt.

In einer Kakophonie von Tönen, Bildern, Gerüchen, Geschmäckern und Tasteindrücken stehen wir alle in jeder Sekunde unseres Lebens. Flutwellen an Informationen, viele Milliarden an *Bits*, branden Sekunde für Sekunde auf uns ein und werden von den Sinnesorganen wahrgenommen: *gehört, gesehen, gefühlt, geschmeckt, gerochen*. Selbst ein einsamer Waldspaziergang liefert uns in jeder Hundertstelsekunde unzählige Eindrücke: *akustische, optische, haptische, olfaktorische*. Je belebter unsere Umwelt, desto größer die Flut an Informationen: ein Einkaufszentrum am Samstagnachmittag, ein brodelndes Fußballstadion oder ein Flughafen zur Hochsaison liefern uns Overkills an Informationen. Ähnliches passiert auch in der virtuellen Welt: Social Media und Computerspiele feuern ihre Informationsbatterien in Endlosschleifen auf uns, die unser Gehirn (über)fordern.

Wir würden in wenigen Minuten verrückt werden wie Elias Alder in Schneiders Roman, hätte unser Gehirn nicht Strategien entwickelt, wie wir mit der Fülle der Informationen selektiv umgehen können. Dass wir aus dem Rauschen der Welt einzelne Informationen herausfiltern können, dafür sind drei Wahrnehmungsfilter verantwortlich.

Türsteher ins Gehirn: das Ultrakurzzeitgedächtnis

Für jede der fünf Sinneswahrnehmungen gibt es im Gehirn ein eigenes *Eingangsareal*, wo die eingehenden Informationen vorsortiert werden. Jeder neue Impuls (ein Ton, ein Wort, ein Schmerz, ein Lichtstrahl), den unsere Sinne einfangen, wird auf seinem Weg ins Gehirn über verschiedene Relais vorsortiert (z.B. nach Helligkeit, Lautstärke, Konturen, Kontrast, Bewegung usw.) und in den „Code“ unseres Gehirns umgewandelt: in Impulse in Form elektrischer Schwingungen.

Nur die härtesten Impulse überleben: Von den zirka 10 Millionen Bit, die pro Sekunde (!) auf unsere Sinnesorgane einprasseln, schafft nur ein Häuflein den Eintritt in unser *Ultrakurzzeitgedächtnis*; der Rest wird abgewimmelt. Die Auswahl ist brutal und ungerecht. Es herrscht ein erbitterter Kampf der Info-Bits, um in unser Gehirn zu gelangen. In der Regel setzen sich jene Informationen durch, die lauter, schriller, unerwarteter, bedrohlicher oder verlockender sind als die anderen: ein plötzlicher Tierschrei im stillen Wald; ein Donner, der uns aufschreckt; eine schrille Türklingel, der unwiderstehliche Duft eines Apfelstrudels.

> Richtig: Es sind die vorher beschriebenen *Schlüsselreize*, die unser Instinkthirn ansprechen. Eine riesige Manipulationsmaschinerie arbeitet mit allen Tricks, um ihre Botschaften in unsere Gehirne zu pressen: je schriller, bunter, brutaler, obszöner, desto besser!

Qualitätskontrolle und Lektorat: Das Kurzzeitgedächtnis

Die Handvoll Informationen, die sich durchgesetzt hat, kreist als elektrische Schwingung durch unser Gehirn, zirka 10 bis 20 Sekunden lang: Nur jene Informationen, die wir jetzt *bewusst* wahrnehmen, bleiben hängen, der Rest wird aus unserem Gehirn hinausgeschleudert. Diese Gehirnschleuder nennt man *Arbeitsgedächtnis* oder *Kurzzeitgedächtnis*, weil die Informationen nur für wenige Sekunden eine Chance erhalten: Schaffen sie es, sich mit bereits vorhandenen Gedächtnisinhalten im Gehirn zu vernetzen, dann dürfen sie bleiben. Ansonsten: *delete!*

Dieser Vorgang des vorläufigen Speicherns ähnelt dem Buchdruck. Aus der flüchtigen, elektronischen Information wird in unseren Gehirnzellen eine Art Druckvorlage erstellt. Protein-Moleküle in den Gehirnzellen (bestehend aus RNS) werden zu einer Kette zusammengesetzt, ähnlich wie die Buchstaben aus einem Setzkasten. Diese RNS-Buchstaben bilden eine Art Matrize, eine Druckvorlage.

Buchdruck im Kopf: Das Langzeitgedächtnis

Jene Bits, die es durch die ersten beiden Filter geschafft haben, müssen nun den letzten Test bestehen: Nur *jene* Informationen, die unserem Gehirn als besonders interessant oder wichtig scheinen, haben die Chance ins Heiligtum einzutreten: ins *Langzeitgedächtnis*, wo Informationen langfristig gespeichert werden. Entscheidet dieses innerhalb von zirka 20 Minuten *„uninteressant"*, dann zerfällt die RNS-Matrize ungenutzt; gibt unser Gehirn dagegen den Befehl *„speichern"*, dann „druckt" das Gehirn ein Proteinmolekül, das im Langzeitgedächtnis für alle Zeiten fix und unlöschbar gespeichert bleibt.[243]

Spannend ist die Art der Speicherung: Die neuen Wissensmoleküle werden nicht wie in einem staubigen Archiv alphabetisch geordnet und gestapelt, sondern vernetzen sich in *allen* Gehirnarealen assoziativ mit bereits vorhandenem Wissen.

Vier Arten von Gedächtnisspeichern

Der *Neocortex* speichert im *sensorischen Gedächtnis* markante Sinneseindrücke (z.B. Schmerz, ein Hörerlebnis, einen markanten Geschmack). Die *Amygdala* sammelt Emotionen und Gefühle im *emotionalen Gedächtnis*. Der *Hippocampus* koordiniert die Erinnerungen an persönliche Ereignisse oder Handlungsabläufe im *episodischen Gedächtnis*. Der *Temporallappen* steuert unser Begriffs- und Sprachlexikon, das *semantische Gedächtnis*. Unser *präfontaler Cortex*, der vorderste Teil des *Neocortex*, bewertet alle neuen Informationen und entscheidet, wie und wo sie vernetzt werden. In der Regel liegt jede Information in allen vier Gedächtnisspeichern abrufbar bereit.[244]

Der legendäre Apfelstrudel von der Uroma bleibt in allen vier Gedächtnisspeichern präsent: als sensorischer Genuss, als emotionale Erinnerung an Uroma, als Ereignis an Uromas Küchentisch und als abstraktes Wort & Bild.

Unsere Wahrnehmungsfilter arbeiten sowohl willentlich als auch unwillentlich. Wir können – z.B. durch Lernstrategien – bewusst steuern, welche Informationen wir wahrnehmen und speichern wollen: Wenn uns eine Information interessiert, wenn wir schon ungeduldig darauf warten, oder wenn wir Vorwissen haben, lassen unsere Wahrnehmungsfilter sie eher in unser Bewusstsein vordringen.

Sammelwütige Kinder merken sich Dutzende komplexe Pokémon-Namen wie *Glumanda, Nidorino* oder *Myrapla* problemlos, Fußballfans speichern Kickernamen wie *Diomande, Aubameyang* oder *El Shaarawy*. Pflanzennamen – *Veilchen, Narzissen, Margeriten* – aus dem langweiligen Biologieunterricht oder einem Blumengedicht dagegen haben geringe Chancen.

Oft merken wir uns aber auch unwillentlich unnötige Impulse, die sich vordrängen.

Wir können uns z.B. jahrzehntelang an die hässliche grün-lila gestreifte Bluse unserer Geschichtslehrerin erinnern, aber nicht mehr an die Jahreszahl, die sie uns eintrichtern wollte, wann Karl der Große gekrönt wurde.

Das Netzwerk der Gedanken: Neuronen und Synapsen

Wahrnehmen ist *immer* Lernen. Und Lernen ist *immer* das Vernetzen neuer Informationseinheiten mit bereits vorhandenen zu einem dreidimensionalen, immer dichter und engmaschiger werdenden Geflecht.

Lernen findet nicht an einem bestimmten Platz statt, sondern überall im Gehirn. Dieses besitzt viele Milliarden Nervenzellen (= *Neuronen*), die wie winzige Schaltzentralen mit winzigen Kippschaltern (=den *Synapsen*) fungieren, jede mit nahezu unendlichen Kombinationsmöglichkeiten. *Synapsen* öffnen oder schließen Verbindungen zwischen zwei Neuronen und docken diese wie eine Kupplung aneinander. Jedes dieser Neuronen hat bis zu 10.000 dünne Faserleitungen, die bereit sind, Informationsströme aufzunehmen bzw. weiterzuleiten.[245] Alle Nervenfasern *eines* menschlichen Gehirns zusammengelegt ergäben eine Strecke, die größer wäre als die Entfernung Erde - Mond.

Erinnerungswolken: Engramme[246]

Unser Gedächtnis ist in einer unvorstellbar großen Zahl von *„Wissenskreisen"* (= *„Engrammen"*) nach Themen organisiert. Jedes *Engramm* ist ein dreidimensionaler Schaltkreis von hunderttausenden miteinander vernetzten Neuronen, die inhaltlich zusammenpassen. Neuronen tauschen ununterbrochen Informationen aus, es fließt also „Wissensstrom", werden Synapsen geöffnet und geschlossen. Jede neue Information von außen verändert und verdichtet das Netz der *Engramme.* Neuronen mit neuen Informationen werden sofort *mit all jenen Engrammen* vernetzt, die dazu passende Assoziationen oder Inhalte bieten. In jedem Augenblick ändern und erweitern sich also im Gehirn die *Engramme* durch neue Informationen, oder es entstehen neue *Engramme.*

Das ist auch der Grund, warum der Mensch nie zu viel lernen kann. Das Gehirn ist kein Getreidespeicher, der irgendwann einmal mit Wissensstroh voll ist, sondern ein Netzwerk, das immer dichter werden kann. Je dichter, desto mehr neue Informationsleitungen sind möglich. Wer drei Sprachen fließend beherrscht, braucht sich keine Sorgen zu machen, dass sein Vokabelspeicher irgendwann überfüllt ist, im Gegenteil. Je mehr Sprachen ein Mensch beherrscht, desto leichter lernt er neue dazu.

> Engramme sind ständig sich ändernde und wachsende *Wissenskreise*, *Erinnerungswolken* oder *Informationsmuster*. Wir können uns ein *Engramm* wie eine dreidimensionale *Wordcloud* oder ein *Mindmap* vorstellen, das ununterbrochen in Veränderung ist und wächst. Oder wie Wolken am Himmel, die ständig in Bewegung sind und ihre Form verändern.

Wollen wir uns an irgendeine Information erinnern, brauchen wir einen *Zutrittscode* zum passenden *Engramm*. Dazu müssen wir uns an *irgendein* Detail erinnern. Gelingt uns das, stehen uns *alle* passenden Informationen in diesem *Engramm* zur Verfügung. Deshalb versuchen wir, uns beim Lernen *Schlüsselwörter* zu merken, *Eselsbrücken* oder *Mnemotechniken* zu bilden. Alle im *Langzeitgedächtnis* gespeicherten Informationen sind auf Lebenszeit gespeichert, wenn wir etwas „vergessen", dann ist es nicht verloren, sondern nur verlegt; wir brauchen nur den *Zutrittscode.*

> Die hier beschriebenen Vorgänge werden *„Plastizität des Gehirns" genannt.*[247] Die unvorstellbar große Summe aller *Engramme (es sind viele Milliarden!)*, die auch untereinander ständig in Verbindung stehen, ergibt unser Gedächtnis, das uns Menschen nahezu unbeschränkt Neues lernen lässt. Unser Gehirn ist bis heute der mit großem Abstand komplexeste und leistungsfähigste Computer auf der Welt.

Das Gehirn als Hologramm

Unser Wahrnehmungsdenken scheint wie ein *Hologramm* zu funktionieren. Wir kennen *Hologramme* aus der Laserfotografie, deren Projektion ein dreidimensionales Bild erzeugt. Das Hologramm hat aber noch eine weitere verblüffende Eigenschaft: Bei einem traditionellen Foto ist das Negativ ein seitenverkehrtes Kontrastbild, auf dem jeder Lichtpunkt eine Entsprechung zum originalen, entwickelten Bild hat. Fehlt ein Stück vom Negativ, ist das Bild unvollständig. Bei einer holografischen Aufzeichnung enthält jeder Lichtpunkt das ganze Bild. Fehlt also ein Stück vom Negativ, können wir dennoch das ganze Bild rekonstruieren.

Unser Gehirn funktioniert offensichtlich wie ein *Hologramm*: Die Vielzahl der in verschiedenen Teilen des Gehirns gespeicherten Erinnerungs- und Erfahrungsspuren ermöglicht stets eine Rekonstruktion des Ganzen. Aus ein paar Teilchen eines dreidimensionalen 1000-Teile-Erinnerungspuzzles kann unser Gehirn die ganze Erinnerung rekonstruieren.[248]

Wir alle kennen das Phänomen: Ein uraltes Foto von einem weißen Sonnenschirm ist der Schlüssel zu tausend Erinnerungen, die im Engramm „Urlaub in Grado" gespeichert sind.

...

Unmerklich sind wir wieder bei den *Weltmodellen* unseres Universums gelandet. Das *holographische Modell* unseres Universums besagt ja, dass an der zweidimensionalen Oberfläche alle Informationen eines beliebigen dreidimensionalen Objektes liegen. Das gilt für Sterne genauso wie für uns Menschen. Alle Informationen über uns, alle unsere Erinnerungen und unsere Wissensvorräte liegen in der Datenbank unseres Gehirns (dem flach gefalteten Neokortex). Und wir können unsere Informationen nach außen projizieren: als gesprochenes Wort, als gezeichnetes Bild, als geschriebener Text, oder auch als Pantomime, als Tanz, als Performance.

Spinnen wir den Gedanken noch ein wenig weiter. Hologramme können – wie wir wissen – jede beliebige Form annehmen, auch wir selbst: In Selfies und Videos können wir uns so verewigen, wie wir uns selbst sehen. In Träumen oder Fantasiegedanken können wir uns in jede beliebige Gestalt verwandeln. Mittels digitaler Technik – als Avatar im Computerspiel oder mit VR-Brille – können wir uns heute in virtuellen Räumen bewegen und ein neues Modell von uns selbst annehmen, alles auf Basis der im Gehirn gespeicherten Daten. Wer weiß, wie wir wirklich ausschauen?

Wahrnehmen ist immer subjektiv

Wir besuchen eine Ausstellung und betrachten ein Bild des spanischen Malers Joan Miro. Es zeigt unregelmäßige schwarze Flecken und einen schmalen, roten Querstrich auf blauem Grund. Ob wir das intensive Blau als Wasser oder als Himmel deuten, ob wir in den schwarzen Flecken die Fußstapfen eines exotischen Tieres, eine Igelfamilie oder Steine am Grunde eines Flusses erkennen, entscheidet nicht Miro, sondern wir Betrachter*innen mit unseren Erwartungen, unserem Vorwissen und unseren spontanen Assoziationen, die wir mit dem Bild verknüpfen. Manche sehen in dem roten Strich eine sportliche Hürde, manche eine unüberwindliche Barriere. Wahrnehmung ist immer subjektiv.

Objektive Wahrnehmung - das ist schlicht und einfach unmöglich. Jeder neue Impuls, den unsere Sinne aufschnappen, wird sofort mit unseren subjektiven Erfahrungen, mit passenden Vorstellungen, Erinnerungen und Assoziationen aus der Erinnerungskiste verknüpft.

Wenn wir in einem Text das Wort „*Wald*" lesen, öffnet unser Gehirn ein mächtiges *Engramm* persönlicher Erinnerungen: Optische Eindrücke von Bäumen und Sträuchern; Gefühle wie Gewitterangst oder die Sorge, sich zu verirren; taktile Empfindungen von weichem Moos oder rauer Baumrinde oder das kribbelnde Gefühl, im Ameisenhaufen zu sitzen; Geschmacks- und Geruchsempfindungen nach Beeren, Schwammerl, moderndem Laub; Erinnerungen an einen Ausflug mit den Eltern oder dem/der Liebsten; akustische Eindrücke wie knackendes Holz, raschelndes Laub, rauschender Wind; vielleicht auch abstrakte Gedanken an Literatur: Hänsel und Gretel, Stifters Hochwald oder Shakespeares Macbeth.

Die russische Übersetzerin von Kinderbüchern Natalia Rostówa[249] sagte: Leser gehen in den Wald des Autors hinein und kommen aus ihrem eigenen Wald heraus.

Wahrnehmen ist immer eine subjektive Reaktion von uns Betrachtern auf unsere Umwelt. Aus der ständig eintreffenden Fülle neuer Informationen gemischt mit unserem Vorwissen entwirft unser Gehirn einen Film namens „*Unsere Wirklichkeit*". Der Film handelt davon, wie wir die Wirklichkeit erleben und läuft – ein Leben lang. Eine der verstörenden Erkenntnisse der Quantenphysik war, dass ein von uns beobachtetes Objekt sich erst in unserer subjektiven Wahrnehmung manifestiert. Quantenphysik und Gehirnforschung stimmen also überein.

Landkarten im Gehirn: vorsprachliche Strukturen

Bevor die Menschen Sprache, Bilder und Schrift entwickelten, lernten sie, Informationen aus ihrer Umwelt zu „lesen" und zu interpretieren[250]. Die Kunsthistorikerin Barbara Maria Stafford liefert uns das Leitmotiv:

„Wir sind räumliche Wesen, und unser ganzes Begriffssystem ist von räumlichen Vorstellungen geprägt."[251]

Vieles deutet darauf hin, dass das menschliche Gehirn als erste „Lese"-Leistung *universale Muster* aus der Natur speicherte und sich daran orientierte. Die frühen Menschen „lasen" die Landschaften, durch die sie wanderten, und verinnerlichten Merkmale, an denen sie sich orientieren konnten: Wegverläufe, Himmelsrichtungen, markante Felsformationen, Küstenlinien, Flussläufe. Gehirnforscher sprechen von *„Landkarten im Gehirn"* (=*mental map*), die wir als Muster in unserem Kopf speichern.[252] Ein steiler Felsen sieht aus wie ein Dreieck, ein Tümpel hat die Form eines Kreises oder eines Ovals, ein Flussverlauf ähnelt einer Schlangenlinie, eine Bergkette einer Zickzacklinie. Nach und nach formte unser Gehirn aus konkreten Erinnerungen abstrakte zweidimensionale Formen: *Dreieck, Viereck, Kreis, Ellipse, gekreuzte oder parallele Linien.* Auch dreidimensionale Erfahrungen speicherte das Gehirn ab: *oben - unten, fern - nah, steil - flach, links - rechts, innen - außen, vorne - hinten, auf – ab. „Raumerfahrung und Körperschema"* nennen Psycholog*innen diese Erfahrungen.

Die Entwicklungspsychologie bei Kindern spricht

* von *visuellem Gedächtnis* und *visueller Differenzierung*, wenn sie dominante Merkmale von zweidimensionalen Formen und dreidimensionalen Figuren erkennen und unterscheiden können;
* von *räumlichem Gedächtnis und Raumorientierung*, wenn sie sich selbst in einem Raum, auf einem Blatt Papier oder auf einem Bildschirm orientieren können;
* von *Serialität,* wenn sie Reihenfolgen, örtliche Abläufe (z.B. den Verlauf eines Flusses oder eines Weges) und zeitliche Abfolgen (was war vorher, was nachher?), erkennen und selbst bilden können.

Wie die Frühmenschen muss jedes Neugeborene diese Grundlagen visuellen und räumlichen Wissens nach und nach als vorsprachliche Strukturen *erlernen.* Diese bilden die ersten abstrakten Gedächtnisinhalte, die wir Menschen erkennen, speichern, benennen und erinnern können.

Die Erfindung der Symbole

Aus den soeben beschriebenen Körper- und Raumerfahrungen entstanden nach und nach Symbole, die manchmal weltweit „verstanden" werden, manchmal kulturabhängig sind. Manche Symbole werden von Generation zu Generation über Jahrtausende weitergegeben, manche sind zeitgebunden. [253]

Image Schemata

Aus dem Vorrat an räumlichen Erfahrungen entwickelten wir Menschen nach und nach sogenannte „*Image Schemata*": abstrakte, gedankliche Muster.

Image-Schemata sind bildhafte Abläufe, die wir Menschen im Gehirn abgespeichert haben, und die im Alltag helfen, weil sie mit kollektiven Erinnerungen und Erfahrungen verknüpft sind. Sie laufen im Gehirn ab wie Kurzfilmchen, die für konkrete Situationen Handlungsanleitungen liefern.

Wir erlernen *Image Schemata* schon in der frühen Kindheit als immer wiederkehrende Umwelt-Erfahrungen und verinnerlichen sie. Sie beschreiben beispielsweise fixe Eigenschaften von Objekten und ermöglichen uns rasche und richtige Reaktionen darauf.

„Ofen heiß – Finger weg" ist so eine Stereotype. Das Bild vom Ofen ist gekoppelt mit der Erfahrung *„heiß"* und der Handlung *„Finger weg"*.

Wir sprechen von *„latenten Koppelungen"*, also verborgenen, tief in uns verankerten Erfahrungen, die oft über viele Generationen weitergegeben werden. Sie haben sich ins kollektive Gedächtnis der Menschen eingeprägt, wo sie – ähnlich einem Reflex – von uns jederzeit abgerufen werden können. Ein anschauliches Beispiel liefert das *Oben-unten-Schema* [254]:

Der Umgang mit Wasser ist eine Urerfahrung jedes Lebewesens. Die Erfahrung, dass der Wasserstand steigt, wenn ein Behälter mit Wasser gefüllt wird und sinkt, wenn Wasser ausrinnt, führt im menschlichen Gehirn zur Koppelung *„Oben ist* *mehr, unten ist weniger".* Jedes Kleinkind macht diese elementare Erfahrung und beobachtet interessiert, wie die Eltern darauf reagieren, wenn es den vollen Becher Limonade umdreht.

Diese Urerfahrung prägt uns ein Leben lang. Wir wissen nicht nur, was passiert, wenn wir Flüssigkeit in ein Gefäß gießen oder ausschütten, sondern übertragen dieses latente Wissen auch auf andere Situationen: Wir schieben oder drehen instinktiv Schalter nach oben, wenn wir mehr (Temperatur, Lautstärke, Flüssigkeit, Wärme …) und nach unten, wenn wir weniger wollen, und wir sind irritiert, wenn es – z.B. bei einer originellen Badezimmerarmatur im Designerhotel – andersrum funktioniert und uns die Regenwalddusche eiskalt erwischt.

Image Schemata werden im Produkt- und Informationsdesign genutzt. Mit *„intuitiver Benutzerführung"* versuchen gute Designer*innen, das Handling technischer Geräte so zu gestalten, dass es unseren eingespeicherten *Image Schemata* gerecht und dadurch einfacher wird. Etliche Alltagshandgriffe, vom Schalthebel bis zum Touchscreen, folgen diesen intuitiven *Image Schemata*: wie man Türen und Fenster öffnet, Fahrzeuge bewegt, technische Geräte steuert u.v.m. Frustrierend ist es für uns, wenn ein Gerät unseren Image Schemata nicht folgt.

Image Schemata helfen also, uns in realen oder virtuellen Räumen schneller zu orientieren, Gefahren rasch zu erkennen und Alltagssituationen durch gespeicherte Routinen zu bewältigen.

Kulturelle Konnotationen

Neben den oft jahrtausendealten *Image Schemata* gibt es ***kulturell bedingte Konnotationen***, die als kollektive Erfahrung von Generation zu Generation weitergereicht werden. Eine ***kulturelle Konnotation*** entsteht durch die emotionalen Zuschreibungen, die ein Begriff, ein Symbol oder eine Handlung erhält. Während *Image Schemata* weltweit „funktionieren", sind ***kulturelle Konnotationen*** zeit- oder ortsabhängig.

Zum Beispiel sind die Wörter „Ratte" oder „Schlange" in China positiv konnotiert, während sie in westlichen Kulturen oft mit etwas Negativem verbunden werden.

Eine dieser kulturellen Konnotationen ist das *„Path-Schema"*. Ihm liegt die Erfahrung zugrunde, wie wir Menschen in vielen Situationen von einem Anfangspunkt zu einem Zielpunkt gehen. Im okzidentalen, europäischen Kulturkreis verläuft der (Lebens-)Weg entsprechend unserer Schreib- und Denkrichtung von West nach Ost, von links nach rechts: Infografiken, z.B. eine Timeline, eine Fieberkurve oder eine Erfolgsspur sind immer von links nach rechts zu lesen. Drehschalter haben meist links die Stellung „null" und wir drehen sie in der Regel nach rechts.

Mit dem Kopf nicken oder ihn *schütteln* bedeutet in jedem Kulturkreis etwas anderes, ebenso wie *Gesten* in verschiedenen Kulturkreisen verschieden gedeutet werden. Eine von uns harmlos gemeinte Geste, ein erhobener Finger, eine offene Hand, eine geballte Faust können fatale Reaktionen beim Gegenüber auslösen.

Auch Farben tragen kulturbedingte Konnotationen: Wir *„ärgern uns grün und blau"*, *„sehen rot"* oder *„durch die rosarote Brille"*. Die Farben *Weiß* und *Schwarz* signalisieren in unserem Kulturkreis Freude und Trauer, in manchen Ländern und Kulturen ist die Symbolik umgekehrt. Und es gibt auch *verbale Konnotationen*: Ortsnamen wie *Waterloo*, *Hiroshima* oder *Auschwitz* sind zu Begriffen geworden, die aufgrund ihres historischen Hintergrundes fest konnotiert sind.

Archetypische Symbole

Archetypische Symbole [255] sind universelle, tief verwurzelte Bilder und Muster, die in den Mythen verschiedener Kulturen und Zeiten auftauchen. Sie repräsentieren grundlegende menschliche Erfahrungen und sind Teil des kollektiven Unbewussten. Beispiele hierfür sind der Kreis, das Kreuz, der Drache, die Schlange oder auch archetypische Charaktere wie *der Weise* oder *der Held*.

Der griechische Held *Ajax* aus dem Trojanischen Krieg und der Engel *Ariel* haben es beide nicht verdient, zu Produktnamen für Sanitärreiniger bzw. Waschmittel degradiert zu werden. Sie teilen ihr Schicksal jedoch mit vielen anderen mythischen Gestalten aus Märchen, Sagen und Legenden, die uns emotional berühren sollen. *Archetypische Symbole* werden von Werbung oder Public Relation hemmungslos ge- und auch missbraucht. Banale Gegenstände werden durch *archetypische Signale* mythisch aufgeladen.

Beispiele für den alltäglichen Umgang mit archetypischen Signalen gibt es viele: Natursymbole *(Horizont, Wolke, Baum, Stern, Sonne, Mond, Blitz, Donner …)*, Symbole aus Götter-, Schöpfungs- und Heldenmythen *(von der Sintflut bis zu den unverwundbaren Helden Achilleus oder Siegfried)*, Allegorien aus christlichen Mythen und

Legenden *(St. Georg und der Drache);* kultische Symbole *(Schlange, Kreuz, Yin und Yang, Teufels- und Hexenzeichen, Friedenssymbol …).*

Archetypische Verweise haben in der *Popkultur* ihren festen Platz: von *Michael Jackson* in der Erlöserpose bis zu dem hübschen Vornamen *„Madonna"* der gar nicht so frommen Sängerin *Louise Ciccone*. Engel und Teufel geistern durch Filme, TV-Serien, Songs, Videoclips und Rockkonzerten. Oft geht es nicht um ein ideologisches oder politisches Statement, sondern um ein rein spielerisches, kontextfreies Zitat, z.B. *Darth Vaders Umhang, Mick Jaggers Zunge*, oder das berühmte Porträt von *Che Guevara* auf T-Shirts und Kaffeeschalen etc. Man trägt diese Signale, um sich als Anhänger oder Fan einer bestimmten Gruppierung zu outen. Solche Verweise gehören aber auch zum Standardrepertoire ideologischer Gruppierungen: *das Palästinensertuch, der Buchstabe A im Kreis (für Anarchie), die Ziffernfolge 88 und die Krautfleckerl* (Hinweis auf den Hitlergruß und seine Lieblingsspeise) werden zu Archetypen hochstilisiert und funktionieren als mehr oder weniger geheime Codes, um Gesinnung zu symbolisieren.

Konventionelle Zeichen

Konventionelle Zeichen sind Informationen, die aufgrund kultureller Vereinbarungen von einer bestimmten Gruppe festgelegt wurden. Manche Zeichen sind weltweit bekannt: Verkehrszeichen, bestimmte Piktogramme wie das @. Die meisten *konventionellen Zeichen* sind aber auf einen Kulturraum beschränkt, dazu gehören auch Schriften. Wer je in Japan unterwegs war und der japanischen Sprache und Schrift nicht mächtig ist, weiß, so wie *Bill Murray* und *Scarlett Johansson* als Hauptfiguren im Film *„Lost in Translation"*, wie sehr unser Alltag von vertrauten, *konventionellen Zeichen* geprägt ist und wie orientierungslos wir uns ohne diese fühlen. *Konventionelle Zeichen* haben durch den Wiedererkennungseffekt oft eine Leuchtturmfunktion: das weltweit selbe *„M"*, das an allen Highways der Welt leuchtet, oder der *Swoosh*, das *Krokodil* und die *Drei Streifen* auf einem Pullover oder auf Sneakers lotsen uns ins entsprechende Shop.

Jahrtausendealte *Image Schemata, kulturbedingte Konnotationen, archetypische Signale* und *konventionelle Zeichen* prägen das menschliche Leben mehr, als uns meist bewusst wird. Viele Informationen über unsere Welt transportieren wir über *Symbole*. Sie haben ähnlich große Bedeutung in unserem Leben wie Bilder, Sprache und

Schrift. Sie können sowohl als Informationshilfe dienen, als künstlerischer Ausdruck, als verbindende, aber auch als manipulative Kraft.

Die Erfindung der Bilder

Vor rund 55.000 Jahren nahm ein *Homo sapiens* ein Stückchen Ocker wie eine Kreide in die Hand und kratzte damit regelmäßige Linien auf einen vier Zentimeter langen Stein. Forscher entdeckten diesen Stein in der Höhle *Leang Karampuang* am Ufer des Indischen Ozeans, in der Menschen Unterschlupf gesucht hatten.[256]

In der Höhle fanden die Forscher noch weitere Belege künstlerischen Talents: Muscheln mit gebohrten Löchern, Werkzeuge und bemalte Knochen, in denen man Gesichter ahnen kann. Allesamt gelten diese Funde als erstes menschliches „Kunstatelier". Die Menschen konnten schon Farben mischen, Perlen auffädeln, Muster in Knochen und Steine malen oder ritzen. Sie zeigten vor 55.000 Jahren kunsthandwerkliches Geschick, vor allem hatten sie offensichtlich den Impetus, das zu tun.

Ähnlich aufregend sind rund 65.000 Jahre alte Funde in spanischen Höhlen, die der Kultur der *Neandertaler* zugeschrieben werden. Die Einfärbung von Felswänden entstand noch vor der Ankunft der *Homo sapiens* in Europa, ein Indiz, dass auch die *Neandertaler* kultische Malereien anfertigten.[257]

Funktion der Höhlenmalerei: Ästhetik, Religion und Historie

Für manche Forscher stellen die Höhlenmalereien eine Verschönerung des Wohnraumes dar, also die ersten Tapeten der Weltgeschichte und erste Zeugnisse *ästhetischen Empfindens*. Zentraler Modus ist das *Ornament*, also die Verzierung, die einem Gegenstand ästhetische Eigenschaften sowie Tiefe und Symbolik verleiht und es dadurch zum Kunstwerk macht. Ornamentkunst ist eine anthropologische Konstante, die von praktisch allen Kulturen verwendet wird. Die prähistorische Geschichte der Ornamentkunst reicht von den erwähnten Höhlenmalereien bis zur Töpferei, die in Japan um 14.500 v.Chr. und im Mittelmeerraum um 5.000 v.Chr. erfunden wurde.

Es lässt sich auch gut belegen, dass die Höhlenkunst *religiöse Bedeutung* hat. Viele Höhlenbilder befinden sich in Räumen mit einer besonders guten Akustik, was auf eine religiöse Bedeutung der Malerei in Verbindung mit kultischen Handlungen schließen lässt. Wer in die Höhle von *Altamira* [258] klettert, ist erstaunt, dass die kultischen Tierfiguren nicht an die Wände gemalt sind, sondern sehr viel aufwändiger an die Decke, wo sie ähnlich suggestiv und mystisch wirken wie *Michelangelos* Fresken an der Decke der *Sixtinischen Kapelle*. Die Zeichen auf Felsbildern in Südfrankreich sind Tiersymbole, die auch auf Kulthölzern angebracht wurden und Fruchtbarkeit und Jagderfolg anregen sollen. Nach den Vorstellungen der australischen Ureinwohner sind in Felsbildern die Seelen der dargestellten Wesen erhalten und können durch das Malen, Berühren und durch das Abhalten von Kulthandlungen gefeiert werden.[259]

Und schließlich haben Höhlenbilder offensichtlich auch die Funktion *historischer Erzählungen*. Es gibt in *Tanumshede* in Schweden Felsritzungen mit realistischen Schilderungen von Jagden, ebenso wie die Erzählung von Menschen auf Schiffen und von Kämpfen zweier Gruppen gegeneinander. Der oder die Künstler wollten der Nachwelt ihre Geschichte erzählen.[260]

Wir erkennen in der Höhlenmalerei also drei zentrale Funktionen bildender Kunst: *Ästhetik* als Bedürfnis zur Verschönerung des eigenen Lebensraumes, der Ausdruck *religiösen oder mythischen Denkens* und das Bedürfnis, die *Geschichte* der eigenen Gruppe festzuhalten. Diese drei elementaren Informations-Funktionen der Bilder ziehen sich durch die gesamte Kunstgeschichte.

Viele Jahrtausende hatten Bilder eine überragende Bedeutung in der menschlichen Kommunikation, vor allem auch, weil Lesen und Schreiben bis in die Zeit der europäischen Aufklärung eine Kompetenz einer kleinen Minderheit war. Nach einer kurzen Phase der Schriftdominanz von der späten Neuzeit bis ins frühe 19. Jahrhundert nahm die Bedeutung der Bilder ab dem 20. Jahrhundert durch moderne Reproduktionstechniken und Medien wieder rasant zu.

Die Erfindung einer komplexen Sprache

Vor etwa 70.000 Jahren, mit dem Aufkommen der *Homo sapiens*, erreichte die Sprache eine neue Qualität. Mit der Evolution des Gehirns, insbesondere der Hirn-

> regionen für Sprache *(dem Broca- und Wernicke-Areal)*, hatten unsere Vorfahren die Fähigkeit erlangt, Laute mit spezifischen Bedeutungen zu verbinden. Das ermöglichte den Übergang von isolierten Lauten hin zu Wörtern.

Das leitete den Übergang von einem rein situativen, auf konkrete Inhalte und Äußerungen beschränkten Sprechen hin zu einer komplexen Sprache ein, in der man nicht nur Objekte und Geschehnisse der konkreten Umwelt, sondern auch abstrakte Konzepte, Gedanken oder Gefühle ausdrücken konnte. Menschen begannen, Wörter zu Gedanken und Informationen zu verbinden, Sätze zu bilden, und entwickelten nach und nach eine differenzierte Grammatik, in der sie verschiedene Zeiten - *Vergangenes, Vorvergangenes und Zukünftiges* - ebenso ausdrücken konnten wie Modi - reale Aussagen im *Indikativ*, irreale oder potenzielle Aussagen im *Konjunktiv* - und die Richtung einer Aktivität durch *das Aktiv und Passiv.*

Die *symbolische Sprache* war ein entscheidender Vorteil in der Gemeinschaft, wenn Menschen sich beim Jagen, Errichten eines Lagers oder Verteidigen gegen Feinde sprachlich koordinieren, austauschen und gemeinsam planen konnten. Sie konnten schließlich auch über Dinge reden, die es (noch) nicht gab, Mythen und Geschichten erfinden, Ideen über Abwesendes oder Zukünftiges formulieren.

Mündliche Überlieferung

> Wir belauschen Sokrates im Gespräch mit seinen Anhängern im Schatten eines Ölbaums auf der Agora in Athen und Jesus bei seiner berühmten *Bergpredigt* am Nordufer des Sees Genezareth. Wir hören zu, wie Cato, der Ältere, im römischen Senat sein *„Ceterum censeo,..."* in den Saal schmettert und Cicero eine seiner Brandreden gegen Catilina hält.
>
> Würden wir gern, können wir aber nicht.

Gesprochene Sprache konnte lange Zeit nur mündlich weitergegeben werden. Die großen *Epen* der Weltliteratur wurden in vielen Kulturen von Sängern mit Instrumentbegleitung vorgetragen und dadurch überliefert – wobei sich die Erzählungen von Vortrag zu Vortrag und von Sänger zu Sänger änderten, sodass viele Varianten desselben Mythos im Umlauf waren. Mündlich weitergegeben wurde auch *heilkundliches und lebenspraktisches Wissen*: Meist gaben weise Männer und Frauen – Priester*innen, Schaman*innen – ihr Wissen an ihre Nachfolger weiter, sodass es in der vorschriftlichen Zeit ein Geheimwissen auserwählter Gruppen gab.

Bedeutende Reden oder Vorträge verschwanden im Nirwana der Geschichte. Was die großen Redner der griechischen und römischen Antike auf der *Agora* oder dem *Senat* dozierten, wissen wir heute nur aus dritter, vierter Hand. Sogar Sokrates´ berühmte Reden, die sein Schüler Platon nachträglich aufzeichnete, sind in der heutigen Forschung umstritten: Was stammt tatsächlich von Sokrates, und was hat ihm Platon in den Mund gelegt?

Auch *Jesus* Sprüche und Reden wurden erst *nach* seinem Tod aufgezeichnet. Die vier *Evangelien*, die Jesu Worte wiedergeben, entstanden im Zeitraum von 70 bis etwa 100 n.Chr., also frühestens 40 Jahre nach Jesu vermutlichem Tod. Sie zeichnen zwar wahrscheinlich ein ziemlich authentisches Portrait Jesu und seiner Lehre, die Wiedergabe seiner Worte sind aber doch nur redigierte Nacherzählungen (so wie auch die Lehren *Mohammeds*, *Buddhas*, *Konfuzius* und vieler anderer Religionsstifter).

Erst elektromagnetische und elektronische Technik ermöglichte es ab dem 19. Jahrhundert, originale Tondokumente aufzunehmen und zu speichern: Als älteste nachweisbare Tonaufzeichnung gelten Aufnahmen mit dem „*Phonautographen*" von *Édouard-Léon Scott de Martinvilles* (1860). Die erste reproduzierbare Tonaufnahme schaffte *Thomas Edisons Phonograph* (1877). Die älteste erhaltene *Schallplattenaufnahme* stammt aus der 1880er Jahren von Berlin Grammophon.

Die Erfindung der Schrift

Vor 4000 – 5000 Jahren entwickelten Menschen überall auf der Welt unabhängig voneinander Schriftsysteme, mittels derer sie ihr Weltwissen aufzeichnen und als Erinnerung an die folgenden Generationen weitergeben konnten. Einerseits sind sie aktuelle Mittel zur Kommunikation und Aufzeichnung, andererseits offenbaren sie tiefe Einblicke in die Werte, Glaubenssysteme und die soziale Ordnung einer Gesellschaft. Schriften sind über Jahrhunderte hinweg Spiegel ihrer jeweiligen Kultur.

Spuren im Sand[261]

Eigentlich ist unser Gehirn fürs Lesen gar nicht geeignet. Unsere Gehirn-Hardware ist ja immer noch die der Steinzeitmenschen. Die evolutionäre Entwicklung des Gehirns beim *Homo sapiens* war längst abgeschlossen, ehe die Schrift vor wenigen tausend Jahren erfunden wurde.[262] Es gibt daher kein *Leseareal*, sondern unser Gehirn muss sich mit Hilfskonstruktionen behelfen. Der Neurowissenschaftler Stanislav Dehaene (*1965) nennt es *neuronales Recycling*[263]*:* Wir Menschen adaptierten Gehirnareale und Verbindungen, die ursprünglich für andere Aufgaben gedacht waren, fürs Lesen. Beispielsweise gibt es im linken, hinteren Schläfenbereich ein Areal, das für die Erkennung exakter Formen zuständig ist. Es ist jenes Areal, in dem einst der Steinzeitmensch Spuren las: Fußabdrücke im Staub oder Sand, geknickte Zweige. Wir Leser*innen nutzen dieses Areal heute für die *visuelle Buchstabenerkennung*. Dort wo Menschen früher die Spur eines Tieres im Sand erkannten, erkennen wir heute Buchstabenspuren auf Papier.

Protobuchstaben

Dahaene ist überzeugt, dass aus einfachen Formen, die in der Natur immer wieder auftauchen, die Schriftzeichen hervorgingen. Er spricht von *Protobuchstaben* in der Natur.

> *„Ein „T“ zeigt sich in der Natur überall dort, wo eine Kante auf eine andere stößt oder ein Körper einen anderen verdeckt, ein „F“ überall dort, wo mehrere Kanten eines eckigen Körpers aufeinandertreffen, ein „O“ zeigt sich in Löchern und Durchlässen.“*[264]

Aus den dreidimensionalen Zeichen der Natur entstehen durch zweidimensionales Aufzeichnen (an Höhlenwänden, im Sand, auf Tonscherben oder Papyrus) die ersten Frühformen der Buchstaben. Als älteste Schriften gelten die *sumerische Keilschrift*, die *ägyptischen Hieroglyphen* und die *chinesische Schrift*. Alle drei sind Bilderschriften.

Sumerische Keilschrift[265]

In die Welt der Finanzen und der Wirtschaft tauchen wir im Zweistromland. Die *Keilschrift* wurde im 4. Jahrtausend von den Sumerern erfunden und diente ursprünglich wirtschaftlichen Aufzeichnungen. Sie wurde später von zahlreichen

Völkern des Alten Orients verwendet, von den Akkadern, Babyloniern, Assyrern, Hethitern, Persern und anderen.

Die Grundelemente der *Keilschrift* sind waagrechte, senkrechte und schräge keilförmige Striche. Textträger sind Tontafeln, die durch das Eindrücken eines Schreibgriffels in den weichen Ton beschrieben wurden. Die Schriftzeichen waren Piktogramme eines Gegenstandes oder Wesens. Beispielsweise stand ein stilisierter Stern für „Stern", „Gott" und „Himmel". Nach und nach verloren die Piktogramme ihre Abbildfunktion, aus ursprünglich 1500 entwickelten sich 600 Zeichen, die regelmäßig verwendet wurden. Diese Zeichen bezogen sich mit der Zeit weniger auf einen konkreten Gegenstand, sondern immer mehr auf die Lautung der gesprochenen Wörter.

Die frühe sumerische Schrift diente zunächst administrativen Aufgaben, sie war so etwas wie die Verwaltungsschrift für die Buchhaltung des Palastes, später wurde sie auch in der „Privatwirtschaft" eingesetzt, um Vorgänge im Handel, Liefermengen, Preise und Verrechnungen zu dokumentieren oder Verträge zwischen zwei Personen schriftlich festzuhalten. Nach und nach entstanden religiöse und politische Dokumente, dann wissenschaftliche Schriften und unterhaltende Literatur. Die zwei markantesten Beispiele der sumerischen Schriftkultur sind der *Codex Hammurabi* als erstes Beispiel politischer und zugleich juristischer Natur und das *Gilgameschepos,* eine der ältesten überlieferten Dichtungen der Menschheit. Beide Werke werden wir noch näher kennen lernen.

Hieroglyphen[266]

> Ein nachdenklicher, sitzender Mann, ein geschlossener oder geöffneter Mund, ein angewinkelter Arm symbolisieren menschliche Handlungen. Eine stolze Gans schreitet nach rechts, ein kleines Küken streckt den Schnabel in die Luft, eine Eule blickt mit ihren dunklen Augen direkt auf den Betrachter.

Kaum eine antike Schrift löst einen solch rätselhaften Zauber beim Betrachten aus wie die *Hieroglyphen.* Die magischen Zeichen des alten Ägyptens scheinen auch heute noch zu uns zu sprechen. Die ägyptischen *Hieroglyphen* (altgriechisch ἱερός, *hierós*, deutsch *heilig*, altgriech. γλυφή, *glyphe*, deutsch *Eingeritztes*) wurden etwa 3200 v.Chr. bis 400 n.Chr. im Alten Ägypten benutzt. Sie sind ursprünglich eine reine Bilderschrift.

Für die Ägypter selbst waren die Hieroglyphen *„medu-netscher"*, also Gottesworte. Sie hatten magische Bedeutung. Man konnte das Leben einer Person auslöschen, indem man ihren Namen tilgte. So wurden beispielsweise die Namenszüge *Hatschepsuts*, der ersten weiblichen Pharaonin, später aus nahezu allen Tempeln entfernt. Die ägyptische Kultur ist mit der Erfindung der Schrift untrennbar verwoben. Ohne schriftliche Aufzeichnungen hätte am Nil kein Staatssystem von dieser Größe entstehen können. Namen und Orte des riesigen Landes mussten notiert und durch eine Zentralgewalt verwaltet werden. Aus den Hieroglyphen mit religiösem Charakter entwickelte sich später eine vereinfachte Schrift als zentrales Instrument der Verwaltung, die sogenannte *hieratische Schrift*, eine Art kursiver Schreibschrift.

Chinesische Schrift[267]

Stanislav Dehaene entwickelt eine faszinierende Theorie:

> *„Meine Spekulation trifft hier auf historische Überlegungen aus China. Alten Legenden zufolge wurde die chinesische Schrift, von Tierspuren angeregt, etwa 2600 v.Chr. unter der Herrschaft des Kaisers Huang Di erfunden. Sein Minister Cang Jie habe die von verschiedenen Vögeln im Schlamm abgedruckten Spuren untersucht und dabei festgestellt, dass sie ein kleines Repertoire leicht erkennbarer Formen bildeten."*[268]

So wie uns Tiere durch ihre Spuren Nachrichten übermitteln, so sollten auch Menschen durch Spuren auf dem Papier Botschaften hinterlassen. Die chinesische Schrift hat sich wahrscheinlich vor 4000 Jahren entwickelt. Die ersten Schriftzeichen wurden auf Knochen und Schildkrötenpanzern eingeritzt und waren Orakel-Weisheiten. Später nutzten die Chinesen Bronze, dann Bambustafeln, um darauf Gebete zu ritzen. Ab 105 n.Chr. schrieb man auf dem neu erfundenen Papier; Pinsel, Tinte und Tintenfass wurden entwickelt.

Der erste Kaiser von China vereinheitlichte die Schrift. Es gibt zwar viele verschiedene Dialekte, aber die Schrift verband sie miteinander. Insgesamt gibt es über 100.000 Schriftzeichen, von denen der überwiegende Teil jedoch nur selten verwendet wird. Für den alltäglichen Bedarf ist die Kenntnis von 3000 bis 5000 Zeichen erforderlich – immer noch eine stattliche Zahl. So wie bei der Keilschrift und den Hieroglyphen entwickelten sich auch aus der chinesischen Schrift einfachere Verkehrsschriften, in denen die Vielzahl der Bilder nach und nach durch wenige, abstrakte Zeichen ersetzt wurden.

Alphabetschriften[269]

Die frühesten Funde einer buchstabenähnlichen Schrift stammen von der *Sinai-Halbinsel.* Vermutlich versuchten kanaäische Wanderarbeiter, die Hieroglyphen in einfache Lautzeichen ihrer Sprache zu übertragen. 1500 v.Chr. kam es in Ugarit an der syrischen Küste zu einer Schrift-Revolution: die Erfindung des *Alphabets.* Aus einer Vermischung regionaler Vorgänger entstand erst das *ugaritische*, daraus das *phönizische Alphabet.* Aus Bildern wurden Buchstaben: abstrakte Zeichen, die für Laute stehen. Die Phönizier sorgten selbst für die Verbreitung „ihres" Alphabets. Sie waren ein Volk von Seefahrern, die im Gebiet des heutigen Syriens und Libanons siedelten. Durch ihr weitreichendes Handelsnetz beeinflussten die Phönizier mit ihrem Schriftgebrauch bald auch ihre Handelspartner. Von der phönizischen Schrift stammen fast alle späteren Alphabetschriften ab, darunter sämtliche modernen europäischen Alphabete einschließlich des *griechischen*, *lateinischen* und des *kyrillischen* sowie *arabischer* und *hebräischer* Schriften.

Das phönizische ist ein aus 22 Zeichen bestehendes Alphabet, in dem Vokale fehlten. Die Phönizier zerlegten also ihre Sprache in Laute, die sie mit Buchstaben verschriftlichen und beim Lesen in den Laut zurückverwandeln konnten. Das Alphabet beruht auf der Erkenntnis, dass die Sprache ein System aus nur wenigen Lauten darstellt, die in immer neuen Kombinationen den gesamten Wortschatz einer Sprache wiedergeben können. Mit nur 26 Buchstaben lassen sich zum Beispiel alle Wörter der deutschen Sprache niederschreiben. Damit sie sich die Zeichen des Alphabets besser merken konnten, gaben die Phönizier den Buchstaben eine Reihenfolge. Die ersten beiden Buchstaben gaben dem *„Alphabet"* seinen Namen. *„aleph"* (griechisch: *alpha*) bedeutete im Phönizischen „Rind", *„beth"* (griechisch: *beta*) „Haus".

Um 800 v.Chr. übernahmen die Griechen das Alphabet und ergänzten es durch Buchstaben für alle Vokale. Die Schreibrichtung war zunächst linksläufig, erst ab 700 v.Chr. setzte sich die Schreibrichtung von links nach rechts durch. Aus dem griechischen Alphabet entwickelte sich das *altitalische*, dann das *etruskische*, aus diesem wiederum das *lateinische.* Im römischen Weltreich dominierte die lateinische Sprache und das lateinische Alphabet, wobei es an die jeweiligen Sprachen angepassst wurde und sich europaweit, später weltweit durchsetzte. Das *kyrillische Alphabet* stammt vom griechischen ab. Es wurde um 900 von Schülern der byzantinischen Missionare Kyrill und Method entworfen, die die Slawenmission betrieben.

Runen – Schrift der Germanen

Der Wasserkessel über dem Lagerfeuer dampft, rundum starren die Menschen auf die Völva. Völva, das waren Frauen mit starken magischen Kräften, Priesterin, Seherin und Heilerin. Die Völva nimmt langsam eine Handvoll Hölzchen aus Buchenholz aus einem Sack, schüttelt sie in ihren Händen und wirft sie zwischen ihre ausgestreckten Beine. Irgendeiner aus der Gruppe ruft ihr eine Frage zu. Die Völva studiert die Lage der Hölzchen. Sie weiß: Runen, die in der Nähe ihres linken Beins liegen, stehen für die Vergangenheit, während Runen am rechten Bein die Zukunft oder kommende Energien anzeigen. Langsam und zögernd beginnt sie aus den Runen zu lesen...[270]

Runen waren nicht nur Buchstaben im herkömmlichen Sinne. Ihnen wurden und werden magische Eigenschaften zugesprochen, die dem Träger in besonderen Lebenssituationen helfen sollen. So steht das Zeichen „R“ für *Raidho*: *Reise*, aber auch für *neuer Lebensweg, neue Perspektive, Versöhnung, Kommunikation, Bewegung, Rad, Zyklus, und vieles mehr* [271]. Die *Runenschrift* wurde von den germanischen Stämmen in Nord- und Mitteleuropa verwendet. Sie entstand vermutlich im 2. oder 3. Jh. n.Chr. und wurde bis ins Mittelalter genutzt. Die Germanen glaubten, dass Runen bei richtiger Anwendung Macht über natürliche und übernatürliche Kräfte verleihen. Sie wurden für Inschriften auf Steinen, Schmuckstücken und Waffen verwendet. Seit Jahrhunderten haben die geheimnisvollen Inschriften die Fantasie von Forschern und Laien angeregt bis hin zu Sekten und esoterischen Zirkeln, die die Magie der Runen heute noch zelebrieren. Die Schilderung der Völva-Vorhersagung stammt aus einer aktuellen Website zum Runen-Orakel.

Das Wort *„Buchstabe“* geht übrigens auf die Runen zurück, die in die Rinde von Buchenästen geritzt wurden: *„Buchen-Stäbe“*. Auch das Wort *„Buch“* erinnert an die Buche: Es waren ursprünglich zusammengeheftete Schreibtafeln aus Buchenholz.

Quipus – Schrift der Inka[272]

Quipu (=„Knoten") heißt die rätselhafte Knotenschrift der Inkas. Mit ihr konnten sowohl Buchstaben als auch Zahlen dargestellt werden. *Quipus* sind ab dem 7. Jh.n.Chr. bekannt und waren auch noch lange nach dem Ende des Inkareichs in entlegenen Dörfern der Anden in Gebrauch. Die Knoten bestanden aus Woll- oder Baumwollschnüren oder aus den Haaren unterschiedlicher Tierarten, wie Alpaka, Lama, Hirsch und Hasen. Die Schnüre waren in 14 verschiedenen Farben gefärbt. Die Informationen einer Rechnung oder eines Textes werden durch Farben, Knotenmuster und Kordeldrehrichtungen ausgedrückt. Ein einzelner *Quipu* kann aus Hunderten von Schnüren und Tausenden von Knoten bestehen. Große Teile der Knotenschrift sind bis heute nicht entziffert.

Partielle Schriftsysteme: Mathematik[273]

> Wir können zwar keine Liebesgedichte oder Romane darin schreiben, das mathematische Schriftsystem ist aber so einmalig, weil es unabhängig von den gesprochenen Sprachen weltweit mit einheitlichen Zeichen funktioniert.

Neben den *vollständigen Schriften*, die alle Bereiche des Lebens aufzeichnen können, entwickelten sich auch *partielle Schriftsysteme*, die nur bestimmte Informationen aus einem eng begrenzten Bereich zulassen. Die wichtigsten partiellen Schriften sind die *mathematische Schrift*, die mittels Ziffern, Zahlen und Zeichen Berechnungen aller Art ermöglicht, und die *Notenschrift*, mit deren Hilfe Melodien aufgezeichnet werden können.

* Schon um 3000 v.Chr. lassen sich in ägyptischen Schriften Symbole für die Zahlenwerte 1, 10, 100, 1000, 10.000, 100.000 und 1.000.000 nachweisen.

* Ab der Mitte des 3.Jahrtausends v.Chr. wurde im Zweistromland zwischen Euphrat und Tigris ein Zahlensystem mit der Basis 60 (= Sexagesimalsystem) benutzt. Dieses System hat bis heute in der Winkelmessung (ein Kreis = 360 Grad) und in der Zeitmessung (1Stunde = 60 Minuten = 3600 Sekunden) sowie für Längen- und Gewichtsmaße im anglikanischen Raum überlebt. Auch im Deutschen finden sich in alten Ausdrücken (12 = ein Dutzend) Spuren davon.

* Bis ins 15. Jahrhundert waren in Europa römische Zahlzeichen in Gebrauch. Es handelt sich dabei um ein Additionssystem. Jedes Zahlzeichen hatte einen festen Wert. 1 = I, V = 5, X = 10, L = 50, C = 100, D = 500, M = 1000. Jede beliebige Zahl konnte durch Addition dieser Zahlzeichen dargestellt werden.
* In der indischen Mathematik entwickelte sich ab dem 1. Jahrtausend v.Chr. ein dezimales Zahlensystem mit den Vorläufern jener Ziffern, wie sie heute bei uns und weltweit gebräuchlich sind. Wesentlich war die Einführung der Null als Zahl und eigene Ziffer. Dadurch konnte die Position jeder Ziffer eindeutig festgelegt werden. Durch arabische Gelehrte verbreiteten sich ab dem 12. Jh. n.Chr. die arabisch-indischen Ziffern und das Dezimalsystem in Europa.

Binärer Code[274]

„0100100001100001011011000110110001101111"

???

Nicht verstanden? Nun, das war ein freundliches „Hallo", übersetzt in den binären Code, der Schrift der Computerwelt und des Internet.

Die digitale Revolution hat in den letzten 50 Jahren ein neues, weltweites Schriftsystem hervorgebracht, das nur aus zwei Zeichen besteht: 0 und 1 – den *binären Code*, den wir schon beim Informations-Universum kennengelernt haben. Es umfasst jegliche Art von Information gleichsam „all-in-one": Sämtliche mathematischen Operationen, sämtliche Texte (in allen Sprachen und Schriften), Bild-, Film- und Tondaten sowie technische Daten für 3D-Objekte werden bei der Eingabe in den Computer elektronisch in den *binären Code* umgewandelt.

Historisch entstand er aus dem *Morsealphabet*, bei dem Buchstaben in drei Zeichen (*lang/ kurz / Pause*) umgewandelt werden und der analog als optisches Blinkzeichen oder akustisches Klopfzeichen übertragen werden kann. Die Fernschreiber verwendeten erstmals im *ASCII-Code* das binäre System, bei dem 128 Zeichen in das 0/1-System umgewandelt wurden. *Unicode* ist heute der weltweite Datentransfer-Standard (also gleichsam die gemeinsame Sprache) für Computer und Internet, der sicherstellt, dass Informationen weltweit korrekt und gleich dargestellt werden können. 1991 wurde das *Unicode*-Konsortium gegründet, das für den *Unicode* verantwortlich ist. Aktuell verwenden 98% aller Websites das Standardsystem *„UTF 8/Unicode 8"*. Bei dieser Kodierung wird jedem Unicode-Zeichen eine Byte-Kette mit einer Länge von einem bis vier Byte zugeordnet. Bis 2024 wurden 168 Sprachen der Welt in Unicode erfasst.

Zwar kann der binäre Code erstmals alle Informationen der Welt in allen möglichen Modi speichern, aber er kann von den Menschen nicht mehr selbstständig gelesen werden, sondern nur mehr von Computern und Endgeräten, die den binären Code in Text, Bild oder Ton rückübersetzen. (wie z.B. HTML oder PDF für Text, TIFF oder JPG für Fotos, WAF oder MP3 für Töne).

Viel gäbe es noch zu erzählen über Schriften. Von *Abugida*, der zweithäufigsten Schrift der Welt, die vor allem in Indien und in Äthiopien verwendet wird. Oder von *Inuktitut*, der Silbenschrift der kanadischen Inuit-Sprachen. Oder von der wundervollen *Brailleschrift*, die international von Blinden und Sehbehinderten benutzt wird, die 1825 von dem Franzosen Louis Braille entwickelt wurde.

Nach einer Aufstellung des Projektes *„Missing Scripts"* der Universitäten Mainz, Nancy und Berkeley gibt es nach dem aktuellen Stand der Forschung (Januar 2022) 294 bekannte Schriftsysteme der Menschheit. 294 faszinierende Zeugnisse der menschlichen Vielfalt. Gleich in welcher Sprache, die wichtigste Botschaft lautet immer:

01001001 01100011 01101000 00100000 01101100 01101001 01100101 01100010 01100101 00100000 01100100 01101001 01100011 01101000 [275]

Wie Bild und Schrift zusammenwirken

Bild und Schrift gingen seit jeher eng Hand in Hand: Schon in den Höhlenmalereien gab es neben figurativen Darstellungen von Tieren Abbildungen von Symbolen, die man als erste Schriftversuche deuten kann. Und die ältesten Schriften waren allesamt Bilderschriften.[276]

Bimodale Texte: Bild und Schrift

Illustrierte Bücher waren seit jeher ein wichtiges Medium, in dem Bild und Schrift zusammenwirkten. Die Illustrationen hatten mehrere Funktionen: Sie dienten der Veranschaulichung in religiösen, medizinischen oder literarischen Texten, halfen komplexe Inhalte leichter verständlich zu machen und hatten oft auch eine spirituelle Bedeutung.[277]

Die *ägyptischen Totenbücher*, eine Sammlung von Texten und Zaubersprüchen, wurden häufig mit Illustrationen der Götterwelt versehen und sollten die Verstorbenen auf ihrer Reise ins Jenseits begleiten. Vom *Gilgamesch-Epos* existieren Fragmente einer illustrierten Ausgabe. Der römische *Codex von Dioskurides* ist ein illustriertes Handbuch der Pflanzenheilkunde aus der Spätantike und heute in der Wiener Nationalbibliothek zu bewundern. Der *Codex Sinopensis* und die byzantinischen *Rossano-Evangelien* (beide aus dem 6. Jh.n.Chr.) sind erste Versuche, biblische Geschichten visuell darzustellen, oft mit reichhaltigen Miniaturen. Das *Book of Kells* (ca. 800 n.Chr.), ein prachtvoll illustriertes Manuskript der Evangelien, in Irland entstanden und aufbewahrt, steht als *Weltdokumentenerbe* für die vielen prunkvollen Folianten, die in den mittelalterlichen Bibliotheken der europäischen Klöster die hohen Regale füllten.

Bis weit in die Neuzeit konnte nur eine auserwählte Gruppe von Menschen lesen und schreiben, selbst in den Klöstern waren *Schreiber* und *Lektoren* rare Ausnahmen. Für Lesungen wurden in manchen Klöstern zweiseitig gestaltete Schriftrollen angefertigt, die man in einen Holzständer (ähnlich einem Notenständer) einspannen konnte. Während der Lektor seinen Text von der Vorderseite ablas und die Rolle langsam weiterdrehte, sahen die Zuhörer auf der ihnen zugewandten Rückseite die entsprechenden Bilder.

Quasi der erste Animationsfilm der Geschichte.

Bilder waren ein unverzichtbares Medium, um im christlichen Mittelalter den Menschen Botschaften der Bibel nahezubringen. An den Wänden und Decken vieler Kirchen wurden von der Romanik bis weit ins 19. Jahrhundert Bibelgeschichten und Heiligenlegenden in prächtigen Bildern erzählt: die *biblia pauperum* (*Bibel für die Armen*, eigentlich für Analphabeten). Ursprünglich war es eine Sammlung von Blättern, die Szenen aus dem Alten oder Neuen Testament erzählten, ab der Romanik wurde diese Kunstform in Kirchen als Freskenzyklus angewendet.

Die Fresken *Masaccios* in der *Brancaccikapelle* in Florenz, die die Legende von Adam und Eva erzählen, *Giottos Jüngstes Gericht* in der *Scrovegni-Kapelle* in Padua und die Fresko-Bibel im Foyer des *Gurker Doms* zählen zu meinen persönlichen Weltwundern der Kunstgeschichte.

Zu den profanen Höhepunkten der Bild-Text-Kunstgeschichte zählt der *Teppich von Bayeux*, der in Stoffbahnen einen halben Meter hoch und 68 Meter lang die Eroberung Englands durch den Normannenherzog Wilhelm rund um die legendäre Schlacht von Hastings 1066 in 68 Szenen erzählt. Bilder, Symbole und kurze erläuternde Texte bilden eine erzählerische Einheit.

Es ist der erste Comic der Weltliteratur und wohl auch der größte.

Die Verschriftlichung der Welt

Es waren wirtschaftliche und technische, nicht humanistische Gründe, die der Schrift in der frühen Neuzeit zu ihrer dominanten Geltung verhalfen.

Druckplatten aus Holz und später aus Metall; leistbares, auf Kleinformat geschnittenes Papier aus Stoffhadern; ein gleichmäßiges Layout für Schriften; Druckereien, die Schriften und Bücher auch in hoher Auflage billig und rasch produzieren konnten: All diese Erfindungen leiteten die papierene Ära ein. *Gutenbergs bewegliche Lettern* im Setzkasten anstelle der starren Druckplatten bedeuteten einen weiteren Entwicklungsschub. Und die *Leserbrille*, die an die Augen angepasst werden konnte, und vermutlich im 13. Jahrhundert in Florenz oder Venedig erfunden wurde, ermöglichte erstmals Lesevergnügen bei jedem Licht und für Menschen jeden Alters.

Flexible Lettern mit schwarzer Farbe waren ungleich günstiger als handgeschriebene und handbemalte Texte in teuren Farben. Hohe Auflagen, schneller und kostengünstiger Druck machte Bücher als Informationsmittel konkurrenzlos, auch wenn diese textlastig und unästhetisch waren. Es begann die „*Verschriftlichung*" der Welt.

Von der Aufklärung bis ins späte 19. Jahrhundert wurde die wirtschaftliche Rentabilität der gedruckten Schrift in ein bildungspolitisches, reformatorisches

Ideal umgedeutet. Mit der Einführung der Schulpflicht wurden Kinder in großer Zahl angeleitet, lesen zu lernen. Bücher entsprachen jetzt dem humanistischen Bildungsideal.

Gemälde waren zu allen Zeiten elitär und den reichen Schichten vorbehalten, Herrschern, Adeligen, wohlhabenden Klöstern (es gab aber auch viele bettelarme) und später dem reichen Bürgertum. Bilder verloren in der frühen Neuzeit weitgehend ihre Kommunikationsfunktion und wurden in den Bereich der Ästhetik und der Privatsphäre gedrängt. Die großen „Schinken" der Renaissance und des Barock erzählten meist Geschichten aus der Welt der Heldenepen, der antiken Mythen (Ovid als „Bestseller"!) oder der christlichen Märtyrer. In ihren plastischen bis drastischen Darstellungen von Krieg, Folter und Krankheiten, oft auch voll voyeuristischer Erotik, hatten sie die Funktion der heutigen Filmindustrie, vermittelten Sex, Crime und Horror und lösten bei Betrachtung wohlige Erregung aus.

Das Comeback der Bilder[278]

Wann in Europa erstmals Bilder gedruckt und vervielfältigt wurden, ist umstritten. Es gibt die *„Spielkarten-Theorie"*, wonach die aus Arabien stammenden Spielkarten Auslöser für den ersten Bilderdruck in hoher Auflage waren. Die Gegenthese spricht vom *„Frömmigkeitsansatz"*. Nach dieser Theorie waren die ersten Bildmedien in großer Auflage *Heiligenbildchen*. Beide Theorien sind nett, vor allem wenn man sie einander gegenüberstellt, aber beide wahrscheinlich falsch.

Bilddruck blieb im Gegensatz zum *Schriftdruck* lange Zeit ungleich aufwändiger. Die zu druckenden Bilder mussten als *Holzschnitt* hergestellt werden, später experimentierte man mit dem *Kupferstichverfahren*, das feinere Linien und Schraffuren ermöglichte. Die Technik der *Radierung* mit Säure verfeinerte die Bildqualität, änderte aber nichts an Aufwand und Kosten. Ende des 17. Jahrhunderts wurde der Steindruck, die *Lithografie*, erfunden. Bilder konnten jetzt in kleiner Auflage gedruckt und nachträglich manuell koloriert werden. Die Erfindungen der *Chromolithografie* 1837 ermöglichte Farbdrucke, doch musste jedes Bild in Farben zerlegt und in jeder Farbe einzeln in einer eigenen Schicht gedruckt werden.

Im Gegensatz zum Druck von Schriften war die Reproduktion von Bildern in höherer Auflage also aufwändig und teuer. Erst ab Mitte des 19. Jahrhunderts im

Zug der technischen Revolution explodierte die Entwicklung und Reproduktion der Bilder. Die Erfindung des *Lichtdrucks* und der *Fotografie* sowie die Weiterentwicklung der Druckereien zum *Offsetverfahren* im 19. Jahrhundert machten Bilddruck in hoher Auflage erschwinglich. Im 20. Jahrhundert revolutionierte Foto- und Filmtechnik die Bildherstellung, schließlich wanderten die Bilder vom Papier auf den Bildschirm: Filmprojektor und Fernseher begannen ihren Siegeszug und läuteten des Comeback der Bilder ein. Sie konnten jetzt günstig und in höchster Qualität reproduziert werden und erreichten ein Millionenpublikum. Die Betrachter mussten nicht mehr zu den Bildern pilgern, die Bilder kamen ins Wohnzimmer.

Der Pictorial Turn

> *„Es sind nicht die Texte, sondern Bilder, die die Wende zum 21. Jahrhundert markieren und sich in unsere Köpfe eingebrannt haben“,*

schrieb der Medienexperte und Verleger Hubert Burda[279].

> Bilder prägen unser Leben: Medienbilder, die uns im Sekundentakt Realität oder Fakes aus aller Welt zeigen und unser gesellschaftliches Bewusstsein prägen. Erschütternde Dokumentarfotos von der Zerstörung der Twin Towers 2001 oder aktuell aus der Ukraine, Gaza oder Syrien; ikonische Aufnahmen wie Marilyn Monroe über dem U-Bahnschacht oder Neil Armstrongs Mondlandung; Röntgenbilder oder MRT-Aufnahmen als verstörende Bilder aus dem Inneren des menschlichen Körpers, die uns sagen, ob wir krank oder gesund sind; Logos und Piktogramme, die uns den Weg durch den Alltag weisen; Erinnerungsbilder, mit denen wir unser eigenes Leben dokumentieren und tapezieren und Selfies in Ego-Endlosschleife – einst in Fotoalben, heute auf Facebook oder Instagram, und schließlich Abertausende digitale Bilder im Internet, informative und manipulative, geschönte und schockierende, fröhliche und traurige; obszöne und ästhetische; gewalttätige und befreiende …

Was tun wir mit all den Bildern, die sich täglich, stündlich, oft im Sekundentakt in unser Gehirn schleichen, oder sollen wir besser fragen: Was tun diese Bilder mit uns? Gemälde und Fotos, reale und gefakte Bilder, bewegte und unbewegte.

> *„Bilder können beides: Sie können uns zu jener Freiheit und Autonomie ermutigen, über die wir nur in unseren Imaginationen verfügen, und sie können uns, umgekehrt, auch die*

Imagination rauben, durch Manipulation und Illusionstechniken, gegen die wir wehrlos sind",

schrieb der deutsche Kunsthistoriker Hans Belting bereits 2004.[280]

Der Bilderstreit

Der *Byzantinische Bilderstreit* fiel in die Zeit der theologischen Debatte zwischen der orthodoxen Kirche und dem byzantinischen Kaiserhaus während des 8. und 9. Jh.n.Chr. Die *Ikonodulen* (=Bilderverehrer) argumentierten, der Anblick von Ikonen trage zum Heil bei, weil das Abbild immer auch Anteil am Wesen des Dargestellten habe. Ein Bild von Christus ist nach diesem Verständnis ein bisserl Christus selbst. Die Ikonoklasten (=*Ikonenzerstörer*) argumentierten, Bilder könnten niemals die göttliche unsichtbare Natur Christi darstellen, und daher dürfe es keine Bilder von Christus geben. *„Bilderfrömmigkeit!"*, riefen die einen. *„Götzenanbetung!"*, riefen die anderen.

Auch in der aktuellen Medienwelt gibt es einen Bilderstreit: *„Bilderflut!"*, jammern die einen, die *„Schriftgelehrten"*, die Sorge haben, dass Bilder aus *bösen* Medien die Schrift verdrängen und suggestive Macht ausüben. *„Ein Bild sagt mehr als tausend Worte"*, beharren die modernen Ikonodulen und glauben an die ultimative Aussagekraft des Ikonografischen.

Der Glaube an die Überlegenheit der Schrift, entstanden im Zeitalter der Aufklärung, ist auch heute weit verbreitet. Die *„Schriftgelehrten"* verstecken hinter der Sorge über den Verlust der Sprache zumeist eine qualitative Bewertung, die *Bilder betrachten* als oberflächlich und flach, *Schrift lesen* aber als profund und wertvoll beurteilt. Naserümpfen über die vermeintliche Minderwertigkeit der Bildmedien und die Sorge, der Konsum der Bilder (Je nach Generation: *Comic! Fernsehen! Computerspiele! Tic-Toc!)* lasse die Sprachfähigkeit der Jugendlichen verkümmern. Man nennt die Haltung, die die Schrift als geistiges Zentrum unserer Kultur ansieht, *Logozentrismus*.[281] Sie geht davon aus, dass jedwede kognitive Verarbeitung von Informationen sprachgestützt abläuft. Mittlerweile ist diese Theorie vielfach widerlegt, da die Neurowissenschaften von einer ganzheitlichen Verarbeitung von Informationen im Gehirn ausgehen, also von einem sprachlichen, visuellen und sensomotorischen Zusammenspiel, wie wir es auch im Kapitel über die Wahrnehmung gesehen haben (vgl. S.259)

Unter den Begriffen *„Pictorial Turn" (bzw. „Iconic Turn")* versammelten sich Bildbefürworter in der zweiten Hälfte des 20. Jahrhunderts und verkündeten das *Zeitalter des Bildes.* Sie sammelten Belege für die Komplexität und Aussagekraft von Bildern: von diffizilen Kunstwerken bis zur digitalen Revolution computergenerierter Bilder und bildgebender Verfahren, die von Medizin über Physik bis hin zur Architektur unerhörte technische Fortschritte möglich machten. Sie beharrten auf der Einmaligkeit der Bildsprache und betonten die Komplexität und Authentizität von Bildern, die durch Sprache nie erreicht werden könne. Im sogenannten *„Picture Superiority Effect"* wurden die Vorteile des Bildes gegenüber schriftlicher Kommunikation beschrieben. Vor allem schnellere Wahrnehmung von Bildern wurde ins Treffen geführt, die effektive Aufmerksamkeitslenkung, die räumliche Grammatik des Bildes, die einen unmittelbareren Zugriff auf Realität zulasse, sowie die emotionale Ansprache durch Bilder.

Heute sind sowohl die Glaubwürdigkeit des Wortes als auch der Bilder in Frage gestellt, da sich Authentizität kaum mehr belegen lässt: Gefakte Bilder oder plagiierte Texte gab es zwar immer. Die digitalen Medien und vor allem K.I. ermöglichen heute aber *Deep Fakes* von Bild, Film und Stimme, die die Rolle von Bild und Schrift als seriöse Informationsmodi in Frage stellen. K.I. erstellt Texte, die zwar literarisch noch recht plump daherkommen, aber im Bereich der Sachinformation nur schwer als *Fake* erkennbar sind. Information durch Ton, Bild und Text steht vor einem Umbruch, dessen Konsequenzen – Chancen und Gefahren – wir heute nur ahnen und noch kaum seriös abschätzen können.

> Das Privileg der Weitergabe von Wissen durch den Menschen, das die *kulturelle Evolution* geschaffen hat, wird durch die Digitalisierung und Erschaffung künstlicher Intelligenz ernsthaft in Frage gestellt. Zwar sind es wir Menschen, die K.I. entwickeln, die Gefahr der Selbstermächtigung der Computer scheint aber ein durchaus mögliches und kein freundliches Szenario.

Die Entdeckung der Multimodalität[282]

Erst vor kurzem begann eine wissenschaftliche Auseinandersetzung mit *bimodalen Texten,* also Texten, in denen Bild und Schrift zusammenwirken und *multimodalen Texten,* in denen – wie etwa im Internet – mehrere Modi (Schrift, Bild, Film, Ton) zusammenwirken, obwohl diese beiden medialen Darstellungsformen längst dominant sind. Sie entsprechen ja auch der ganzheitlichen Verarbeitung von

Informationen im Gehirn. Multimodalität wurde vor allem im *binären Code* technisch umgesetzt.

Der *digitale Raum* des Internets ist das größte menschliche Archiv aller Zeiten: Die Summe aller vom Menschen je erhobenen Daten und Informationen, das gesamte Wissen der Menschheit ist digital gespeichert. Und er ermöglicht auch die schnellstmögliche Datenübertragung: via Internet rund um die ganze Welt 24/7 in Echtzeit.

Die Antwort auf die Frage *„Wo werden diese Informationen gespeichert?"* irritiert: *„Überall und nirgends"*. Sämtliches Wissen über unsere Welt liegt in unsichtbaren Clouds, die aus Millionen von Datenträgern gespeist werden, und von Abermillionen Empfängergeräten abgerufen werden. Jeder von uns kann mit seinem Mobilphone auf alle nicht verschlüsselten Daten der Welt zugreifen und jeder von uns kann beliebig viele Daten in die Clouds hochladen.

Wir Menschen sind mit unserer Internet-Technologie sehr nahe an die Informationsübertragung im Universum gekommen. In der Quantenwelt funktioniert Informationstransfer zwischen Elementarteilchen über weite Distanzen und in Echtzeit – wie das Internet. Die Hologrammtheorie vermutet, dass sämtliche Informationen über unser Universum und über alle Objekte an der jeweiligen Oberfläche gespeichert werden – ähnlich unseren Clouds. Und schließlich spiegelt sich die Sprache des Universums im binären Code wider: *ja oder nein, 0 oder 1.*

In der *kognitiven Revolution* erfanden wir Menschen Medien, die Wirklichkeit in vielen Modi speichern und wiedergeben können und sich damit dem Informations-Universum annähern. *„Wirklichkeit und Information sind dasselbe"*, sagte Anton Zeilinger vor ein paar Seiten, und diese Erkenntnis enthält heute viel Sprengstoff.

Die Theorie der Meme - falsch, aber erhellend

Wir haben festgestellt, dass wir Menschen die *biologische Evolution* „übersteigen", in dem wir unser Wissen und Können in der *kulturellen Evolution* selbst an die nächste Generation weitergeben. Der lustvoll-provokante Biologe *Richard Dawkins* (*1941) versucht zu beweisen, dass diese nach ganz ähnlichen Regeln abläuft wie die *biologische*. Was in der Biologie die *Gene* sind, die kleinsten Elemente der Vererbung, sind – so Dawkins – in der kulturellen Evolution die *Meme.*[283]

Gleich vorweg: *Meme*[284] gibt es nicht in der Realität, aber sie sind ein spannendes gedankliches Modell, ähnlich wie die *Quarks* oder die *Strings*, die ja auch nur in mathematischen Modellen existieren. 1976 erfand *Richard Dawkins* als Analogie zu den *Genen (*die kleinsten Replikationseinheiten der *biologischen Evolution*) den Begriff *Meme* (als kleinste Replikationseinheiten der *kulturellen Evolution*). So wie Informationen im Zuge der biologischen Evolution *genetisch* übertragen werden, werden die kleinsten kulturellen Einheiten menschlichen Schaffens, die *Meme*, durch mündliche und schriftliche Überlieferung und durch Lernen von Generation zu Generation übertragen – also durch *kulturelle Evolution.*

Beispiele für Meme sind nach Dawkins: Ideen, Melodien, Wörter, Gedanken, Kleidermoden, Mythen, handwerkliche Geräte, Rhythmen, elementare Erfindungen wie das Rad oder der Spiegel. Laut Dawkins haben Gene drei markante Eigenschaften: sie sind langlebig speicherbar, können Informationen als exakte Kopie weitergeben, können aber auch mutieren, sich also bei der Weitergabe verändern und in der Selektion neue Strukturen schaffen. Dawkins behauptet nun, dass Meme dieselben Eigenschaften aufweisen: Replikation, Variation, Selektion.

> Eine Melodie kann als exakte Kopie gespeichert sein: im Gedächtnis von Menschen, auf Datenträgern, als digitale Tonspur. *Meme* können aber auch mutieren, so wie beim Kopieren der *Gene* von einer Generation zur nächsten gelegentlich „Fehler" auftreten: Wir schmücken eine Melodie aus, fügen ein paar Noten dazu, wechseln die Tonart und entwickeln eine Improvisation über die Melodie. Und auch ein Märchen kann ident kopiert werden oder in einer mündlichen Erzählung variiert und verändert werden.

Meme gehen viral

Eine Kultur ist laut Dawkins dann erfolgreich, wenn es ihr gelingt, möglichst viele ihrer *Meme* weiterzugeben, wobei – ähnlich den biologischen *Genen* – der Erfolg der *Meme* keinen ethischen Kriterien folgt, sondern der Durchsetzungsfähigkeit in einer bestimmten Umgebung. Es können wunderbare Leistungen der Kultur weitergegeben werden, aber auch fragwürdige oder verbrecherische wie die *Meme* nationalistischer Ideologien.

Dawkins wurde für seine Theorie von vielen Seiten kritisiert, weil *Meme* naturwissenschaftlich nicht nachweisbar sind, obwohl er selbst immer erklärte, dass er nur ein plastisches Bild, ein Modell erschaffen wollte, um die Sprengkraft und Wirkung der *kulturellen Evolution* deutlich zu machen – und die verblüffenden Parallelen zur *biologischen Evolution*. Die Digitalisierung hat die Diskussion über die *Meme*-Theorie befeuert, unter anderem durch das Faktum, dass *Meme* sich selbstständig verbreiten können, ähnlich wie es Viren und Bakterien können. Was als geflüstertes Gerücht oder als *Kettenbrief* einst analog begann, die lawinenartige Verbreitung einer (Falsch)Meldung, ist in den digitalen Medien Alltag geworden. *Computerviren*, *Trojaner*, *Trolls* und ähnliche nette Tierchen sind *Meme*, die sich viral verbreiten. Die Wissenschaftsjournalistin *Susanne Blackmore* meint, dass *Meme* zu einer neuen Weltsicht führen können[285].

> *„Es tauchen spannende Fragen auf: Waren wir bisher Sklaven unserer Gene? Sind Meme ein Zeichen dafür, dass wir frei handelnde Wesen sind, die Kultur, Kunst, Wissenschaft und Technologie zu unserem eigenen Vergnügen schaffen? Ist die kognitive Revolution tatsächlich die Loslösung des Menschen von der biologischen Evolution?"*

Wir müssen aber mittlerweile weiterfragen: Ist die *digitale Revolution* dabei, die Freiheit des Menschen wieder zu unterlaufen? Aus der Perspektive der *Meme* sind Menschen bloß Kopiergeräte. Computerprogramme und Software können *Meme* erschaffen, die sich vom Menschen, der sie einst programmiert hat, loslösen und selbstständig machen und im Internet viral gehen. Und wenn *Meme* Wahlen manipulieren und Kriege beeinflussen können, dann scheint die gewonnene Freiheit des Menschen wieder in Gefahr.

Wir sind in einem weiten Bogen geflogen: von den ersten menschlichen Rufen und den ersten Höhlenbildern über vielfältige Schriftsysteme bis zur multimodalen, digitalen Welt. Wir haben gesehen, wie wir Menschen gelernt haben, Informationen bewusst wahrzunehmen und zu verarbeiten: vom räumlichen Orientieren in der Umwelt über Symbole, Sprache, Bilder und Schrift. Wir haben gesehen, wie wir Menschen die *biologische Evolution* durch die *kognitive Revolution* und die damit verbundenen Erfindungen der Sprache, der Bilder und der Schrift überholt haben. Und wir können erahnen, dass die künstliche Intelligenz die Regeln der Informationsweitergabe wieder neu definieren wird – mit ungewisser Zukunft.

Immer geht es dabei um das Verhältnis von Information und Wirklichkeit, um Modelle der Wirklichkeit und um unsere alte Frage: Was ist wirklich „*wirklich*"?

Die kulturelle Evolution: Selbstermächtigung des Menschen

Es war ein Ereignis wie die Meuterei auf der Bounty. In der *biologischen Evolution* waren wir auf dem Schiff namens Erde nur passive Matrosen gewesen. In der *kognitiven Revolution* übernahmen wir das Steuerrad und ernannten uns selbst zu Kapitänen. Wir entwickelten ein Bewusstsein für die Welt und für uns selbst: Als „*Ich*" und als „*wir*" waren wir nicht mehr ausschließlich trieb- und instinktgesteuerte Wesen, sondern denkende und gestaltende. Wir nutzten unser Denkvermögen nicht mehr ausschließlich zum Überleben und Fortpflanzen, sondern auch, um unsere Umwelt nach unseren Vorstellungen zu gestalten - und das in unserem eigenen, rasanten Tempo. Wir ermächtigten uns selbst. Wir overrulten die *biologische Evolution*. Es begann die Ära der *kulturellen Evolution*.

Kognitive Revolution oder kulturelle Evolution?

Die Unterscheidung der beiden Begriffe ist spitzfindig, weil sie eng verzahnt sind und oft synonym gebraucht werden. *Kognitive Revolution* und *kulturelle Evolution* beschreiben unterschiedliche Betrachtungsweisen der menschlichen Entwicklung, sie sind zwei Seiten derselben Medaille. Einfach gesagt: *Kognitive Revolution* bezeichnet den geistigen Entwicklungsprozess des Menschen, also die Vorgänge „inside the shell", *kulturelle Evolution* die sichtbaren Ergebnisse und Handlungen.

Die Paläoanthropologin *Miriam Haidle* beschreibt *Kognition* als

> *„die bewusste oder unbewusste Erkenntnis von Zusammenhängen sowie damit verknüpfte Prozesse wie Aufmerksamkeit, Wahrnehmung, Erkennen, Urteilen, Gedächtnis, Lernen, Erinnerung, Denken, aber auch Vermutung, Vorstellung, Erwartung, Planung und Kreativität. Eng verbunden mit der Kognition ist das Problemlösen. Kognitives Verhalten ist Voraussetzung für Kultur."*[286]

Die *kognitive Revolution* ist also eine tiefgreifende Veränderung in der Denkfähigkeit des *Homo sapiens*, die vor ca. 100.000 Jahren begann und spätestens vor 10.000 Jahren abgeschlossen war. Sie war der Wendepunkt der Emanzipation der

Menschheit von der biologischen Definiertheit und die Voraussetzung für die *kulturelle Evolution.*

Die *kulturelle Evolution* umfasst nach Haidle

> *„alle weder instinktiv noch rein ökologisch bedingten Aktivitäten, sozialen Beziehungsformen und anderen Verhaltensaspekte von Mitgliedern einer Gruppe sowie die dabei genutzten bzw. dafür hergestellten Objekte. [...] Kulturelle Regeln und Gewohnheiten werden nicht genetisch, sondern unabhängig von Generationenfolgen sozial – aktiv oder passiv – weitergegeben und bilden Traditionen aus."* [287]

Die *kulturelle Evolution* bezeichnet einen kontinuierlichen Prozess, der mit der *kognitiven Revolution* einsetzt und bis heute andauert. Sie beschreibt, wie die Menschheit durch soziale, technologische und intellektuelle Entwicklungen, durch Innovationen und Wissensweitergabe ihre Umwelt verändert. Anders als die *biologische Evolution*, die auf genetischer Weitergabe basiert und in Millionen von Jahren „denkt", geschieht die *kulturelle Evolution* durch Weitergabe von Wissen, Fähigkeiten und Normen von einer Generation zur nächsten.

Inside the Shell: Wie wir die Welt neu erfinden. Kreativität

Wieso ist es möglich, dass wir im Gehirn etwas erschaffen, das es vorher nicht gab? Wir schlüpfen noch einmal in unser Gehirn und entdecken eine seiner faszinierendsten Fähigkeiten: die Kreativität. Wir schauen, wie unser Gehirn neue Ideen entwickelt und wie daraus neue Welten entstehen – Welten des Geistes, aber auch Welten der Dinge.

Gedankenvariationen

Eine Jazzband, die einen bekannten Song improvisiert, beginnt mit der Originalmelodie, die wir Zuhörer*innen im Kopf haben. Nach und nach übernimmt jeweils ein anderes Instrument den Lead und variiert die Melodie frei improvisierend, während die anderen Instrumente den Rhythmus und die Grundakkorde beibehalten. Die verschiedenen Instrumente probieren während des freien Spiels immer neue Varianten der bekannten Melodie. Manchmal nah am Original, manchmal entsteht eine neue Melodie.

Unser Gehirn erzeugt, wie wir gesehen haben, ununterbrochen sich verändernde *Engramme*. Durch Verknüpfen bisher unverbundener *Neuronen,* durch Variieren bisheriger und Probieren neuer Verbindungen werden *Engramme* verändert und erweitert, bis irgendwann neue *Engramme* – wie neue Melodien – entstehen. Die Resultate unserer Gedanken-Variationen erleben wir als schöpferische Ideen, als Produkte unserer Fantasie, als kreative Einfälle. Der schöpferische Vorgang ist also ein Probieren, ein Variieren im Wechselspiel der Hirnareale.

Dieses Kreisen der Gedanken kennen wir, wenn wir wieder einmal gegen vier Uhr früh wach liegen und ein Problem nicht aus dem Kopf bekommen. Wir spielen immer wieder alle möglichen, auch absurden Varianten durch und erzeugen Gedanken-Alternativen. Manchmal werden die Gedankenvariationen schlimmer, und das Problem wächst sich zum Alptraum aus, manchmal entdecken wir aber auch die zündende Idee zur Lösung.

Ausprobieren, variieren, spielerisch Neues versuchen ist ein Grundprinzip jeder Kunst: Maler*innen werfen dutzende Variationen eines Themas auf Papier oder übermalen sie, Tänzer*innen und Eisläufer*innen improvisieren Figuren und Bewegungen, Schauspieler*innen nähern sich bei der Probe durch unzählige Wiederholungen ihrer Figur. Autor*innen feilen an einem Satz in dutzenden Varianten. Dieses Prinzip wenden auch Wissenschaftler*innen an, wenn sie ein Experiment in immer neuen Varianten und Versuchsanordnungen aufsetzen, um auf die *eine* Lösung zu kommen.

Der junge Albert Einstein träumte vom Fliegen, träumte davon, dass er in einem Raumschiff der Zeit davonfliegen könnte. Schließlich manifestierten sich seine Träume in der Relativitätstheorie. Alle neuen Ideen, alle großen Erfindungen sind zuerst vage Schleifen im Gehirn, Tag oder Nachtträume, Spielereien und Spinnereien, ehe sie sich materialisieren. Kreativität ist immer *trial and error.*

Intuition

> Intuition können wir uns vorstellen wie einen Zündfunken, der überspringt, wenn wir mit einem Streichholz an der Reibefläche der Schachtel reiben: ein *„Ratsch"*, und es flammt auf!

Intuition gilt als plötzliches Erkennen einer Lösung, *ohne* rational zu denken. Sie ist eine Eingebung, die nicht durch logisches Denken oder Grübeln entsteht, sondern aus unserem Unterbewusstsein stammt: eine Art plötzlicher Ahnung, eine spontane Erleuchtung. Wir haben sie schon einleitend bei der Erkenntnissuche kennengelernt. (vgl. S.24)

Wir alle kennen die Situation, wenn uns *„etwas auf der Zunge liegt"*, ein Name, ein Ort, ein *Dings*, und wir erst *dann* plötzlich „draufkommen" wie das gesuchte *Dings* heißt, wenn wir *nicht* daran denken. Auch der Witz ist ein Beispiel für spontane, intuitive Einsicht: jener Sekundenbruchteil, in dem wir die Pointe verstehen. Die intuitive Erleuchtung über eine überraschende Pointe löst befreiendes Lachen aus.

Intuition verknüpft zwei Gedanken oder Aspekte, die bisher *nicht* zusammengehörten. Intuition springt über eine bisherige Regel oder Erfahrung hinweg auf eine höhere Ebene des Wissens. *Intuition* ist so etwas wie – *da ist er wieder!* – ein Quantensprung, bei dem ein Ideenquant plötzlich neue Energie aufnimmt. *Intuition* ist vor allem aber ein Erkenntnismoment der Wirklichkeit. Für einen kurzen Moment zieht jemand den Vorhang ein klein wenig zur Seite, und wir können einen flüchtigen Blick durch das Fenster ins Freie erhaschen. Oder wir knipsen eine Lampe an und erkennen plötzlich ein Detail oder einen Zusammenhang, den wir bisher übersehen haben. *Heureka!*

Die Frage, wie *Intuition* entsteht, ist Thema der Gehirnforschung. Manchmal sprechen wir vom *Bauchgefühl*, wenn wir scheinbar spontan entscheiden, soviel ist aber sicher: Das Bauchgefühl entsteht im Gehirn. Hauptakteur ist der *präfrontale Cortex,* der wie ein Pilot hinter der Stirn sitzt und Regisseur aller Gehirnaktivitäten ist, der die verschiedenen Hirnareale koordiniert und damit unsere Entscheidungen vorbereitet. Die aktuelle Forschung glaubt, dass unser Gehirn in der Regel schneller denkt, als uns bewusst wird. Nur manchmal wird uns der Denkvorgang bewusst, z.B. wenn wir das Pro & Contra einer Entscheidung diskutieren oder über verschiedene Varianten einer Lösung grübeln, oft bereitet unser Gehirn aber eine Entscheidung „automatisch" vor. Der *präfrontale Cortex* sammelt alle Informationen aus den anderen Hirnregionen und legt uns quasi ein fertiges Denkergebnis als Vorschlag vor, zu dem unser Bewusstsein nur mehr „ja“ oder „nein“ sagen muss.[288]

Konrad Lorenz verwendete dafür den bildhaften Begriff *Fulguration* (lateinisch *fulgur* = *Blitz*)[289]. Wir sprechen vom *Gedankenblitz* oder sagen *„Mir ist ein Licht aufgegangen“*, wenn plötzlich eine neue Idee aufleuchtet und ein neues *Engramm* entsteht. *Ratsch!*

Gestaltwahrnehmung

Wenn wir Beethovens *Neunte* oder Michael Jacksons *Earthsong* schön finden, tun wir das nicht, weil wir beim Hören die Tonfolgen mathematisch analysieren. Was uns Musik genießen lässt, ist die Fähigkeit, eine Fülle von Daten zu vernetzen und als Ganzheit zu erkennen. Wir hören Beethovens Neunte nicht als isolierte Schwingungen, sondern als *harmonische Gestalt*.[290]

Wir können mit *analytischen* Methoden den impliziten und expliziten Sinn eines Kunstwerkes entschlüsseln. Dieses hat aber neben diesen beiden Ebenen noch eine dritte, rational nicht erfassbare Ebene: jene Dimension, die uns einen Text, ein Bild, ein Musikstück als „Kunstwerk“ empfinden lässt. Es ist so etwas wie die *innere Gestalt des Kunstwerkes*, sein *kohärentes Ganzes*. Ein Gedicht von *Ingeborg Bachmann*, ein Gemälde von *Pablo Picasso* oder eine Symphonie von *Mozart* haben diese *kohärente Gestalt*, die eine Summe von Einzeleindrücken zu einem Ganzen zusammenfügt. Wir sehen dieses Phänomen besonders deutlich bei den Gemälden der *Pointilisten*, auf denen unzählige Farbtupfer ein Gesamtbild ergeben.

Das funktioniert, weil unser Gehirn die Fähigkeit zur Gestaltwahrnehmung hat, weil aus einer Fülle von Informationen im Gehirn ein Hologramm entsteht, das als Melodie oder Bild gleichsam über der Information schwebt.

Ein Europäer, der zum ersten Mal chinesische Musik hört, wird je nach Temperament entsetzt, verwirrt oder gelangweilt reagieren, weil er eben die *Gestalt* dieser Musik nicht erkennt. Ähnliches gilt für die *Zwölftonmusik*. Erst durch oftmaliges Hören löst sich aus den scheinbar chaotischen Tonfolgen die *Gestalt der Musik*. Wir können intuitiv *Mozarts* Töne zur faszinierenden Melodie der *Kleinen Nachtmusik* ergänzen, wir können die Farbtupfen *Van Goghs* zur *Sternennacht* kombinieren. Die

Fantasie des Künstlers und die Fantasie des Rezipienten gehen dabei eine enge Symbiose ein.

Diese „Gestalt" kann sowohl *harmonisch*, wie bei *Mozart, Goethe* oder *Rembrandt*, aber auch *bewusst disharmonisch*, wie bei *Arnold Schönberg, Thomas Bernhard* oder *Francis Bacon* sein. Gestaltwahrnehmung und das Empfinden von Harmonie oder Disharmonie ist übrigens keine auf Kunst beschränkte Ästhetik, sondern auch in der realen Welt eine zentrale Fähigkeit, die uns Zusammenhänge erkennen lässt: z.B. wenn Physiker aus dem Gewirr von E.T. ein Grundmuster des Atomaufbaus ableiten können, wenn Ärzte aus minimalen Verhaltensänderungen von Personen auf eine Krankheit schließen, wenn Wirtschaftswissenschaftler den Konnex zwischen dem Kaffeepreis in Europa und dem Drogenmarkt in Lateinamerika erklären.

> Um sich im Dickicht einer vielfach vernetzten Welt, in wirtschaftlichen oder medialen Strukturen, politischen oder gesellschaftlichen Zusammenhängen zurechtzufinden, ist die Fähigkeit zur *Gestaltwahrnehmung* oft über-lebenswichtig.[291]

Emotionales Gedächtnis, Synästhesien und Spiegelneuronen

> *Marcel Proust* beschrieb in seinem Roman *„Auf der Suche nach der verlorenen Zeit"*, wie das Naschen einer *Madeleine*, einem französischen Teegebäck, Erinnerungen an seine Kinderzeit auslöst: an das Haus und den Garten seiner Großmutter mit allen seinen Gerüchen und Geräuschen.

Diesen nach ihm benannten *„Proust-Effekt"* erleben wir oft in kreativen Prozessen. Erinnerungsmuster aus der Vergangenheit werden – wie wir gesehen haben – durch *Schlüsselimpulse* geweckt und aus unserem vierfachen Gedächtnis (emotional, sensorisch, haptisch und episodisch) abgerufen. Dadurch verknüpfen wir den Geschmack des Kekserls mit Emotionen *(Freude)*, Gerüchen *(süß!)*, Farben *(goldbraun!)*, Geräuschen *(Knacks!)* und konkreten Ereignissen.

Daraus entstehen *Synästhesien*, also die Verbindung zweier Sinneseindrücke. Wir „sehen" einen scharfen Chili-Geruch dunkelrot, wir „hören" zu einem violetten Fastentuch einen traurigen Mollakkord, wir „riechen" frisches Heu zum Bild einer Sommerwiese. Oft sind es fix gekoppelte *Image Schemata*, die in unserem kreativen Bewusstsein auftauchen, wie im *„Spinnen- oder Schlangeneffekt"*: Es reicht das Wort „Spinne" oder „Schlange", um den Ekel aus Kindertagen hervorzuholen, auch wenn weit und breit kein lebendes Tier lauert. Aus all diesen Synästhesien und Gedankenkoppelungen entstehen neue kreative Bilder.

In der Wissenschaft diskutiert wird der Effekt der *Spiegelneuronen:* Es gibt Nervenzellen, die das Verhalten unseres Gegenübers „beobachten" und uns den Impuls geben, dessen Verhalten zu imitieren, damit wir uns besser in ihn einfühlen. Berühmt ist der Fütterimpuls: Wenn Mama beim Füttern ihren Mund aufmacht, öffnen Säugetierbabys auch automatisch den Mund. Spiegelneuronen verleiten uns – so komisch es klingt – dazu, Posen von Filmfiguren, Denkmälern, Gemälden oder höher gestellten Persönlichkeiten nachzuahmen. Fotos von Versuchsserien beweisen, dass wir automatisch in die Rolle des Gegenüber schlüpfen[292]. Rollentausch und Perspektivenwechsel ist ein wichtiges, kreatives Grundprinzip.

Auch Träume regen Kreativität an. *Der Schlaf der Vernunft gebiert Ungeheuer* heißt ein Bild *Goyas*: Es zeigt einen schlafenden Mann, über dessen Kopf die Gestalten seiner Träume schweben. Auch wenn Goya das Bild in einem anderen Kontext sah, dient es als schöne Metapher für die kreativen Prozesse, die in unserem Gehirn im halbbewussten Zustand des Träumens ablaufen. Oft sind (Wach-)Träume die Basis für eine neue Geschichte, ein neues Bild, eine neue Erfindung.

All diese Phänomene sind die Materialien, mit denen unsere Kreativität im Gehirn arbeitet: Aus Gedankenvariationen, Erinnerungsfetzen, aus *Image Schemata*, aus Beobachtungen und Nachahmungen, aus Assoziationen und Synästhesien, aus Traumsequenzen entwickelt unsere Kreativität neue Ideen. Und nach dem *Emergenz*-Gesetz, dass das Ganze mehr ist als die Summe seiner Teile, entsteht aus all diesen Mosaiksteinen ein neues Kunstwerk oder eine neue Erfindung oder eine neue Welt.

Die Welt vor 5000 Jahren...

Das Wundenbuch

Die bröselige Schriftrolle, in der das Wort *„Gehirn"* sechsmal in Hieroglyphen-Schrift vorkommt, ist die Abschrift eines medizinischen Papyrus, das um 2500 v.Chr. in Ägypten entstanden ist und das die Ägypter *„Wundenbuch"* nannten. Den eigentlichen Verfasser, einen Arzt aus der Hauptstadt Theben, kennen wir nicht. Das Papyrus ist eine medizinische Abhandlung mit erstaunlichem Fachwissen und beschreibt 48 chirurgische Fallbeispiele, wie Verletzungen oder Krankheiten zu heilen sind.[293] Es enthält die älteste erhaltene schriftliche Erwähnung des menschlichen *Gehirns*. Und damit ist es auch das erste *wissenschaftliche* Zeugnis menschlicher Selbstreflexion: *Ein menschliches Gehirn denkt über das Gehirn nach*. Es verdient einen Platz in der Reihe der großen Artefakte der Menschheit, neben den *Gesetzestafeln des Hammurabi* oder der *Höhlenmalerei Leang Karampuang*.

Vor rund 5000 Jahren entstanden überall auf der Erde die ersten Hochkulturen, in denen die Menschen ihre eigene Umwelt bewusst gestalteten. Sie lebten in differenzierten gesellschaftlichen, wirtschaftlichen und politischen Systemen. Die kulturellen Erzeugnisse in Bild und Schrift beweisen, auf welchem Niveau die Menschen angelangt waren. Wer – wie der unbekannte Arzt aus Theben – über sein Gehirn nachdenken und schreiben kann, verfügt über *reflexives Bewusstsein*.

Zeit, wieder einmal unser UFO zu starten! Öffnen wir ein fiktives Zeitfenster zwischen 3000 und 1000 v.Chr. und fliegen wir einmal um die damalige Welt.

Mesopotamien

Nimrod steht auf dem Markplatz von Babylon und bewundert mit allen anderen Marktbesuchern staunend das futuristische Gerät, das da soeben an ihm vorbeirollt: ein Karren mit zwei kreisrunden, sich drehenden Holzscheiben links und rechts auf einer Holzachse, gezogen von einem gutmütigen Ochsen. Das ist die neueste Erfindung, die die Welt weiterdrehen wird. Das Rad war erfunden!

Die *Sumerer* hatten in *Mesopotamien* die erste Hochkultur entwickelt. Städte und Paläste mit ausgefeilter Wirtschaft und Verwaltung, Bewässerungssysteme mit Rückhaltebecken und Erfindungen wie die Töpferscheibe und das Wagenrad prägen diese frühe Hochkultur. Ihre Keilschrift gilt als erstes schriftliches Zeugnis menschlicher Reflexion.

Ägypten

Anwar, Chirurg aus Theben, hat soeben sein Wundenbuch fertiggestellt, eine medizinische Meisterleistung im alten Ägypten, in dem Pharaonen das „Alte Reich“ regierten. Er hielt darin seine persönlichen Erfahrungen fest, die aus seiner medizinischen Praxis stammen und nicht von irgendwelchem Hokuspokus rühren.

Diese Periode gilt als Goldenes Zeitalter, es entstehen die Pyramiden, die eindrucksvoll das Niveau der Gesellschaft widerspiegeln und zeigen, wie weit menschliche Kunst und materielle Ressourcen in Architektur, Wissenschaft und Wirtschaft entwickelt waren. Wir erkennen, wie die Menschen ihr Leben und ihren Tod in medizinischem Wissen und im Jenseitskult reflektierten. Und wir rätseln heute noch über den Bildreichtum der Hieroglyphen und ihre magische Wirkung.

Industal

Bodi und *Dinesh* sind von Beruf Maurer. Sie errichten in *Harappa* gerade ein Wohnhaus und verwenden ein völlig neues Produkt, das vor ein paar Wochen auf den Markt gekommen ist: die ersten *gebrannten Ziegel* mit den perfekten, noch heute gebräuchlichen Proportionen 1:2:4.

Entlang des Indus im Nordwesten des *indischen Subkontinents* war die *Indus-Kultur* (auch *Harappa-Kultur)*, entstanden, eine der frühesten städtischen Zivilisationen. Über 140 antike Städte und Siedlungen wurden gefunden, deren frühe Architektur bereits eine Stadtplanung mit gepflasterten Straßen und Abwassersystem mit Gullys aufwiesen. Und die Inder besaßen eine Schrift, die bis heute nicht endgültig entschlüsselt ist und keiner der anderen bekannten Schriften ähnelt.

China

Zhiyu und *Yuanjung*, zwei alte Männer mit wettergegerbten Gesichtern sitzen unter einem Götterbaum, der mit breiten Ästen reichlich Schatten bietet, und prosten einander mit einen Gläschen *Shaoxing* zu.

Als in China die *Xia-Dynastie*, die erste Kaiserdynastie, an die Macht kam, war das erste alkoholische Getränk der Welt schon gut 5000 Jahre bekannt: *Shaoxing*, das wir bei unserem Chinesen ums Eck als *Reiswein* kennen. Mit rund 15% Alkohol wirken zwei, drei Gläschen ganz schön illuminierend. Von der Xia-Dynastie sind insgesamt Namen von 17 Königen aus 13 Generationen bekannt. Der erste ist der Held *Yu*, der nach einem katastrophalen Hochwasser den Gelben Fluss eindämmte, nachhaltig bändigte und deshalb zum König gewählt wurde. Hier taucht erstmals der *Sintflutmythos* auf und die Erfindung von Dämmen und Schleusen. Der

Überlieferung nach wurden die ersten *Kalender* angefertigt, und Landwirtschaft wird systematisch nach den Jahreszeiten betrieben.

Kreta

> *Pharos* ist ein mutiger, junger Mann. Er trainiert für den Stiersprung: Der Springer packt den heranstürmenden Stier bei den Hörnern und wird durch einen wuchtigen Kopfstoß des Tieres nach hinten geschleudert, wo er mit einem Salto rückwärts über den Stierrücken elegant am Boden landet.

Er wird mit anderen mutigen Männern beim Frühlingsfest im Palast von Knossos den Sprung riskieren. Auf der Insel *Kreta* entwickelte sich die ***minoische Kultur*** als früheste Hochkultur Europas. Es entstanden die Paläste in Knossos, Malia, Phaistos und Petras. Der Palast von Knossos, mit seinen vielen verschlungenen Gängen und Stiegen auf etlichen Etagen, war Verwaltungszentrum, Tempel, Königssitz und Kaufhaus in einem: Vorbild für das fiktive unterirdische Labyrinth, in dem *König Minos* den *Minotaurus* versteckte. Der *Diskos von Phaistos* bewahrt bis heute das Geheimnis der rätselhaften minoischen Schrift. Farbenprächtige Gemälde und feinziselierte Statuen erzählen von einer vielschichtigen Gesellschaft mit Fischern, Ruderern, Kapitänen, Soldaten, Schreibern, Malern, Bauarbeitern, Architekten und Musikern.

Mexiko

> *Zapotes* wäre vielleicht der erste Weltfußballer des Jahres geworden, hätte es vor 4000 Jahren schon die FIFA gegeben. Er war Olmeke und spielte ein Spiel, das sein Volk vielleicht erfunden hat: die früheste Form von Fußball.

Im Golf von Mexiko blühte die *Olmekenkultur*, die erste mittalamerikanische Hochkultur lange vor Azteken und Mayas. Die Olmeken meißelten Kolossalköpfe aus Stein, erzeugten als erstes Volk der Welt aus dem Saft des Kautschukbaumes Naturgummi und gelten als Erfinder des Ballspiels.

> Überall auf der Welt entstanden vor 5000 – 3000 Jahren Hochkulturen, überall lebten Menschen wie wir – mit ihren Sorgen, Freuden, Lieben und Leiden. Sie arbeiteten schwer, kolossale Erfindungen erleichterten ihr Leben. Schriften, Kalender und mathematische Systeme entstanden und strukturierten ihren Alltag.

Das Zeitalter der Mythen

Die biologische Evolution hatte in Jahrmillionen auf der Erde anorganische Strukturen und organische Lebewesen und auch uns Menschen geschaffen: die faszinierende Natur. Vor 5.000 Jahren änderte sich das. Alles, was danach kam, entsprang dem menschlichen Gehirn. Die Welt, in der wir leben, ist eine Erfindung von uns Menschen. Alle Errungenschaften unserer menschlichen Zivilisation und Gesellschaft in den letzten 5.000 Jahren sind Erfindungen unseres Geistes, unserer Kreativität, waren zuerst eine Idee, ein Engramm, eine Schwingung im Gehirn.

Mythen sind Geschichten, die das Handeln lenken.

Sobald Menschen ihre Sprache so weit entwickelt hatten, dass sie miteinander über sich und die Welt reden konnten, begannen besonders begabte, aus *Ideen* Geschichten zu formen und zu erzählen. Sie erfanden *Mythen* und gestalteten aus ihnen Epen, Märchen, Sagen und Legenden, die die Welt verändern sollten.[294]

Mythen sind Erzählungen mit bedeutungsvollem Bezug zum sozialen Leben der Menschen. Sie werden mit dem Anspruch erzählt, dass diese ihr Leben und sich selbst besser verstehen und vielleicht sogar ändern. Der Mythos stellt eine Verbindung zu einem Vorbild her: Das kann eine genealogische, historische oder geographische Verbindung sein, etwa weil die Figuren des Mythos bedeutende Vorfahren waren – real oder erfunden, wie *Odysseus* von Ithaka oder *Alexander der Große* für die Griechen, der Cheruskerfürst *Arminius* oder *Siegfried* von Xanten für die Deutschen, *Rudolf I. von Habsburg* und *Toni Sailer* für die Österreicher, oder *Wilhelm Tell* für die Schweizer. Es kann aber auch, wie in *Siegmund Freuds „Mythos von Ödipus"* eine Symbolfigur der menschlichen Psyche oder wie in *Albert Camus´ „Mythos von Sisyphos"* der menschlichen Existenz schlechthin sein. Immer aber geht es um menschliche Urerfahrungen.

Im Mythos wird formuliert, *„worum es im Leben geht"*, auch die Rollen werden im Mythos verteilt: *Held, Widersacher, Helfer.* Kennt man den Mythos, dann weiß man, wo man selbst und die anderen stehen. Mythen sind „bedeutsam", auch wenn sie nie wirklich stattgefunden haben.

Mythen standen am Anfang der Hochkulturen und der Menschheitsentwicklung, moderne Mythen gibt es bis heute. Es gibt den Mythos der Olympischen Spiele *(der laufende Bote von Marathon)*, den Mythos von McDonalds (*die Brüder, die mit einem primitiven, fahrbaren Stand umherziehen*), den Mythos von Microsoft (*Bill Gates erstes Büro in der Garage*). Österreich hat seine Mythen rund um den Staatsvertrag (*Außenminister Leopold Figls angebliche Trinkfestigkeit bei den Verhandlungen in Moskau*) entwickelt.

> *Mythen* sind Erzählungen, mit denen wir merk- und denkwürdige Ereignisse, Begebenheiten oder Phänomene festhalten wollen. Hinter der harmlosen Form eines Märchens, einer Sage oder Legende steckt die Suche nach der eigenen Identität, der Wunsch nach Erklärungen und Orientierung. *Mythen* waren der Nukleus für eine neue Struktur der zivilisierten Welt, die Grundlage für Regeln des menschlichen Zusammenlebens.

Die Mythen von Gut und Böse

> Mythen waren das frühe Netflix.

Wann die Menschen begannen, über *Gut* und *Böse* nachzudenken, wissen wir nicht genau. Bei den Wildbeutern war das Zusammenleben von der Natur und wie bei allen anderen Tieren durch Instinkte geregelt: Mutterinstinkt, Fluchtreflex, Nahrungsinstinkt. Diese konnten auch brutal sein: Gewalt zur Durchsetzung von Bedürfnissen oder das Aussetzen von Alten und Gebrechlichen war ebenfalls im Instinktprogramm vorgesehen.

Anzeichen moralischen Denkens finden wir vor rund 100.000 Jahren: Archäologische Funde der Neandertaler, die Fürsorge für Alte und Kranke belegen, zeigen, dass Menschen ein Bewusstsein für gegenseitige Verantwortung entwickelt hatten. Schutz für Bedürftige und Bestrafung von Fehlverhalten könnten die ersten Schritte zur Reflexion über Gut und Böse gewesen sein, Vorläufer moralischen Denkens.

Die Entwicklung der Sprache ermöglichte es, moralisches Denken zu formulieren und in Mythen zu verpacken. Die Menschen erfanden *Märchen, Fabeln und Sagen* und erzählten sie einander. Die Geschichten handelten von Alltagstypen, *Hans im Glück* und *Marie im Pech*, aber auch von *bösen Zauberern* und *guten Feen*. Es wurden unerklärliche und übersinnliche Phänomene angesprochen, die den Volksglauben und den Aberglauben, die ja oft sehr nah beieinander liegen, befeuerten. Die Geschichten wollten unterhalten, erschrecken oder erregen: Sie handelten von Horror und Erotik, von Sex and Crime, von Liebe, Lust und Leidenschaft.

Immer aber steckte in den Geschichten eine Botschaft, eine Moral. Jedes gute Märchen, jede gute Fabel hat eine Wendung am Schluss, aus der die Zuhörer eine Lehre ziehen sollten. Und letztlich geht es fast immer um den Kampf *Gut gegen Böse*, den die Menschen in ihren Geschichten auslebten. Eine Moral, die die Pechmarien aufrütteln, die Hans-im-Glück-Kinder bescheiden stimmen, die Unverschämten beschämen und den Verzagten Mut zusprechen sollte.

Lange wurden diese Geschichten mündlich überliefert, erst viel später wurden sie aufgeschrieben. Sänger erzählten die Märchen am Lagerfeuer, Nachbarn erzählten sie als Gerücht oder Tratsch ihren Nachbarn. Eltern erzählten sie zur Belehrung ihren Kindern. Märchen, Sagen und Fabeln gibt es in allen Hochkulturen, daraus entstanden die großen Sammlungen der Weltliteratur.

Märchen aus Tausendundeiner Nacht[295]

Eine der faszinierendsten Sammlungen sind die „*Märchen aus Tausendundeiner Nacht*“ mit mehr als 500 Geschichten. Sie sind aus verschiedenen Gründen einmalig:

* Die Geschichten stammen aus drei großen orientalischen Kulturkreisen: dem indischen, dem persischen und dem arabischen.

* Sie haben große inhaltliche Breite: Sie handeln von historischen Personen ebenso wie von erfundenen; sie umfassen Anekdoten, Liebesgeschichten, Tragödien, Komödien, Gedichte, Fabeln, religiöse Legenden und Burlesken. Viele haben erotischen, einige sogar pornografischen Charakter.

* Die Struktur ist komplex: Manchmal sind mehrere Geschichten miteinander verknüpft, wie z.B. *Sindbad, der Seefahrer*, *Aladin und die Wunderlampe* oder *Ali Baba und die 40 Räuber*. (Serien mit mehreren Staffeln würde man heute dazu sagen).

* Und: Es ist eines der seltenen Werke der Weltliteratur, in der mit *Scheherezade* eine kluge Frau die Hauptrolle erhält.

Weil seine Ehefrau ihn betrogen hat, beschließt König Schahriyar, jeweils für eine Nacht ein Mädchen zu heiraten, seine sexuellen Bedürfnisse zu stillen und es am nächsten Tag zu ermorden. Scheherazade, die Tochter seines Wesirs, rettet sich mit einer List: Immer, nachdem sie mit Schahriyar das Bett geteilt hat, erzählt sie ihm eine Geschichte, unterbricht diese jedoch bei Morgengrauen an ihrer spannendsten Stelle, wodurch der König – begierig darauf, das Ende zu hören – die Hinrichtung aufschiebt. Scheherazade webt geschickt neue Episoden in die Handlung ein, der Prozess wiederholt sich eintausend Nächte lang. Am Ende lässt der König Scheherazade am Leben und akzeptiert sie als Gattin. Und der Cliffhanger war geboren.

Scheherezade durchbricht als erste Frau der Geschichte erfolgreich den Kreislauf der männlichen Gewalt. Es ist doch bemerkenswert, dass eines der ersten großen literarischen Werke eine kluge Frau zur Heldin hat!

Ovids Metamorphosen

In 15 Büchern erzählt der römische Dichter *Publius Ovidius Naso* zur Zeit Augustus (rund um Christi Geburt) rund 250 Märchen aus der römischen und griechischen Mythologie. Der inhaltliche rote Faden ist das Verwandlungsmotiv, worin ein Mensch in eine Pflanze, ein Tier oder ein Sternbild verwandelt wird – meist als Strafe für Übermut oder ein anderes Laster, oder weil der Mensch gegen einen Gott aufbegehrt. Ovid behandelt sowohl bekannte wie auch ausgefallene Geschichten und Figuren der Mythologie.

Seit ihrem Erscheinen sind die *Metamorphosen* eine der populärsten Mythensammlungen überhaupt. Der Einfluss auf die Literatur, die Bildende Kunst und das Theater war zu allen Zeiten bis zur Gegenwart enorm. Neben der Bibel liefern Ovids Metamorphosen die häufigsten Motive in den großen Museen der Welt.

Äsops Fabeln

Äsops Fabeln sind eine Sammlung von Tiergeschichten, die einem – wahrscheinlich fiktiven – Sklaven, der um 600 v.Chr. auf der Insel Samos im antiken Griechenland gelebt haben soll, zugeschrieben werden. Äsops Erzählungen machten ihn so beliebt, dass das Volk seine Freilassung erwirkte. Die Geschichten, die mit seinem Namen in Verbindung gebracht werden, sind durch eine Reihe von Quellen bis in die Neuzeit überliefert und werden nach wie vor immer wieder neu künstlerisch verarbeitet und interpretiert – in der Kinderliteratur, in der Musik und mit vielen Zitaten im Alltagsleben.

In den äsopischen Fabeln werden menschliche Schwächen wie Neid, Dummheit, Geiz, Eitelkeit usw. in kleine Geschichten verpackt, deren Akteure meist Tiere sind, die miteinander sprechen und menschliche Charakterzüge aufweisen. Die Themen und Figuren der Fabeln stammen aus der Alltagswelt der einfachen Menschen und sind ein Nachhall aus der Zeit der animistischen Religionen, als Tiere und Pflanzen beseelt waren. Äsop zeichnete seine Fabeln nicht selbst auf. Wahrscheinlich war er ja selbst nur ein Mythos. Sie wurden längere Zeit nur mündlich weitergegeben, ehe sie erstmals im 4. Jh.v.Chr. von *Demetrios von Phaleron* gesammelt und niedergeschrieben wurden.

Auch ihre Wirkung auf die europäische Kultur ist enorm, viele Fabeln sind sprichwörtlich in den Alltag eingegangen: vom *Fuchs, dem die Trauben zu hoch hängen*, bis *zum Esel, der vom Regen in die Traufe kommt.*

Grimms Märchen[296]

So nennt man die berühmte Sammlung *Kinder- und Hausmärchen*, die *Jacob und Wilhelm Grimm* von 1812 bis 1858 herausgaben. Die Brüder sammelten für die romantische Volksliedersammlung *Des Knaben Wunderhorn* ab 1806 Märchen aus ihrem Bekanntenkreis und aus literarischen Überlieferungen. Die Sammlung war ursprünglich nicht für Kinder gedacht, sondern entstand vor allem aus volkskundlichem Interesse und erhielt entsprechende Kommentare.

Knapp die Hälfte der Märchen beginnt mit dem Satz *„Es war einmal"*. Bei Märchen geht es um fantastisch-wundersame Begebenheiten. Das Übernatürliche spielt eine tragende Rolle: Sprechende Tiere, verwunschene Menschen, Riesen, Zwerge, Drachen und Feen treten wie selbstverständlich auf. Am Anfang des Märchens stehen Probleme oder menschliche Nöte, die gelöst werden müssen. Oft begibt sich ein Held oder eine Heldin auf Wanderschaft und besteht Prüfungen aller Art. Dabei treten wundersame Wesen und Kräfte als böse Gegner oder gute Helfer auf. Das Ende gestaltet sich meist positiv, denn es siegt (fast) immer das Gute.

Bis heute erstaunt, wieviel Grausamkeit die Brüder Grimm ihren Leser*innen zumuteten. Vom Gifttod Schneewittchens über die Verstümmelung von Aschenputtels Stiefschwestern bis zum Selbstmord des Rumpelstilzchen reicht der Bogen, der für eine Horrorserie mit vielen Staffeln reichen würde.

Märchen schaffen soziale Strukturen

Ungeachtet der Brutalität vieler Märchen halfen sie, kleinräumige, soziale Strukturen zu festigen: Das Zusammenleben in der Großfamilie und später im Dorf und in der Kleinstadt, die sozialen Unterschiede der Stände und Schichten, die Schwierigkeiten, diese sozialen Schranken zu überwinden (wenn aus dem einfachen Handwerkerkind im Märchen ein Graf oder eine Prinzessin wird), typisches Rollenverhalten (die „böse" Stiefmutter, im Wald ausgesetzte Kinder, bevorzugte Geschwister) werden thematisiert und Regeln für Gemeinschaften konstituiert.

Der Mythos vom Helden

Mira Lobes Kinderbuchklassiker *„Das kleine Ich bin Ich"* (1972) hat Generationen von Kindern Selbstbewusstsein vermittelt: Das karierte Stoffbündel mit zwei Knopfaugen, das Tausende Mütter ihren Kindern gebastelt haben, spaziert über eine Blumenwiese und stellt fest, dass es keines der Tiere ist, die es dort trifft: kein Frosch, kein Pferd, kein Hund. Verzweifelt fragt es die Tiere, ob jemand wisse, wer es sei. Keiner weiß es. Das *kleine Ich-bin-ich* verzweifelt: *„Ob's mich etwa gar nicht gibt?"* Schließlich trifft es die Erkenntnis wie ein Blitz: *„Sicherlich gibt es mich: Ich bin ich!"* Mythen begleiten zu allen Zeiten Menschen bei der Ich-Findung.

Das Heldenepos

Frühe Heldenepen, wie das mesopotamische *„Gilgamesch-Epos"*, die griechischen Epen *„Ilias"* und *„Odyssee"* oder das indische *„Mahabharata"* geben wichtige Einblicke in das menschliche Selbstverständnis und die Entstehung eines Ich-Bewusstseins am Beispiel eines außergewöhnlichen Menschen. Die Heldenfiguren, die sich durch Mut und Klugheit auszeichnen, markieren den Übergang zu einem individuellen Bewusstsein. Der beschwerliche Weg des Helden ist eine Metapher für Selbstfindung.

In der *„Odyssee"* durchlebt Odysseus, König von Ithaka, Prüfungen, die ihn nicht nur als Anführer und Krieger, sondern vor allem als Menschen formen. Seine jahrelange Heimreise vom Trojanischen Krieg symbolisiert die Suche nach Identität und Zugehörigkeit, aber auch den Prozess der Reifung eines ursprünglich hochmütigen, zynischen Menschen.

Der zürnende Meeresgott Poseidon schickt Odysseus, der dessen Sohn Polyphem getötet hatte, aus Rache auf eine Irrfahrt durch unzählige Hindernisse und Gefahren. In diesen Abenteuern ist Odysseus nicht nur der Wut des Gottes hilflos ausgeliefert, sondern wird auch Opfer seiner eigenen Schwächen, seinem Jähzorn, seinem Eigensinn, seiner sexuellen Untreue, bis er nach 10 Jahren als gereifter, aber auch gebrochener Mann endlich in die Heimat und zu seiner unendlich geduldigen Frau Penelope zurückfindet.

Heldenepen setzen sich mit der Frage auseinander, was es bedeutet, ein „guter Mensch", oft auch ein „guter Herrscher" zu sein. Diese moralische Reflexion erfordert Bewusstsein für das eigene Handeln und dessen Auswirkungen auf andere. Das *Gilgameschepos,* das älteste Heldenepos der Menschheitsgeschichte, handelt von König Gilgamesch Drang nach Unsterblichkeit, seinem Egoismus und seiner Überheblichkeit bis zur finalen Läuterung.

Der Sumererkönig Gilgamesch regiert grausam und selbstsüchtig in der Stadt Uruk in Mesopotamien. Die verzweifelten Untertanen beschweren sich bei den Göttern über Gilgamesch, und diese schicken ihn auf eine lange Reise. Er lernt seinen tugendhaften Bruder Eniku kennen und lieben, der ihm Menschlichkeit beibringt. Nach Enikus Tod fordert Gilgamesch die Götter heraus und will selbst unsterblich werden, bis er nach vielen Strapazen und Niederlagen als geläuterter, weiser Herrscher nach Uruk zurückkehrt.

Frühe Gesellschaften waren stark gemeinschaftsorientiert. Der Held muss nicht nur als Individuum reifen, sondern auch als Mitglied der Gemeinschaft.

In der keltischen Artuslegende gründet König Artus mit seiner Tafelrunde – zwölf ausgewählte Helden – den Prototypus einer Gemeinschaft edler Freunde und Ritter. Sir Galahad, Sir Perceval, Sir Lancelot, Sir Gawein und andere finden trotz ihrer Individualitäten zu einer Gemeinschaft zusammen, ehe die Suche nach dem Heiligen Gral jeden einzelnen auf seine persönliche Heldenreise schickt.

Die Bereitschaft, sich für Freunde bedingungslos einzusetzen und aufzuopfern, aber auch Treuebruch (Lancelots Verhältnis mit Artus Gattin Guinevere), sind die Eigenschaften, die hier verhandelt werden.

Die Heldenreise

In allen Kulturen gibt es den Mythos vom ahnungslosen, unreifen Jugendlichen, der sich auf eine Reise begibt und nach vielen Abenteuern und Schwierigkeiten seine eigene Identität findet und als reifer Erwachsener in seine Heimat zurückkehrt.

> *Ein Paradebeispiel ist das mittelhochdeutsche Epos „Parzival" von Wolfram von Eschenbach, in dem sich ein unerfahrener Bub, „ein tumber Tor", wie ihn der Autor nennt, unfreiwillig auf eine Heldenreise begibt, nachdem er aus Naivität seine Mutter und einen Gralsritter getötet hat, und erst nach langem Suchen mit vielen Höhen und Tiefen den Heiligen Gral, vor allem aber zu sich selbst und zu Seelenfrieden findet.*

Diese „tumben Toren" eignen sich ideal zur Identifikation junger Männer: Jeder von uns Männern war wohl einmal – je nach Generation – Aeneas, Parzival, Old Shatterhand, Luke Skywalker, Peter Parker oder Harry Potter. Der amerikanische Mythenforscher *Joseph Campbell* (1904–1987) erforschte das Motiv dieser Heldenreisen und hielt das Grundmuster dieses weltweiten Mythos fest.[297]

> *Der Held wird aus seinem Zuhause durch einen „Call" zu einem Abenteuer gerufen. Er übertritt die Schwelle zu einer neuen Welt, muss Prüfungen und Bewährungsproben bestehen, bekämpft Feinde, findet Helfer und Freunde. Er entwickelt dabei seine Persönlichkeit, wird zum Erwachsenen und stellt sich schließlich zum siegreichen Endkampf mit dem großen Gegenspieler. Die Rückkehr in die alte Heimat erweist sich als schwierig, gelingt aber letztlich, und der Held kehrt als neue, reifere Persönlichkeit zurück.*

Die mythische Heldenreise ist ein zentrales Motiv in der Weltliteratur. Der Hobbit Frodo Beutlin in *J.R.R. Tolkins „Herr der Ringe"* oder Harry Potter in *J.K. Rowlings* Romanen sind zwei der heute populären Helden auf der Suche nach ihrer Identität. Die Fantasy- und Science Fiction-Kultur schuf ikonische „multimediale" Helden wie Luke Skywalker aus George Lucas *„Star Wars"*, Peter Parker alias Spiderman oder Paul Atreides in Frank Herberts *„Dune"*.

Wo bleiben die Heldinnen?

Obwohl Heldenepen mit weiblichen Hauptfiguren rar scheinen, gibt es doch bemerkenswerte Beispiele aus verschiedenen Kulturen. Weibliche Heldenfiguren sind ebenso mutig wie ihre männlichen Gegenstücke, bieten Eigenschaften wie

Gerechtigkeit, Opferbereitschaft und moralische Stärke. Man muss nur etwas länger suchen, um sie in der Weltliteratur zu finden.

Überraschenderweise wird man in der Bibel fündig: *Esther* und *Judith* verdienen den Titel „Heldin". In der römischen Welt war *Lucretia*, im Mittelalter *Birgitta* von Schweden eine Heldengestalt. In der orientalischen Welt haben wir *Scheherezade* bereits kennengelernt. In der irisch-keltischen Heldendichtung *Táin Bó Cúailnge („Das Wegtreiben der Rinder von Cooley")*, ist Königin *Maeve* eine zentrale Figur im Kampf um ein mythisches Rind. In der tamilischen Literatur ist *Kannagi* die Hauptfigur des *Silappatikaram („Das Epos des Armreifs")*, die nach dem Tod ihres Mannes gegen Ungerechtigkeit kämpft. Die *Legende von Mulan* aus dem alten China, mehrfach verfilmt, erzählt von einer jungen Frau, die als Mann verkleidet in den Krieg zieht, um ihren kranken Vater zu ersetzen.

In moderner Literatur und Filmen finden sich zunehmend weibliche Hauptfiguren, die epische Abenteuer erleben, etwa *Éowyn* in J.R.R. Tolkiens *Der Herr der Ringe* oder *Daenerys Targaryen* in George R.R. Martins *Das Lied von Eis und Feuer*. „Echte" Heldinnen gemäß Campbells Theorie sind auch *Katniss Everdeen* in Suzanne Collins *„Die Tribute von Panem"* und *Offred* in Margaret Atwoods *„Der Report der Magd"*.

Der Mythos von der Individualität

Individualität hängt mit dem *Ich-Bewusstsein* eng zusammen. Während das Ich-Bewusstsein aber vor allem selbstreflexiv wirkt und die eigene, intime Innenwelt betrifft, definiert Individualität vor allem die Fähigkeit, seine Einzigartigkeit zum Ausdruck zu bringen, sich von anderen in der Gruppe zu unterscheiden, abzugrenzen und selbstbestimmt zu leben.

Tiere kennen keine Individualität, das einzelne Tier erfüllt seine Funktion innerhalb des Schwarmes oder der Herde.[298] Lange Zeit kannten auch Menschen keine Individualität. In der Horde, der Gruppe, im Dorf war jeder einzelne nur ein Glied der Community, das seine Bedürfnisse dieser völlig unterordnete. Für unsere Vorfahren war es eine Frage des Überlebens, Teil einer Gruppe zu sein.

Das Auseinanderdriften der europäischen Gesellschaft

Individualität war zunächst einer kleinen Gruppe Privilegierter vorbehalten. Herrscher, Adelige, Großgrundbesitzer und ihre Familien konnten Individualität entwickeln: in auserwählter Kleidung, in ihrem Verhalten, in ihren Palästen und Villen. Auch ein altägyptischer Beamter, ein römischer Patrizier, ein mittelalterlicher Lehensherr konnten Ansätze von Individualität entfalten, weil sie sich diese leisten konnten und weil sie Zeit dafür hatten. Geld, Unabhängigkeit und frei verfügbare Zeit sind Voraussetzungen um Individualität auszuleben.

Der größte Teil der Menschen blieb durch die gesamte Menschheitsgeschichte anonyme Masse. Ein römischer Sklave, ein Taglöhner, ein vom Lehensherr abhängiger Bauer oder ein einfacher Soldat hatten weder Zeit, noch Geld, noch Gelegenheit, Individualität zu entwickeln. Sie waren Untertanen und wurden von ihren Herren nicht viel besser als Herdenvieh behandelt. Selbst im familiären Verbund eines Dorfes oder einer mittelalterlichen Stadt blieb der/die Einzelne der Familie untergeordnet, und Individualität entwickelte sich höchstens in kleinen Details und oft im Verborgenen. Die Abhängigkeit vom „Chef", vom Lehensherren, vom Vater verhinderte eigene Entscheidungen. Selbst im Gefolge der industriellen Revolution konnten Fließband-Arbeiterinnen oder Bergknappen, Feldarbeiterinnen oder einfache Soldaten individuelle Züge höchstens ansatzweise in der kargen Freizeit entwickeln.

Antihelden: Der Mythos vom Individualisten[299]

> *„Ein alter, leicht siebzigjähriger Mann in einem fadenscheinigen, aber nicht unreinlichen Molltonüberrock mit lächelnder, sich selbst Beifall gebender Miene. Barhäuptig und kahlköpfig stand er da, nach Art dieser Leute, den Hut als Sammelbüchse vor sich auf dem Boden, und so bearbeitete er eine alte vielzersprungene Violine, wobei er den Takt nicht nur durch Aufheben und Niedersetzen des Fußes, sondern zugleich durch übereinstimmende Bewegung des ganzen gebückten Körpers markierte. Aber all diese Bemühung, Einheit in seine Leistung zu bringen, war fruchtlos, denn was er spielte, schien eine unzusammenhängende Folge von Tönen ohne Zeitmaß und Melodie. Dabei war er ganz in sein Werk vertieft: die Lippen zuckten, die Augen waren starr auf das vor ihm befindliche Notenblatt gerichtet..."* [300]

So führt *Franz Grillparzer* 1848 den Außenseiter *Jakob, den Armen Spielmann* ein, der von den umstehenden Zuhörern verlacht und verspottet, bei einem katastrophalen Wiener Hochwasser aber zum Lebensretter ertrinkender Kinder und dadurch zum Helden wird. Oft als rührselig abgetan, hat Grillparzers Novelle eine subtile und sozialkritische Vielschichtigkeit. Jakob ist zeitlebens Sonderling, unfreiwilliger Außenseiter und Opfer des Spotts, wächst aber in seiner hartnäckigen Kunstausübung und vor allem durch seine unerwartete Heldentat zum individuellen (Anti-)Helden.

Die herrschenden Klassen wehrten sich lange gegen die Individualität ihrer Untertanen, das zeigen viele Mythen, in denen sich Menschen *vergeblich* gegen ihr vorgegebenes Schicksal auflehnen. In der Frühzeit des Feudalismus gehen alle diese Geschichten böse aus, als Warnung davor, gegen Autoritäten – Götter, Herrscher oder Vater – aufzubegehren: *Ikarus* Übermut gegen Vaters Rat führt zu seinem Absturz; *Hamlets* Aufbegehren scheitert an gesellschaftlicher Konvention; *Heinrich von Kleists „Michael Kohlhaas"* Widerstand gegen die Obrigkeit wird bitter bestraft. Ein resignierender Mythen-Bogen handelt von Anti-Helden, die für ihren Individualismus bestraft werden, scheitern oder resignieren.

Antihelden (nicht zu verwechseln mit *Antagonisten,* den meist bösen Gegenspielern des Helden) die als Außenseiter gelten, dem gängigen Heldenbild gar nicht entsprechen, zu ihrem Individualismus aber bewusst stehen, sind bis ins 19. Jahrhundert rar: *Cervantes „Don Quixote"* ist der Prototyp, der gegen die gesellschaftlichen Konventionen aufbegehrt. Solche Individualisten können Rebellen sein (wie Karl Moor in *Friedrich Schillers „Die Räuber"*), unschuldige Opfer der Gesellschaft (wie der in einen Käfer verwandelte Gregor Samsa in *Franz Kafkas „Verwandlung"*) oder Sonderlinge, die sich nicht in die herrschende Gesellschaft einfügen wollen oder können (wie der eingangs zitierte *„Arme Spielmann"*).

Die Idee einer positiv erfahrenen Individualität wurde erst durch die Aufklärung im 18. Jahrhundert vorangetrieben. *François-Marie Arouet*, genannt *Voltaire*, kämpfte in seinem Werk gegen die Unmündigkeit der Menschen an. Sein Roman *„Candide"* ist eine böse Satire, eine Antiheldenreise, in dem er die Leichtgläubigkeit seiner Hauptfigur gegenüber falschen Mythen und Autoritäten bloßstellt. Ein herausragender Kämpfer für Individualität war *Immanuel Kant.* Sein Spruch *„Habe Mut, dich deines eigenen Verstandes zu bedienen!"* [301] ist nicht nur ein Startsignal der Aufklärung, sondern verweist auch auf die Individualität des Menschen.

Erst im 19. und 20. Jahrhundert rücken Antihelden, die gegen den Strom schwimmen, ins Zentrum der Literatur. *Günter Grass* kleinwüchsiger Außenseiter Oskar Matzerath bringt mit seiner *Blechtrommel* Naziaufmärsche durcheinander, *Mark Twains Huckleberry Finn* flieht seine (weiße) Gesellschaft und reist mit dem entflohenen schwarzen Sklaven Jim auf einem Floß am Mississippi. In der österreichischen *Anti-Heimatliteratur* geben sich oft die Autoren selbst als Außenseiter preis: von *Peter Innerhofers* Ich-Erzähler in *„Schöne Tage"* bis zu *Thomas Bernhards* beklemmender Autobiografie.

Zunächst hoben sich die Schleier der Anonymität nur für Männer. Erst sehr viel später wurde auch den Frauen im aufgeklärten Europa Individualität zugestanden. Nach weiblichen Mythen-Figuren muss man intensiv suchen. *Gustave Flauberts „Madame Bovary"* (1857) und *Theodor Fontanes „Effi Briest"* (1895), Ehefrauen, die sich nach einem aufregenden, selbstbestimmten Leben sehnen, scheitern noch an der (Männer-) Gesellschaft. Erst im 20.Jahrhundert haben Frauen, wie die schon erwähnte *Everdeen Katniss* in *Suzanne Collins „Die Tribute von Panem"* (2008) oder *Offred*, die Hauptfigur in *Margaret Atwoods „The Handmaid´s Tale"* (1985) als Außenseiterinnen Chancen, sich in ihrer dystopischen Welt zu behaupten. So rar wie weibliche Außenseiterinnen in der Literatur sind übrigens bis ins 20. Jahrhundert anerkannte weibliche Autorinnen.

> Interessanterweise ist es die Kinder- und Jugendliteratur, die sich der Außenseiterinnen und Individualistinnen annimmt. Als frühe Paradebeispiele stehen *Astrid Lindgrens* anarchistische *„Pippi Langstrumpf"* (1944) und am anderen Ende der Skala *Johanna Spyris* biedere, aber selbstbewusste *„Heidi"* (1880) für junge Frauen, die sich als Individualistinnen durchsetzen – beide erlangten Mythencharakter.

Außereuropäische Kulturen

In vielen außereuropäischen Kulturen und Religionen tut man sich bis heute schwer mit der Individualität: in vielen islamischen Staaten, in denen Frauen zumindest in der Öffentlichkeit keine selbstständige Rolle zugestanden wird; im Hinduismus mit seinem offiziell verbotenen, aber real unausrottbaren Kastensystem; oder im Fernen Osten, wo am Kollektiv orientierte Denkschulen wie der *Konfuzianismus* bis heute einen prägenden Einfluss auf die Gesellschaft haben. In China war sowohl im Kaiserreich als auch nach der maoistischen Revolution jegliche Individualität verpönt, und mit Nord-Korea gibt es bis heute einen Staat, der die Individualität seiner Bürger komplett unterdrückt. Selbst das westlich orientierte Japan zeigt bis heute kollektivistische Züge.

Der Mythos der Lemminge

Es gibt in Wien ein Wirtshaus, vor dem zu jeder Tageszeit Menschen in Schlange oft stundenlang warten, um ein (überteuertes) Wiener Schnitzel zu ergattern, das es im selben Viertel in etlichen netten Lokalen ohne Wartezeit billiger und genauso gut gibt. Was treibt uns Menschen dazu?

Der *Mythos der Individualität* gerät heute auf verschiedenen gesellschaftlichen Ebenen in Schieflage. Die in der westlichen Kultur gewonnene totale Individualität ist oft nur eine Scheinfreiheit: Die Hoheitsfunktion eines autoritären Herrschers oder Vaters haben heute oft staatliche, gesellschaftliche oder kommerzielle Strukturen übernommen. Finanzamt, Versicherungen, Gesetzgeber, lokale Behörden, Banken und Kreditgeber schränken unsere Individualität ein, manchmal aus vernünftigen Gründen eines gedeihlichen Zusammenlebens, oft aber auch in Form von Behördenwillkür oder Geschäftsinteresse.

Vor allem aber beraubt der als *„freier Markt"* getarnte Kapitalismus uns unserer Individualität. Unter dem Tarnmantel des Individualismus *(„Sei ganz Du!")* stecken Konsumzwang und Kollektivismus. In der Massenhypnose durch *Werbung* und *Social Media* geben wir viel von unserer Individualität preis, oft ohne es zu bemerken. Werbemythen, die uns die große Freiheit vorgaukeln, drücken uns in Wirklichkeit Konformismus, Konsumismus und Abhängigkeit durch Süchte aller Art auf. In Fragen des eigenen Körpers, der Sexualität, der Mode, der Freizeitgestaltung und des Konsums begeben wir uns oft in Abhängigkeiten und geben digital auch unsere intimsten Daten preis. Vielfach führt der Wunsch nach Individualismus zum perversen Gegenteil: Schier endlose Warteschlangen stauen vor „angesagten" Shops, vor Instagram-Fotopoints und sogar auf dem Mount Everest. Der soziale Druck, gehypte Produkte jetzt und sofort zu kaufen, der Massenansturm auf *„Sale"* und *„Schnäppchen"*, Wochenendkolonnen in Richtung hipper Ferienorte; Herdenviehverhalten bei Großevents: All dies deutet darauf hin, dass wir Menschen noch Rudeltiere sind und die *biologische Evolution* zurückschlägt.

Lemminge nennen die Dänen die ursprünglich in den arktischen Tundren lebenden Tierchen, die in ganz Europa als Wühlmäuse bekannt sind. Sie wurden berühmt, weil sie sich angeblich im Zuge einer Wanderung Richtung Süden zu Tausenden von Klippen ins Meer und damit in den Tod stürzen.

Die populäre Geschichte ist ein moderner Mythos, und noch dazu ein falscher: 1958 veröffentlichte Walt Disney den Tierfilm „*Weiße Wildnis*“, in dem der Eindruck vermittelt wurde, die Lemminge begingen regelmäßig kollektiv Selbstmord.[302] Die wirklichen Lemminge, besser bekannt als *Wühlmäuse*, haben stattdessen höchst individuelle Wege in die menschliche Zivilisation gefunden, wo sie als Mitbewohner in unseren Gärten oder sogar als Haustiere sich fröhlich vermehren.

Es ist paradox: Während die legendären Lemminge – entgegen ihrem Ruf – sich die menschliche Zivilisation als Lebensraum angeeignet haben, entwickeln wir Menschen in eben dieser Zivilisation Züge von Lemmingen.

Backlash des Kollektivismus

Als Reaktion auf den Individualismus und den parallel entstandenen Liberalismus der westlichen Wohlstandsgesellschaft entstanden in den letzten Jahren reaktionäre Gegenbewegungen wie Nationalisten, Identitäre, Fundamentalisten, Neokommunisten oder politische Islamisten, die allesamt Individualismus ablehnen und eine Rückkehr zum Kollektivismus forcieren. Obwohl dieser im 20. Jahrhundert unendliches Leid anrichtete, erlebt er im 21. Jahrhundert eine unerwartete Renaissance. Der Wunsch des Menschen, seine Individualität auszuleben, stößt oft auf Gegenwehr bei jenen, die die vermeintliche Geborgenheit des Kollektivs vorziehen oder die sich von der Gesellschaft ungerecht behandelt fühlen.

Der Mythos von der Individualität ist in der Geschichte ein besonders heiß umstrittener: Es gab jahrhundertelang Mythen, die drohend das Scheitern von Individualisten heraufbeschworen, ab der Aufklärung gibt es umfangreiche Literatur, in der Individualismus als Gesellschaftsmodell gefeiert wird, und seit einigen Jahren wird wieder vermehrt die Abkehr vom Individualismus propagiert – von den amerikanischen Reaktionären bis zu den radikalen Islamisten.

Die Mythen der Religionen[303]

Am Anfang war das Wort. So lauten die ersten Worte des Johannesevangeliums. *Und das Wort ist bei Gott,* heißt es dort weiter. *Und das Wort war beim Menschen,* sagen Natur- und Geisteswissenschaftler unisono.

„Animistisches" Denken und der Mythos von „Mutter Erde"

In der griechischen Mythologie ist *Gaia* die personifizierte Erde und Urmutter aller Götter und Lebewesen. Bei den indigenen Völkern der Anden Südamerikas ist *Pachamama* die zentrale Erdmutter-Gottheit. In der nordischen Mythologie gibt es Göttinnen wie *Nerthus* und *Jörd* als Erdgöttinnen. Für die nordamerikanischen Ureinwohner ist die Erde heilig und gilt als die Mutter allen Lebens.

In Naturerscheinungen, die ihr Leben prägten, erkannten die frühen Menschen so etwas wie eine Persönlichkeit, eine *„Seele"* oder einen *„Geist"*. Das konnte eine Quelle oder ein Fluss sein, die ihnen Wasser schenkten, ein Gewitter, das sie ängstigte, ein Felsen, der ihnen Schutz bot, ein besonderer Baum oder Strauch; das konnten Tiere sein, denen sie übersinnliche Kräfte zuschrieben. In vielen Kulturen war es die Erde selbst, die als „Urmutter" verehrt wurde. Der *„Mother Earth"*-Mythos, findet sich in praktisch allen Weltkulturen von Amerika bis nach Asien.

Der Tag der Mutter Erde, auch bekannt als Earth Day, wird heute weltweit am 22. April gefeiert, um das Bewusstsein für Umweltprobleme zu stärken und Maßnahmen zum Schutz unseres Planeten zu fördern.

Die Menschen entwickelten das Bedürfnis, ihre animistischen *Mythen* festzuhalten: Höhlenbilder, in denen Tierdarstellungen mit geheimnisvollen Zeichen versehen sind und Alltagsgegenstände, in denen ebensolche Zeichen eingeritzt sind, geben uns Einblicke in die animistische Gedankenwelt. Vielleicht dachten die Menschen ja, dass man an die beseelten Wesen die eigenen Wünsche schicken könnte: *Beschütze mich! Bedroh mich nicht! Schenk mir Wasser und Nahrung! Heile mich! Mach meine Kinder gesund!*

Animistische Mythen – oft im Lauf der Jahrtausende verfremdet – gibt es zahllose: Heilige Bäume und Blumen, sagenhafte Grotten, Tiere mit übersinnlichen Fähigkeiten, Sterne am Himmel, unerklärliche Naturerscheinungen und die dazu gehörigen Fabeln tauchen in allen Kulturkreisen auf. Zum animistischen Denken gehört es, Objekten und Lebewesen der Natur, die man als beseelt ansah, Respekt zu zollen. Es konnte sein, dass das Fällen eines bestimmten Baumes verboten war, weil man darin eine Seele vermutete; es konnte sein, dass bestimmte Tiere nicht gejagt werden durften. Im Naturglauben erwies und erweist man der Seele eines erjagten Tieres rituelle Dankbarkeit.

Animistisches Denken wird heute als gleichwertig mit anderen religiösen Glaubensformen gesehen. Die Wissenschaft distanziert sich heute von der früheren eurozentrischen Perspektive, die zwischen „primitiven" und „modernen" Kulturen unterscheidet. Auch in unserem vermeintlich fortschrittlichen Denken spielen animistische Züge eine Rolle, wenn wir Heiligenbilder oder Reliquien anbeten, aus Sternzeichen die Zukunft ablesen, Amulette um den Hals tragen, Orte als magisch empfinden oder Wallfahrtsorte besuchen. Und ausgehend von der *„Mother Earth"*-Bewegung gibt es seit den 1960er Jahre zum Schutz der Natur zahlreiche esoterisch-religiöse Ableger mit animistischen Zügen, die *Mythen* von Naturvölkern aufgreifen.

> Achtung und Respekt gegenüber allen Erscheinungsformen unserer Natur, belebt oder unbelebt, wäre auch heute eine kluge Regel.

Polytheismus

Sobald die Menschen sesshaft wurden, änderte sich auch ihr Wunschdenken. Harari formuliert es so:

> *„Als die Pflanzen und Tiere das Sprechen verlernten, betraten die Fruchtbarkeitsgöttin, der Himmelsgott und der Gott der Medizin die Bühne."* [304]

Die Menschen waren mittlerweile ihrer selbst bewusst geworden, und sie hatten in der *landwirtschaftlichen Revolution* begonnen, sich die Natur untertan zu machen. Tiere waren keine beseelten Wesen mehr, sondern wurden zu Nutztieren degradiert, die sie einsperrten und nach Belieben ausbeuteten oder töteten. Und auch Quelle, Fluss und Stein verloren ihre magische Bedeutung: Die Menschen bohrten Rohre in die Quellen, zwängten Flüsse in enge Kanäle und sprengten Felsen. Was blieb und was die Menschen nicht steuern konnten, waren die Launen der Natur, Unwetter, Dürren, Heuschrecken, Epidemien und äußere Feinde.

Anstelle beseelter Objekte dachten sich die Menschen nun Götter in Menschengestalt aus, die ausgestattet mit magischen Kräften, Unheil vom Hof und vom Dorf fernhalten sollten. Es waren zunächst örtliche Geister, die in einem kleinen Territorium lebten: Hausgötter, Regionalgötter, Flussgötter, denen man am Hausaltar eine Kerze, ein Stück vom Lamm, Brot und Wein opferte, um reiche Ernte zu er- und Unheil fernzuhalten. Diese Götter waren selbst auch bescheiden und friedlich, lebten im Hausaltar über dem Herd oder im heiligen Baum draußen im Garten.

Als Städte und erste Territorialreiche entstanden, wuchsen auch die Götter an Macht und Bedeutung. Es brauchte jetzt mächtige Fruchtbarkeitsgötter, Regengötter, Kriegsgötter, Weisheitsgötter, die die Wünsche und Bedürfnisse der Menschen befriedigten. Es entstand ein Pantheon vieler Götter - der *Polytheismus*. Die Menschen sahen die Götter als vergrößertes Spiegelbild ihrer selbst. Wenn man ihnen tüchtig opferte, konnte man sie gnädig stimmen. Begingen die Menschen eine größere Dummheit, ärgerten sich die Götter, und es hagelte Plagen oder auch individuelle Strafen: Die Herren *Tantalus* und *Sisyphos* können ein ewiges Lied darüber singen.

Es entstanden viele Pantheons mit vielen Mythen: die *griechische Götterwelt* rund um *Zeus* und seine göttlichen Geschwister; die *germanische Götterwelt* rund um *Odin, Thor und Loki*, die *altpersischen Götter* um *Ayraman* und *Avadie*, die westafrikanische Götterwelt rund um *Olorun, Obatala und Kalunge*; die *ägyptischen* Götter von *Isis bis Osiris* und die *hinduistischen* rund um die Trinität *Brahma, Vishnu und Shiva.* Dass die Götter menschliche Züge trugen – Zeus als Schürzenjäger, Ares als jähzorniger Binkel, Dionysos als hemmungsloser Alkoholiker – ist der Tatsache geschuldet, dass sie ja von uns Menschen erfunden worden waren. Götter mit menschlichen Zügen dachte man sich verständnisvoller und nahbarer als eine anonyme, fremde Macht. Andererseits ging es bei den Göttern nicht immer gerecht zu: Oft waren es persönliche Eitelkeit oder Eifersucht, die eine Gottheit dazu brachten, ein armseliges Menschenkind böse zu bestrafen.

Viele dieser Götter überlebten bis heute als Figuren der modernen Medienwelt: Die griechischen und ägyptischen Götter kommen in unzähligen Spielfilmen vor; die germanischen Götter *Thor* und *Loki* sind Stars im Marvel-Universum, und in „*Black Panther*" wird von der afrikanischen Götterwelt erzählt. Dass alle diese aktuellen Götterdarstellungen stark verfremdet und popkulturell aufgeblasen werden, nimmt ihnen offensichtlich nichts von ihrer jahrtausendealten Faszination. Jedes Kind kennt heute den Hammer-*Thor* und den schlauen *Loki*!

Der Pantheismus war zwar bei den Menschen sehr beliebt, aber auch beliebig. Vor allem, wenn es darum ging, einer größeren Gruppe von Menschen eine Richtschnur für ihr Verhalten zu geben, waren streitende, einander betrügende, saufende und bestechliche Götter kaum geeignet. Es brauchte eine oberste Instanz.

Der Atonkult

Daher setzte sich nach und nach das Konzept eines einzigen Gottes durch, der die Welt dominierte und für Ordnung und Recht sorgte, zu dem die Menschen aber auch ehrfürchtig und devot mit ihren Sorgen kommen konnten. Hier schimmert das menschliche Konzept der ersten Hochkulturen durch, die ab einer gewissen Größe eine hierarchische Struktur mit einem alleinigen Herrscher an der Spitze hatten. Da passte ein oberster Gott, der zum obersten menschlichen Herrscher einen guten Draht hatte. Manchmal verstiegen sich menschliche Herrscher sogar, sich selbst als gottähnlich verehren zu lassen.

Die älteste Form eines obersten Gottes war der *Atonkult* im alten Ägypten, als Pharao *Echnaton* im 14. Jh.v.Chr. den Sonnengott *Aton* zum alleinigen Gott beförderte – in enger Verbindung mit sich selbst als seinen Stellvertreter auf Erden. Der Kult hielt jedoch nur 20 Jahre und wurde von *Echnatons* Nachfolgern wieder ausgelöscht.

Zarathustra und der Ahura-Mazda-Mythos[305]

Nachhaltiger war die Ausprägung des Monotheismus im Iran: die *Ahura-Mazda-Religion*. Der persische Prophet und Philosoph *Zarathustra* predigte von *einem einzigen* Gott, der das altpersische Pantheon ablösen sollte.[306] Die unübersichtliche Vielfalt der Götter mit ihren unzähligen Geschichten, Intrigen und Affären sollte dadurch drastisch reduziert werden. Vielfalt fördert zwar die Toleranz, macht es aber zugleich schwierig, eindeutige sittliche und moralische Anweisungen abzuleiten. Ein einziger Gott konnte dagegen eine klare Linie fahren und unmissverständliche Regeln aufstellen, die auch dem Herrscher recht waren.

Zarathustra erklärte einen der vielen iranischen Götter, *Ahura Mazda* (übersetzt *„Der weise Herr"*), einen eher schrulligen Einzelgänger, zum alleinigen Hauptgott. Dieser erfand laut Zarathustra den bösen Geist *Ahra Manju,* aus dem im Lauf der Geschichte der *Teufel* werden sollte. Damit war ein eindeutiger *Gut-Böse*-Antagonismus etabliert. Den beiden großen Geistern waren Engel bzw. Dämonen unterstellt. *Ahura Mazda* war ein allwissender Gott. Mit Hilfe dieses Wissens würde er dereinst die „Guten" belohnen und die „Bösen" bestrafen. Auf der richtigen Seite steht der Mensch, wenn er *Ahura Mazda* als einzigen Gott anerkennt und an ihn glaubt. *Ahura -Mazda* plante die Erlösung der Welt von allem Bösen durch ihre Zerstörung und anschließende Neu-Erschaffung. Die Menschen waren der Sünde verfallen und bedurften dringend der Erlösung: im Glauben an das ewige Leben der geretteten Seele.

Kommt uns dieses Glaubenskonzept nicht bekannt vor?

Es klingt in christlichen Ohren tatsächlich recht vertraut, was der persische Philosoph in seiner Lehre festgelegt hatte. Viele Elemente der späteren monotheistischen Religionen wurden im *Ahura Mazda-Kult* vorweggenommen. Zarathustras Konzept war gesellschaftlich kompatibel: Die Herrscher und die Mächtigen fanden in *Ahura Mazda* einen strengen, allein herrschenden Gott, dessen Willen sie auf Erden ebenso streng repräsentierten. Und die vielen unterprivilegierten Menschen fanden in der neuen Religion zumindest eine Perspektive auf ein gutes Leben im Jenseits, wenn sie brav an den einen Gott glaubten. Wenn schon das Leben trist und armselig war, hatte man wenigstens den Ausblick auf ein Paradies.

Bis ins späte 1. Jahrtausend n.Chr. war die Religion des *Zarathustra* weit verbreitet. Heute gibt es weltweit noch etwa 130.000 Anhänger vor allem in Indien, Iran und den USA. Die heutigen Anhänger in Indien nennen sich *Parsen.*

Kleines Problem: Die Forschung konnte bisher *Zarathustras* Herkunft nicht klären, weder Ort noch Zeit seines Lebens, das heißt, seine Existenz ist umstritten. Die ihm zugeschriebenen religiösen Gesänge, die *Gathas*, wurden zunächst Jahrhunderte lang mündlich überliefert, bevor man sie vermutlich im 4. Jh.n.Chr. aufgezeichnet hat. Es könnte also sein, dass der *Ahura Mazda – Mythos* selbst von einer Mythenfigur geschaffen wurde. Wer erfand dann diese?

Die monotheistischen Religionen: Judentum

Das kleine Königreich Judäa mit der Hauptstadt Jerusalem wurde 597 v.Chr. von den Babyloniern erobert und die Juden ins Zweistromland deportiert (in die sogenannte *Babylonische Gefangenschaft*). 40 Jahre später eroberten die Perser Babylon und schickten die Juden wieder nach Hause, wo Judäa tributpflichtige Provinz wurde. Jüdische Gelehrte hatten in der Gefangenschaft von den Persern die neue religiöse Weltsicht des Zarathustra kennengelernt, nahmen Elemente – etwa das *Jüngste Gericht*, das *Konzept eines Messias*, das *Konzept von Gut und Böse* oder *das Schicksal der Seele* – auf und ließen es in die aus den fünf Büchern Mose bestehende *Thora*, die wichtigste heilige Schrift der Juden, einfließen.

Sie verlegten die Entstehung der *Thora* allerdings fast 1.000 Jahre in die Vergangenheit zurück, brachten die *religiösen Gebote* ihrer neuen jüdischen Religion mit *Moses*, der sie angeblich von Gott persönlich empfangen hatte, und dem von ihm angeführten „*Auszug aus Ägypten*" in Zusammenhang. Das Ziel der Priester: Eine historische Begründung zu schaffen, für den Bund, den Jahwe, der eine und einzige Gott, mit dem jüdischen Volk geschlossen hatte. Und dafür bedurfte es eines *Mythos: Moses, der Prophet.*[307] Für beides – die Existenz Moses und den Auszug aus Ägypten – gibt es bis heute allerdings weder einen historisch-stringenten noch einen archäologischen Nachweis.[308]

> Das war schon eine geniale Idee der Schriftgelehrten! Sie erfanden mit den *Zehn Geboten* nicht nur die Regeln einer neuen Religion, sondern mit Moses auch den Stifter dazu: ein perfekter *Mythos.*

Die neue Religion fand großen Anklang, allerdings beschränkte sie sich auf das kleine Volk der Juden und den schmalen Landstrich Israel. Die Juden hatten nie Interesse, andere Völker zu bekehren, die neue Religion blieb also vorerst regional beschränkt. Erst durch die endgültige Vertreibung der Juden aus Israel durch die Römer und die darauffolgende Diaspora verbreitete sich das Judentum weltweit. Juden flüchteten zunächst zu den bereits bestehenden Gemeinden in Ägypten, Babylonien und Persien. Von dort verschlug es sie weiter in den Fernen Osten, nach Nordafrika, in die Länder entlang des Mittelmeers und von dort nach ganz Europa. Mit der Tradition des Studiums der Thora entstanden überall auf der Welt jüdische Gemeinden. Prägend für sie war immer das Gefühl, im Exil zu leben. Nie versuchten sie, Angehörige anderer Religionen zu missionieren, sie blieben mit ihrem Glauben unter sich.

Christentum

Im Judentum kam während der römischen Besatzung der sogenannte *Messias-Kult* auf, der von verschiedenen Sekten vertreten wurde. Dabei handelte es sich um die Hoffnung auf die Ankunft eines neuen Königs als Retter Israels, der das Land zur alten Größe zurückführen sollte. Dieser König, der der Nachfahre von König David sein sollte, wurde als *„Messias"* bezeichnet, *„der Gesalbte"*.

Eine dieser jüdischen Sekten behauptete hartnäckig, der *Messias* sei bereits erschienen. Ihre *vier Evangelien* berichteten übereinstimmend, dass Gott seinen Sohn *Jesus* auf die Erde geschickt habe. Dieser *Jesus* habe unter ihnen gelehrt, wäre ihr Meister gewesen, von den Römern gefangen, gefoltert und hingerichtet worden, kurz darauf aber wieder von den Toten auferstanden. Er sei also nicht nur König von Israel, sondern König des Himmels. Bei dieser Sekte handelt es sich bekanntlich um die frühen *Christen*, deren Anhänger ursprünglich nur das Judentum reformieren wollten.

So ungeheuerlich ihre Behauptungen auch klangen und so sehr sie den Widerstand der jüdischen Religionsgelehrten und der römischen Machthaber weckten, begründeten sie doch beharrlich eine neue Weltreligion, die es zu ungeahnter Größe und Verbreitung brachte. Das Christentum hatte aber auch einiges zu bieten. Attraktiv waren für viele Menschen im Römischen Weltreich die Sabbatruhe, die Lehre von Lohn und Strafe, der Glaube an die Erlösung der Welt und an die Auferstehung der Toten[309]. Es fehlten unangenehme Rituale wie die Vorhautbeschneidung im Judentum oder die Taufe mit Tierblut, die der Mithraskult forderte. Bei den Christen wurde lediglich mit Wasser getauft, und im Vergleich zu anderen Kulten war es ein unkomplizierter Glaube, der sich relativ rasch und einfach erschloss. Es war gewissermaßen ein *„Betriebssystem mit äußerster Benutzerfreundlichkeit"*.[310]

Einer der ersten Sektenführer der Christen, ein gewisser Paulus von Tarsus, predigte (salopp formuliert)[311]: *Wenn Gott sich schon die Mühe machte, seinen Sohn menschliche Gestalt annehmen zu lassen und sich dieser zur Erlösung der Menschheit ans Kreuz schlagen ließ, dann ginge das nicht nur die Juden, sondern die gesamte Menschheit an.* Seine Worte fanden Gehör, und die Christen begannen mit der Missionierung der Menschheit, vorerst unerschütterlich im Untergrund.

Die ersten schriftlichen Aufzeichnungen über Leben und Werk dieses *Jesus* entstanden rund 40 Jahre nach seinem Tod zwischen 70 und 100 n.Chr. Obwohl keiner der Autoren Zeitgenosse Jesus war und sie daher Wissen aus zweiter Hand aufschrieben, wurden die *Evangelien* als *Neues Testament* zum Kernstück der Bibel der Christen.[312] Sie dienten als moderne Weiterführung und Kommentierung des Alten Testaments, vor allem aber auch als Abgrenzung vom Judentum, dessen Religionsgelehrte (*=die Pharisäer)* im Neuen Testament nicht gut wegkommen.[313]

Gab es diesen Jesus nun wirklich, oder ist er der größte literarische Mythos der Geschichte?[314] Gelehrte, die sich mit ihm beschäftigen, kann man in drei Lager einteilen:

* diejenigen, für die Jesus der Wunder vollbringende Sohn Gottes ist;
* diejenigen, die erklären, dass es einen historischen Menschen namens Jesus gab, der sich in den Evangelien verbirgt und durch historische Recherchen zum Vorschein gebracht werden kann;
* diejenigen, die behaupten, Jesus von Nazareth sei *keine* historische Person gewesen. Sie sprechen vom *„Jesus-Mythos"*.

Die Mehrheit der Historiker und Religionswissenschaftler halten heute Jesu Existenz für gesichert, weil sie die urchristlichen Evangelien als historisch zuverlässig beurteilen und es außerdem einige außerchristliche Erwähnungen Jesu gibt[315].

Die *„Religion des Gekreuzigten"* setzte sich im Römischen Reich gegen unzählige andere Religionen und Kulte und auch gegen das römische Pantheon durch und etablierte im 4. Jh.n.Chr. das *Papsttum*, das den Untergang des römischen Imperiums locker überstand und den römischen Herrschaftsanspruch über die Welt übernahm – *„urbi et orbi"* – bis heute.

In erstaunlichen Windungen der Geschichte wurde die Erzählung des Philosophen Zarathustra, der vielleicht selbst nur ein Mythos war, zunächst zur Grundlage der persischen Religion des Ahura Mazda. Jüdische Religionsgelehrte integrierten wesentliche Ideen in die Thora, die jüdische Bibel, die mit dem christlichen Alten Testament überwiegend übereinstimmt, und schrieben sie Moses zu, auch einer mythischen Figur. Einer kleinen jüdischen Sekte rund um einen Propheten, der behauptete, selbst Gottes Sohn zu sein, gelang es gegen alle Wahrscheinlichkeit, zur Staatsreligion des mächtigen Römischen Weltreiches zu werden und von dort einen Siegeszug über die ganze Welt anzutreten. Ob dieser Jesus Gottes Sohn, ein realer Mensch oder ein Mythos ist, bleibt jedermanns und jederfrau Glauben überlassen.

Islam[316]

Auf einem ähnlichen Mythos basiert auch der Islam. Er wurde durch *Mohammed* begründet, von Beruf Karawanenführer und Kaufmann, der nach der Überlieferung von rund 570 bis 632 n.Chr. auf der Arabischen Halbinsel lebte, eine ältere Frau namens Khadira als erste einer Reihe von Frauen heiratete und viele Kinder hatte.

Auch die arabische Welt huldigte zu seiner Zeit einem Pantheismus. Nach der muslimischen Überlieferung zog sich Mohammed zum Meditieren in eine Höhle zurück, wo ihm der *Erzengel Gabriel* erschien und aufforderte, die Botschaft *Allahs* zu verkünden. Fortan lehrte Mohammed als Prophet, dass es nur einen Allah geben könne und nicht mehrere, wie bis dahin in Mekka üblich. Aus Mekka vertrieben, reiste er nach Medina (die berühmte *Hedschra*), gründete dort eine *Umma*, eine Glaubensgruppe, zunächst im Verwandten- und Bekanntenkreis. Seine Lehre wurde erst durch Mundpropaganda und letztlich auch durch Kämpfe mit anderen Stämmen verbreitet. Sein größter Erfolg war die (nach der Legende kampflose) Eroberung Mekkas, das ihn einst vertrieben hatte und nun die Tore öffnete. Bis zum Tode Mohammeds im Jahre 632 n.Chr. wurde der Islam fast überall auf der arabischen Halbinsel anerkannt.

Mohammeds Verkündigungen wurden nach der islamischen Überlieferung von seinen Zuhörern im Gedächtnis behalten und später in 114 Suren (=Kapitel) auf Knochen oder Palmblättern aufgezeichnet. Dieses Material wurde rund eine Generation nach dem Tod Mohammeds unter dem dritten *Kalifen Osman* gesammelt und zum heutigen *Koran* zusammengestellt. Die Frage, ob Mohammed eine historische oder mythische Figur ist, lässt sich ähnlich wie bei Jesus nicht eindeutig beantworten.[317] Die Einflüsterungen eines Erzengels sind wohl als *Mythos* zu verstehen, die ersten Aufzeichnungen sind ähnlich der christlichen Evangelien Dokumente aus zweiter Hand. Auch beim Islam beeindruckt vor allem die Wirkungsgeschichte des *Mythos*. Nach Mohammeds Tod begann eine militärische und religiöse Erfolgsgeschichte. Die Expansionen der muslimischen Krieger überwanden die beiden Großmächte in diesem Raum, das Byzantinische und das Perserreich. In wenigen Jahrzehnten dehnten sie ihre Herrschaft im ganzen Vorderen Orient bis an die Grenzen Indiens aus, eroberten Ägypten und Nordafrika bis nach Spanien und stießen bis nach Südfrankreich vor. Trotz zahlreicher Rückschläge ist der Islam seither weltweit im Vormarsch, und heute erleben wir wieder eine besonders aggressive Ausdehnung der Religion in Gestalt des politischen *Islamismus*.

Religionen sind geniale, menschliche Ideen

Alle drei großen monotheistischen Weltreligionen haben also einen ähnlichen Ursprung. Sie entstanden im Kopf von Propheten. *Zarathustra* und *Moses* sind mit großer Wahrscheinlichkeit mythische Figuren, die Existenz eines historischen *Jesus* und eines historischen *Mohammed* wird heute mehrheitlich angenommen; beweisen lässt es sich nicht. Von allen vier Religionsstiftern gibt es keine authentischen schriftlichen Zeugnisse, auch nicht von Zeitgenossen. Ihre Ideen, Glaubenssätze und Gebote wurden zuerst von ihnen, dann von ihren Anhängern mündlich überliefert, die Aufzeichnung erfolgte erst viele Jahre später.

> Religionen sind also geniale Ideen im Kopf eines einzelnen Menschen oder einer kleinen religiösen Gruppe, die als *Mythen* weitererzählt und viel später aufgezeichnet werden: als Legenden über den Propheten oder als Gebote und Gesetzestafeln göttlicher Herkunft. Etwas schärfer formuliert: Religionen sind Erfindungen der Menschen, die durch Mythen und Legenden überhöht werden.

Gläubige aller Religionen fanden einen Ausweg, um die Religionen als göttlichen Auftrag zu legitimieren: Moses erhielt seine Gesetzestafeln von Gott persönlich in die Hand gedrückt, Mohammed war das Sprachrohr von Erzengel Gabriels Einflüsterungen, und Jesus hatte seinen Vater und den Heiligen Geist, wer immer das auch sein mag, als Souffleur.

Am Anfang war das Wort, beginnt das Johannesevangelium. *Es sind Worte, die der menschlichen Intuition entspringen und zum Mythos wurden*, sagt die Wissenschaft. *Das Wort war bei Gott*, sagen die Vertreter der monotheistischen Religionen.

Die sogenannten animistischen Kulte, die pantheistischen Religionen und das Judentum waren gegenüber anderen Religionen in der Regel tolerant und offen, und auch Reiche mit pantheistischer Staatsreligion, wie Persien oder das Römische Reich, akzeptierten neben den offiziellen Staatsreligionen andere Kulte. Das Christentum und der Islam entwickelten dagegen bald nach ihrer Etablierung aggressiven, missionarischen Eifer. Das Christentum erwies sich von der Inquisition in Europa über die mittelalterlichen Kreuzzüge in den Nahen Osten, die neuzeitlichen Eroberungszüge europäischer „Entdecker" in Lateinamerika bis zu den Zwangsmissionierungen im Zuge der Kolonialisierung Afrikas und Asiens als höchst gewalttätige Institution. Und auch der etwas später gegründete Islam verbreitete seinen Glauben fanatisch mit Feuer und Schwert und tut das im Gewand des Islamismus bis heute.[318] Diese beiden Religionen sind bis heute mit großem Abstand die am meisten verbreiteten der Welt. Unter den monotheistischen Religionen bilden die Juden eine Ausnahme, die nie jemanden missionieren wollten, selbst aber brutal verfolgt wurden und werden.

Auch wenn das Christentum sich mit Getöse über die ganze Welt ausbreitete und in seiner Aggressivität an die Expansion der *Homo sapiens* erinnert, so überlebten viele Wesenszüge der „alten Religionen" in christlichem Gewand: *Animismus* finden wir noch heute in der Reliquienverehrung, in Wallfahrtsorten mit angeblichen Wunderheilungen und in Weihevorgängen, bei denen Hunde, Pferde, Autos und Computer „geweiht" oder „gesegnet" werden. Und das *„Pantheon der Götter"* wurde geschickt in ein *„Pantheon der Heiligen"* verwandelt: Es gibt im Christentum neben dem *einen* Gott Staatsheilige wie *St. Patrick* oder *St. Georg*, es gibt Regionalheilige von Städten, Ländern, Dörfern, es gibt Berufsheilige wie *St. Florian* oder *St. Matthäus* und ambulante Heilige für oder gegen Fundstücke, Zahnweh, Kopfschmerzen und viele andere Alltagsprobleme. Es kann also auch unter christlichem Mantel jeder seine persönlichen Götter (vulgo Heiligen) anbeten.

Die Weltseele oder die letzte Wahrheit

Zu allen Zeiten gab es Menschen, die überzeugt waren, dass über allem Mythischen, animierter Natur und diversen Göttern ein *einziges, mächtiges* Naturgesetz steht und kein personifizierter Gott.

Im Pantheismus stand über den Göttern das *Schicksal* als unbeeinflussbare Macht und letzte Instanz. Meist waren es drei unbestechliche Frauen, die das Schicksal verwalteten und vollzogen. Die griechischen Götter mussten sich den *Moiren* (*Klotho, Lachesis* und *Atropos*) unterwerfen, die römischen den *Parzen* (*Nona, Decima* und *Parca*), die germanischen Götter den *Nornen* (*Urd, Verdandi* und *Skuld).*

Philosophen in allen Kulturen und zu allen Zeiten glaubten, dass es so etwas wie eine *Weltseele* gäbe. Der Begriff wurde von Platon geprägt. Sie beruht auf der Vorstellung, dass sich die Gesamtheit des Universums in jedem einzelnen Lebewesen spiegelt. Das Universum als Makrokosmos soll analog zum Menschen, dem

Mikrokosmos, strukturiert sein. So wie man sich ein einzelnes Lebewesen von einer Einzelseele belebt vorstellt, so wird auch der Kosmos als lebendiger Organismus aufgefasst. Diese *Weltseele* steht über allen Dingen, Wesen und Göttern als oberstes Prinzip, ist unpersönlich und abstrakt und interessiert sich nicht für die Sorgen und Nöte der Menschen. Es wäre sinnlos, die *Weltseele* zu bitten oder ihr zu opfern, weil sie sich nicht in die Welt einmischt. Sie ist einfach da, hat vielleicht das Universum geschaffen oder ist sogar mit dem Universum ident und atmet mit ihm mit.

Im Umbruch vom Mittelalter zur Aufklärung war die *Weltseele* eine Art Kompromiss zwischen christlichem Glauben und aufgeklärtem Atheismus. Der Mönch *Giordano Bruno* vertrat die Meinung, dass man in allen Dingen *Seele* und *Leben* antreffe und schreibt der *Weltseele* eine *„universale Vernunft"* zu, welche er mit der Ursache des Weltalls gleichsetzt. Die christliche Inquisition empfand das als Ketzerei und stellte Bruno auf den Scheiterhaufen.

> Bruno war mit seinen Ideen schon nahe an der Vorstellung vieler Naturwissenschaftler, die zwar einen persönlichen Gott ablehnen, für die Schöpfung des Universums aber einen – meist anonymen – göttlichen Ursprung annehmen. Also kein Gott, der unser Fieber lindert, uns den verlorenen Schlüssel finden hilft oder das Hochwasser beendet, wie ihn viele gern hätten, sondern ein göttliches Prinzip, das zwar die grandiose Schöpfung der Natur verantwortet, sich aber nicht in unseren Alltag einmischt.

Im materialistischen Denken hat eine *Weltseele* keinen Platz. Schon Aristoteles verwarf Platons Konzept. Der Philosoph und Theologe *Nikolaus von Kues* (1401–1464) betrachtete die *Weltseele* als „universale Form", die den Dingen innewohne, aber nicht eigenständig außerhalb von ihnen existiere. Der Schriftsteller *William Butler Yeats* und der Psychologe *C.G. Jung* interpretierten die Weltseele als *„kollektives Reservoir von mentalen Inhalten der Menschheit"* oder präziser als *„kollektives Unbewusstes"*. Die *Weltseele* wurde also als kollektive Idee der Menschen interpretiert, *als kollektiver Mythos*.[319]

Fernöstliche Spiritualität[320]

In den *fernöstlichen Religionen* gibt es zwar auch alle möglichen Gottheiten, hinter und über diesen steht aber immer *eine letzte Wahrheit,* die unpersönlich und für den

Menschen unerreichbar ist. Im *Hinduismus* ist es *Brahman*, das unvergängliche Wesen des Universums, im *Buddhismus* heißt es *Dharmakaya*, im chinesischen *Daoismus (=Taoismus)* ist es das universelle Prinzip *Dao (=Tao)*. Die einzige Chance, sich der Weltseele zu nähern, ist die Entsagung der irdischen Welt, wie sie die fernöstlichen Religionen anbieten, wenn Mönche sich zur Meditation in ein einsames Kloster zurückziehen. Weil diese Weltseele so unendlich weit entfernt und ungreifbar ist, (er)fanden die Menschen dafür auch keine Bilder oder Mythen.

Auch in den fernöstlichen Religionen gibt es *weise Menschen*, Propheten und Visionäre, die Religionen in ihrem Kopf erfunden haben. Im Gegensatz zu den monotheistischen Religionen haben die fernöstlichen aber kein Problem damit, dass ihre Religionen oder Philosophien nicht göttlich eingeflüstert, sondern von Menschen gestiftet und durch Mythen verbreitet wurden. Für die Buddhisten ist es *Siddharta Gautama*, für die *Daoisten Lao-Tse* (=*Laozi*), und der *Konfuzianismus* ist nach seinem Erfinder *Konfuzius* benannt – Männer, die hoch, aber nicht göttlich verehrt werden.

In den fernöstlichen Religionen, die eng mit Philosophie verknüpft sind, gibt es parallel zum Volksglauben an eine breite Götterwelt die Vorstellung einer unerreichbaren letzten Wahrheit. Diese korrespondiert mit den aktuellen Erkenntnissen der Quantenphysik und der Kosmologie von einer unerreichbaren Wirklichkeit. Wir werden darauf im letzten Kapitel zurückkommen. (vgl. S.418)

Die Mythen des Geldes

„Liebe dein Geld wie dich selbst."
(Dagobert Duck in „Die neue Statue", LTB 179)

Die Erfindung des Geldes, das uns heute oft als Wurzel vielen Übels, Gier, Neid und Missgunst erscheint, war eine Erfindung, die weltweite Kommunikation und Austausch von Gütern ermöglichte und ein geniales Konzept gegenseitigen Vertrauens schuf. Alles Handeln fußt auf den kleinen, klimpernden Münzen. Auch das Geld entstand im Gehirn kluger Köpfe. Auch das Geld ist ein *Mythos*.[321]

Die Wildbeuter brauchten noch kein Geld, alles was die kleine Gruppe besaß, gehörte allen: Das erjagte Wild wurde auf die Gruppenmitglieder aufgeteilt; die Höhle, im der man Unterschlupf fand, war für alle offen. Wenn eine Gruppe friedlich auf eine andere Gruppe stieß, dann kam es vielleicht zu ersten Tauschgeschäften: *Ich gebe dir einen tollen Feuerstein und du mir eine besonders schöne Muschel.*

Sobald die Menschen sesshaft wurden, begannen sich ihre Aufgaben zu differenzieren. Schuster, Schneider, Zimmermann; Heilerin, Bauer, Jäger. Untereinander wurde getauscht: *Für ein Paar Schuhe gibt es zwei Säcke Kartoffeln; für ein besonders wirksames Heilkraut gibt es eine Pelzmütze, für einen Tonkrug drei frisch erlegte Hasen.* Je größer die Community wurde, desto mehr differenzierten sich die Berufe: Anwälte, Soldaten, Priester, Beamte und viele mehr kamen dazu. Der Tauschhandel wurde schwierig: Was sollte ein Beamter oder ein Palastaufseher schon anbieten, was nicht nach Bestechung roch? Es brauchte irgendein Tauschmittel, das Vergleichbarkeit der Leistungen möglich machte. Es brauchte irgendein symbolisches Ding, das den Wert eine Sache repräsentierte. Ein Ding mit *kultureller Konnotation.*

Geld ist kein reales Objekt, Geld ist eine Kopfgeburt, ein *Mythos*. Menschen einigen sich, dass ein handliches, eigentlich ziemlich wertloses Ding plötzlich einen bestimmten Wert repräsentiert.

Geld gab es lange, bevor die Menschen die ersten Münzen prägten: Muscheln, Salz, Getreide, Perlen oder Stoffe dienten als Tauschwährung. In Afrika, Asien und Ozeanien wurde jahrtausendelang mit *Kaurischnecken* bezahlt. In Gefängnissen sind bis heute Zigaretten die offizielle Währung. Heute reicht es meist, mit einer Kreditkarte zu wedeln oder sein Mobiltelefon an ein elektronisches Kastl zu halten, um damit zu bezahlen. Wenn Käufer und Verkäufer dem *„Ding"* gemeinsam vertrauen, kommt ein Deal zustande.

Geld ist der Mythos vom gegenseitigen Vertrauen.

Die erste Währung

Die erste historisch gesicherte Währung gab es vor 5000 Jahren bei den Sumerern: die *„Sila"*, das Gerstengeld. Eine fixe Zahl von Gerstenkörnern war ein Sila, etwa der Inhalt eines Liters. Es gab geeichte Messgefäße, mit Silas konnte man einkaufen, und auch Löhne wurden in Silas bezahlt. Silas waren eine glaubwürdige Währung, ihre Qualität und Quantität konnte man prüfen und aufessen. Der Nachteil: Es war schwer zu transportieren und nicht unbegrenzt zu lagern. Deshalb erfanden die in vielen Dingen schlauen Sumerer eine Währung, die leicht zu lagern und zu transportieren war: *Silberschekel*, das waren kleine Silber-Plättchen, die exakt 8,33 Gramm wogen, also nur einen geringen Eigenwert hatten. Jemand, zumeist der Herrscher oder einer seiner Verwalter, musste einen fiktiven Wert festlegen, den ein Schekel repräsentierte, und alle Beteiligten mussten diesem Wert vertrauen.

Laut *Kodex Hammurabi* kostete eine getötete Sklavin 20 Schekel; um denselben Betrag wurde Josef laut *Altem Testament* von seinen Brüdern verkauft. Wieviel Schekel wären wir modernen Menschen wohl wert?

Münzen und Scheine

Von den Silberschekel war es nur mehr ein kleiner Schritt zu Münzen.

Die ältesten Münzen, die wir kennen, stammen aus dem Jahr 600 v.Chr., sie waren eine Gold-Silberlegierung, die mit dem Stempel des Königs geprägt wurde: Ein gewisser *Alyttes* aus Lydien garantierte mit seinem Konterfei den Wert der Münze. Das hat sich bis heute erhalten: Auch heute garantiert *King Charles III.* den Wert eines Penny oder Pound. Die Währung war zur Sache der Regierenden geworden, die mit ihrem Kopf für den Wert geradestanden, deren Macht sich umgekehrt auch im Wert seiner Währung ausdrückte.

Die Idee setzte sich durch, wenige Jahrhunderte später zahlten Menschen im gesamten Mittelmeerraum mit Münzen. Kaufen und Verkaufen wurde einfacher. Doch auch das Münzgeld hatte einen Nachteil. Die Händler mussten Geldsäcke mit sich schleppen, wenn sie größere Geschäfte machen wollten. Ab dem 10. Jahrhundert gaben Kaufleute in China ihre Münzen deshalb lieber bei der Regierung ab. Dafür bekamen sie eine Quittung aus Papier, mit der sie Waren bezahlten: *Papiergeld!* Weitere 600 Jahre dauerte es, bis dieses auch in Europa bekannt wurde. Irgendwann lieferte man die Münzen nicht mehr der Regierung ab, sondern gründete Bankhäuser, die eigens für die Verwaltung von Geld zuständig waren: Aus *Papiergeld* wurden *Banknoten.*

In Diktaturen und Monarchien schauen immer die aktuellen Herrscherköpfe von den Geldscheinen. Hat ein Herrscher seinen Kopf am Schafott der Geschichte verloren, muss rasch der nächste Herrscherkopf auf die Münze oder den Schein. In Demokratien wechseln die Machthaber zu oft, um sie auf Münzen zu drucken. Daher garantieren prominente Persönlichkeiten symbolhaft die Währung. In Österreichs Schillingzeit war *Ritter von Ghega*, der Erbauer der Semmeringbahn, 20

Schilling wert, Nobelpreisträgerin *Berta von Suttner* 1000 Schilling. Ein Tausendschillingschein war leichter zu transportieren und zu verwahren als 1000 Schillingmünzen. Der Schein hatte aber nun gar keinen materiellen Wert mehr: Er war bloß ein bedrucktes Blatt Papier. Wir Menschen müssen den Politikern und den Banken vertrauen, dass der Schein tatsächlich seinen Gegenwert repräsentiert.

Im digitalen Zeitalter ziehen wir eine Karte oder ein Mobiltelefon über ein Lesegerät, und der dahinter stehende Link führt zu einer Bank, die bestätigt, dass wir ein Konto auf der Bank haben, und diese für den eingelesenen Betrag garantiert. Bei Kryptowährungen handelt es sich um fiktives, digitales Geld. Es existiert nur virtuell, baut auf speziellen Verschlüsselungstechnologien auf und wird über ein Rechnernetz gleichberechtigter Computer abgewickelt. Wer bei diesen Bezahlmethoden an Luftgeschäfte denkt, vergisst, dass auch ein Geldschein nichts als ein Blatt Papier ist.

Geld ist also ein Mythos, an den man glauben muss, wie an den lieben Gott.

Der Wert des Geldes

Der materielle Wert des Geldes ist aufgedruckt oder eingestanzt. Der ideelle Wert kann aber gar nicht groß genug eingeschätzt werden:

* Mit Geld können nicht nur Waren und Leistungen, sondern auch Ideen und Wissen getauscht werden: Bücher, Projekte, Kunstwerke, Pläne.
* Mit Geld lassen sich soziale Projekte verwirklichen: Spitäler, Schulen, Universitäten, Fußballplätze.
* Geld basiert auf universellem Vertrauen. Mit Geld als Vermittler können Menschen auf der ganzen Welt bei jedem Projekt oder Produkt kooperieren.

Aber auch die dunkle Seite des Geldes ist mächtig:

* Wenn Geld Vertrauen schafft, wurde dieses Vertrauen auch missbraucht, von Gaunern, Spekulanten, Banken, Versicherungen. Furchtbare Einzelschicksale, die Betrügern oder dem Kleingedruckten aufsitzen, sind ebenso dokumentiert wie kollektive Abstürze bei weltweiten Bankencrashs, hinter denen immer skrupellose Spekulanten stehen.

* Geld bedeutet immer auch Macht und Ungerechtigkeit. Meist gilt die Regel: Wer viel Geld hat, dem wächst viel Geld zu. Wer wenig Geld hat, verliert auch das meistens.

* Und schließlich reizte Geld zu allen Zeiten – im wahrsten Sinn des Wortes – zu Kapitalverbrechen: von Betrug über Diebstahl und Raub bis zu systematischer Ausbeutung.

Geld hat Industrien und Wohlstand ermöglicht und ihre Arbeiter brutal ausgebeutet; hat Staaten gegründet und in den Ruin gestürzt; hat großartige Kulturleistungen ermöglicht und Millionen Sklaven hervorgebracht. Der Reichtum des einen geht IMMER auf Kosten der Armut vieler anderer.

Stopp: Die Verantwortung für die Höhenflüge und Verwerfungen trägt natürlich nicht das Geld, sondern wir Menschen, die das Geld erschaffen haben und damit hantieren. Geld ist immer nur ein Symbol, eine *kulturelle Konnotation* eines Zeichens, ein *Mythos*, wie der vom Glückstaler des Dagobert Duck.

Kapitalismus - die Religion des Geldes

Geld hat eine ähnliche Wirkmacht wie die Religionen, für manche *ist* Geld eine Religion. Diese trägt auch einen Namen: *Kapitalismus.*

Wichtigster Glaubensgrundsatz der *Kapitalismus-Religion* ist ein freier Markt ohne irgendwelche staatlichen Einschränkungen und möglichst ohne Kontrollen. *Nur die Gesetze des Marktes sollen den Markt regeln.* Das ist nahe an der biologischen Evolution mit *Mutation* und *Selektion*: Nur diejenigen Unternehmen, die sich an die Bedürfnisse der Zeit anpassen, überleben, die anderen sterben aus. Man könnte noch zynischer werden: Wer Geld geerbt hat, hat das Überlebensgen geerbt; wer keins erbt, stirbt zwar nicht aus, aber....

Wer a Geld hat, kann ins Theata fahr'n, und wer kans hat, macht si' z' Haus an Narrn;
Wer a Geld hat, fahrt auf d' Jagd hinaus, und wer kans hat, der fangt Fliegen z' Haus;

heißt es in einem Altwiener Volkslied. Ursprünglich war der *Kapitalismus* bloß eine Theorie, die das Funktionieren der Wirtschaft beschreiben wollte, doch wurde daraus eine Quasireligion mit strengen Geboten. Das erste Gebot heißt *Wirtschaftswachstum!* Es ist das höchste Gut dieser Religion und soll den Menschen Wohlstand, Glück, Frieden und Freiheit bringen, so wie es halt Religionen versprechen.

Mit einer klitzekleinen Einschränkung.

Das zweite Gebot lautet nämlich: *Der Wohlstand des einen bedeutet (fast) immer Armut und Unglück vieler anderer.* Das ist der hartnäckige Haken am Erfolgsfeldzug des Kapitalismus, der sich quer durch die Geschichte zieht. Die Fronarbeit hunderttausender Bauern garantierte das Wohl ihrer Lehensherren auf protzigen Burgen und Schlössern; die Versklavung Millionen afrikanischer Menschen garantierte das Wohl von Südstaaten-Farmerfamilien; das Elend abertausender englischer Fließbandarbeiterinnen und Bergarbeiter garantierte das Einkommen ihrer Fabrikanten; Hunderttausende Menschen im Kongo krepierten zum Wohl eines belgischen Königs und seiner Entourage – die unerbittliche Regel des Kapitalismus ließe sich beliebig fortsetzen.

Kapitalismus und Politik

Sehr früh fanden sich Kapitalismus und Politik zu (un-)heiligen Allianzen zusammen. Die Mächtigen brauchten zu allen Zeiten zur Ausweitung und Festigung ihrer Macht willige Geldgeber, und umgekehrt brauchten reiche Wirtschaftstreibende die Gunst der Mächtigen.

Jeder Historiker im ersten Semester lernt den Zusammenhang zwischen dem Handelshaus der *Fugger* und den *Habsburger Kaisern.* Fugger'sche Gulden dienten 1519 bei der Kaiserwahl Karls V. zur Bestechung der Kurfürsten. Im Gegenzug wurde den Fuggern die Ausbeute aus dem Tiroler Silberbergbau überlassen, aus dem die Fugger Gulden prägen ließen, die sie wiederum den Habsburgern liehen.

Manchmal fallen beide Rollen zusammen: Die *Medici* waren mehrere Jahrhunderte Tuchhändler *und* Großherzöge, sie schoben sich das Geld im wahrsten Sinn des Wortes selbst von der linken in die rechte Tasche. Hier kommt auch wieder der Mythos ins Spiel: Die Stadt Florenz mit all ihren wunderbaren (und sündteuren) Prachtbauten ist eine mächtige, mythische Verklärung von Unvereinbarkeiten.

Ein besonders übles Beispiel für die unheilige Allianz Politik & Wirtschaft ist der *Opiumkrieg* [322], zwischen England und China (1840 – 1842). Mit ihm begann die Periode der Unterwerfung Chinas unter die wirtschaftlichen Interessen westlicher Großmächte. Europa bezog damals viele Waren aus China, woraus sich ein bedeutender Handelsüberschuss zugunsten Chinas ergab, den die britische *East India Company* bezahlen musste. Um dem zu begegnen, ließen die Engländer im von ihnen beherrschten Indien große Mengen Opium produzieren, die sie mit Unterstützung bestochener Hafenbehörden auf den chinesischen Markt warfen. Als China versuchte, die Einfuhr des Opium zu verhindern, griffen weit überlegene britische Flotteneinheiten das Land an. 1842 mussten die Chinesen den ungerechten Friedensvertrag von *Nanking* unterzeichnen, der China bis zum 20. Jahrhundert zu einer Beinahe-Kolonie degradierte und das Land mit europäischen Waren überschwemmte.

Die Geschichte wiederholte sich beim chinesischen *„Boxeraufstand"* (1899-1901), der von acht europäischen Nationen und den USA gemeinsam niedergeschlagen wurde und China erneut demütigte. Der üble Mythos zur üblen Geschichte: Noch im Jahr 1955 (!) wurden im Spielfilm *„55 Tage von Peking"* die Protagonisten des Westens als Helden glorifiziert und von Hollywoodikonen *(Charlton Heston! David Niven! Ava Gardner!)* verkörpert, die Chinesen dagegen rassistisch verunglimpft.

Vielleicht gelingt den Chinesen unter dem *Mythos des Drachen* in der Gegenwart die Rache für die europäischen Demütigungen im 19. Jahrhundert, in dem sie den europäischen Markt mit Autos, Digitalprodukten und Online-Ramsch überschwemmen.

Ein anderes berüchtigtes Beispiel im 20. Jahrhundert lieferte die *United Fruit Company*, ein US-amerikanisches Unternehmen, das mit tropischen Früchten handelte, die sie auf lateinamerikanischen Plantagen anbauten. Der Mythos der *„Miss Chiquita"*, ursprünglich eine animierte Banane mit einem Damenhut, später eine hübsche Frau mit einem Obstkorb auf dem Kopf, steht in brutalem Kontrast zur Realität: Großer Landbesitz, Bestechung und Erpressung verschafften United Fruit enormen Einfluss auf die Regierungen kleiner Länder wie Costa Rica, Honduras und Guatemala. US-Politiker und CIA unterstützten die *Fruit Company*, indem sie in diesen Staaten unterwürfige Diktaturen installierten, die verächtlich *„Bananenrepubliken"* genannt wurden.[323]

Die Kluft zwischen Arm und Reich war noch nie so groß wie heute. Laut einem Bericht der Organisation *Oxfam* werden die zehn reichsten Milliardäre der Erde zusammen jeden Tag um 1,3 Milliarden Dollar reicher. Gleichzeitig leidet jeder zehnte Mensch auf der Erde an Hunger.[324]

Kurzer Einschub: So sehr ich hier auch gegen den Kapitalismus polemisiere, es hat sich bis heute kein taugliches Gegenmodell durchgesetzt. Der *Kommunismus*, in dem der Staat die Wirtschaft betreibt und in dem es kein Privateigentum, daher aber auch keine Privatinitiative gibt, ist weltweit krachend gescheitert. Das an sich vernünftige Modell einer *sozialen Marktwirtschaft* droht immer wieder die Wirtschaft in Regulativen und Bürokratie zu ersticken.

Der *echte* Kapitalismus lässt sich davon aber ohnedies nicht beeindrucken. Das Großkapital braucht heute in vielen Fällen die Politik nicht mehr. Weltweit agierende Energiekonzerne entscheiden längst autonom über ihre Expansion, Bekleidungsfirmen agieren im Stil des Neokolonialismus in asiatischen Fabriken; weltweite Social-Media-Giganten wie Facebook, Alphabet-Google oder das Musk-Universum scheren sich längst nicht mehr um nationale politische Regeln. Manchmal wird ein krimineller Oberkapitalist sogar Präsident der Vereinigten Staaten und macht Politik nach schäbigen kapitalistischen Regeln. Seit kurzem scheinen China und Indien diese Entwicklung zu durchbrechen, indem sie autoritäre Politik mit Turbokapitalismus verknüpfen. Klingt auch nicht gut.

Die Mythen des Kapitalismus

So wie Religionen Menschen missionieren und dadurch vereinnahmen wollen, so hat auch der Kapitalismus das ständige Bedürfnis zu wachsen. Die Großen fressen die Kleinen auf, globale Monster schlucken lokale Betriebe. Wer heute durch Geschäftsstraßen irgendwo auf der Welt flaniert, findet immer dasselbe *dreckige Dutzend* globaler Player: Fast-Fashionhäuser, Elektronikhersteller und Fast-Food-Ketten dominieren den Markt. Globale Player errichten Einkaufszentren auf der Wiese, die Vielfalt der kleinen Läden in den Städten verschwindet, und die Städte, ihre Einkaufsstraßen und Grätzel veröden. Fachmarktzentren sind die *Schwarzen Löcher* des Marktes: Sie ziehen magnetisch Kunden an und saugen alle anderen Wirtschaftstreibenden in der Gegend gnadenlos in ihr Loch.

> *Wir mögen ihn noch so sehr hassen, aber ohne ihn können wir nicht mehr leben,* schreibt Harari resignierend über den Kapitalismus.[325]

So wie die großen Weltreligionen Kopfgeburten von Menschen sind, ist es auch der Kapitalismus. Die großen Konzerne erzählen alle ihre Mythen: die Nike-Legende vom fliegenden Basketballer *„Air" Michael Jordan* mit seinen geflügelten Schuhen; die Legende von X und Tesla mit dem mythischen Halbgott als Chef, der zu den Sternen fliegt. Es sind *Mythen der Unsterblichkeit*, die erzählt werden: *Coca*

Cola engagierte niemand Geringeren als den *Weihnachtsmann*, der bis heute die Welt mit seinem *HoHoHo* übertönt. *Käpt'n Iglo* als ewiger Kapitän bereist die Weltmeere und fischt sie leer. Nur manchmal überlebt sich ein Mythos: Der unbesiegbare Cowboy *Marlboro-Man* war viele Jahre lang ein Helden-Mythos, bis mehrere Darsteller der Rolle kurz hintereinander an Lungenkrebs starben. Worauf man sogar dem immer rauchenden Comic-Cowboy-Helden *Lucky Luke* statt der lässigen Zigarette einen Strohhalm in den Mundwinkel stecken musste.

Opium des Volkes: Der Konsumismus

> Die Kapitalisten versprechen den Menschen in ihren Mythen das Paradies auf Erden, während die Religionen das Paradies danach verkaufen.

Karl Marx wird das Zitat „*Religion ist das Opium des Volkes*" zugeschrieben.[326] Sieht man den Kapitalismus als Religion, so hat dieser auch sein Opium für die Menschen entwickelt, den *Konsumismus*. Wir haben das *Wirtschaftswachstum* als erstes Gebot des Kapitalismus kennengelernt. Das Modell ähnelt dem *Mythos vom Moloch*, dem altorientalischen Kriegsgott, der immer mehr und mehr Menschenopfer forderte. Die Wirtschaft muss immer mehr produzieren, weil sie andernfalls – so sagt der *Mythos* – in sich zusammenfallen würde. Deshalb müssen immer mehr Waren hergestellt und auch verkauft werden. Die Hersteller konstruieren Produkte mit bewusst kurzer Lebensdauer. Man spricht zynisch von *geplanter Obsolenz*, wenn ein Produkt lang vor der möglichen Lebensdauer an einer *Sollbruchstelle* kaputt geht, oder wenn die nächste Produktgeneration nach ein paar Monaten funktionstüchtige Modelle vom Markt drängt.[327] Modezyklen betragen nur mehr ein paar Wochen, Mobiltelefone sollten jährlich getauscht werden. *Einkaufen* deckt längst nicht mehr nur die Grundbedürfnisse, sondern ist als „*Shopping*" zum Selbstzweck geworden.

> Heute produziert die Industrie unvorstellbare Mengen an Fast Fashion, an elektronischen Gadgets, an Plastik-Klumpert (hochdeutsch: wertloser Kleinkram), nicht weil sie ge-braucht werden, sondern weil sie *ver*-braucht werden müssen. Das neue Mantra heißt *Konsumieren um jeden Preis*. Haben wir als Kinder gelernt, Erspartes in die Sparbüchse zu werfen, verleitet die Wirtschaft uns zum *Konsumismus*, zum bedenkenlosen Verbrauchen: *Gönn dir was! Nimm zwei! Schau auf dich! Nimm dir, was du brauchst!*

Dass der Wahnsinn des Verschleuderns in den Wohlstandsländern für Elend auf der anderen Seite der Welt sorgt, entspricht dem dritten Gebot des Kapitalismus: Das „Loch“ in den Erzeugerländern (Ausbeutung von Rohstoffen, brutale Arbeitsbedingungen, katastrophale Umweltschäden), gleicht den „Konsumberg“ in den Verbraucherländern aus und sorgt für die ausgeglichene Energiebilanz im Universum.

Ein perverses Bild zeigt sich bei der Ernährung. Obwohl es nach wie vor in vielen Weltgegenden Mangelwirtschaft, Hunger und große Kindersterblichkeit gibt, sterben heute auf der Welt mehr Menschen an den Folgen von Überernährung als an Hunger. Der *Moloch* holt sich seine Opfer! Überall!

Die Mythen der Macht

Wildbeutergruppen brauchten noch kein politisches System. Die Zahl der Menschen in der Gruppe war überschaubar, jeder kannte jeden, und die Gruppen organisierten sich spontan. Der Zusammenhalt in einer kleinen Gruppe, die 100 Personen wohl kaum überstieg, war über Jahrmillionen entwickelt worden und ergab sich aus den täglichen Bedürfnissen und der biologischen Nähe der Familien. Dieser sich selbst organisierende Zusammenhalt funktionierte wohl auch in den ersten dörflichen Siedlungen. Innerhalb weniger Tausend Jahre entstanden Hochkulturen und damit große Städte und Weltreiche. Ab 3000 v.Chr. gab es im „fruchtbaren Halbmond“ Städte mit mehreren Zehntausend Einwohnern und das Niltal wurde zum Weltreich Ägypten mit Hunderttausenden Untertanen.

Die *biologische Evolution* hatte die Menschen nicht für das Zusammenleben in großen Gruppen ausgestattet, die *Homo sapiens* standen vor der großen Herausforderung, das Zusammenleben von Tausenden Menschen auf engstem Raum organisieren zu müssen. Die Lösung lieferten *Mythen*, die den Herrschern ihre Legitimation zum Herrschen und Menschen Regeln für den Zusammenhalt gaben.

Der Mythos vom Gottesgnadentum

Der schon erwähnte ägyptische Pharao *Echnaton* (der eigentlich *Amenophis* hieß) legitimierte seine Macht, indem er sie sich von Gott absegnen ließ. Er schuf den *Mythos* des Sonnengottes *Aton*, den er eng mit seiner Person verquickte: *„Gott Aton* *beauftragt den Pharao Echnaton, das Land zu regieren."* [328] Der Versuch dauerte zwar nur wenige Jahre, der *Mythos* des von Gott auserwählten Herrschers prägte aber fortan die Geschichte der Menschheit. Immer wieder beriefen sich die Herrscher auf ihr *Gottesgnadentum*, manche sahen sich im Größenwahn selbst als Götter – wie die späteren Kaiser im Römischen Reich oder Donald Trump.

Eine recht großspurige Konstruktion war das *„Heilige Römische Reich"*, das sich vom römischen Weltreich ableitete und zugleich vom Papst als *„Dei Gratia"* (also *„von Gottes Gnaden"*) absegnen ließ. Dehnte es sich anfangs noch über ein größeres europäisches Gebiet aus, wurde es bald zum *„Heiligen Römischen Reich deutscher Nation"* geschrumpft, bis der Habsburger Kaiser Franz II. 1806 den Spuk beendete und als Franz I. zum *Kaiser von Österreich* mutierte, ohne freilich auf den skurrilen Hinweis *„Dei Gratia Romanorum Imperator Augustus"* zu verzichten.

Der *Kaiser von China* galt als „Sohn des Himmels" und hatte das Mandat, über alle anderen Menschen auf der Welt zu herrschen, allerdings nur solange er dem Volk gut diente.[329] Der japanische Kaiser, der *Tenno*, wird heute noch als Symbol des Staates und als oberster Priester von den Untertanen abgehoben und in einem starren Zeremoniell isoliert und gottähnlich verehrt. Und der englische König, politisch völlig machtlos, ist immerhin zumindest formell das Oberhaupt der anglikanischen Kirche.

Der Rassenmythos

> Während Religionen ein überirdisches Wesen anbeten, rücken pseudoreligiöse Ideologien den Menschen in den Mittelpunkt der Verehrung. Das führt uns zum *Mythos vom Übermenschen.*

Menschengruppen, die als minderwertig abgestempelt wurden, gab es in der Geschichte immer wieder: das Misstrauen der Römer gegen vermeintlich minderwertige *„Barbaren"*; die Verfolgung der Muslime und Juden in der spanisch-katholischen *Reconquista*, die man *„Marranos"* (Schweine) nannte; die Judenfeindlichkeit quer durch die christliche Geschichte; die Diskriminierung und Versklavung der in die USA verschleppten Afrikaner: die Liste ist sehr lang.

Die pseudowissenschaftliche Vorstellung unterschiedlicher Menschen*rassen* tauchte hingegen erst sehr spät auf. Rassentheorien waren vor allem im 19. und im frühen 20. Jahrhundert einflussreich, und sind, obwohl völlig überholt und wissenschaftlich unhaltbar, leider nicht auszurotten. Zu billig und einfach ist die Lösung vom *Sündenbock* in Gestalt eines Fremden.

Im 20. Jahrhundert stellten die Nationalsozialisten den *germanischen Übermenschen,* den man schon äußerlich erkennen könne (groß, blond, blauäugig) in den Mittelpunkt ihres Mythos. Der *arischen Rasse,* aus dem die Germanen abstammen, wurden die besten Merkmale zugeschrieben: Vernunft, Schönheit, Moral und Fleiß. Der *Ariermythos* behauptete, *Arier* müssten geschützt werden, indem verhindert werde, dass *minderwertige Rassen – Neger, Juden, Zigeuner, Slawen* [330] – sich mit den *Übermenschen* vermischen und diese dadurch genetisch abwerten. Weshalb die *Untermenschen* verjagt oder, noch konsequenter, vernichtet werden müssen. Neben den rassebedingten *Untermenschen* zählten die Nazis gleich auch so unterschiedliche Gruppen wie Homosexuelle, Menschen mit Behinderung und Kommunisten zu den *Untermenschen.*

Die *Wurzel* des *Ariermythos* dürfte in der Eroberung Indiens gegen 1500 v.Chr. durch die Arier zu suchen sein[331], als sich die eher hellhäutigen Eroberer von den unterworfenen Dunkelhäutigen in einer Rassen-Kasten-Gesellschaft abgrenzten. Der nationalsozialistische Rassenmythos wurde konsequent zelebriert: Die Hochämter und pseudoreligiösen Rituale des *Übermenschenmythos* fanden sich in pompösen Reichsparteitagen und im *„Reichssport zur Ertüchtigung des deutschen Volkskörpers".* Als Evangelien dienten *Adolf Hitlers* vulgärdarwinistisches Machwerk *„Mein Kampf"* und *Hans Günthers „Rassenkunde Europas"*, die dem Autor den zweifelhaften Beinamen *„Rassen-Günther"* eintrug.

Die nationalsozialistische Rassenideologie stand leider nicht allein da. Bis zum Zweiten Weltkrieg wurde an westlich-orientierten Universitäten die Überlegenheit der weißen Rasse gegenüber Afrikanern, Indern oder Chinesen behauptet. Die Folgen hatten es in sich. Die Rassengesetze in den USA bis in die 1950er Jahre, die Apartheidpolitik Südafrikas bis 1994, die Diskriminierung der Aborigines in Australien und das Kastenwesen in Indien sind bis heute spürbar.[332]

> *„Es sträubt sich mir die Feder"* hätte man früher gesagt, diesen perversen, grausamen Rassen-Mythos aufzuschreiben, er war aber leider wirkmächtig und ist es heute noch, wie das Hochkochen des neuen, alten Antisemitismus gegen Juden, aber auch gegen Muslime (die ja sprachwissenschaftlich meist auch „Semiten" sind) zeigt. *„Der Schoß ist fruchtbar noch, aus dem das kroch."*, endet Bert Brechts Theaterstück *„Der*

aufhaltsame Aufstieg des Arturo Ui", indem er Hitler karikierte, geschrieben 1941, uraufgeführt 1958.

Mythos als Kodex oder Deklaration

Der 2,25 m hohe, dunkle, eng beschriebene Stein aus Diorit, auf dem der *Codex Hammurabi* komplett erhalten ist, gehört wohl zu den faszinierendsten Dokumenten der Menschheit. Wir finden ihn abseits der Besuchermassen in den Kellergewölben des Pariser *Louvre.*

1776 v.Chr. war Babylon die größte Stadt der Welt, und das babylonische Weltreich hatte wohl mehr als eine Million Einwohner. König *Hammurabi* schuf eine staatliche Ordnung durch den *Kodex*, einem Verzeichnis aller Gesetze, die er erlassen hatte. Wohl erwähnte er in einer Art Präambel die Götter, im Folgenden war aber allen klar, dass er, der Herrscher, die Gesetze erlassen hatte – rund 300 an der Zahl. *„Hammurabi, der vollkommene König, bin ich"*, lässt er in seinem Gesetz keinen Zweifel, wer das Sagen hat, und tatsächlich wurde der Kodex über Generationen kopiert und war die Grundlage des babylonischen Staates und auch vieler anderer, die sich den Kodex als Vorbild nahmen. Zugleich aber – und das macht seine Bedeutung aus – grenzt er auch die Willkür eines Herrschers ein, indem er verbindliche Normen schafft, an die sich alle, auch der Herrscher zu halten haben.

Ein Kodex ist also das Bindeglied einer großen Gemeinschaft, einem Staat oder einer Organisation, und enthält verbindliche Regeln und Prinzipien. Um einem Kodex Gültigkeit zu verschaffen, wird er oft mit einem passenden Mythos unterlegt, der je nach herrschendem politischen System eine straffe Autokratie oder Diktatur, aber auch eine Demokratie legitimieren kann.

Die Schweiz wurde im ausgehenden 15. Jahrhundert durch den *Mythos des Wilhelm Tell* und den *Rütlischwur* der drei kleinen Dörfer Uri, Schwyz und Unterwalden begründet. Die Gründungslegende dieser *Eidgenossenschaft* wurde zum Nationalmythos der Schweiz hochstilisiert. Der mythische Schuss der erfundenen Heldenfigur Wilhelm Tell, der mit seiner Armbrust einen Apfel vom Kopf seines Sohnes schoss, schuf die Basis für einen staatlichen Zusammenhalt, der die Schweiz aus zwei Weltkriegen heraushielt und bis heute funktioniert.

Auch die USA begründeten ihre nationale Identität durch einen Text mit mythischem Charakter: Die *Verfassung der Vereinigten Staaten von Amerika* (1787). Obwohl vielfach aus der Zeit gefallen, gilt sie auch heute als unantastbar. Bis heute darf ihr Text nicht geändert, sondern nur durch Zusatzartikel ergänzt oder durch den *Supreme Court* gleich dem delphischen Orakel originell gedeutet werden.

Eines der ursprünglich etwa 100 gedruckten Exemplare wurde 2021 um 43 Millionen Dollar bei Sotheby´s versteigert, was auch ihren materiellen Wert belegt.

Das *Kommunistische Manifest* ist ein programmatischer Text aus dem Jahr 1848, in dem Karl Marx und Friedrich Engels große Teile der später als *Marxismus* bezeichneten Weltanschauung entwickelten. Es beginnt mit dem heute geflügelten Wort: „*Ein Gespenst geht um in Europa – das Gespenst des Kommunismus*" und endet mit dem bekannten Aufruf:

„*Die Proletarier haben nichts zu verlieren als ihre Ketten. Sie haben eine Welt zu gewinnen. Proletarier aller Länder, vereinigt Euch!*"[333]

Der Aufruf wurde mehr als 70 Jahre später zum Gründungsmythos der Sowjetunion und etlicher anderer sozialistischer und kommunistischer Staaten.

Dass die Proletarier ihre Ketten nicht loswurden, sondern diese bloß in kommunistische Hände wechselten, ist eine der vielen bösen Ironien der Mythengeschichte.

Die Gründungslegende für die nationale Identität Österreichs ist die *Neutralitätserklärung* von 1955, die von großen Teilen der Bevölkerung als identitätsstiftendes Dokument einer ewigen Unabhängigkeit und Unantastbarkeit empfunden wird, obwohl das entsprechende Gesetz bloß lapidar erklärt, dass Österreich keinen militärischen Bündnissen beitreten und keine fremden militärischen Stützpunkte auf seinem Gebiet erlauben wird. Auch der Begriff „*immerwährend*" bedeutet nicht, dass das Verfassungsgesetz „unveränderbar" ist, sondern bloß „dauerhaft" bis es von einem anderen Verfassungsgesetz geändert wird.

Entgegen der Realität der EU-Mitgliedschaft und NATO-Partnerschaft wird die Neutralität von vielen Österreichern je nach politischer Gesinnung als Freibrief für eine „Insel der Seligen" oder für eine abgeschottete Festung empfunden, was sie zum *Mythos* macht. Es ist übrigens typisch österreichisch, dass wir unsere Identität begründen, indem wir erklären, was wir *nicht* wollen.

Die alten Mythen und die ewige Wahrheit

Fast 5000 Jahre lang – vom Beginn der Hochkulturen bis zur europäischen Epoche der Aufklärung – haben *Mythen* die zivilisierte Welt geformt. Aus Mythen wurden Traditionen, und aus Traditionen eherne Gesetze. Sie beanspruchten für sich das Monopol der Wahrheit.

Oft waren Religionen Wächter dieser Wahrheit. Um den Mythen Gültigkeit zu verleihen, erklärte man sie von Gott gemacht, der sie einem Auserwählten unter den Menschen persönlich überreicht oder ins Ohr geflüstert hatten. Was die Mythen uns Menschen einst lehrten, schien unverrückbares göttliches Gebot, enthielt alle Weisheit der Welt und war unantastbar. In der *Bibel*, in der *Thora*, im *Koran*, aber auch in den *Veden*, in den Lehren des *Konfuzius, Lao Tses* und *Buddhas* stand alles, was die Welt zusammenhält. Wollten die Menschen Wissen erwerben, mussten sie also nur die alten Mythen und die Heiligen Schriften studieren. Den *Verstand* gebrauchen, hieß: *verstehen, was schon geschrieben stand.* Die Bibliotheken der Welt enthielten alle Wahrheiten über die Entstehung der Welt und die Regeln des Zusammenlebens. Sie waren Orte der Bewahrung des Wissens. Christentum, Islam, Judentum, Buddhismus, Konfuzianismus erklärten, dass alles, was es über die Welt zu wissen gab, bereits bekannt und geschrieben war. Wer nicht daran glaubte oder gegen die Regeln verstieß, war ein Ketzer und wurde umgebracht oder ausgestoßen.

So war es von Anbeginn der Hochkulturen und blieb es, bis ein neues Zeitalter hervordämmerte: das Zeitalter der Aufklärung.

Das Zeitalter der Ratio

Intermezzo: die altgriechische Aufklärung

In einem kleinen Land wehrten sich kluge Menschen schon früh dagegen, *Mythen* für bare Münze zu nehmen. Unter der Sonne Griechenlands begannen Menschen ca. 500 v.Chr. an den alten *Mythen* zu zweifeln. Die *altgriechischen Naturphilosophen* suchten nach Erklärungen der Welt, die sich vom *Mythos* lösten, gebrauchten ihren Verstand und untersuchten die *Natur an sich.*[334]

Thales von Milet sah das *Wasser* als Urelement, *Anaximenes* die *Luft*, *Empedokles* die *vier Elemente* Wasser, Feuer, Luft und Erde. *Leukippos und Demokrit* postulierten kleinste Teilchen: die *Atome. Euklid* entdeckte, dass wir in einem *dreidimensionalen Raum* leben. Und *Aristarch* erkannte, dass die Erde um die Sonne kreise.

In Athen traf die Naturforschung auf eine Philosophie, die statt eines absoluten Herrschers ein Modell entwickelte, in dem einige (bei weitem noch nicht alle) mitstimmten: die Anfänge der Demokratie, die wiederum mit den Ideen des Individuums und des freien Bürgers einhergingen. Der Autoritäts- und Wahrheitsanspruch des *Mythos* geriet ins Wanken. Für *Aristoteles* (384 - 322 v.Chr.) und die *Sophisten* (500 – 400 v.Chr.) steht die *Ratio* im Mittelpunkt, die durch verstandesgemäße Beweise versucht, die Wahrheit zu ergründen. Traditionen wurden kritisch beleuchtet und erschüttert, Skepsis gegenüber allem Religiösen und Mythischen entwickelt.

Eine neue Zeit schien anzubrechen.

Vieles, was die alten Griechen an rationalem Wissen und Denken entwickelt hatten, wurde von Gelehrten in der hellenistischen Welt von Ägypten über Arabien bis Persien begeistert aufgenommen. Sie eiferten dem Vorbild der Griechen nach. Der persische Arzt, Naturforscher und Philosoph *Avicenna* erklärte, *die Materie gehe nicht aus Gott hervor, es gebe also keine Schöpfung in der Zeit, und Gott zeige keinerlei Interesse an den Einzeldingen und Ereignissen.*[335]

Die „Gegenreformation" der monotheistischen Religionen

Es war zu früh. Es konnte nicht sein, was nicht sein durfte. Es regte sich mächtiger Widerstand gegen die griechische Aufklärung.

Im Zuge *der islamischen Eroberung* der persischen und arabischen Welt wurden die Ideen der griechischen Aufklärung allesamt verboten. Der Islam forderte die Rückkehr zum strikten Glauben an Gottes Schöpfung. Islamische Orthodoxe verdrängten die Suche nach den Naturgesetzen – speziell die „griechische" Physik und Philosophie – aus den islamischen Schulen, da sie die Leugnung der Allmacht Gottes implizierten. Die islamische Welt der Wissenschaft stürzte zurück in die Zeit blinden Glaubens und Gehorsams.

Wenigstens wurden die Ideen und Schriften der Griechen von weisen Männern, bewahrt, z.B. der berühmte *Canon medicinae* des persischen Arztes *Ibn Sina* (lateinisch: *Avicenna*, 980–1037), und gelangten im 12. Jahrhundert über Córdoba in den Westen und in ein Europa, das im Mittelalter tief im Dunkel des Mythos schlief. Das in arabischer und persischer Sprache aufgezeichnete Werk gehörte über Jahrhunderte zu den Standard-Lehrbüchern der europäischen Ärzte.

Die jüdische Naturanschauung war stets an die Theologie gebunden und durchdrungen von der Erwartung des bevorstehenden Weltendes. Sie kritisierte die „griechische Weisheit" der Vernunft, die schon im *Talmud* verflucht und der jüdischen Offenbarung gegenübergestellt wurde, ein Konflikt, der im Judentum bis in den heutigen Staat Israel virulent blieb: aufgeklärte, wissenschaftlich engagierte Juden gegen orthodoxe, strenggläubige.

Die Transformation griechischer Weisheit ins *Römische Imperium* fand zwar statt, dort geriet sie aber in Konkurrenz zu unzähligen Weltanschauungen, Schulen, Kulten und Sekten, und vor allem in Widerspruch zum aufstrebenden Christentum. Dieses hatte alles Interesse, die griechische Konkurrenz, die manche christliche Botschaft hinterfragte, verschwinden zu lassen. Mit dem Untergang des Weströmischen Reiches und der Völkerwanderung ging viel altes Wissen durch Kriege, Plünderungen und Barbarei, aber auch durch Gleichgültigkeit verloren. Die Menschen hatten alltäglichere Sorgen als die Frage nach dem Wesen der Natur. Die Kenntnis der griechischen Sprache und damit der griechischen Philosophie und Naturwissenschaften wurde marginalisiert, lediglich in Byzanz, der Hauptstadt des oströmischen Reiches wurde das Wissen der griechischen Antike bewahrt, ehe es durch den osmanischen Sturm hinweggefegt wurde.

Europa sank im frühen Mittelalter auf den Stand vor der Antike zurück. Teils herrschte die Barbarei der Völkerwanderung; aber auch das Christentum, das sich nach und nach durchsetzte, hatte an Aufklärung und dem alten „heidnischen" Wissen kein Interesse. Gottes Allmacht und das Wort der Bibel genügten. Nur ganz heimlich wurden in Klöstern die alten Bücher aufgehoben. Umberto Ecos Roman *„Im Namen der Rose"* handelt vom Disput fortschrittlicher und konservativer Mönche.

Leiden als Grundprinzip[336]

Bis ins 15. Jahrhundert herrschte geistiger Stillstand. Die Religionen hatten kein Interesse an rationalem Denken und vernunftsorientierter Erklärung der Welt – für sie war die Welt gottgegeben. Es schien ein depressiver Nebel durch die Lande zu ziehen. Die Religionen predigten das bedingungslose Akzeptieren von Leiden und von engen menschlichen Grenzen. Nur das Annehmen des eigenen Jammerzustands ließ eine Hoffnung auf ein besseres Jenseits im christlichen oder islamischen Himmel zu. Die Mythen von *Ikarus* und vom *Turmbau zu Babel*, die die menschlichen Grenzen aufzeigten, galten als wegweisend. Noch Friedrich Schiller reimte in seiner Ballade vom „Taucher" die unseligen Verse:

> *Und der Mensch versuche die Götter nicht, und begehre nimmer und nimmer zu schauen,*
> *was sie gnädig bedeckten mit Nacht und Grauen.*[337]

Auch die fernöstlichen Lehren beharrten auf einer pessimistischen Weltsicht: *Buddha*, *Lao-Tse* und *Konfuzius* predigten das Akzeptieren von Leid und von der Unvollkommenheit der Welt und der Menschen. Nur durch Entsagen in der Meditation hat man Hoffnung auf das *Nirwana*. Die fernöstliche Naturerforschung war im Unterschied zur griechisch-abendländischen nicht durch Neugier und rationales Kausalitätsdenken, sondern durch die Suche nach weltabgewandten Seinszusammenhängen geprägt. Fortschritt gab es zwar in technischen Erfindungen, aber nicht in der Naturbetrachtung.

Die wissenschaftliche Revolution

Es gibt keinen einzelnen „Auslöser", warum an der Wende vom 15. zum 16. Jahrhundert in Westeuropa eine wissenschaftliche Revolution in Gang kam, die ins *Zeitalter der Aufklärung* und zu einer kompletten Neuordnung der menschlichen Welt führte, aber es gab eine Reihe von Faktoren, die einander bedingten.[338]

* Eine *Zwischeneiszeit* mit damit verbundenen Hungersnöten und Seuchen führte dazu, dass die Menschen die religiösen Autoritäten hinterfragten. Ein Gott, der fortwährend nur Elend und Tod brachte, und eine Religion, die die Menschen pauschal als Schuldige, die bestraft werden müssten, abkanzelte und sie zum geduldigen Leiden aufforderte, statt sie zu trösten, wurde irgendwann fragwürdig. Wie konnte ein liebender Gott die Menschen durch Katastrophen peinigen und sie gleichzeitig als Sündenböcke hinstellen?

* Die *Wiederentdeckung antiker Texte*, die durch arabische Gelehrte über Spanien nach Europa sickerten oder in Klosterbibliotheken ruhten, wie die erwähnten *„De rerum natura"* von *Lukrez* oder *Ibn Simas „Canon medicinae"* führten nach und nach zu einer Renaissance des alten Wissens.

* Die *Erfindung des Buchdrucks* ermöglichte schlagartig eine Verbreitung des Wissens: Es blieb nicht länger Geheimwissen weniger Lesekundiger.

* Die ersten mechanischen *Rechenmaschinen* wurden im 17. Jh. erfunden und ermöglichten bis ins 20. Jh. komplexe Rechenvorgänge, ehe sie von Computern abgelöst wurden.

* Die *Entdeckung der „Neuen Welt"* durch *Christoph Columbus* und andere Entdecker schaffte neue geografische Erkenntnisse, die das alte ptolemäische Weltbild ad absurdum führten.

* Venedig und Florenz waren um 1300 für ihre Glasherstellung berühmt: Geniale Menschen schliffen Glaslinsen für *Brillen* und öffneten vielen Menschen buchstäblich die Augen fürs Lesen. Technologische Innovationen wie das *Teleskop*, das *Mikroskop* oder *Präzisionsuhren* ermöglichten es, die menschliche Wahrnehmung zu erweitern und die Welt mit anderen Augen zu sehen. Der Holländer *Christiaan Huygens* entwickelte 1665 die *Pendeluhr*, die hohe Genauigkeit (+/- 10 Sekunden pro Tag) bot.

* Letztlich brauchte es auch das *Auftreten genialer Persönlichkeiten*, die so wie seinerzeit die griechischen Naturphilosophen durch überragende Fantasie, aber auch durch sture Beharrlichkeit ein neues Weltbild entwarfen. Wir haben sie schon kennengelernt: *Kopernikus, Bruno, Kepler, Galilei* formulierten das neue Weltbild und bestätigten es experimentell, *Isaac Newton* stellte alle Erscheinungsformen der Welt auf eine empirische und rationale Basis.

Manchmal spornte Rivalität an, oft war es aber auch wissenschaftlicher Austausch und Zusammenarbeit, die Neues ermöglichten. Eine Reihe von Universitäten und Akademien wurden zwischen 1300 und 1500 von *Bologna* bis *Wien* gegründet: Orte der Kooperation und der grenzenlosen Neugier.

Nicht jeder wissenschaftliche Versuch war seriös, lange schwang auch noch alter Aberglaube in der Forschung mit: Alchimistische Versuche sollten Gold herstellen; mit Kristall- und Spiegelkonstruktionen in Verbindung mit magischen Zahlen wollte man Kontakt zu Engeln herstellen, und Astronomie und Astrologie waren noch lange eng verzahnt. Aber der Zug der Zeit war abgefahren. Drei Faktoren stellten an der Wende vom 15. zum 16. Jahrhundert die Welt auf den Kopf:

* Anstelle der Überzeugung vom *„ewigen Wissen"* trat die *„unstillbare Neugier"*. Es setzte sich die Überzeugung durch, dass jedes Wissen und jede Theorie jederzeit durch neue Erkenntnisse overrult werden kann. Das war das Gründungscredo der modernen Wissenschaft.

* Die Bedeutung von *Empirie und Mathematik*. Beobachten durch Experimente und das Umsetzen der Ergebnisse in allgemeingültige Formeln ermöglichte exakte Naturdefinitionen anstelle blumiger Legenden und Fabeln.

* *Erfindungen*: Der Versuch, die neuen Theorien in praktische Ergebnisse umzusetzen, führte in Europa zu einer Welle neuer Erfindungen, die wiederum die Wissenschaften ankurbelten.

Am Ende von Umberto Ecos Roman *„Im Namen der Rose"* reitet *William von Baskerville* mit einer Reihe von verbotenen Büchern unter seinem versengtem Umhang, die er aus der brennenden Bibliothek gerettet hat, in eine ungewisse Zukunft. Poetischer kann man den Aufbruch in die neue Zeit nicht erzählen.

Erforschen und erobern: Europas Monopol

Auch im Fernen Osten und in den islamischen Ländern gab es zu allen Zeiten kluge Menschen und faszinierende Denker. Bis ins 15. Jahrhundert funktionierte der Wissenstransfer von Ost nach West: *chinesische Erfindungen* wie Papier, Druckkunst, Kompass und Schießpulver und *arabisches Wissen*, vor allem in der Medizin und Biologie, flossen nach Europa und zeugen von den technischen und wissenschaftlichen Errungenschaften, die der Orient und der Ferne Osten zur Menschheitskultur beigetragen hat.[339]

Doch tiefgehendes Interesse an Naturphänomenen gab es weder im Fernen noch im Nahen Osten. Das Interesse an naturwissenschaftlichen Grundsatzfragen erwachte ausschließlich in Europa. Alle bahnbrechenden Erkenntnisse der modernen Naturwissenschaften bis ins 19. Jahrhundert kamen aus Europa: von *Isaac Newton* bis *Charles Darwin*, vom *Elektromagnetismus* bis zur *Quantenphysik*. Warum der Zündfunke in Europa zündete, lässt sich nicht in wenigen Worten erklären, begründete aber die Vorherrschaft Europas bis ins frühe 20. Jahrhundert.

Hand in Hand mit dem wissenschaftlichen und technologischen Vorsprung ging aber auch ein unseliger Expansionstrieb. Als wäre das Eroberer-Gen der *Homo sapiens* auf die Europäer übergesprungen, versuchten europäische Mächte, sich den Erdball zu unterwerfen, von Nordamerika über Afrika bis Asien und Ozeanien. Das unselige Zeitalter der „Entdeckungen“[340] und des Kolonialismus führte zur gnadenlosen Ausbeutung der Schätze, Versklavung und Unterdrückung der lokalen Bevölkerung und langfristig zur Zerschlagung regionaler Strukturen und Kulturen mit Folgen bis in die Gegenwart.

Die Fortschritte der europäischen Wissenschaft und Forschung schufen neue technologische Welten, der europäische Erobererdrang schuf dagegen weltweit Barbarei im christlichen Gewand. *„Erforschen und erobern“* war eine unheilige Allianz.

Die *Osmanen* im großtürkischen Reich, die *Mogulen* in Indien und das *chinesische Kaiserreich* hatten, sobald sie die Grenzen ihrer Reiche definiert hatten, keinerlei Interesse, an der Aufteilung und Eroberung der Welt mitzuwirken und waren sich selbst genug – und wurden allesamt letztlich Opfer der europäischen Aggression. Drei Jahrhunderte lang waren die Europäer die unumstrittenen Herrscher Südamerikas, Ozeaniens, des Atlantik und des Pazifik und nahmen den großen fernöstlichen Reichen schamlos Inseln und Länder weg (wie in China), zerschlugen große Reiche (wie das Osmanische) oder unterwarfen sie als Kolonie (wie Indien).

Lediglich die europäischen Einwanderer in den USA wehrten sich in den Unabhängigkeitskriegen schon früh und erfolgreich gegen die französischen, spanischen und britischen Kolonialherren – und wurden prompt selbst in Lateinamerika zu Imperialisten. Erst im 20. Jahrhundert, als Folge der Weltkriege, erwachten die nichteuropäischen Nationen und entwickelten zuerst ein Unabhängigkeitsbedürfnis und schließlich globales Denken, heute vor allem China, Indien und Brasilien.

Die technologische (R)Evolution

Die *wissenschaftliche Revolution* der Neuzeit löste eine Reihe von Entwicklungen aus, die traditionell als *industrielle Revolution* bezeichnet wird. Sie nahm ebenfalls in Europa, meist in Großbritannien, ihren Ausgang und bezeichnet einen raschen Wandel von Produktionstechniken und, daraus abgeleitet, von wirtschaftlich-gesellschaftlichen Strukturen.[341]

> Aus heutiger Sicht beginnt im späten 18. Jahrhundert eine Kettenreaktion von Veränderungen, die man in drei ineinander verschränkte Phasen einteilen könnte: *maschinelle, elektronische* und *digitale Phase*. Die technologischen Entwicklungen vom Ende des 18. Jahrhunderts bis heute sind keine Aneinanderreihung punktueller „Revolutionen" sondern ein zwar tiefgreifender, aber dennoch evolutionärer Entwicklungsprozess, daher finde ich den Begriff *„technologische Evolution" korrekter,* auch wenn er nicht so reißerisch klingt wie *„industrielle Revolution"*.

Phase 1: Die maschinelle Phase (vulgo „Industrielle Revolution")

Die Einführung neuer Kraft- und Werkzeugmaschinen und die Entwicklung der Industrie in Großfabriken beginnt in England zum Ende des 18. Jahrhunderts. Die frühen Arbeitsgeräte waren allesamt durch menschliche oder tierische Kraft betrieben worden: Bauer oder Ochs schoben den Pflug, Pferde oder Esel zogen die Karren. Nun wurden mechanische Produktionsanlagen errichtet, Maschinen und Fahrzeuge durch Wasser- und Dampfkraft angetrieben.

Zu den Erfolgen der frühen Industrialisierung gehörten die ersten Eisenbahnen, der Kohleabbau, die Schwerindustrie, die Tuchherstellung und der dampfkraftbetriebene Verkehr zu Wasser und zu Lande. Diese *maschinelle Phase* änderte viel:

* Sie revolutionierte *Produktionsmethoden*: vom Handwerk und Handarbeit zur Maschinenarbeit und zum Fließband, vom Einzelstück zur Massenproduktion. Es entstanden viele neue Arbeitsplätze in Fabriken.

* Sie vervielfachte die *Energiegewinnung*: Von fossilen Brennstoffen über die Wasserkraft, von der Dampfmaschine bis zur Elektrizität standen plötzlich beinahe endlose Energiemengen zur Verfügung: zum Antrieb von Maschinen und Transportmitteln, zum Erzeugen von Licht und Wärme.

* *Rohstoffe* wurden entdeckt oder erfunden, vor allem das leichte Aluminium und Chemikalien aller Art: als künstlicher Dünger, zur Insektenvertilgung, zur Herstellung von Hormonen und Medikamenten. Dank künstlicher Düngung erntete man in Europa um 1900 fast doppelt so viel wie vierzig Jahre zuvor.

* Die *Medizin* lernte, dass Menschen durch winzig kleine Lebewesen krank werden können, Bakterien und Viren. Ärzte erkannten die Bedeutung der *Hygiene:* Seuchen konnten eingedämmt, bisher unheilbare Krankheiten geheilt, Menschen durch Impfungen geschützt werden. Die Menschen lebten länger und die Kindersterblichkeit sank.

* Durch die *Telegrafie* erfuhren die Menschen viel schneller als vorher, was in der Welt passierte.

* Kühlhäuser, Schiffe und Eisenbahnen ermöglichten die Lagerung und den Transport großer Mengen von Waren in kurzer Zeit.

Phase 2: Die elektronische Phase

Auf die *maschinelle Phase* folgte in einem fließenden Übergang eine zweite Phase, die durch die durchgehende *Elektrifizierung* der Welt geprägt wird: die Versorgung aller Transportwege, aller Fertigungsanlagen und der Kommunen durch elektrische Energie. Ab dem frühen 20. Jahrhundert wurde die Arbeit in den Produktionshallen dadurch stetig automatisiert. Die Fabriken produzierten in Rekordzeit am Fließband, Motoren nahmen menschliche Arbeit ab, Telefonate und Telegramme beschleunigten die Kommunikation, Schreib- und Rechenmaschinen die Büroprozesse. Automobile und Luftfahrt revolutionierten den Verkehr und Warentransport. Das Tempo stieg in allen Bereichen des Lebens.

Phase 3: Die digitale Phase

Die *digitale Entwicklung* hatte ihre Wurzeln schon in der Physik der Jahrhundertwende, startete aber erst nach dem Zweiten Weltkrieg durch, wobei Erfahrungen der Militärs (z.B. in Flugzeugtechnik, Atomenergie, Kommunikation) nun auch im zivilen Leben Anwendung fanden. Es beginnt der Einsatz von Computern und elektronischer Datenverarbeitung, schließlich des Internets.

Wir sind im Heute gelandet: computergesteuerte Arbeitsprozesse, eine weltweite digitale Vernetzung, das *Internet of Things*, mobile Computer vom Tablet bis zur Smartwatch, *Cloud Computing* und vieles mehr. Alles ist in Echtzeit vernetzt: Kunden, Firmen, Fabriken, Maschinen und Produkte stehen in direktem Kontakt und können Informationen mit dem Ziel austauschen, Produktion, Nutzung und Entsorgung industrieller Produkte und Leistungen zu optimieren. Und auch Wissenschaftler*innen können sich in Echtzeit auf digitalem Weg austauschen.

> Alle drei Phasen der technologischen Evolution sind geprägt von wissenschaftlichem Denken und aufklärerischer Gesinnung. Sie bewirken gravierende Umwälzungen in der menschlichen Zivilisation mit enormen Fortschritten, aber auch gravierenden Problemen. Die Euphorie des bisherigen Befundes müssen wir nun gründlich relativieren.

Es zeigt sich ein ähnliches Phänomen wie in der *biologischen Evolution.* Fortschritte und Errungenschaften gelten immer pauschal für eine ganze Art, in unserem Fall für *„die Menschheit"* oder für einzelne privilegierte Gruppen. Der einzelne Mensch oder auch größere Gruppen, ja sogar Staaten, blieben oft von den modernen Errungenschaften ausgeschlossen oder erlitten sogar gravierende Nachteile. Arbeitsbedingungen und Lebensqualität in den Industrieanlagen und Bergwerken Europas und in den ausgebeuteten Kolonien auf der ganzen Welt waren lange Zeit erschütternd und menschenverachtend – ungeachtet der positiven Veränderungen. Reichtum in der nordwestlichen Welt verursachte Armut vor allem in der südlichen Hemisphäre.

Das Anthropozän

> Nicht mehr wir Menschen passen uns an die Umwelt an, wie es die *biologische Evolution* seit Jahrmillionen verlangte, sondern erstmals passen wir Menschen die Umwelt an unsere Bedürfnisse an. Wir machen uns die Erde untertan. Die Selbstermächtigung der Menschen hat unsere Umwelt so nachhaltig verändert, dass eine Gruppe von Wissenschaftler*innen von einem neuen Erdzeitalter spricht, dem *Anthropozän*.[342]

Diesen Begriff brachte der niederländische Chemiker und Atmosphären-Forscher *Paul J. Crutzen* im Jahr 2000 auf einem Kongress in Mexiko ins Gespräch. In der geologischen Einteilung der Geschichte in Erdzeitalter leben wir heute in der Epoche *Holozän* (auch *Nacheiszeitalter* genannt), die vor etwa 11.700 Jahren begann. Während im *Holozän* die Natur noch allmächtig ist, hat im *Anthropozän* der Mensch den Einfluss auf die Erde übernommen und gravierende, irreversible Veränderungen in der geologischen und biologischen Gestalt der Erde verursacht.

Dieser Einfluss sei global nachweisbar und teils unumkehrbar, betonte eine internationale Arbeitsgruppe aus 35 Forschern, die *Anthropocene Working Group*, die untersuchte, ob es genügend wissenschaftliche Belege für ein *Anthropozän* gäbe. Am 29. August 2016 plädierten die Wissenschaftler*innen auf dem *Internationalen Geologischen Kongress in Kapstadt* mit 34 Stimmen und einer Enthaltung dafür, den Begriff einzuführen.[343] Die genaue zeitliche Einordnung des *Anthropozäns* ist noch umstritten.

* Manche Forscher*innen schlagen vor, das *Anthropozän* schon mit der Sesshaftwerdung des Menschen (~10.000 Jahre v.Chr.) beginnen zu lassen, weil es damals zu ersten signifikanten Eingriffen in Landschaft und Ökosysteme kam.

* Manche neigen dazu, das *Anthropozän* mit der *Industriellen Revolution* beginnen zu lassen: Der Übergang von agrarischen zu industriellen Gesellschaften markiere einen Wendepunkt durch die Nutzung fossiler Brennstoffe, die Erfindung von Maschinen und das Wachstum urbaner Zentren.

* Favorisiert (auch durch die *Anthropocene Working Group*) wird das Konzept der *Great Acceleration*. Damit ist der exponentielle Anstieg von menschlichen Aktivitäten nach dem Zweiten Weltkrieg gemeint. Indizien sind das

Bevölkerungswachstum, der ansteigende Wasser- oder Energieverbrauch, der in die Höhe schnellende Kohlenstoffdioxid- und Methananteil in der Atmosphäre, die steigende Oberflächentemperatur der Erde, der Regenwaldverlust oder die Degradation von Böden.

Offiziell ist das *Anthropozän* noch nicht in der *geologischen Zeitskala* anerkannt, die Diskussion über die wissenschaftliche Relevanz des Begriffs läuft. Jedenfalls ist es als Beschreibung von *Wirklichkeit* ein interessantes *Modell*.

Fluch oder Segen?

Wenn London wissen wollte, was in der britischen Kolonie Indien los war, brauchte es 1840 zwei Monate; im Jahr 1880 wenige Minuten; heute erfolgt die Kommunikation in Echtzeit in Bild und Ton. Rund 250 Jahre *technologische Evolution* haben viele positive Errungenschaften hervorgebracht, aber auch enorme Probleme aufgeworfen.[344]

Einige positive Aspekte

- *Medizinischer Fortschritt:* Die Entwicklung von Antibiotika, Impfstoffen und moderner Chirurgie hat die Lebenserwartung weltweit drastisch erhöht.
- *Ernährung*: Fortschritte in der Landwirtschaft (z. B. Grüne Revolution) haben die Nahrungsmittelproduktion erheblich gesteigert und Hunger weltweit reduziert (wobei natürlich jedes hungernde Kind um eins zu viel ist).
- *Bewusstsein für Nachhaltigkeit*: Die wachsende Erkenntnis über menschliche Einflüsse hat Bewegungen für Umwelt- und Klimaschutz hervorgebracht.

Heruntergebrochen auf konkrete Zahlen heißt das zum Beispiel:

- Die *Energiemenge*, die wir heute herstellen können, wächst von Jahr zu Jahr, wobei wir zunehmend auf erneuerbare Energie (Wind, Sonne, Wasserkraft, Erdwärme) zugreifen.[345]
- Die *Kindersterblichkeit* sinkt rapide, allein in den letzten dreißig Jahren von 12 Millionen auf unter 5 Millionen Kinder unter fünf Jahren.[346]

* Die *durchschnittliche Lebenserwartung* stieg von 30 Jahren Anfang des 19. Jahrhunderts auf 73 Jahre heute (wobei es enorme regionale Unterschiede gibt).[347]

* Selbst die *extreme Armut* sinkt Jahr für Jahr: von 2 Milliarden Menschen, die 1990 mit weniger als 2 Dollar pro Tag auskommen müssen auf 700 Millionen Menschen heute.[348]

* Der Grad der *Literarisierung* und damit generell des Bildungsniveaus steigt kontinuierlich, wobei die Digitalisierung weltweit einen ähnlichen Bildungsschub bewirkte wie die Erfindung des Buchdrucks in Europa.[349]

Negative Aspekte

Bevor wir in unberechtigte Euphorie verfallen, muss uns klar werden, dass der menschliche Einfluss auch problematische bis desaströse Entwicklungen verursacht. Wir rodeten Wälder, legten Sümpfe trocken, betonierten Flüsse ein, fluteten Täler, sprengten Berge, bohrten Tunnel. Wir veränderten die Umwelt gravierend: durch den Bau von Städten, von Straßen und Bahnlinien, von Ackerflächen, von gewerblichen und industriellen Anlagen, von Häfen und Flughäfen, bis hin zu Satellitensystemen im Weltall. Die Folgen sind dramatisch:

* *Klimawandel:* Der Anstieg von Treibhausgasen führt zu globaler Erwärmung, schmelzenden Eiskappen und extremen Wetterereignissen.

* *Biodiversitätsverlust*: Einerseits „schwimmen" wir Menschen in Ressourcen und vergeuden sie hemmungslos. Andererseits zerstören wir unzählige Lebensräume und Biotope. Intensive Landnutzung, Abholzung und Umweltverschmutzung haben das Artensterben dramatisch beschleunigt. Wie einst die *Homo sapiens* rotten wir unzählige Arten aus – täglich.

* *Plastikverschmutzung*: Mikroplastik belastet Böden und durchdringt Gewässer und Lebewesen weltweit.

* *Ressourcenverbrauch*: Industrieländer verbrauchen überproportional viele Ressourcen, während *Entwicklungsländer*[350] oft die negativen Folgen tragen.

* *Gesundheitsrisiken*: Umweltverschmutzung, etwa durch giftige Chemikalien, Mikroplastik oder Luftverschmutzung, beeinträchtigt die Gesundheit von Millionen Menschen, insbesondere in ärmeren Regionen.
* *Endlichkeit der Ressourcen.* Der massive Verbrauch fossiler Brennstoffe, seltener Erden und anderer Rohstoffe führt zur drastischen Reduktion der natürlichen Reserven der Erde.

Soziale Veränderungen

Mit der *technologischen Evolution* gehen auch dramatische Veränderungen in menschlichen Verhaltensweisen einher. Wir lösen uns zwar aus den Launen der Natur, begeben uns aber in neue Abhängigkeiten.

* Wir verlieren das Gefühl für Jahres- und Tageszeiten, für natürliche Zeitabläufe, die der inneren Uhr des Menschen entsprechen, weil unser Leben zeitlich fremdbestimmt ist: Arbeitszeiten und Stechuhren, Termine im Stunden- und Minutentakt, Fahrpläne und Öffnungszeiten, rundum verfügbare soziale Medien machen uns von fremden Zeitmessern abhängig.
* GPS und andere digitale Hilfssysteme lassen unseren Orientierungssinn und viele haptische Fertigkeiten verkümmern.
* *Smart Systems*, also der Einsatz von automatisierten Verfahren und vernetzten, ferngesteuerten Geräten in Wohnräumen, Büros, Autos und am Handgelenk sollen laut Werbung dazu dienen, Lebensqualität, Sicherheit oder Energiesparsamkeit zu erhöhen, berauben uns *à la longue* aber unserer Selbstbestimmung in Alltagssituationen.

  Es gibt Schulen in Österreich, in denen sich die Fenster nur mehr automatisch und synchron zu programmierten Zeiten öffnen und nicht dann, wenn die Kinder und Lehrpersonen Bedürfnis nach Frischluft haben. Und selbst einfachste Haushaltsgeräte können nur mehr von IT-Experten repariert werden.

* Jahrhundertelang lebten wir in Kern- und Großfamilien, mit Freunden und in lokalen Strukturen. Heute lösen wir uns von diesen und geraten von klein auf zunehmend in den Sog öffentlicher, meist anonymer Einrichtungen: Krabbelstuben und Kindergärten, Schulzentren, Behörden, Einkaufs--,

Ärzte- und Rechenzentren, Pauschalurlaube, Systemgastronomie, Pflegeanstalten und Altersheime rauben uns Privatsphäre, Individualismus und Intimität. Statt im kleinen, kreativen Freundeskreis vergnügen wir uns ferngesteuert von Massenphänomenen wie Tiktok-Challenges, Influencern oder anonymen Fancommunities wie die „Swifties" oder die „Rapperszene".

Noch etwas hat sich verändert: Die *kulturelle Evolution* frisst die *biologische Evolution* auf. Was die biologische Evolution in Jahrhundertmillionen Jahren aufgebaut hat, scheint der Mensch in knapp 200 - 300 Jahren zu vernichten. Zyniker weisen darauf hin, dass eine von uns Menschen devastierte Erde lediglich uns selbst den Lebensraum wegnehmen würde. Mikroben, Bakterien und andere Kleinstlebewesen würden vom Menschen verursachte Umweltkatastrophen locker überleben – wie einst die Säugetiere das Aussterben der Dinosaurier. Echter Trost ist das keiner.

Die große Diskrepanz

Rund dreieinhalb Milliarden Jahre brauchte die *biologische Evolution*, um Menschen hervorzubringen. Bis vor rund 100.000 Jahren wurden Informationen über die Welt ausschließlich durch genetische Vererbung weitergegeben. Seit 10.000 Jahren gibt es neben der biologischen Evolution auch eine *kulturelle Evolution*: Wir Menschen können per Schrift und Bild Informationen auf schnellstem Weg transportieren.

Die Explosion der Information

Seit der Erfindung der Schrift vor rund 10.000 Jahren gibt es beim Homo sapiens nur mehr minimalste Veränderungen in der menschlichen DNA auf biologischem Weg. Das Wissen und die Menge der Information, die in diesem Zeitraum durch kulturelle, schriftliche Überlieferung weitergegeben wurde, ist dagegen explosionsartig angewachsen. Die *biologische Evolution* verläuft im Schneckentempo im Vergleich zur *kulturellen*. Stephen Hawking beschreibt die Dimensionen: [351]

* Die DNA eines Menschen speichert rund *100 Millionen Bits an Information*. Ein Buch enthält durchschnittlich, grob geschätzt und unabhängig von seiner Qualität, *etwa 2 Millionen Bits*.[352] Die DNA eines Menschen entspricht also

rund 50 Büchern, während z.B. die Nationalbibliothek in Wien mit 5 Millionen Büchern rund *10 Billionen (=10.000 Millionen) Bits* an Informationen enthält. Das Internet als Summe aller Bibliotheken der Welt sprengt den Umfang des kollektiven Wissens noch einmal um ein Vielfaches.

Ein anderer Vergleich fällt genauso spektakulär aus:

* Wir Menschen haben einige Millionen Jahre gebraucht, um uns aus affenähnlichen Vorfahren zu entwickeln, in dieser Zeit hat unsere DNA sich auch um einige Millionen Bit Information vermehrt: Sehr grob geschätzt wuchs die biologische Informationsrate des Menschen pro Jahr um ein Bit. *Wir Menschen werden also biologisch jährlich um ein Bit gescheiter.* Jedes gelesene Buch bietet im Idealfall (siehe oben) 2 Millionen Bits an Information. Auch wenn wir uns vieles nicht merken, bleiben große Mengen an Bits übrig, die uns durch jedes gelesene Buch (theoretisch) klüger machen. Allein in deutscher Sprache werden jährlich rund 70.000 Bücher veröffentlicht, das sind an die *140 Milliarden Bits an möglichem Informationsgewinn* pro Jahr für die lesende Menschheit, selbst wenn etliche Bücher Schrott sind, im Vergleich zu *einem Bit biologischem Erkenntniszuwachs.*

Die Diskrepanz zwischen biologischer und kultureller Evolution

Diese Diskrepanz ist fatal. Während sich unsere individuellen Gehirne (und damit auch unsere Verhaltensweisen, unsere Triebsteuerung und unsere Emotionen) *biologisch* seit rund 10.000 Jahren kaum entwickelt haben, ist der *kulturelle Wissensstand* der Menschheit explodiert und potenziert sich von Tag zu Tag.

Im einzelnen Menschen steckt immer noch sehr viel vom Steinzeitmenschen. Die genetische Ausprägung unserer Gehirne entspricht auch heute noch der Phase der Wildbeuter. Unser Instinkthirn übernimmt bei vielen Menschen in kritischen Situationen immer noch das Kommando über unser Tun: offen ausgetragene Aggressionen und Gewalt als Konfliktlösungsmittel; das Akzeptieren, dass Schwächere zurückgelassen und Feinde getötet werden; Feindseligkeit gegenüber allem Fremden; die Unterdrückung der Frau als minderwertigem Wesen, Futterneid und Futtergier.

Die Menschheit mit ihrer kollektiven Intelligenz ist inzwischen in der Lage, hochintelligente Waffensysteme – von Atomwaffen bis zu Drohnen – herzustellen, die verheerende Zerstörungen anrichten können. Wenn unser individuelles Stammhirn kulturell nicht überwunden wird, führt das unweigerlich zum Clash: Bei den *Taliban* in Afghanistan und in den *IS-Hirnen* ist der Steinzeitinstinkt noch heute Basis der Ideologie und Politik. Hochintelligente Waffen liegen in der Hand halbwilder Steinzeitmenschen. Komplexe Bevölkerungsstrukturen werden dominiert von Anführern mit der sozialen Intelligenz einer Nomadenhorde. Wilde analphabetische Horden wie die *Huthis* in Jemen schießen täglich hochintelligente Lenkwaffen auf zivilisierte Handelsschiffe. Und selbst in der politischen Kultur der USA, Russlands, Chinas und manchen Ländern Europas gibt es einen Rückfall in primitives Sozialverhalten mit Hordenführern, die sich als Imponiergehabe mit den Fäusten auf die Brust trommeln.

John Hands beendet sein akribisch recherchiertes Buch *„Cosmosapiens"* 2018 mit dem optimistischen Ausblick, dass die Evolution des Menschen zu einem Rückgang der Aggression, zu zunehmender Kooperation und sozialer Komplexität führen würde.[353] Mit heutigem Stand 2026 ist dieser Optimismus großer Sorge gewichen. Wie die Menschheit mit der beschriebenen Diskrepanz in Zukunft umgehen wird, ist offen. Demokratische und partizipatorische politische Konzepte werden von autoritären Modellen überrollt; liberale, offene Menschenbilder stehen menschliche Steinzeitvorstellungen von Mann und Frau gegenüber; individualistische Weltbilder werden von kollektivistischen Massenbewegungen konterkariert; moderne Wissenschaft trifft auf Leugnung der Evolution und des medizinischen Fortschritts; strikte Trennung von Staat und Religion wird von ultrareligiösen Auslegungen der Scharia und der Evangelikalen bedroht.

Wir haben nach dem Jahrhundert der schrecklichen Weltkriege eine kurze Phase der Stabilität und des Friedens erlebt, und wir hatten – so wie Hands – die Illusion, dass die kollektive Vernunft der Menschen und das über Jahrtausende tradierte Wissen ein neues Zeitalter des friedlichen Zusammenlebens in einer globalisierten Welt einleiten könnte. Stattdessen erleben wir im Augenblick eine Periode des Umbruchs, der Unsicherheit, der Konfrontation. Sowohl auf weltpolitischer Ebene als auch im kleinen Alltag prallen scheinbar unversöhnliche Positionen und Werthaltungen aufeinander und werden oft nicht im fairen Diskurs, sondern in aggressiver Konfrontation ausgetragen.

Als Historiker sollte man bei der Analyse der Vergangenheit bleiben. Aus dieser für die Zukunft zu lernen, dazu ist die Menschheit – wie die Geschichte leidvoll zeigt –

kaum in der Lage oder bereit. Tausend friedensbewegte Politiker*innen können von einem aggressiven Machtmenschen zu jeder Zeit overrult werden. Eine Prognose der Zukunft angesichts der hier skizzierten großen Diskrepanz in der menschlichen Entwicklung scheint mir unseriös. Viele sogenannte *Propheten* (heute nennen sie sich *Zukunftsforscher*) haben den vermeintlichen Weltuntergang ebenso falsch vorhergesagt wie das bevorstehende Paradies auf Erden.

Ich sage daher nichts voraus, sondern hoffe bloß, dass das augenblickliche Szenario der Zwietracht und Gewaltbereitschaft nur eine Momentaufnahme der Weltgeschichte bleibt, und schwanke zwischen Hoffnung auf die nächsten Generationen und Sorge vor den Ewiggestrigen.

Die selbstdesignte und die digitale (R)Evolution

Neben der soeben skizzierten *großen Diskrepanz* und der damit unsicheren politischen Zukunft der Erde stehen zwei weitere gravierende Veränderungen an, die wir heute auch als *Revolution* empfinden. Diese beiden Phasen der menschlichen Entwicklung haben längst begonnen und laufen parallel ab.

Cyborgs, Daleks, Cybermen

Es wird Zeit, wieder einmal eine Folge von *Doctor Who* zu schauen. Zum Beispiel eine, in denen *Daleks* oder *Cybermen* vorkommen. *Daleks* sind menschliche Gehirne, die in einen Tötungsroboter eingebaut wurden, *Cybermen* sind ehemalige Menschen, die gewaltsam und schmerzhaft in *humanoide Cyborgs* verwandelt wurden, wobei ihre Emotionen und Persönlichkeiten entfernt wurden. Beide Arten wollen die Menschheit vernichten, bzw. in ihresgleichen umwandeln. Sind wir knapp davor, die Science Fiction einzuholen?

Zum einen erleben wir derzeit so etwas wie eine *„selbstdesignte Evolution"* des Menschen, die anstelle der natürlichen Auslese tritt. Wir müssen nicht mehr Millionen Jahre warten, bis uns die Evolution irgendeinen biologischen Fortschritt im Körper gönnt. Schon seit rund 100 Jahren ist die Medizin in der Lage, durch organische und nicht-organische Teile das Leben von Menschen zu verlängern oder zu verbessern. Arm- und Beinprothesen, Brillen und künstliche Gebisse waren die Vorreiter, heute sind Organimplantate, Herzschrittmacher und Hörgeräte Standard. Bionische Körperteile, bei denen neuronale Befehle aus dem Gehirn Microchips in künstlichen Armen und Beinen steuern, sind bereits in Entwicklung. Ritterrüstungsähnliche Apparate können Menschen mit Querschnittlähmung heute schon ein paar Schritte gehen lassen, wobei das Gehirn künstliche Neuronen steuert. Damit sind wir daran, *Cyborgs* zu erschaffen, bei denen ein menschliches Gehirn über eine Schnittstelle einen Computer steuert.

Dolly, Mammuts, Schattenwölfe

> Schattenwölfe sind die tierischen Stars in der TV-Reihe „*Game of Thrones*": Weiße Wölfe mit blitzblauen Augen, doppelt so groß wie ein normaler Grauwolf. *Schattenwölfe* sind seit 13.000 Jahren ausgestorben. Im Oktober 2024 wurde von einem US-Unternehmen unter großem Medienecho die Züchtung von Schattenwolfembryos behauptet, die angeblich aus der DNA eines 13.000 Jahren alten Zahns gezeugt und von einer Wolfsmutter ausgetragen wurden.

Seit Mai 2021 haben wir im *Human Genome Project* das menschliche Genom komplett entschlüsselt, insgesamt 19.969 Gene. Das Wissen, welche Informationen in der DNA enthalten sind, ist die Grundlage, um viele biologische Prozesse und die Entstehung genetischer Krankheiten besser zu verstehen. Bestimmte Erbkrankheiten oder Krebs entstehen häufig durch eine falsche Reihenfolge oder zusätzliche oder fehlende Basen in der DNA.

Die Wissenschaft hat auch schon begonnen, Gene bzw. genetisches Material zu manipulieren und künstlich herzustellen. An Tieren werden eine Vielzahl von Experimenten durchgeführt, bei denen genetische Veränderungen erzeugt werden. Oft geht es darum, dass die genetisch veränderten Tiere besseres Fleisch oder bessere Milch für unsere Ernährung liefern. Das *Schaf Dolly* war das erste Tier, das durch ein Klonierungsverfahren gezeugt wurde, bei dem adulte Zellen als Spender der Erbinformation dienten. 1997 kam Dolly aus dem Bauch einer Leih-Schafmutter auf die Welt und wurde nach einer Popsängerin mit üppiger Oberweite genannt. Dolly wurde sechs Jahre alt und kann jetzt ausgestopft im *Royal Museum of Scotland* bewundert werden.

Seit *Jurassic Park* träumen Forscher von der Wiederbelebung ausgestorbener Tierarten: Derzeit plant ein US-Unternehmen, das in ewigem Eis entdeckte Genom eines *Mammuts* einem Elefantenweibchen einzusetzen, um die Mammuts wiederzubeleben. Der nächste Schritt wäre wohl die Wiederauferstehung der *Neandertaler*, indem man deren Genom in eine Menschen-Eizelle einpflanzt.

Dem medizinischen Fortschritt scheinen keine Grenzen gesetzt. Theoretisch und ansatzweise auch praktisch sind wir in der Lage, in die *biologische Evolution* des Menschen einzugreifen und Veränderungen in der DNA der Menschen vorzunehmen. Wir können vermutlich bald genetische Defekte reparieren, Risiken für vererbte Krankheiten früh erkennen und früh darauf reagieren – das ist die gute Seite der Medaille.

Wir können vielleicht in naher oder mittlerer Zukunft aber auch die genetische Struktur eines Lebewesens verändern, in die Intelligenz, in den Körperbau, in die Instinkte und Verhaltensweisen des Menschen eingreifen. Wir könnten in fernerer Zukunft Menschen aus der Retorte, von der Stange oder nach Maß produzieren. Der Traum aller Diktatoren und der Albtraum für die Menschheit – das ist die böse Seite.

Computergenerierte Evolution

Das Märchen von der K.I.

Es war einmal der Mensch mit durchschnittlichem IQ und einer ausgeprägten Faulheit. Eines Tages – vermutlich montags – beschloss er, sich selbst zu übertreffen. „Warum denken, wenn etwas anderes das für mich tun kann?", sprach er, tippte ein paar Zeilen Code und erschuf die Künstliche Intelligenz. Seitdem ist alles besser geworden. Oder schlimmer. Je nach Algorithmus. K.I. kann alles: schreiben, rechnen, malen, analysieren, Smalltalk führen und dem Chef sagen, dass seine PowerPoint-Präsentation toll ist – ganz ohne rot zu werden. Sie ersetzt Lehrer, Anwälte, Künstler und bald auch die Schwiegermutter. Natürlich hat sie auch Gefühle – zumindest simulierte. Empathie gibt's auf Knopfdruck und Ironie erkennt sie fast zuverlässig, sofern sie mit einem Sarkasmus-Update versehen wurde.

„Aber sie wird uns niemals kontrollieren!", ruft der Mensch und fragt gleichzeitig Chat-GPT, wie er seine Beziehung retten kann. Währenddessen bucht sein Kühlschrank selbstständig eine Ernährungsberatung und seine Smartwatch kündigt ihm wegen Bewegungsmangel die Freundschaft.

Die K.I. lernt weiter. Sie liest alle Bücher, schaut alle Serien (auch die schlechten), schreibt Gedichte und komponiert Symphonien über Quantenphysik. Der Mensch hingegen lernt, dass „Captcha" nicht der Name eines Pokémons ist. Und so lebt der Mensch fortan glücklich, solange er den AGBs zustimmt. Denn in einer Welt voll Intelligenz bleibt ihm noch das Recht auf Dummheit – zumindest bis zum nächsten Software-Update.[354]

Diesen Text hat ChatGPT in fünf Sekunden verfasst, das am weitesten verbreitete K.I.-Programm, das auf jedem Handy oder Notebook problemlos zu installieren ist. Mein Auftrag lautete: *„Schreibe im Umfang von ca. 200 Wörtern einen satirischen Text über K.I.".*

Wir können Roboter und Computer nicht nur mit menschlichem Wissen füttern, sondern auch auf menschliche Eigenschaften und Verhaltensweisen programmieren, und wir sind dabei, die Künstliche Intelligenz als Konkurrenz zu unserer menschlichen Intelligenz auszubauen.

K.I. bezeichnet Computerprogramme, die menschliche kognitive Fähigkeiten wie Lernen, Problemlösung und Entscheidungsfindung durch Maschinen imitieren. Dies geschieht durch maschinelles Lernen, bei dem Algorithmen aus großen Datenmengen Muster erkennen und Vorhersagen treffen. KI-Systeme können beispielsweise große Datenmengen analysieren, Bilder und Sprache erkennen, Texte generieren und automatisierte Entscheidungen treffen. Im Alltag finden sich KI-Anwendungen in Sprachassistenten, personalisierten Empfehlungen und autonomen Fahrzeugen. Trotz ihrer Leistungsfähigkeit sind aktuelle KI-Systeme oft auf spezifische Aufgaben beschränkt und verfügen nicht über ein umfassendes Verständnis oder Bewusstsein.[355]

Auch diesen Text hat ChatGPT in meinem Auftrag verfasst. Den Rest des Buches – großes Ehrenwort – hab´ ich selbst geschrieben!

Wissensmäßig ist uns K.I. mit dem Zugriff auf das gesamte Wissen des globalen Internet längst überlegen, an der selbstständigen Verknüpfung und kritischen Bewertung der Informationen durch die K.I. wird gearbeitet. Soeben erhielten zwei Wissenschaftler den Nobelpreis dafür, dass sie der K.I. selbstständiges Lernen beigebracht haben.

Die aktuelle Diskussion über K.I. öffnet nahezu täglich neue Möglichkeiten: Von Anwendungen in der Medizin zur Diagnose von Krankheiten über die Steuerung logistischer Abläufe, Planung im Bereichen von Architektur über Produktdesign, in bürokratischen Abläufen und Routinen, in Übersetzungen, bis zur Gestaltung von Texten und Bildern aller Art in Sachtexten und sogar in literarischen Texten scheint der K.I. kaum eine Grenze gesetzt. Die Plattform „K.I.-Zentrale“[356] stellt mehr als 200 im Web frei verfügbare Apps mit K.I.-Anwendungen vor.

In den Händen seriöser Wissenschaftler*innen birgt die K.I. große Möglichkeiten: Sie kann Berechnungen in unfassbar schneller Zeit durchführen (Stichwort *Big Data*), sie kann komplexe Strukturen durchschauen und entsprechende Konzepte entwickeln und damit die Welt ähnlich dynamisieren wie seinerseits die Erfindungen des Fließbandes oder der I.T.

In falschen Händen kann K.I. schon heute für jede Art von Desinformation und Manipulation missbraucht werden. Hinter diesem lapidaren Satz versteckt sich unvorstellbare Sprengkraft in nahezu allen Bereichen des Lebens. Wir lesen und hören täglich darüber in den Medien.

Beide hier nur sehr knapp skizzierte Entwicklungen – *menschliches Selbstdesign* und *Künstliche Intelligenz* – bergen große Chancen für uns Menschen, aber ebenso große Gefahren. Die *Chancen*, das menschliche Leben durch genetische Reparaturen am menschlichen Objekt wie auch durch K.I. als Assistenten humaner, sicherer, einfacher und gesünder zu gestalten, sind bestechend. Die *Gefahren*, die menschlichen Gene zu manipulieren und die Vision vom Supermenschen zu realisieren, sind ebenso Horrorstoff wie die vom gewissensbefreiten Humanoid-Computer. Im visionären Film *Odyssee 2000* von *Stanley Kubrick* wurde der selbstständig denkende, außer Kontrolle geratene Bordcomputer *HAL 9000* bereits 1968 düstere Filmwirklichkeit.

Die Diskussion über „*Was dürfen wir Menschen?*“ ist längst aus dem Ruder gelaufen. Alles, was technisch machbar ist, wird früher oder später auch realisiert.

„*Wem diese Fragen keine Angst machen, der hat sich noch nicht genug damit beschäftigt*“, sagt Juval Harari.[357]

Noch Fragen?

Wir sind im UFO mehrmals durchs Universum und kreuz und quer über die Erde geflogen und haben uns gemeinsam durch das Buch gekämpft, durch klassische und Quantenphysik, durch Mikrokosmos und Makrokosmos, durch biologische und kulturelle Evolution.

Kepler rollte uns vom Turm von Pisa, *Einstein* zwängte uns in vier Dimensionen, *Hawking* ließ uns im Schwarzen Loch verschwinden und an der Oberfläche als Hologramm wieder auftauchen, *Darwin* behauptete, wir stammten von Würmern ab und *Harari* erklärte uns *Homo sapiens* zu Massenmördern. Jetzt stehen wir atomisiert und quantentechnisch verschränkt, biologisch vererbt und kognitiv gepusht, mit Worten geteert und gefedert vor einem verschlossenen Tor und sind – richtig, *Goethe* fehlt noch! – *so klug als wie zuvor*?

Was können wir aus der verrückten Quantenwelt mitnehmen? Was haben wir Menschen mit dem Universum zu tun? Was ist denn nun wirklich „*wirklich*"? Was ist die Moral von der Geschicht'? Gilt vielleicht gar Bert Brechts pessimistischer Schlusssatz am Ende eines langen Theaterabends: *„Der Vorhang zu – und alle Fragen offen!"* [358]?

Stellen wir sie also nochmals, die Fragen vom Anfang des Buches, und schauen wir, was wir auf unserer gemeinsamen Reise gelernt haben.

* Was ist der Mensch?

* Wohin fliegt das Universum?

* Was heißt „Leben"?

* Passt die Welt in ein Sandkorn?

Was ist der Mensch?

Der Mensch heißt Mensch
Weil er irrt und weil er kämpft
Weil er hofft und weil er liebt
Weil er mitfühlt und vergibt
Und weil er lacht und weil er lebt
(Herbert Grönemeyer, 2002) [359]

Wir sind bei unserem Flug durch die Erdgeschichte beim *modernen Menschen* gelandet, der als einziges uns bekanntes Lebewesen sich selbst reflektieren und seine Umwelt gestalten, aber auch vernichten kann, und der seine Fühler bis ins Weltall ausstreckt. Wir haben die Frage „*Wann ist der Mensch ein Mensch?*" am Anfang dieser Reise gestellt und ein paar äußerliche Merkmale – *großes Gehirn, aufrechter Gang, Sprache, Sozialverhalten, Gebrauch von Werkzeug und Feuer* – ausgemacht. Stellen wir die Frage mit dem Wissen über die kognitive Revolution des Menschen noch einmal. Wer sind wir? Die Krone der Schöpfung? Oder bloß chemisch-physikalische Zufallsprodukte mit großen Gehirnen und großer Klappe?

Das Mind-Body-Problem

Sind wir bloß die dreidimensionale Simulation eines superintelligenten Computers oder Manifestationen eines kosmischen Bewusstseins? [360]

fragt John Hands (*1945), preisgekrönter englischer Wissenschaftsautor, Physiker und Chemiker, der uns mit seinen insistierenden Fragen durch das Buch begleitet hat. Ist das Phänomen des *reflexiven Bewusstseins,* wie Hands es nennt, bloß die Folge physikalisch-chemischer Reaktionen unseres Zentralnervensystems? Sind wir Menschen nur etwas komplexere Systeme als ein Auto oder eine Waschmaschine oder als andere Lebewesen, ein Regenwurm oder ein Kaktus, die aus physiologischen Abläufen vollständig erklärbar sind? Sind wir Menschen bloß Reiz-Reaktionsmaschinen auf hohem Niveau?

Oder steckt in uns ein von der Materie unabhängiges *Etwas*, das manche *Geist* nennen, manche *Seele*, manche *Bewusstsein*, das uns als selbstständige Wesen denken und fühlen und entscheiden lässt? Das uns einen persönlichen *Geschmack* entwickeln lässt, individuelle Interessen, Vorlieben, Abneigungen?

Das *Mind-Body-Problem* fragt, wie *mentale* Phänomene (wie Bewusstsein, Gefühle, Gedanken) mit *physischen* (Gehirnaktivität, neuronale Prozesse) zusammenhängen.[361] Können mentale Phänomene physische Prozesse verursachen, oder lässt sich umgekehrt der Geist vollständig auf physische, also materielle Faktoren reduzieren?[362]

Idealismus oder Materialismus?

> Hinter dem *Mind-Body-Problem* steckt der uralte Gegensatz, der schon die altgriechische Philosophie bewegte. *Materialisten* sehen die materielle Welt als Ursache *aller* Phänomene, *Idealisten* geben dem *Geist* oder, wie es die Griechen nannten, der *Idee*, Priorität über das Physische: Aus *Ideen* entsteht alles *Materielle.*

Leukippos und *Demokrit* führten im 5. Jh.v.Chr. eine Welt aus unteilbaren Atomen im leeren Raum ein und erklärten jeglichen Wandel als rein mechanisches Ordnen dieser Atome. Sie gelten als Ahnherren der *Materialisten.*

Platon postulierte rund 100 Jahre später dagegen eine Dimension zeitloser Ideen *(„Eidos“)* [363], in der die wahre Realität liege, während die sinnlich wahrnehmbare (materielle) Welt nur unvollkommene Abbilder darstelle. Er ist der Urvater aller *Idealisten.* Das Christentum übernahm Platons Theorie und transformierte seine *Ideen* in eine gottgegebene, unsterbliche *Seele.* Es entwickelte sich im abendländischen Denken einerseits der *platonische Idealismus* der Philosophie, dessen *„Ideen“* nicht zwingend einen Gott brauchen, andererseits das *metaphysische* Denken der Religionen, die die *Seele* in Verbindung mit Gott sehen.

Eine wichtige Rolle in der frühen Neuzeit spielte *Rene Descartes* (1596 – 1650), der einen *Dualismus* zwischen *Geist* und *Materie* sah. Er trennte den Menschen in Geist und Körper und in Folge das denkende Ich von der materiellen Welt. Daraus entwickelten im 18. und 19. Jahrhundert unter anderen *Immanuel Kant* und *Friedrich Hegel* den *subjektiven Idealismus*, der die absolute Priorität des Geistes postulierte, während *Ludwig Feuerbach* und seine Schüler *Karl Marx* und *Friedrich Engels* den *dialektischen Materialismus* begründeten, der alle Phänomene auf materielle Verhältnisse zurückführte.[364]

Materialismus (=Reduktionismus, Physikalismus)

Der französische Philosoph *Julien Offray de La Mettrie* veröffentlichte 1748 eine Abhandlung mit dem Titel *„L'Homme Machine" („Der Mensch, eine Maschine")*. In ihr argumentiert er mit heute unfreiwillig komischen Beispielen, warum Menschen wie Maschinen funktionieren:

> *...dass der Konsum von Zucker und Alkohol einen Menschen energisch und mutig mache, rohes Fleisch stolz und gehässig, schwer verdauliche Speisen hingegen faul und träge.*[365]

Alle geistigen Vorgänge sind *La Mettrie* zufolge bloß körperlicher Natur. Einige Jahrhunderte prägte dieses materialistische Weltbild das *Bild vom Leben* und tut es teilweise noch heute. Der *naturwissenschaftliche Materialismus* (heute oft als *Reduktionismus* oder *Physikalismus* bezeichnet) sagt: Nur die physische Materie eines Objektes ist real und mithilfe von Molekül- und Atomverbindungen, Aminosäuren und emergenten Prozessen vollständig erklärbar. Darwins Evolutionslehre ist das Paradebeispiel für eine materialistische Naturerklärung.

Der *Materialismus* reduziert auch Geist und Bewusstsein auf physikalische und biochemische Prozesse, leugnet damit letztlich den freien Willen und sieht diesen als Halluzination unseres Gehirns: Wir glauben nur, selbstständig zu denken, während wir tatsächlich von physiologischen Vorgängen gesteuert werden.

In seiner radikalen Ausprägung führt der *Materialismus* in der Naturwissenschaft zum *Determinismus*, wonach die Entwicklung der Welt von Naturgesetzen (vorher) bestimmt und völlig berechenbar ist. Quantenphysik und Relativitätstheorie haben die Materievorstellungen in den letzten 100 Jahren relativiert und vor allem das deterministische Denken ad absurdum geführt. Wenn Quantenzufall und Wahrscheinlichkeit die Natur bewegen, dann muss die materialistische Ansicht der Berechenbarkeit der Welt überdacht werden. Viele Quantenphysiker*innen stellen daher den Materialismus alter Prägung in Frage.

Idealismus

Der Idealismus betont, dass ein selbstständiges Bewusstsein die Grundlage der Wirklichkeit ist und erkennt einen unabhängigen, menschlichen „Geist", dem eine eigene Existenz zugeschrieben wird. Das setzt nicht zwingend die Existenz Gottes voraus, sondern nur die Tatsache, dass – wie die *kulturelle Evolution* offensichtlich zeigt – immer zuerst eine Idee entsteht, die dann in der materiellen Welt realisiert wird. Um es philosophisch korrekt auszudrücken:

> *Der metaphysische Idealismus sieht Ideen als den Ursprung alles Seienden an. Das Geistige wird damit [...] zur Grundlage des Wirklichen erklärt. [...] Das Bewusstsein des Subjektes wird zum Zentrum der Konstitution der Wirklichkeit bzw. dessen, was dafür gehalten wird.* [366]

Für die zeitgenössischen Idealisten, wie den Amerikaner *Thomas Nagel* (*1937), kann der Materialismus die Existenz des Bewusstseins nicht erklären und auch nicht, warum wir Menschen die Welt verstehen können. Nagel sieht die Wechselbeziehung zwischen dem menschlichen Geist und der Natur so:

> *Die Natur ist so beschaffen, dass sie bewusste Wesen hervorbringt, die mit Geist ausgestattet sind, und die von ihnen verstanden werden kann. Umgekehrt existiert ein bewusster Geist, um die Welt zu etwas zu machen, das von ihm verstanden werden kann.*[367]

Die Symbiose aus Geist und Natur könne nicht durch bloßen Zufall und auch nicht durch rein chemisch-physikalische Vorgänge erklärt werden. Es gibt unter Naturwissenschaftler*innen überraschend viele *Idealisten.* Sie weisen darauf hin, dass abstrakte, mathematische Formeln wie z.B. Einsteins $E=mc^2$ die klarste Ausformung von *Ideen*, also Ergebnisse des Geistes, sind. Und diese Ideen lassen sich im wahrsten Sinn des Wortes materialisieren – in konkreten Erfindungen. Der Kosmologe *Max Tenmark* (*1967) meint, eine mathematische Formel sei *„eine abstrakte, unveränderliche Entität, die außerhalb von Zeit und Raum existiert"* und auch Nobelpreisträger *Roger Penrose* (*1931), einer der größten Physiker und Philosophen der Gegenwart, meint, *mathematische Formeln besäßen eine objektive Realität außerhalb der physikalischen Welt.* [368]

Dualismus

Das dritte philosophische Lager geht nach *Descartes* von einem *Dualismus* aus, in dem *Materie* und *Geist* zwei völlig getrennte Entitäten sind, der das abendländische Denken lange prägte. Seine Auswirkungen spürt man in der traditionellen Einteilung der Wissenschaft in *„Naturwissenschaften und Geisteswissenschaften"*, die bis heute in der Fakultätentrennung der Universitäten und der Unterrichtsfächer in den Schulen nachwirkt. Dieser *Dualismus*, also die strikte Trennung von Geist und

Materie, ist heute wissenschaftlich überholt, zu sehr wechselwirken diese beiden Entitäten im menschlichen Gehirn und auch in der Alltagswelt.

Emergenz als Lösung?

> Was bringt das Licht des Lebens zum Leuchten? Wer stupst wen an: der Geist den Körper oder der Körper den Geist? Radikale Positionen sind selten hilfreich. Wir sollten beim *Mind/Body-Problem* daher nicht an *Dualismus* (= einen echten Gegensatz), sondern an *Komplementarität* (= zwei gegensätzliche, aber einander bedingende Entitäten) denken, so wie im Yin und Yang. (vgl.S.133). Körper und Geist agieren nie getrennt voneinander, sondern immer in enger Symbiose und Wechselwirkung, zumindest darin sind sich moderne Materialisten und Idealisten heute einig.

Vielleicht liegt eine Lösung des Mind/Body-Problems in der *Emergenz*-Forschung, die ja besagt, dass komplexe Systeme Eigenschaften besitzen, die ihre einzelnen Teile nicht haben. Diese „emergenten" Qualitäten entstehen durch die Interaktion der Teile, können aber nicht auf sie reduziert oder allein aus ihnen abgeleitet werden. Die Idee der *Emergenz* geht über den reinen Reduktionismus hinaus, der behauptet, dass alles im Universum auf physikalische Gesetze zurückgeführt werden kann.

Die aktuelle Emergenzforschung legt nahe, dass zumindest *einige* komplexe Phänomene, insbesondere *Bewusstsein* und *Leben*, eine eigene Qualität der Realität bilden. Demnach könnten *Geist* und *Bewusstsein* emergente Eigenschaften des hochkomplexen menschlichen Gehirns sein, die nicht allein durch das Zusammenwirken einzelner Neuronen erklärt werden können. Diese Position könnte sowohl für Reduktionisten als auch für Idealisten akzeptabel sein. Sie greift einerseits den idealistischen Ansatz eines selbstständigen *Geistes* oder *Bewusstseins* auf, schließt aber nicht aus, dass emergente Phänomene irgendwann naturwissenschaftlich geklärt werden können. Im Konzept der *Selbstorganisation aller lebenden Systeme* (=*Autopoiesis*) wird diese Idee aufgriffen. Wir werden darüber gleich noch genauer reden müssen (vgl. S.410)!

Sein oder Bewusstsein – wer prägt wen?

Es ist eine spannende Situation: Üblicherweise gibt es bei einem Experiment einen Beobachter und das beobachtete Objekt. Bei der Frage nach der Funktion unseres Gehirns sind wir gleichzeitig Beobachter und Objekt.

„Das Sein bestimmt das Bewusstsein."[369] gilt als eines der bekanntesten Zitate von Karl Marx. Er meinte es gesellschaftlich-politisch, es lässt sich aber auch auf den naturwissenschaftlichen Materialismus übertragen und als Frage formulieren. Prägt unser *Bewusstsein* (also unser Geist, Denken, Verstehen) unser materielles *Sein*, oder bestimmt unser *Sein* (also unser Körper und seine Umwelt) das *Bewusstsein*?

Die Fronten sind seit jeher verhärtet.

Die modernen *Materialisten* argumentieren gern, dass durch Zufuhr von Botenstoffen wie *Serotonin*, *Dopamin* und *Oxytozin* oder durch elektrische Reize bis hin zur Folter unser Bewusstsein beliebig manipuliert werden kann. Durch Stimulierung spezieller Areale im Gehirn kann man Freude oder Aggression wecken oder dämpfen und Halluzinationen erzeugen. *Stephen Hawking* war ein prominenter Verfechter dieses *Materialismus*, vielleicht auch aus seiner speziellen physischen Situation heraus, in der er sich trotz all seiner Intelligenz und Kreativität der Materie seines Körpers hilflos ausgesetzt sah.

Die modernen *Idealisten* betonen dagegen die Fähigkeit der Menschen, komplexeste Zusammenhänge der Natur nicht nur zu begreifen, sondern auch *bewusst* beeinflussen und gestalten zu können. Der Eingriff in die menschliche DNA und die Erschaffung künstlicher Intelligenz, also die Spiegelung unseres Geistes in Maschinen, scheinen ihnen Beweise zu sein, dass der Mensch sein Geschick in die eigene Hand nehmen kann – dank seines *Bewusstseins*.

Tatsächlich steht beides offensichtlich in einer engen, ununterbrochenen Wechselwirkung: Unser *Bewusstsein* kann durch Ideen und Intuition das *Sein,* also die realen Fakten und Objekte verändern, wie wir im Kapitel über die kulturelle Evolution gesehen haben. Das *Sein* (also die realen Umstände unseres Lebens) greift aber auch ständig in unser *Bewusstsein* ein (zum Beispiel bei psychischen Krankheiten, bei externer Manipulation oder extremen Lebensumständen, die unser Handeln beeinträchtigen oder lenken).

Der Wert des Bewusstseins

Wäre unser *Bewusstsein* nur eine Folge physiologischer Reflexe und chemischer Reaktionen, dann blieben einige Fragen unbeantwortet:

* Woher kommt das Gefühl (besser: die Intuition), was *„richtig"* und was *„falsch"* ist? Woher kommen Schuldgefühle? Wie lassen sich Phänomene wie Moral oder Gewissen erklären, vor allem wenn wir *gegen* eine vorherrschende Meinung agieren und uns damit selbst in Gefahr bringen? Was motiviert uns, Widerstand gegen empfundenes Unrecht zu leisten, wenn wir daraus Schaden oder Nachteile für uns fürchten müssen?

* Wieso können wir *„Ich"* sagen und denken? Wieso können wir dieses *„Ich"* kritisch reflektieren?

* Wieso können wir neue Welten in Literatur, bildender Kunst und Musik erfinden, die über unsere Alltagsrealität hinausreichen? Entstanden Mozarts *Zauberflöte*, van Goghs *Sternennacht* oder Shakespeares *Hamlet* nur durch psychedelische Halluzinationen oder gar wie das berühmte *„monkey-typewriter" – Phänomen* [370]?

* Wieso können wir in Physik und Mathematik weit über unsere Alltagswelt hinaus Phänomene begreifen und berechnen, die sich unseren fünf Sinnen entziehen, wie z.B. die Berechnung von zehn Dimensionen, die Quantenmechanik oder die Relativitätstheorie?

* Und vor allem: Wären wir willenlose Wesen, welcher Wille steuert uns dann? (Einen lieben Gott oder Ähnliches lehnen Materialisten ja auch ab.)

Die Korrelationen zwischen *neuronalen* (also physikalisch-chemischen) und *mentalen* (also geistigen) Prozessen, die von den Neurowissenschaften festgestellt wurden, reichen bei weitem nicht aus, um diese und viele andere Fragen zu beantworten. Auch die Theorie vom planlosen Wirken des Zufalls als Universalerklärung stellt angesichts dessen, was wir Menschen im Laufe der kulturellen Evolution geschaffen haben, nicht zufrieden.

Wir können zwar mittlerweile bei fast jedem geistigen Prozess die physikalisch-chemischen Abläufe erklären, aber immer nur das *„wie"* und nie das *„warum"*, immer nur die Folgen, aber nie die Ursache. *Viktor Frankls* Lebensmotto *"Wer ein*

Warum zum Leben hat, erträgt fast jedes Wie." kann auch als Appell für den freien Willen gelesen werden.[371]

Übersteigen von Verhaltensweisen

Wir haben fünf Lernwege kennengelernt, wie wir Menschen uns Verhaltensweisen aneignen: *direkte, instinktive, erlernte, soziale und innovative. (vgl.S.226)* In allen diesen Lernwegen unterscheiden wir Menschen uns gravierend von anderen Lebewesen – durch unser *reflexives Bewusstsein.*

* Wir unterliegen zwar auch *direkten Verhaltensweisen*, die unser vegetatives System wie Herzschlag, Blutkreislauf oder Atem automatisch steuern. Anders als alle anderen Lebewesen können wir diese jedoch bewusst außer Kraft setzen.

Der römische Held Gaius Mucius Scaevola demonstrierte der Legende nach vor seinen etruskischen Feinden seine Entschlossenheit, indem er um 500 v.Chr. seine rechte Hand in ein loderndes Altarfeuer steckte. Der tschechische Student Jan Palach verbrannte sich 1968 am Wenzelsplatz aus Protest gegen die sowjetische Okkupation. Ein befreundeter Journalist und Lehrer inszenierte vor einigen Wochen medial seinen assistierten Suizid.

Eingriffe in unser vegetatives System wie die genannten sind zwar unerträglich zu denken, beweisen aber, dass der Mensch sich gegen seine eigene Natur entscheiden kann. Manche Tierarten opfern sich im Rudel zwar instinktiv auf, fügen sich aber nie freiwillig Verletzungen zu.

* Dasselbe gilt für *Instinktreaktionen.* Auch diese können wir willentlich stoppen: Wir können unterdrücken, auf einen potenziellen Gegner einzuprügeln oder vor ihm zu flüchten und stattdessen mit ihm ein Gespräch suchen (und hoffen, dass er seine Instinkte auch unterdrückt). Wir können unseren Sexualinstinkt einbremsen, auch wenn ein attraktives Wesen uns freundlich anschaut, und wir können willentlich fasten (auch wenn´s schwer fällt), obwohl unser Instinkt Hunger signalisiert.

* Im Sozialverhalten gehören Tiere immer nur jener Gruppe an, in die sie hineingeboren sind. Wir Menschen entscheiden uns hingegen im Lauf unseres Lebens bewusst, welchen Gruppen wir zugehören wollen. Wir können uns

für eine Religion, politische Partei oder Fußballmannschaft entscheiden (wenn uns nicht äußere Gewalt daran hindert), und wir können die Familie, in der wir leben wollen, wechseln.

Wir können als einziges Lebewesen die *biologische Evolution* und damit die vorgegebenen Mechanismen von Reiz/Reaktion freiwillig und bewusst ignorieren und übersteigen. Und wir können auch die durch *kulturelle Evolution* herrschenden Mechanismen in unserer Familie, Gruppe, Nation überspringen. Wie ließe sich das erklären, wären wir willenlose Reiz/Reaktionsmaschinen?

Haben wir einen freien Willen?

Bei der Frage nach dem freien Willen" müssen wir grundsätzlich zwei Forderungen an eine freie Entscheidung unterscheiden:[372]

* Es muss eine Wahlsituation mit echten Alternativen geben. *(=Willensfreiheit)*
* Unsere Entscheidungen müssen unter unserer Kontrolle sein. Wir dürfen nicht von innen oder außen gezwungen werden. *(=Handlungsfreiheit)*

Der Philosoph Peter Bieri (1944-2023) sagt: „*Die Freiheit des Willens liegt darin, dass er auf ganz bestimmte Weise bedingt ist: durch unser Denken und Urteilen.*"[373]

Die Philosophie unterscheidet in dieser Frage drei Denkrichtungen. *Deterministen, Libertarianer* und die um Ausgleich bemühten *Kompatibilisten.* Auch wenn wir diese hübschen, abstrakten Begriffe gleich wieder vergessen können, sind die unterschiedlichen Positionen interessant.

Keine Willensfreiheit

Den „*Deterministen*" (=Materialisten) ist der freie Wille obsolet, weil – siehe oben – alle Entscheidungen durch neuronale Mechanismen und Umwelteinflüsse vorherbestimmt seien. Ihre Position ist für uns Menschen eine zutiefst pessimistische, weil sie uns zu willenlosen Marionetten degradiert. Sie sprechen von „*illusionärem freien Willen*": Das sind Entscheidungen, die im Gehirn gleichsam „über unseren Kopf hinweg" vorab entschieden werden, bevor uns unsere eigene Entscheidung bewusst wird. *Wir* bilden uns also nur ein, selbst zu entscheiden, während *unser Gehirn* schon vorab eine Entscheidung getroffen hat. Der Hirnforscher *John-Dylan Haynes* (*1971), eigentlich ein überzeugter Determinist, räumt aber ein:

> *„Nach unseren Erkenntnissen werden Entscheidungen im Gehirn zwar unbewusst vorbereitet. Wir wissen aber noch nicht, wo sie endgültig getroffen werden. Vor allem wissen wir noch nicht, ob man sich entgegen einer angebahnten Entscheidung des Gehirns auch anders entscheiden kann".* [374]

> Demnach kommt es zu einer merkwürdigen Situation: Kann das Gehirn gegen den eigenen freien Willen entscheiden oder umgekehrt? Frei nach Johann Nestroy *„Jetzt bin ich wirklich neugierig, wer stärker ist: Ich oder ich?"*[375]

Artur Schopenhauer (1788-1860), der *„Pessimismus-Philosoph schlechthin"*[376], formulierte es so: *„Der Mensch kann zwar tun was er will, aber er kann nicht wollen, was er will."*[377] Würden wir Menschen aber derart zu Hampelmännern und -frauen reduziert, dann wäre unser Leben – wieder in Schopenhauers Worten – frustrierend: *„Das Leben schwingt wie ein Pendel von rechts nach links, vom Leiden zur Langeweile".* [378]

> Tut es aber nicht, auch wenn es uns manchmal so vorkommt. Sobald wir das Heft in die Hand nehmen, uns aufraffen und unseren freien Willen aktivieren, keimt zumindest Hoffnung (die sich auch einer rein chemischen Erklärung entzieht).

Unbedingte Willensfreiheit

Die Gegenposition der *Libertarianer* ist ähnlich radikal und wenig plausibel: Sie sind der Meinung, dass Handlungen *immer* einem *substantiellen Willen* entspringen, dessen Entscheidungen *indeterminiert* (also nicht vorherbestimmt) sind. Dieser Ansatz kann aber nicht erklären, aus welch hartem Stoff dieser *substantielle Wille* ist, der offensichtlich unseren Alltagsbeobachtungen widerspricht, wonach unser *freier Wille* doch immer wieder durch äußere Faktoren eingeschränkt wird. Wenn wir zu einer Handlung gezwungen werden, bleibt der freie Wille höchstens Wunschdenken. Diese Denkposition erfüllt zwar die *Willensfreiheit*, nicht aber der *Handlungsfreiheit!*

Bedingte Willensfreiheit

Die *Kompatibilisten* suchen einen Ausgleich und verfolgen das Konzept der *„bedingten Willensfreiheit".* Sie erkennen zwar, dass unsere Entscheidungen durch vielfältige innere und äußere Faktoren beeinflusst werden können, bestehen aber darauf, dass unsere Fähigkeit zur Reflexion und bewussten Entscheidung eine Form der Freiheit darstellt, die moralisch und praktisch wichtig ist.

Nach diesem Konzept ist ein Wille frei,

> *„...wenn eine Person ihren Willen nach ihren persönlichen Motiven und Neigungen bildet (Willensfreiheit) und dann das tun kann, was sie will (Handlungsfreiheit). Welcher der konkurrierenden Wünsche eines Menschen sich als Wille herausbildet, hängt nach dieser Vorstellung von seiner Persönlichkeit und von Umwelteinflüssen ab."*[379]

> Es ist klar, dass der *freie Wille* in konkreten Situationen immer wieder mehr oder weniger von inneren neuronalen Vorgängen (ausgelöst etwa durch den Einfluss von Medikamenten oder Drogen) oder äußerem Druck (Schmerz, Folter, Erpressung, suggestive Beeinflussung) eingeschränkt werden kann. Es kommt daher immer auf die konkrete Situation an, ob der *grundsätzlich freie Wille* sich gegen die äußeren und inneren Umstände durchsetzen kann, ob die grundsätzliche Willensfreiheit also auch in konkrete Handlungsfreiheit mündet.

Die Bedeutung des Konzepts vom „freien Willen"

Der Philosoph *Daniel Dennett* (1942-2022) sieht die Willensfreiheit nicht gottgegeben, sondern,

> *„...dass die Evolution dem Menschen die Fähigkeit zur Selbstkontrolle verliehen habe – eine Fähigkeit, die die Grundlage für verantwortungsbewusstes Handeln bilde. In dieser Sichtweise ist Willensfreiheit keine metaphysische Eigenschaft, sondern eine soziale und kognitive Errungenschaft."*[380]

Um die Frage zu beantworten, ob Menschen frei sind, müsse zunächst geklärt werden, was unter dem Begriff „Freiheit" zu verstehen ist.

> *„Wenn unter Freiheit die [...] Unabhängigkeit von den Naturgesetzen verstanden wird, sind wir nicht frei. Wenn unter Freiheit jedoch das Wollen und Handeln nach bestem Wissen und Gewissen verstanden wird, könne man sich tatsächlich Freiheit zusprechen."*[381]

Die Psychologin und Logotherapeutin *Lilian Loton*, bringt moralische Überlegungen ein, wenn sie schreibt:

„Wer am freien Willen zweifelt, scheint dies tendenziell als Einladung, ja Entschuldigung zu verstehen, sich unmoralisch zu verhalten, frei nach dem Motto: Ich konnte nicht anders.... Der Glaube an den freien Willen hilft uns also, die Verantwortung für uns selbst, unser Handeln und auch für das soziale Miteinander zu übernehmen.“ [382]

Da es einerseits einen absolut von allen Zwängen freien Willen nicht geben kann und andererseits das bewusste menschliche Denken des Einzelnen die jeweiligen individuellen Handlungen und Entscheidungen wesentlich beeinflusst, schlägt der US-amerikanische Philosoph *Philip Clayton* (*1955) vor:

„Willensfreiheit ist nicht einfach gegeben, sondern sie entwickelt sich in dem Maße, wie sich das jeweilige Individuum menschlich vervollkommnet, ohne die absolute Willensfreiheit je zu erreichen.“ [383]

Wir werden im nächsten Kapitel noch nachdenken müssen, ob und wie der *objektive Zufall* der Quantenmechanik mit dem *freien Willen* des Menschen vereinbar ist. (Achtung Spoiler: *Ja, er ist gut vereinbar!*) Die Ideen von Dennent, Loton und Clayton ergeben aber zusammen gelesen ein vernünftiges Konzept des freien Willens. Dieser unterliegt wie wir Menschen grundsätzlich den Naturgesetzen. Die biologische Evolution hat uns aber die Fähigkeit zur Selbstkontrolle verliehen und damit die Grundlage für verantwortungsbewusstes Handeln. Willensfreiheit ist nicht unbedingt eine metaphysische, gottgegebene Eigenschaft, sondern eine soziale und kognitive Errungenschaft, die sich jeder einzelne von uns hart erarbeiten muss.[384]

Wenn wir unser Universum und unser Leben als sinnerfüllt ansehen, dann müssen wir als Individuen auch sinnstiftend agieren können – und dazu braucht unser Bewusstsein einen freien Willen.

Was macht uns zu Menschen?

Meine Mentorin Isabella Venuleth[385] klebte an die Umschlag-Innenseite jedes ihrer vielen Bücher ein Etikett mit Platons Aphorismus:

„Denken, was wahr und fühlen, was schön und wollen, was gut ist, darin erkennt der Geist das Ziel des vernünftigen Lebens.“

Greifen wir dieses Zitat auf und denken es weiter: Wenn wir denken können, was wahr, und fühlen, was schön, und wollen, was gut ist; wenn es also so etwas wie einen unabhängigen und individuellen „*Geist*“ oder eine „*Idee*“ gibt, mittels derer wir unser Bewusstsein und unsere Umwelt formen können; und wenn es einen „*freien Willen*“ gibt, dann bedeutet das auch eine enorme Portion Verantwortung für jeden von uns. Was macht uns also zu Menschen?

Jeder Mensch hat eine soziale Ader

Das menschliche Bewusstsein scheint bis heute in einem jahrtausendealten Kampf zwischen *Konfrontation* und *Kooperation* zu stehen. Unsere nächsten Verwandten sind *Schimpansen* und *Bononos*. Während die friedfertigen *Bononos* in vielen Situationen Kooperation suchen und praktizieren, sind *Schimpansen* sowohl gegen andere Gruppen als auch gegen eigene Familienangehörige oft aggressiv und machtgierig. Es scheint so, als stünden im Menschen *Schimpansen*-Gene und *Bonosos*-Gene in ständigem Widerspruch.

Machtstrukturen, in denen Menschengruppen andere unterdrücken, sind Rückfälle in die Steinzeit, egal ob zwischen Mann und Frau, innerhalb der Familie, in der Peer-Group, im Staatsgefüge oder auch zwischen Staaten. Im 20. Jahrhundert schien sich nach zwei schrecklichen Weltkriegen in großen Teilen der zivilisierten Welt das Kooperations-Ideal durchzusetzen (sowohl innerstaatlich in Form von Gleichberechtigung und Demokratie als auch zwischenstaatlich durch eine globale Friedensperiode mit wenigen Ausnahmen). Im 21. Jahrhundert deuten die Zeichen darauf hin, dass das Aggressions-Potential wieder zunimmt: sowohl innerstaatlich durch die Zunahme von politischem und religiösem Radikalismus als auch zwischenstaatlich durch Machtgelüste wahnwitziger Politiker. Dabei wäre es so einfach: Den Schritt des Menschen vom konfrontativen zum kooperierenden Wesen, macht ein simpler Gedanke aus, der manchmal *Immanuel Kant*, manchmal *Matthias Claudius* zugeschrieben wird:

„Meine Freiheit endet dort, wo die Freiheit des anderen beginnt.“

Eine Version dieses Zitats, die mir besonders gut gefällt, wird *Oliver Wendell Holmes*, Richter am US Supreme Court von 1902 – 1932, zugeschrieben.[386]

“The right to swing my fist ends where the other man's nose begins.”

Jeder Mensch ist kreativ begabt

Wir haben *inside the shell* gesehen, dass unser Gehirn zu großartigen, kreativen Leistungen fähig ist. *Jedem* Kind wohnt schier unbegrenzte Fantasie inne. Kinder können mit wenigen Bausteinen oder einem Häuflein Sand Burgen und Städte bauen; mit ein paar Buntstiften Kunstwerke malen; ihre eigenen Filme im Kopf drehen. Diese Fähigkeit zur Fantasie ist uns angeboren, die Bereitschaft, daraus etwas zu machen, müssen wir erlernen und unseren Kindern vermitteln: indem wir ihnen Freiraum und Zeit geben, ihre Fantasie auszuleben; sie eintauchen lassen in die fantastischen Welten der Künste; und – als Erfahrung der letzten Jahre – indem wir ihnen die elektronischen Fantasiekiller und digitalen Kreativitätsblocker wenigstens zeitweise vorenthalten, die ihre und unsere Fantasie zumüllen und abblocken.

Alle Errungenschaften der zivilisierten Welt waren ursprünglich Spinnereien und Spintisierereien im Kopf eines Menschen. Vom ersten rumpelnden Holzrad bis zum Quantencomputer, von der ersten krakeligen Felszeichnung bis zu Michelangelos Fresken. Wir leben in einer zivilisierten Welt, weil Menschen Ideen hatten und diese in die Realität holten.

Jeder Mensch hat ein individuelles Gewissen.

Als Experiment zur Selbstwahrnehmung, haben wir den *Spiegeltest* kennengelernt (vgl. S.236). Menschenkinder „bestehen" den Test ungefähr mit 24 Monaten. Echtes *reflexives Bewusstsein* heißt aber, nicht nur das eigene Spiegelbild, sondern auch die Persönlichkeit dahinter zu erkennen, den ganzen Kerl /die ganze Kerline in uns mit allen Stärken und Schwächen. Dazu gehört auch die Frage, an welchen Regeln, Geboten oder Vorsätzen wir unser Leben orientieren.

Wir reden gern von *Ethik* oder *Moral*, wenn wir versuchen, *„gut"* oder *„schlecht"*, *„richtig"* oder *„falsch"* zu unterscheiden. Dieser Punkt ist heikel. Im Gegensatz zum *reflexiven Bewusstsein* hängen Ethik und Moral stark von gesellschaftlichen Normen ab. Religionen und Ideologien behaupten meist, genau zu wissen, welche Normen richtig sind, wo es lang geht und setzen oft auf striktes *Schwarz-Weiß-Denken* ohne *Wenn und Aber*, ohne *vielleicht*, ohne *ein bisschen.*

Woran aber sollen wir uns orientieren? Selbst die *Zehn Gebote* helfen nur bedingt: Durften Menschen ein GESTAPO-Mitglied anlügen, wenn es um das Versteck von

Juden geht (8. Gebot)? Müssen wir Vater auch dann ehren, wenn er zu Mutter gewalttätig ist (4. Gebot)? Dürfen wir in bestimmten Situationen einen Menschen töten, etwa aus Notwehr, wenn er gegen die eigene Frau, gegen ein Kind gewalttätig wird (5. Gebot)?

Gibt es in einem moralischen Dilemma die *eine* richtige Vorgangsweise? Ich fürchte, nein. Es gibt oft kein absolutes *Falsch* und auch kein absolutes *Richtig*. Wir Menschen delegieren unser moralisches Gewissen gern an eine höhere Instanz, eine Religion, eine Ideologie, einen Führer. Dass wir uns an den *Zehn Geboten*, am *Talmud*, dem *Koran*, dem *Tao-Te-King* (=*Dao De Jing*) orientieren und aufrichten, ist legitim und verständlich. Regeln schaffen ja auch Verbindlichkeiten in Gemeinschaften. Wenn wir aber unser Menschsein mit den Privilegien des reflexiven Bewusstseins und des freien Willens ernst nehmen, dann kann das doch nur heißen, dass unsere Entscheidungen in letzter Instanz von unserem eigenen Gewissen abhängig sind.

Der Spruch *„Ein gutes Gewissen ist ein sanftes Ruhekissen"* ist so dumm wie viele Kalendersprüche. Viele Gewissensentscheidungen bereiten uns Qualen, vor der Entscheidung und oft auch nachher. Die Psychologie spricht von *kognitiver Dissonanz*, die jeder von uns nur zu gut kennt, diesen unangenehmen Zustand, wenn unsere Gedanken oder Wünsche unvereinbar oder widersprüchlich sind. Das Kissen ist in Nächten mit Gewissensqualen besonders unsanft. Zur Gewissensentscheidung gehören immer auch Selbstzweifel, über die wir im Kapitel *„Die Landkarte ist nicht das Land"* (vgl. S.175) schon nachgedacht haben.

(Selbst-)Zweifel sind kein Zeichen von Schwäche, sondern im Gegenteil, von Stärke, von der ehrlichen Suche nach Wahrheit und Wirklichkeit, auch wenn´s unbequem ist. Zweifel ist nicht Verzweiflung! Zweifel ist das Mittel gegen (Selbst-) Gewissheit. Ich glaube, es führt kein Weg daran vorbei: Menschsein heißt, sein eigenes Gewissen kultivieren und nach ihm handeln. *„Gewissen ist die Fähigkeit, Sinngestalten in konkreten Lebenssituationen wahrzunehmen"* sagt *Viktor Frankl* (1905-1997)[387]. Das macht unser Menschsein ganz schön anstrengend. Denn wenn auch das Gewissen das *„gewisseste"* ist, an das wir uns halten können, sind Irrtum oder Täuschung doch nie ausgeschlossen, ist der Zweifel allgegenwärtig.

Ich würde den „Spiegeltest" gemäß dem berühmten Orakel von Delphi adaptieren. *Erkenne dich selbst (altgriech: Γνῶϑι σε αυτόν = Gnoti se auton)* stand über dem

Apollotempel von Delphi. Reflexives Bewusstsein bedeutet, sich im Spiegel zu erkennen *und* sich jeden Abend auch in den Spiegel schauen zu können.

Was macht uns Menschen also zu Menschen?

Ich meine, Mensch sein heißt,

* dass wir die Faust am besten nur in der Hosentasche ballen,
* dass wir unsere Träume zulassen,
* dass wir bereit sind an uns zu zweifeln,
* und dass wir so handeln, dass wir uns täglich am Abend in den Spiegel schauen können.

Da das ein ziemlich anstrengendes Programm ist, möchte ich gern auch noch mein Lieblingszitat von *Samuel Beckett* (1906 – 1986) anfügen:

"Ever tried. Ever failed. No matter. Try again. Fail again. Fail better." [388]

P.S. Mein alter Freund Ali, der mir bei diesem Buch als kluger Ratgeber und strenger Lektor zur Seite steht, ermahnt mich völlig zu Recht, das „Prinzip Liebe“ nicht zu vergessen, das in allen Weltreligionen und philosophischen Ideen Grundlage und Motor echter Menschlichkeit ist. Er hat recht: Die Antwort auf die Frage nach dem Menschsein steckt eigentlich schon im einleitenden Zitat des langen Kapitels.

„Der Mensch heißt Mensch,
weil er hofft und weil er liebt,
weil er mitfühlt und vergibt...“

Wohin fliegt das Universum?

Es wird Zeit, die Frage zu stellen, wohin die Reise geht: Fliegt das Universum nach einem inneren Fahrplan oder mit Zufallsgenerator? Fliegen wir ins Chaos? Und, wer bitte, hat das Universum erfunden? Wir starten in diesem Kapitel einen philosophischen Steilflug!

Alles nur Zufall?

Von allen Erkenntnissen der Quantenphysik, ist diese wohl die ärgerlichste: dass alle quantenphysikalischen Phänomene purer, objektiver *Zufall* sein sollen. *Zufall*, jener unberechenbare Kobold, der uns im Alltag verunsichert, wenn er plötzlich auftaucht, ist der heimliche Regent des Universums. Ist das so?

Objektiver Quantenzufall

Die Quantentheorie hat den Naturwissenschafter*innen vor 100 Jahren die Überzeugung geraubt, dass wir das Universum mit 100%iger Sicherheit berechnen oder sogar voraussagen können. Sie mussten lernen, in *Möglichkeiten* zu denken, *Wahrscheinlichkeitsamplituden* zu berechnen und mit dem *Quantenzufall* zu leben. Andererseits: Alle Erfindungen, die auf Quantenberechnungen und Zufall fußen, funktionieren einwandfrei und haben unsere heutige digitale Welt erst möglich gemacht: Computer, Laser und alle anderen Geräte, die auf Halbleitern und Chips basieren.

Wir scheinen den Zufall gezähmt zu haben.

Kann man den Zufall auch anders sehen?

Zufall hat in unserem Alltag keinen guten Ruf. Oft ist *Zufall* sprachlich negativ konnotiert: Er kommt oft *unvorhergesehen* und *unerwartet*, dann *waltet* er, oft ist er *blind*, *unglücklich*, *fatal*, *ärgerlich*, *merkwürdig*, *seltsam*, hat mit *Fügung, Geschick, Schicksal, Verkettung* zu tun und wird mit Verben verknüpft wie *fügen, schulden, überlassen*.[389]

Vielleicht empfinden wir Zufall negativ, weil uns im Alltag eher die negativen Zufälle auffallen, also wenn etwas schief läuft oder kaputt geht. Wenn eine Batterie *zufällig* länger hält als von der Produktlebensdauer vorgesehen, wir *zufällig nicht* aufs Hundstrümmerl steigen, das vor uns liegt, oder von dem gewünschten Kleidungsstück *zufällig* noch genau ein passendes im Regal liegt, nehmen wir vom Zufall kaum Notiz. Das Abwesend-Sein von Unglück wird uns meist nicht bewusst. Anders formuliert: Abgesehen von den markanten „großen" Glücks- und Unglücksfällen im Leben, die in Erinnerung bleiben, fallen uns in der Regel im Alltag die kleinen positiven Abweichungen von der Wahrscheinlichkeitsamplitude nicht auf, die negativen, ärgerlichen aber schon.

Vor allem mögen wir Unsicherheit nicht. Die Sicherheit, in der wir uns im Alltag oft und gern wiegen, ist aber leider meist eine trügerische. Jeder von uns hat oft genug erfahren, dass scheinbar *„todsichere"* Prognosen nicht halten, dass Unvorhergesehenes in unser Leben hereinbricht, sei es durch einen Unfall oder ein dummes Missgeschick oder – gefühlt viel zu selten – auch durch eine positive Überraschung.

Den Verlust der vermeintlichen Sicherheit könnten wir auch als Gewinn an Realitätssinn sehen. Wenn wir für uns verinnerlichen, dass *alle* Ereignisse im Mikrokosmos wie auch in unserer Alltagsrealität nur auf Wahrscheinlichkeiten beruhen, die jederzeit abweichen können, dann könnten wir uns auf die berüchtigten „unvorhergesehenen Ereignisse" besser einstellen. Es würde uns letztlich einen entspannteren Umgang mit den Phänomenen des Lebens im Kleinen wie im Großen ermöglichen. Und es braucht nicht immer einen „Schuldigen", einen Sündenbock, der für eine unerwartete Misere verantwortlich ist. Eine Autopanne oder ein Lottogewinn, die eine ärgerlich, der andere erfreulich, wären keine Systemfehler: Beide sind zwar unwahrscheinlich, aber – wie uns die Quantenphysik lehrt – ganz normale Vorgänge in unserer Welt.

Na gut, das ist jetzt noch nicht wirklich tröstlich. Versuchen wir es noch einmal andersherum.

Leben aus Quantenknäuel?

Die Erkenntnisse der Quantenphysik belegen, dass all die glücklichen Fügungen, die zur Entstehung von Leben führten, nicht nach Plan passierten, sondern durch minimale Schwankungen in der Dichte der Quanten: durch Zufall.

* Durch den Flug eines E.T., das wie ein Bussard kreuz und quer und planlos über den Himmel segelt und mit einem anderen E.T. zusammenstößt, entstehen neue Teilchen, und diese lösen eine Kettenreaktion aus, aus der Materie entsteht.
* Aus unerwarteten Quantenknäuel gingen alle Galaxien, Sterne und Planeten hervor.
* Aus zufälligen Kollisionen von Weltraumtrümmern entstand unsere Erde.
* Weil zufällig alle Konstellationen im Weltall günstig standen, es weder zu heiß, noch zu kalt war, konnte auf der Erde Leben entstehen.
* Weil ein Mann und eine Frau einander zufällig über den Weg liefen, sie einander sympathisch fanden, und – *to make a long story short* – ihrer beider DNA sich zu einem zufälligen Muster einer neuen DNA zusammenfand, entstand ein neuer Mensch, entstanden du und ich.

Wir sind welthistorisch einmalige Zufallsprodukte! Immer noch skeptisch? Ist die Evolution, die Entwicklungslinie zum Menschen, wirklich durch eine bloße Häufung von Quantenzufällen möglich?

Ich habe einen simplen Verdacht: Tatsächlich entdecken wir im Universum meistens – anders als im Alltag – nur die *markanten Abweichungen* von der *Wahrscheinlichkeitsamplitude*: die auffälligen Ereignisse, die spektakulären Abweichungen von erwarteten Ergebnissen, die großen Veränderungen und die totalen Katastrophen. Daneben gibt es unbemerkt Abermilliarden von Quantenereignissen in jeder Sekunde, die wir nie bemerken, weil sie unter oder über unserem Radar fliegen. So viele Quantenkollisionen, die folgenlos verpuffen, so viele Weltall-Gesteinstrümmer, die sich *nicht* zu einem Planeten vereinigen; so viele Moleküle, die sich *nicht* zu Leben verbinden; so viele Arten, die ausgestorben sind, ohne dass wir sie bemerkt haben. So viele Zusammentreffen, die um Bruchteile von Sekunden *nicht* stattgefunden haben, so viele Versuche, die folgenlos bleiben.

Wir beobachten und entdecken bloß das, was wir entdecken wollen!

Dieses Prinzip haben wir in der Quantenphysik kennengelernt. Alle Quantenobjekte befinden sich im *Möglichkeitsmodus*, solange wir sie nicht messen und beobachten. Erst wenn wir ein Ereignis beobachten, findet es *für uns* statt. Ob alle anderen möglichen Quantenzustände im Moment der Messung kollabieren, und sich nur der eine von uns beobachtete Moment realisiert, oder ob sich alle anderen möglichen Zustände von uns unbemerkt auch realisieren, wie es die Multiversumstheorie nahelegt, wissen wir nicht.

Unsere menschliche Entwicklungslinie der Evolution gibt es, weil wir sie beobachtet, gemessen und gefunden haben. Wir sind da, weil wir unsere Entwicklungslinie gesucht haben. Weil wir da sind, konnten wir sie suchen. In dieser herrlichen Paradoxie liegt unser Leben! Sie gleicht einem Koan, jenen Rätselsprüchen der fernöstlichen Philosophie, deren Auflösung einen Blick auf den Sinn des Universums verspricht.

Wir machen uns die Welt, wie sie uns gefällt!

„Zwei mal drei macht vier / Widdewiddewitt / und drei macht Neune!
Ich mach' mir die Welt / wie sie mir gefällt!"

(Astrid Lindgren: Pippi Langstrumpf, 1945)

Wir haben im Kapitel über den „freien Willen" die Frage aufgeworfen, ob und wie der *objektive Zufall* mit dem *freien Willen* des Menschen vereinbar ist. Ich denke, sogar sehr gut!

Wir können die Erkenntnis, alles sei Zufall, so wie *Einstein* mit seinem berühmten Ausspruch *„Gott würfelt nicht"* als Bedrohung sehen. Wir können im Zufall aber auch die Freiheit der Natur erkennen. Wie sich Natur verhält, wie ein *Elementarteilchen* fliegt oder ein *String* schwingt, ist in keiner Weise festgelegt, auch nicht in irgendeiner uns verborgenen Weise, das musste schon Einstein eingestehen. Es gibt niemanden, der „von oben" oder „von außen" die Fäden zieht und unser Schicksal bestimmt. Die Natur ist frei in ihren Entscheidungen und Wegen. Der objektive Zufall der Quantenphysik ist ein wichtiges Indiz dafür, dass die Vorgänge in der Natur *nicht* determiniert sind.

Die Doppelspaltversuche haben uns auch gelehrt, dass wir *Beobachter* und die von uns *beobachteten Objekte* nicht voneinander zu trennen sind. Wir Beobachter greifen *immer* in die von uns initiierten Beobachtungen mit ein, sind immer Teil des Experiments, nie neutrale Außenstehende.

„Was wir beobachten, ist nicht die Natur selbst, sondern Natur, die unserer Art der Fragestellung ausgesetzt ist."

sagt *Werner Heisenberg* über die Kopenhagener Deutung 1926.[390] Diese legt nahe, das Bild einer Wirklichkeit aufzugeben, die in allen ihren Eigenschaften unabhängig von uns Betrachtern existiert. Erst durch unsere Beobachtungen wird festgelegt, wo oder wie schnell ein E.T. wahrscheinlich herumdüst, ob es überhaupt existiert und wie es ausschaut.

Dies würde bedeuten, dass wir durch unsere Messungen, einen wesentlichen und *willentlichen* Einfluss darauf ausüben, was Wirklichkeit ist?

???

Das kann ja wohl nicht wahr sein!

Ist es auch nicht. Natürlich erschafft nicht ein einzelner verrückter *Solipsist* eine subjektive Welt oder ununterbrochen viele Welten (vgl. S.143) Wir erschaffen durch unsere Beobachtung keine neue Welt, sondern die Welt manifestiert sich durch unsere Betrachtung.

???

Vielleicht funktioniert es ja so: Die Alltagsrealität, wie wir sie sehen, ist die Summe menschlicher Erfahrungen über Jahrmillionen, gespeichert in einer unermesslich großen Cloud voll menschlicher Beobachtungen, so groß wie *Jorges* Bibliothek am Anfang des Buches. Mit der Summe aller Beobachtungen erschufen und erschaffen wir Menschen die Welt, *wie wir sie sehen*. Nicht die Einsamkeit eines einzelnen, sondern die Summe von uns allen entfaltet die Wirklichkeit. So wie es die *biologische Evolution* gibt, die den Fortschritt der Lebewesen und ihre Anpassung an die (Um)Welt in Gang hält, gibt es die *kulturelle Evolution*, in der alle Beobachtungen und Erfahrungen der Menschheit von Generation zu Generation weitergegeben werden.

In der Philosophie gibt es ähnliche Überlegungen: *Carl Gustav Jung* (1875 – 1961) formulierte das *kollektive Unbewusste (collective unconscious)*, das er aus Religionen, Mythen und Märchen zusammensetzte. *Emile Durkheim* (1858 – 1917), spricht von *Kollektivbewusstsein (conscience collective),* der geistigen Einheit eines sozialen Systems – wie Gesellschaft, Gruppe oder Kollektiv.

Die Welt, wie wir sie kennen, ist die Summe aller Beobachtungen aller Menschen – entsprechend dem *anthropischen Prinzip*: Unser menschliches Vorhandensein definiert das Universum, in dem wir uns befinden. Ob es außerhalb unserer Beobachtungen andere Welten oder Universen gibt, wissen wir nicht.

Zufall und freier Wille

Einige Quantenphysiker verknüpfen den freien Willen mit dem Quantenzufall. Der Mathematiker *John H. Conway* und der Physiker *Simon Kochen* haben 2006 versucht, in ihrem *Free Will Theorem* einen Zusammenhang zwischen menschlicher Entscheidungsfreiheit und quantenmechanischer Unschärfe herzustellen.

> *„Stellen wir uns vor, ein Wissenschaftler entscheidet frei, welche Messung er an einem Teilchen durchführt. [...] Wenn diese Entscheidung wirklich frei ist – also nicht durch vergangene Ereignisse festgelegt –, dann kann auch das Verhalten des Teilchens nicht vollständig durch seine Vergangenheit bestimmt sein.“*[391]

Mit anderen Worten: So wie Menschen einen freien Willen haben, zeigen auch Elementarteilchen in ihrer Reaktion ein gewisses Maß an „Freiheit“ in ihrem Verhalten.

Ich mag plumpe Vergleiche. Hier ist wieder einer:

Wenn wir in der Nacht mit einer Taschenlampe durch den Wald gehen, um Tiere zu beobachten, reagieren diese zuerst auf unsere Geräusche und unseren Geruch und dann auf den Schein des Lichtes – indem sie flüchten oder sich verstecken. Aber nicht nur das *Verhalten*, sondern auch die *Eigenschaften* der Objekte (=Tiere), die wir beobachten, sind abhängig von unserer Beobachtung und Messung. Erst im Lichtschein erkennen wir, ob das von uns beobachtete Objekt ein Reh, ein Hase oder eine streunende Katze ist.

Natürlich hinkt dieser Vergleich gewaltig, er zeigt aber, dass wir Menschen im Wald und im Universum nie außenstehende, passive Beobachter sind, sondern dass der Wald wie auch das Universum immer auf uns reagiert. In meiner plumpen Geschichte stecken sowohl der *Zufall* (z.B. welche Tiere sich in den Moment zeigen, in dem wir die Taschenlampe einschalten), als auch die *Freiheit* (wir entscheiden, wann und wo wir das Licht anknipsen).

Allgemeiner formuliert: Die Quantennatur ist frei, welche Erscheinungsformen sich im Moment unserer Beobachtung realisieren und dadurch für unsere Alltagswelt relevant werden. Wir als Beobachter haben die Freiheit zu entscheiden, mit welchen Instrumenten, wann und wo wir die Welt vermessen und beobachten.

Und hier schimmert auf beiden Seiten, Betrachter und betrachtetes Objekt, der *freie Wille* durch.

Auch in unserem Alltag sind Zufall und freier Wille eng verknüpft. Wir erleben in jeder Sekunde Zufälle, wer oder was unseren Weg oder unseren Blick kreuzt. Oft entscheiden Zehntelsekunden, ob etwas passiert oder nicht, ob mir etwas zustößt oder *zufällt,* ob ich auf das Hundstrümmerl steige oder nicht. Oft entscheiden im wahrsten Sinn des Wortes *Augenblicke*, ob wir *realisieren*, was uns *zufällt.* Aber *wenn* wir etwas wahrnehmen, *dann* ist es unsere Entscheidung, wie wir auf das reagieren, was uns zugefallen ist.

Zufall und freier Wille sind gute Freunde! *Was* uns *zufällt,* und *wie* wir auf diese *Zufälle* reagieren, macht unser Leben aus.

Die Geschichte vom Park

Stellen wir uns vor, das Universum wäre ein großer Park.

Wir sitzen auf einer Bank und beobachten das Treiben um uns. Wir haben unendlich viele Möglichkeiten, wohin wir schauen und welche Situationen wir für einen Augenblick fokussieren: den alten, gebrechlichen Mann auf der Bank nebenan, dem seine Brille hinunterfällt, genau in dem Augenblick, in dem wir hinschauen; das kleine Mädchen, das Enten füttert; den rücksichtslosen Scooterfahrer, der sich durch die Fußgänger schlängelt und beinahe einen Kinderwagen touchiert; die junge Frau mit den auffälligen roten Haaren, die visasvis im Gras sitzt und zu uns herüberschaut.

Gleichzeitig gibt es in diesem Moment aber auch unendlich viele Blickwinkel, die wir nicht realisieren. Viele Menschen hasten, gehen und schlendern an unserer Parkbank vorbei, ohne dass wir sie bemerken. Viele kleine Ereignisse passieren unbemerkt. Wir nehmen nur ein paar Momentaufnahmen bewusst wahr. Eine zufällige Auswahl!

Wenn wir nun einem unserer Blicke tatsächlich folgen, vielleicht aufstehen, um die Brille des alten Mannes aufzuheben und mit ihm ins Gespräch kommen oder der jungen Frau zuzwinkern und warten, ob sie zurückzwinkert, dann ist das unser Blickwinkel vom Park, den wir festlegen, und der für uns in diesem Augenblick zur Realität wird. Alle anderen möglichen Realitäten sind damit ausgeblendet. Ob wir den alten Mann oder die rothaarige

Frau tatsächlich ansprechen und damit unsere Realität verändern, ist unsere freie Entscheidung. Vielleicht ändert ein Blickwinkel sogar unser Leben.

Als Beobachter verändern wir nicht den Park (=das Universum), sondern wir legen bloß fest, welche Geschichte des Parks (=des Universums) wir erleben und mitgestalten. Welche Ereignisse geschehen, die wir mit unseren Augenblicken festhalten, ist zufällig. Für die von uns festgelegten Varianten übernehmen wir aber Verantwortung. Es ist die Verantwortung für genau jenes Leben, das wir leben.

Freiheit und Zufall sind wesentliche Elemente des quantenmechanischen Weltbildes. Statt wissenschaftlichem oder ideologischen Determinismus finden wir in unserem Universum fröhliche Spontaneität. Der Zufall im Universum schenkt der Natur und damit auch uns Menschen Freiheit. Freilich legt diese Freiheit uns Beobachtern Verantwortung auf, mit dieser Freiheit sorgsam umzugehen. In glücklichen Momenten genauso wie in schwierigen. Akzeptieren des Zufalls bedeutet auch, dass wir die Ereignisse dieser Welt mit der nötigen Gelassenheit an uns vorüber ziehen lassen.

Evolution – Chaos oder Kosmos?

„Das Astralfeuer des Sonnenzirkels ist in der goldenen Zahl des Urions von dem Sternbild des Planetensystems in das Universum der Parallaxe mittelst des Fixstern-Quadranten in die Ellipse der Ekliptik gerathen; folglich muß durch die Diagonale der Approximation der perpendikulären Cirkeln der nächste Komet die Welt zusammenstoßen.“

Johann Nestroy: Lumpazivagabundus (1833) [392]

1832 wurde in Wien das Erscheinen von zwei Kometen angekündigt, was in der Stadt große Panik hervorrief. Der *Enckesche Komet* und der *Bielasche Komet* sollten der Erde fast gleichzeitig gefährlich nahe kommen. Es gab große Aufregung, die von den Zeitungen durch Spekulationen und Fake News geschürt wurden: Der Zusammenprall der Kometen miteinander oder mit der Erde, Brandkatastrophen durch den heißen Kometenschweif, Seuchen und Flutkatastrophen wurden prophezeit. Unbedarfte Schreiber mischten auch noch den völlig unbeteiligten *Halley´schen Kometen* in das Katastrophenszenario. Johann Nestroy machte sich darüber lustig und kommt im berühmten Kometenlied zum Schluss *„Die Welt steht auf kan' Fall mehr lang.“* [393]

Die Welt steht immer noch und wird es nach den Prognosen der Kosmologen auch noch einige Zeit tun. Aber wohin bewegt sich unser Universum? *„Es is ka Urdnung mehr jetzt in die Stern“* heißt es im *Kometenlied*. Wir haben die *Entropie* kennengelernt, jenes merkwürdige Gesetz, wonach unser Universum die Tendenz zur Unordnung habe. Stimmt das? Ist unser Universum tendenziell chaotisch, oder steckt in ihm doch so etwas wie eine sinnvolle Richtung, ein konstruktives Konzept?

Das Universum im Super-Zeitraffer

Starten wir noch einmal unser UFO und rasen im Hyperspeed nochmals durch die *Evolution* des Universums (und durch dieses Buch). Folgen wir dabei jener Evolutionsroute, die zu jenen merkwürdigen Wesen führt, die über die Entwicklung des Universums nachdenken können: zu uns Menschen.[394]

* Vor 13,8 Mrd. Jahren explodierte im *Urknall* ein winziger Punkt von unvorstellbarer Dichte, in dem alle Materie und Energie steckten. Die folgenden Kettenreaktionen jagten diese ins All, eine hochenergetische, chaotische Wolke aus Naturkräften entstand, die sich rasch ausdehnte.

* Im *Mikrokosmos* der Quanten spalteten sich in dieser Wolke *Elementarteilchen* auf, vernichteten einander und verbanden sich im nächsten Moment zu neuen E.T. Aus einem Reigen von Werden und Vergehen entstanden *Atome* und *Elemente*, diese verbanden sich zu größeren *Molekülen* und schließlich zu komplexen, kosmischen Objekten.

* Im *Makrokosmos* entstanden aus diesen *Quantenfluktuationen* rotierende Galaxien mit Millionen von Sonnensystemen mit ihren Sternen und Planeten. Aus dem Chaos diffuser und konfuser Energiewolken wuchs nach und nach die Struktur des *Universums*, in dem Energie immer gleich bleibt und alle Elemente offensichtlich festen Regeln folgen.

* Es sind die Regeln von Anziehung und Abstoßung (*der Gravitation*), von Explosion und Implosion (*der schwachen und starken Kernkraft*) und vom Energieaustausch (*der elektromagnetischen Kraft*), die wir beobachten können. Aus dem Anfangschaos entstand also etwas, das wir Menschen als stabiles System empfinden, ein geordnetes *Universum*, und als Teil dessen unser Sonnen-

system, in dem die Sonne und ihre Planeten einem fixen Flugplan pünktlicher folgen als ÖBB oder AUA.

* Wir vermuten, dass sich andere Sonnensysteme ähnlich verhalten und analog dazu die Galaxien, die sich aus Milliarden Sonnensystemen zusammensetzen, auch wenn wir zur Zeit nur einen winzigen Teil des Universums überschauen können.

* Vor 4,6 Milliarden Jahren bildete sich aus Trümmern, die aufeinanderprallten und sich vereinigten, unser Planet, die *Erde*, die um die Sonne kreist, von ihr große Mengen Energie tankt und sich brav in das rotierende Sonnensystem einordnet.

* Die Konstellation der Erde erfüllt eine Reihe von quantenmechanischen, kosmologischen, physikalischen und chemischen Bedingungen, die wir sonst (noch) nirgendwo im Weltall festgestellt haben, und die Voraussetzung darstellen, dass auf diesem Planeten Leben entsteht.

* Wir haben bis heute zwar viele Himmelskörper entdeckt, die *möglicherweise*, aber noch keinen, der *bewiesermaßen* dieselben Kriterien für Leben erfüllt. Aus unserer Sicht ist die Erde also vielleicht ein singuläres Ereignis, auch wenn das angesichts der Größe des Universums unwahrscheinlich ist.

* Vor 4 – 3,5 Milliarden Jahren fügten sich in der heißen Ursuppe der Ozeane *anorganische Moleküle* aus 13 Atomen zu den ersten, *eigenständigen Lebensformen* zusammen. Alles deutet darauf hin, dass alles Leben aus einer einzigen Lebensform hervorging, einem bakterienähnlichen Wesen, das wir *LUCA* nennen.

* Ein wesentliches Kriterium für Leben ist die DNA, also das Phänomen, dass in *allen* Zellen *jedes* Lebewesens *alle* Merkmale des Lebens gespeichert und durch Vererbung an die nächsten Generationen weitergegeben werden. Ein gigantisches Informationssystem, das einerseits individuell auf jedes Lebewesen zugeschnitten ist, andererseits im *Genom* die gesamte Menschheit und die Gesamtheit des Lebens definiert.

* Durch *genetische Mutationen und Selektion* einerseits, durch *Kooperation von Lebewesen* (zum Beispiel Einzeller, die sich zu Mehrzellern zusammenfinden) andererseits, entstand eine Vielzahl von Arten, die sich irgendwann in die drei

Gruppen der *Pilze, Pflanzen und Tiere* aufspalteten und Habitate überall auf der Erde besetzten.

* Auf Veränderungen der Umwelt reagierten Lebewesen auf zweierlei Arten: *Konkurrenz* um die „besten Plätze" bei sich ändernden Ressourcen sowie genetische Mutationen führten einerseits zum Aussterben vieler Arten. *Kooperationen* auf den Ebenen von Genen, Zellen, Geweben, Organismen führten andererseits zu komplexeren Lebewesen und zum Überleben dieser besser angepassten Arten.

* Die *Evolution der Menschenlinie* innerhalb der Tierwelt entwickelte sich über verschiedene Stadien von Mehrzellern über Fische, Amphibien, Wirbeltiere bis zur komplexesten Form, den Säugetieren. Es scheint eine Wechselwirkung zwischen genetischen Mutationen und biologischer Anpassung an die jeweilige Umwelt stattzufinden, durch die sich Tiere, die nicht aussterben, weiterentwickeln. Eine der überlebenden Arten sind die Primaten.

* Eine entscheidende Rolle bei der Evolution scheint die *Entwicklung des Nervensystems und des Gehirns* zu haben. Sein Wachstum und die steigende Komplexität der Neuronen bewirken eine aufsteigende Entwicklungslinie von *Primaten* über verschiedene Gruppen von *Hominiden* bis zu den *Heidelbergmenschen*, aus denen die *Homo sapiens* in Afrika, die *Neandertaler* in Europa und die *Denisova-Menschen* in Asien hervorgingen. Diese drei Arten weisen hohe soziale Intelligenz, Gebrauch der Sprache, raffinierte, an die jeweilige Umwelt angepasste Werkzeuge und Ansätze von reflexivem Bewusstsein auf.

* Von rund 100.000 – 10.000 v.Chr. besiedelten die *Homo sapiens* von Afrika ausgehend nach und nach die gesamte Erde. In einem einmaligen Siegeszug setzten sie sich gegenüber allen anderen Menschenarten durch, die allesamt ausstarben, und rotteten auch unzählige Tier- und Pflanzenarten durch extensive Jagd und Brandrodung aus. Ob intellektuelle Überlegenheit durch Kreativität, Sprache und Flexibilität oder Überlegenheit im Kampf und hohe Aggressionsbereitschaft durch eine Art Eroberer-Gen, oder – was am wahrscheinlichsten ist – eine Mischung aus allem dafür verantwortlich war, darüber gibt es divergierende Ansichten.

* Im Zuge ihrer *Sesshaftwerdung* zwischen 10.000 und 3.000 v.Chr. entwickelten die *Homo sapiens*, die nunmehr das Monopol als *moderne Menschen* innehatten,

selbstständiges und innovatives Lernen, differenzierte Sprache, Schrift und symbolisches Denken und schließlich das *reflexive Bewusstsein,* das sie als einziges Lebewesen auf der Erde befähigte, über sich selbst und über die Umwelt kritisch nachzudenken, diese nach eigenen Vorstellungen zu gestalten und alles erworbene Wissen auf kulturellem Weg an die nächsten Generationen weiterzugeben - *die kognitive Revolution.*

* Ab 3000 v.Chr. entwickelten die Menschen die ersten *Hochkulturen*, aus denen hierarchisch strukturierte Staaten entstanden. Aus selbsterfundenen *Mythen* entwickelten die Menschen Religionen, soziale Strukturen und Regeln, Wirtschaft, politische Ideologien, das Konzept der Individualität und damit die moderne Zivilisation.

* Ab 1500 n.Chr. wurde das *mythische Zeitalter* durch das *Zeitalter der Ratio* abgelöst. Naturwissenschaftliches Denken, Entwicklung differenzierter Wissenschaften und eine Vielzahl daraus erwachsender Erfindungen und Entdeckungen führten ausgehend von Europa zur einer Ära, die ab dem 18. Jahrhundert eine *technische Evolution* (meistens *„industrielle Revolution“* genannt) einleitete, in der man zunächst eine *mechanische* und eine *elektronische* Phase unterscheiden kann.

* Ab dem 20. Jahrhundert wurden mit der *Quantenphysik*, der *Kosmologie* und der *Gentechnik* neue Forschungsgebiete eröffnet, die die traditionellen Weltbilder revolutionierten. Die Erfindung des *Internet*, leistungsfähiger Rechner und Datenübertragungsgeräte starteten die *digitale Phase*, die die Erforschung der Welt enorm beschleunigte und Datentransfer weltweit und in Echtzeit möglich machte. All das führt dazu, dass die Rolle des Menschen in einer digitalisierten und hochautomatisierten Welt neu zu definieren ist.

Von einfachen zu komplexen Strukturen

Es ist kaum möglich, in dieser konsequenten Entwicklungslinie *keinen* Fortschritt zu erkennen. Der Flug im Zeitraffer zeigt uns eine klare Tendenz: Die *Evolution* führt von einfachen zu komplexen Strukturen, von Durcheinander zu geordneten Systemen, von Einzelphänomenen zu Netzwerken.

* Jeder der hier beschriebenen Schritte definiert eine Stufe, auf der eine markante Weiterentwicklung von Phänomenen oder Objekten passiert, die sich jeweils durch *höhere Komplexität* und *Konvergenz* (=Übereinstimmung) als ihre Vorgänger auszeichnen.

* Die Entwicklung verläuft nicht linear, sondern in qualitativen Sprüngen, sodass man geneigt ist, an *Quantensprünge* zu denken. Selbst scheinbare Rückschritte oder Katastrophen (wie zum Beispiel die Explosion von Sternen als *Supernovae*) wirken sich auf das Gesamtuniversum letztlich bereichernd aus.

* Auf jeder dieser Stufen findet *Emergenz* statt, bei der aus der Summe von Teilen ein höherrangiges Phänomen, Objekt oder Netzwerk entsteht.

* Am vorläufigen Ende des Evolutionsprozesses stehen wir Menschen: als unvollkommenes, aber vielleicht einziges zu Reflexion und selbstständigem Handeln fähiges Wesen, das über jenes Universum nachdenken kann, aus dem es hervorgegangen ist.[395]

Ob es irgendwo sonst im Universum Leben oder lebensähnliche Entwicklungslinien gibt, wissen wir nicht, wir können bisher nur einen winzigen Fleck unseres Universums durchleuchten. Wir wissen auch nicht, ob es neben unserem eine Vielzahl anderer Universen gibt. Mit unseren Mitteln (intellektuelle und von uns erschaffene technische) können wir aber *unsere* Entwicklungslinie verfolgen und erkennen – bei allen Brüchen, Rückschritten und Verlusten – *evolutionären Fortschritt*, der sich in qualitativen Sprüngen vollzieht und durch zunehmende *Komplexität, Konvergenz und Kooperation* auszeichnet.

Diese Entwicklung vom Chaos zum Kosmos, von der Unordnung zum System, vom Primitiven zum Komplexen stimmt auch mit unseren täglichen Erfahrungen in unserem winzigen Alltagsuniversum überein. Das *Entropie-Gesetz*, das den Ausgleich von Energie in geschlossenen Räumen fordert, erzeugt offensichtlich nicht zwingend höhere Unordnung, sondern lässt in offenen Systemen, wie es Lebewesen sind, auch höhere Komplexität zu.

> Wenn wir Jahr für Jahr im Sommer-Nachthimmel beständig und langsam den *Großen Wagen* von West nach Ost fahren sehen und uns freuen, wenn im August die *Perseiden* ein paar Sternderln als Glücksbringer auf uns werfen; wenn wir Jahr für Jahr das zyklische Werden des Lebens in der Natur als Wechsel der Jahreszeiten erleben – im Erwachen der Blumen, die plötzlich aus der Erde auftauchen,

im Zwitschern der Vögel, die aus dem Süden heimkehren, und im grünen Seidentuch, das sich über die Natur legt; wenn wir zwischen den uralten Au-Riesen die Donau rauschen hören, den großen Fluss, der, wie viele andere, seit Abertausenden von Jahren beständig den Kreislauf des Wassers und damit des Lebens antreibt; wenn wir irgendwo, egal wo auf der Erde einen Blick auf freie Natur werfen, dann erleben wir im Fließen, im Werden und im Ineinandergreifen tagtäglich das, was vorher so theoretisch *Komplexität, Konvergenz und Kooperation* hieß.

Dass aus dem Nebel und Chaos des anfänglichen Universums sich diese unsere Entwicklungslinie bis hin zu uns Menschen ergab (und vielleicht andere intelligente Lebewesen, von denen wir nichts wissen), deutet darauf hin, dass es im Weltganzen ein Prinzip gibt, das aus einer Folge von Zufällen und einer Geschichte mit Rückschritten, Kurven und Stolperern beharrlich ein faszinierendes Ganzes ermöglichte, in dem alle Teile und Teilchen ineinandergreifen und wechselwirken. Das ist doch ein tröstlicher Gedanke, oder?

Wer hat´s erfunden?

„Wenn man bei diesem Thema ohne Umschweife zur Sache geht und keine Angst davor hat, den Zorn der wissenschaftlichen Lehrmeinung auf sich zu ziehen, so kommt man zu dem Schluss, dass die biologischen Dinge mit ihrem erstaunlichen Ordnungsgrad das Ergebnis einer intelligenten Konstruktion sein müssen."

Fred Hoyle (1915-2001), britischer Astronom, Mathematiker und deklarierter Atheist.[396]

Wir haben Theorien und Modelle kennen gelernt, die zeigen, dass unser Universum offensichtlich ein gut funktionierendes System ist, in dem alle Teile ineinander greifen und wechselwirken. So chaotisch sich die Natur manchmal auch präsentieren mag, in diesem Chaos liegt doch immer eine faszinierende Ordnung. Freilich beschränkt sich unser Wissen auf das „*wie*", kann aber das „*warum*" nicht beantworten: Wir wissen, *wie* der Big Bang ablief, aber nicht, *warum* es ihn gab. Wir wissen, *wie* Leben entstand, aber nicht *warum*. Das Ergebnis einer intelligenten Konstruktion, wie es Hoyle ausdrückt? Aber wer hat es konstruiert?

Viele Menschen suchen hinter der Faszination des Universums einen Verursacher, jemanden, der für „das Ganze" verantwortlich ist, bei dem man sich beschweren oder bedanken kann und dann und wann ausweinen. Am besten einen anthropomorphen Schöpfer, eine liebenswürdige Gottesperson, die man sich bildlich vorstellen kann. Es muss ja nicht unbedingt ein alter, weißer Mann mit langem Bart sein.

Gott oder Physik?

Überall auf der Welt entstanden *Mythen*, die erst von vielen Göttern berichten, später von dem *einen* Gott, der über uns in einem „Himmel" thront und uns lieb hat und/oder das Fürchten lehrt. Schon die alten Mayas, die alten Ägypter und die alten Chinesen vermuteten göttliche Wesen hinter der Entstehung der Welt. Selbst der große Welterklärer *Isaac Newton* glaubte, dass das Universum von Gott geschaffen sei und dass dieser immer wieder wie ein Klempner eingreife, wenn etwas in Unordnung geraten ist.

Seit der Neuzeit ist das Verhältnis zwischen Wissenschaft und Religion im westlichen Kulturkreis ein gespanntes. Viele Wissenschaftler*innen waren und sind überzeugte Atheisten oder Agnostiker. Leplace´ Antwort auf Napoleons Frage nach Gottes Rolle hallt nach: *„Sire, diese Theorie habe ich nicht benötigt."* Gilt auch umgekehrt: Bis heute bezweifeln und/oder bekämpfen viele Religionen die wissenschaftlichen Erkenntnisse, wonach sich das Universum autochthon und zufällig entwickelt habe.

Hinter diesem Streit steht oft ehrliches Ringen um Erkenntnis der Wirklichkeit, oft aber wohl auch um Macht und Deutungshoheit. Im Christentum würde *Giordano Bruno* für seine Thesen heute zwar nicht mehr hingerichtet und *Galileo Galilei* nicht mehr mit Folter bedroht. Aber etliche christliche Kirchen (vor allem in den USA) lehnen wissenschaftliche Erkenntnisse wie die Evolutionslehre und die Quantenphysik ab, weil sie nicht dem biblischen Schöpfungsbericht folgen.

Die moderne katholische Kirche geht ein bisschen schlauer vor und leugnet die Erkenntnisse der Wissenschaft zwar nicht, vereinnahmt sie aber als weitere *„Beweise für Gottes Plan"*, obwohl die Quantenphysik ja gerade beweist, dass das Universum nicht „nach Plan", sondern durch zufällige Quantenschwankungen entstand. Immerhin zeigt sich die katholische Kirche dialogbereit. Und so wie es eine Reihe religiöser Wissenschaftler*innen gibt, gibt es auch wissenschaftsoffene Theolog*innen im Gefolge des berühmten Jesuiten *Pierre Teilhard de Chardin* (1881-1955), der als Wissenschaftler und Priester eine naturwissenschaftliche Weltsicht mit religiösem Denken verband.

In seinem philosophischen Hauptwerk „*Der Mensch im Kosmos*“ (1955) unternahm Teilhard den Versuch einer Synthese von Evolutionstheorie und christlicher Lehre. Schöpfung und Evolution sind für *Teilhard* kein Gegensatz. Mit seiner Annahme, dass die Schöpfung bis ans Ende der Zeiten mit noch ungeahnten Ergebnissen weitergehe und nicht fertig sei, wie es die biblische Schöpfungserzählung nahelegt, weichte er die Grenzen zwischen Naturwissenschaft und Theologie auf. Die Amtskirche stellte zwar Teilhards Werke nicht auf den *Index* [397], mahnte ihn aber ab und warnte die Gläubigen vor seiner Lehre. Erst 2017 beschloss der *Päpstliche Rat für Kultur* eine Petition an Papst Franziskus mit der Bitte, Teilhard zu rehabilitieren. Auf eine junge Generation von Christen hatte und hat Teilhard auch lange nach seinem Tod große Wirkung. Es gibt bis heute quer durch Europa zahlreiche Schulen, wissenschaftliche Institute und soziale Einrichtungen, die seinen Namen tragen: als Hoffnungsträger, Wissenschaft und Religion vereinen zu können.

Aquins Gottesbeweis

Unter den vielen Philosophen und Theologen, die sich mit dem Gottesbeweis beschäftigen, ragt immer noch *Thomas von Aquin* aus dem 13. Jh. heraus. *Thomas* wurde 1225 als Sohn des Grafen von Aquin in Neapel geboren und begann bereits mit 15 Jahren sein Studium. Seinen Eintritt in den Bettelorden der Dominikaner versuchte seine Familie durch einjährigen Hausarrest zu verhindern, erfolglos. Thomas reiste sein Leben lang, lehrte und predigte in Paris, Köln und Rom und lehnte Angebote ab, Erzbischof zu werden. Er starb 1274. Bald rankten sich Legenden um seine Person, und schon 1323 wurde er heiliggesprochen.[398] Sein Versuch, die Existenz Gottes mit logischen Argumenten zu beweisen, ist noch heute interessant.[399]. Wir können diese stark vereinfacht in drei Thesen zusammenfassen.

* *Kosmologischer Beweis:* Das ganze Universum und alle seine Objekte bewegen sich. Wer oder was ist der *Erste Beweger* oder die *Erste Ursache*, der/die das Universum in Bewegung gesetzt hat? Gott?

* *Teleologischer Beweis:* Um uns herum sehen wir ein Universum mit Objekten und Leben von großer Komplexität und Raffinesse. Jeder komplexe Plan erfordert einen genialen Planer: Gott?

* *Ontologischer Beweis:* Gott ist per definitionem das Perfekteste, das vorstellbar ist. Würde Gott nicht existieren, wäre er nicht perfekt. Weil Gott aber perfekt ist, muss er existieren.

Den *ontologischen Beweis* widerlegte schon *Immanuel Kant* logisch, da *„Perfektion"* und *„Existenz"* zwei unterschiedliche Denkkategorien sind, die man nicht gleichsetzen kann. *Perfekt* sein bedeutet nicht zwingend, dass etwas auch existieren muss. Manche perfekte Idee wurde nie realisiert. Den *teleologischen Beweis* haben Evolutionslehre und Quantenphysik widerlegt. Mit genügend Zeit können durch *Quantenzufall, Evolution* und *Emergenz* sehr wohl komplexe Objekte und raffinierte Lebensformen entstehen. Ein Planer ist nicht unbedingt notwendig. Der *kosmologische Beweis* des *„ersten Bewegers"* bleibt hingegen spannend. Wer hat den *Big Bang* angeregt? Wer hat den Stein ins Rollen gebracht?

An diesem Punkt hört die Physik auf, und es beginnt die Metaphysik. Die Physik kann nichts über den Ursprung ihrer eigenen Gesetze aussagen. Also bleibt der kosmologische Beweis von *Thomas von Aquin* als These und Frage relevant: *Wer hat das alles erfunden?*

> Ob wir die Vorgänge, die das Universum und die lebende Natur erschufen, als Handlungen eines Schöpfers empfinden, der sich in unser Leben einmischt oder auch nicht, oder als unendliche Freiheit der Natur, die Großes erschafft, wenn man sie in Ruhe sich entfalten lässt, ist wissenschaftlich nicht klärbar und eine Frage des Glaubens, die jeder einzelne von uns für sich entscheiden muss.

Der Gottesbegriff in der Physik: Einstein versus Hawking

Physiker zu allen Zeiten diskutierten die Gottesfrage. *Albert Einstein* schrieb in einem privaten Brief, dass es zwei Arten von Göttern gäbe, die wir häufig verwechseln.

> *„Erstens gibt es den persönlichen Gott, zu dem man betet, den Gott der Bibel, der die Philister bestraft und die Gläubigen belohnt. An diesen Gott glaube er nicht. Er glaube nicht, dass ein Gott, der das Universum erschuf, sich in das Leben bloßer Sterblicher ein-*

mische. Dagegen glaube er an [...] einen Gott der Ordnung im Universum, das schön, einfach und elegant ist. Das Universum habe eine verborgene Ordnung, die geheimnisvoll und doch grundlegend ist.“ [400]

Von der Neuzeit an suchten die meisten führenden Naturwissenschaftler – *Kopernikus, Kepler, Newton, Einstein* – in mathematischen oder physikalischen Gesetzen nicht nur die platonische Idee, sondern auch den Geist Gottes. *Keith Ward* (*1938), Philosoph und Theologe, meint:

„Mathematische Erkenntnisse setzen ein selbstständiges Bewusstsein voraus und bei einer ‚Theorie von Allem‘ müsse dieses Bewusstsein die Attribute Gottes tragen.“ [401]

Stephen Hawking dagegen sah sich als Atheisten. Er glaubte nicht an Gott, sondern vertrat die These, das Universum sei ohne Anstoß von außen entstanden. Religion und Wissenschaft schienen ihm nicht miteinander vereinbar zu sein. In „*Kurze Antworten auf große Fragen*“ schreibt Hawking:

„Meiner Ansicht nach lautet die einfachste Erklärung, dass es keinen Gott gibt. Niemand hat das Universum geschaffen und niemand lenkt unsere Geschicke. [...] Es gibt [auch] wahrscheinlich keinen Himmel und kein Leben nach dem Tod. Aber es gibt eine Form, in der wir weiterleben: in unserem Einfluss und in den Genen, die wir an unsere Kinder weitergeben.“ [402]

Dennoch verschloss er sich nicht dem Dialog mit Päpsten und Kirchenleuten. Als echter Wissenschaftler, der seine eigenen Theorien immer kritisch hinterfragt, hielt er sich bis zuletzt ein Türchen offen.

„Denken Sie immer daran, nach oben zu den Sternen zu schauen und nicht nach unten auf Ihre Füße.“ [403]

Einen dritten Weg in der Gottesfrage geht die wissenschaftliche *Agnostik*. Für *Atheisten* existiert Gott schlichtweg nicht. Sie glauben nicht an ihn, weil Beweise fehlen. *Agnostiker* betonen dagegen ihr Nichtwissen. Sie gehen davon aus, dass die Existenz eines übernatürlichen Wesens zwar *möglich*, aber nicht *rational* zu klären ist. Eine typische agnostische Position ist die Feststellung: Es ist unmöglich zu widerlegen, das es etwas *nicht* gibt.

Selbst die Existenz von Einhörnern ist demnach nicht endgültig zu widerlegen. Vielleicht verstecken sie sich ja in irgendeinem Winkel unseres oder eines benachbarten Universums? Die Geschichte der Physik lehrt, dass es viele Dinge, die unser Verstand ablehnt, *möglicherweise* doch gibt. Hier passt wieder, was Shakespeares Hamlet zu Horatio sagt:

„There are more things in heaven and earth, Horatio, / Than are dreamt of in your philosophy.“ [404]

Jeder soll nach seiner Façon selig werden

Die berühmte *„Gretchenfrage“* in Goethes *„Faust“*, die das Gretchen an Faust richtet, lautet: *„Nun sag, wie hast du´s mit der Religion?“* [405] Fausts Antwort klingt fast wie Steven Hawkings „modellabhängiger Realismus“:

„Wer darf ihn nennen? Und wer bekennen: Ich glaub' ihn.
Wer empfinden? Und sich unterwinden zu sagen: ich glaub' ihn nicht.
Der Allumfasser, der Allerhalter. Faßt und erhält er nicht Dich, mich, sich selbst?
Wölbt sich der Himmel nicht da droben? Liegt die Erde nicht hier unten fest?
Und steigen freundlich blickend ewige Sterne nicht herauf?“

Die moderne Physik hat uns gezeigt, dass wir die Wirklichkeit wahrscheinlich nie in seiner Ganzheit sehen können, sondern nur *Modelle der Wirklichkeit.* Vielleicht gilt das auch für die Frage der Religionen, wir sehen also *Modelle von Gott.* Wir sind Geschöpfe, die in einem dreidimensionalen Raum leben, denken und fühlen. Wir haben mit unserem Intellekt gelernt, dass es mit der Raumzeit eine vierte Dimension gibt, und wir können Mutmaßungen über 10 oder 11 Dimensionen anstellen. Wir können daher auch denken, dass es außerhalb unseres Universums etwas Größeres in anderen Dimensionen gibt.

Ob wir die faszinierende Natur, in der wir leben, *an sich* schätzen und achten, oder ob wir diese Natur als Schöpfung in die Hand eines Gottes legen, sind zwei Modelle. So wie es unendlich viele Universen geben könnte, gibt es auch unzählige Modelle, unser Universum darzustellen. Und unzählige Möglichkeiten, Gott zu denken.

„Die Religionen müssen alle tolleriret werden [...], denn hier muss ein jeder nach seiner Facon selich werden.“

sagte einst, nein, leider kein Papst, sondern der Preußenkönig Friedrich II.[406] Meist wird er so zitiert:

„Jeder soll nach seiner Façon selig werden.“

Alle Kinder dieser Erde!

Für die Kinder dieser Erde ist es offensichtlich Schicksal oder Zufall, in welchem Glauben sie geboren werden. Ob man als Christ, Muslim, Buddhist oder Jude geboren ist, hängt im Wesentlichen vom Geburtsort ab. Ein Kind, das in Tibet geboren wurde, wird wahrscheinlich als Buddhist denken, ein Kind in Saudi-Arabien wird islamisch erzogen sein.

Noch ein bisschen drastischer formuliert: Ein Kind, das in den 1970er Jahren in der *Falls Road* im nordirischen *Belfast* auf die Welt kam, war mit hoher Wahrscheinlichkeit ein Katholik; ein Kind, das auf der anderen Seite der 12 Meter hohen Friedensmauer in der *Shankill Road* geboren wurde, war Protestant. Die Eltern der Kinder hassten einander wegen ihrer Religionen.

Wer bestimmt, welches der beiden unschuldigen Kinder die wahre Religion, den wahren Gott besitzt? Wem gibt Gott recht?

Sehen wir Gott als souveräne Schöpfungsinstanz der Welt, der uns die Freiheit gibt, unser Leben zu leben, ohne sich ständig einzumischen, bedeutet das wohl auch, dass es keine einzig richtige Religion gibt, sondern dass jede Religion *ein Modell* darstellt, um Gott näherzukommen, und dass Gott in diesen Modellen viele Erscheinungsformen annimmt. (Und wir haben bisher nur die geläufigsten Religionen erwähnt, von Amerika über Afrika bis nach Polynesien gibt es noch eine Vielzahl anderer Religionen und Götter). Wir sind damit nahe an den *Modellen zur Wahrnehmung der Welt*: Wir konstruieren mit unseren Sinnen und unserem Geist immer *ein* subjektives *Modell* der Wirklichkeit.

In der Religion nennen wir diese Modelle „*Mythen*". In keinem *Mythos* steckt die absolute Wahrheit. Das ist die schlechte Nachricht für Religionsfanatiker. In jedem *Mythos* steckt aber ein Zipfel der Wahrheit. Das ist die gute Nachricht für alle anderen.

Was heißt „Leben"?

Wenn wir durch eine Lupe in die frühe Erdgeschichte schauen, sehen wir, wie aus anorganischen Atomen in einer glühend heißen Ursuppe namens Erde in einer wilden Mischkulanz organische Moleküle entstehen. *Schwupps! Leben ist entstanden!* Wenn wir durch die Evolutionsbrille schauen, sehen wir fleißige DNA - Spindeln am Webstuhl des Lebens weben. *Surr! Und der Lebensteppich ist fertig!* Was aber, wenn wir durch ein Teleskop von weit draußen auf die Erde schauen und sie als winzige Kugel im All schweben sehen? Was heißt „Leben" aus einer ganzheitlich-philosophischen Sicht?

Holismus: Die Welt als Ganzes verstehen

„Die Welt erscheint...als ein kompliziertes Gewebe von Vorgängen, in dem verschiedenartige Verknüpfungen sich abwechseln, überschneiden und zusammenwirken..." (Werner Heisenberg) [407]

In unserem Alltagsleben sehen, hören oder spüren wir Objekte und Ereignisse der Welt als isolierte Phänomene: ein Paar Schuhe, eine leere Coladose, eine Blume, einen klopfenden Buntspecht, Regentropfen, einen Windhauch. Das ist für unser tägliches Leben praktisch und sinnvoll, entspricht aber nicht der Natur des Universums, in der alle Objekte und Ereignisse miteinander verwoben sind.

Laut Quantenphysik sind isolierte Objekte bloß Konstruktionen unseres Geistes, Hindus und Buddhisten sprechen gar von Illusionen. Dass unsere Welt ein unteilbares, ineinander verwobenes Ganzes ist, erkennen wir in unserem normalen Leben nicht. Naturwissenschaftler*innen können es aber berechnen, fernöstliche Mönche erlangen diese Einsicht durch jahrelange Meditationen und auch die alten Griechen haben es schon erkannt.

Vom Reduktionismus zum Holismus

Bis heute dominiert in der Naturwissenschaft der *Reduktionismus.* Wissenschaftler*innen versuchen den Dingen auf den Grund zu kommen, indem sie diese zerlegen. Sie suchten die kleinsten Bausteine des Universums und fanden die *Atome*, darin die noch kleineren *Elementarteilchen*. Im organischen Bereich des Lebendigen entdeckten sie die *Gene*. Die Welt der Information zerlegten sie in *Bits* und *Bytes*. Die Freude am Sezieren ist groß und die Suche nach den *kleinsten, gemeinsamen Vielfachen* fanatisch. *Reduktionisten* versuchen, alle Systeme und Objekte aus den materiellen Eigenschaften ihrer elementaren Bestandteile zu berechnen.

Die reduktionistische Methode erbrachte wichtige Erkenntnisse und ist unverzichtbar, wie wir im Kapitel über die E.T. gesehen haben. Sie allein reicht aber nicht, um das Universum zu erklären. Selbst die Erforscher der Quantenwelt wie Bohr, Heisenberg oder Schrödinger erkannten, dass es auch den Blick auf das große Ganze braucht, um die Welt zu verstehen: eine holistische (=ganzheitliche) Sichtweise.

„Isolierte Materienteilchen sind Abstraktionen, die nur durch ihr Zusammenwirken mit anderen Systemen definierbar und wahrnehmbar sind.“ [408]

sagt *Niels Bohr*. Nach und nach erkannte die moderne Physik immer mehr Zusammenhänge: Die Bestandteile der Materie und ihre Elemente stehen alle miteinander in Beziehung. Auf der subatomaren Ebene lösen sich die „festen Objekte“ in „Wahrscheinlichkeitsstrukturen“ auf. Die Physiker denken in Quantenfeldern, in der nicht mehr die einzelnen E.T. relevant sind, sondern vibrierende Wolken, die alles im Universum durchdringen. Auch in den *Stringtheorien* löst das Bild schwingender Saiten die Vorstellung konkreter Objekte ab.

„Ein Wandel in der Quantentheorie [...] besteht also darin, die Vorstellung einer Analyse der Welt in relativ autonome Teile, die getrennt existieren, aber miteinander interagieren, fallenzulassen. Das Schwergewicht liegt jetzt vielmehr auf der ungeteilten Ganzheit.“

David Bohm, Quantenphysiker und Philosoph (1917-1992) [409]

Der *Holismus* (altgriechisch: *ὅλος, holos*, deutsch: *ganz*) ist auf der Suche nach diesen Zusammenhängen. Ausgangspunkt ist der *Big Bang*. Wenn das Universum aus einem winzigen Punkt entstanden ist, in dem *alle* Teilchen und Kräfte bereits schlummerten, und wenn im Universum als geschlossenem System Energie und Materie weder dazukommen noch verschwinden können, dann war alles immer schon vorhanden und ist miteinander verschränkt und verwandt.

Wenn ich eine Rippe Schokolade in hunderttausend Stückchen rasple, so steckt in jedem winzigen Stückchen doch die ganze Schokolade mit ihrem unverwechselbaren Geschmack.

John Hands resümiert:

„Falls die verschiedenen Strömungen der Physik in den letzten Jahren in der Erklärung zusammenlaufen, dass es zu Beginn des Universums eine einzige Energie gegeben hat und alle heute beobachtbaren Phänomene deren Manifestationen [...] sind, und diese Aussage sich mit mystischen Einsichten des Altertums und der fernöstlichen Religionen trifft, so wäre das eine tief reichende Neigung zur Konvergenz – im Gegensatz zur divergenten Tendenz, die das wissenschaftliche Denken für mehr als 400 Jahre gekennzeichnet hat.“ [410]

Fritjof Capra fasst das neue Weltbild so zusammen:

„Je tiefer wir in die submikroskopische Welt eindringen, desto mehr wird uns klar, wie der moderne Physiker gleich dem östlichen Mystiker jetzt die Welt als System untrennbarer, einander beeinflussender und in ständiger Bewegung befindlicher Komponenten ansieht, wobei der Beobachter ein integraler Bestandteil dieses Systems ist.“ [411]

Allan Watts (1915-1973), Philosoph und Zenbuddhist, vergleicht die beiden Sichtweisen der Wissenschaften und sagt:

„Der logisch-denkende [=reduktionistische] Mensch gleicht einem Wissenschaftler, der in einem gigantischen Dom mit einer Taschenlampe einzelne Details untersucht. Der kreativdenkende [=ganzheitliche] Mensch bringt oben an der Decke eine Lampe an. Er erkennt zwar manche Details nicht, aber er hat eine Ahnung, wie der Dom aussieht.“ [412]

Schalten wir die Lampe ein.

Wissenschaft oder Esoterik?

Wir sind an einem heiklen Punkt wissenschaftlicher Forschung angelangt und begeben uns auf dünnes und glattes Eis. Seit Urzeiten denken Menschen über ganzheitliche Phänomene unserer Welt nach. In vielen wissenschaftlichen Disziplinen ist Holismus aus der seriösen Forschung nicht mehr wegzudenken. Daneben und „darunter“ entwickelten sich aber auch Strömungen, die holistisches Halb- und Pseudowissen verbreiten und esoterisch oder ideologisch missbrauchen. Was ist seriöse Wissenschaft, wo beginnen Pseudowissenschaft und die Scharlatanerie?

Seit etwa 1900, als Quantenphysik und Relativitätstheorie unser Weltbild erschütterten, entstanden Bruchlinien in der Wissenschaft entlang der reduktionistischen und holistischen Denkmodelle.

* Nach wie vor dominiert *reduktionistische Wissenschaft*, die ausschließlich streng evidenzbasierte, analytische Methoden und materielle Ergebnisse gelten lässt. Ihre Vertreter liefern exakte Ergebnisse, stehen visionären Ideen, die noch nicht beweisbar sind, aber oft skeptisch gegenüber. Sie beherrschen die öffentliche Meinung, manchmal sehr dogmatisch und kompromisslos. Manch geniale Idee prallt am Reduktionismus ab, *weil nicht sein kann, was nicht sein darf*.

* Ganzheitlich denkende Wissenschaftler*innen wagen sich mit ihren Denkmodellen oft in Bereiche vor, die schwer erforschbar sind, weil die technischen Möglichkeiten oder die Ressourcen fehlen. Das Universum lässt sich nicht mit einem Schmetterlingsnetz einfangen! Sie beziehen sich auf jahrtausendealte Erfahrungen, die im fernöstlichen Kulturkreis, im Orient und in der antiken Mittelmeerwelt entstanden, und versuchen diese mit den modernen naturwissenschaftlichen Erkenntnissen der letzten 100 Jahre zu verbinden. Anerkannte Forscher*innen aus vielen Richtungen arbeiten interdisziplinär und vernetzt. Sie folgen zwar auch den wissenschaftlichen Prinzipien der Nachvollziehbarkeit und Falsifizierbarkeit, denken aber in visionären Kategorien und in unkonventionelle Richtungen, die (noch) nicht empirisch beweisbar sind. Die meisten großen Errungenschaften von Newton bis Einstein waren einmal solche visionäre Ideen, die lange Zeit angezweifelt und angefeindet wurden.

* Unter der seriösen wissenschaftlichen Ebene gibt es aber auch „dunkle", esoterische Winkel. Unzählige alternative Forschungsprojekte untersuchten „spukhafte Phänomene" und „Fernwirkungen im Universum", z.B. in der Parapsychologie (wie Telepathie oder Psychokinese), in der Alternativmedizin (wie Homöopathie oder Akupunktur) oder in der Physik (wie Teleportation). Holistische Ideen wurden esoterisch und spirituell (um)gedeutet, viel pseudowissenschaftlicher Unsinn verzapft, manchmal harmlos-versponnen, manchmal gefährlich: von geheimen Seancen in dämmrigen Salons um 1900 über LSD-Experimente und Kommunen in der New-Age-Ära der 1970er Jahre bis zu wissenschaftsfeindlichen Verschwörungstheorien in der

Gegenwart. Viele dieser esoterischen Strömungen werden von ihren Anhängern fanatisch verteidigt, obwohl sie in Sackgassen führen.

Eine kommerziell höchst erfolgreiche Mischung aus wissenschaftlichen Erkenntnissen und pseudowissenschaftlichem Unfug sind die Bestseller von *Dan Brown*, in denen er esoterische Hirngespinste mit seriösen Zitaten bekannter Wissenschaftler*innen unterfüttert und seriöse Theorien mit kruden Theorien vermischt. In seinem neuen Thriller *„The Secret Of Secrets"* mischt er ganzheitliche Universumstheorien und Basiswissen aus der Noetik mit schaurigen Mythen und Sci-Fi-Elementen zu einem verqueren Cocktail, der sich flott liest und deutlich besser verkauft als um Seriosität bemühte populärwissenschaftliche Sachbücher wie meins.

Alle vermeintlichen Erkenntnisse über Telepathie oder Psychokinese oder über den „sechsten" oder „siebenten Sinn" erwiesen sich z.B. bis heute als wissenschaftlich unseriös und unhaltbar. Entsprechende Experimente waren allesamt Einzelbeobachtungen oder Behauptungen, die sich in wissenschaftlichen Settings nicht wiederholen ließen. Auch manche in ihren Ansätzen wissenschaftlich durchaus interessante alternative Heilmethoden – von TCM bis zur Homöopathie – überschritten immer wieder mit ihrem Absolutheitsanspruch die Grenzen seriösen Forschens und Handelns. In Psychologie und Pädagogik führten manche ganzheitliche Ideen zu fragwürdigen Ergebnissen, wie etwa die irrationale Philosophie der Waldorfschulen Rudolf Steiners. Und schließlich flossen holistische Gedankensplitter entstellt, missbraucht und fehlgedeutet in Ideologien, wie die krausen Ideen vom „gesunden Volkskörper", die letztlich zum Rassismus führten, oder zum Kreationismus, der heute jegliche Wissenschaft leugnet.

Der Grat der wissenschaftlichen Seriosität ist ein schmaler, durch Karl Poppers Methode des Falsifizierens aber scharf zu ziehen (vgl. S.174). Sobald eine Theorie sich mystisch einnebelt, die Offenlegung ihrer Quellen und Belege vermeidet und sich als absolute Wahrheit darstellt, entlarvt sie sich selbst als unseriös.

...

In den folgenden Kapiteln lade ich zu einer Gratwanderung. Wir werden unkonventionelle, wissenschaftliche Denkmodelle kennenlernen, die in der Wissenschaftsszene heftig und kontroversiell diskutiert werden. Sie sind (noch) nicht in allen Fragen empirisch beweisbar, bieten aber spannende Indizien, um das Funktionieren unserer Erde und des Universums als ganzheitliche Systeme zu erklären. Sie korrespondieren mit fernöstlichen und griechischen Philosophien sowie dem platonischen Idealismus und balancieren zwischen Naturwissenschaft und Philosophie. Und, wer weiß: Wer in 100 Jahren mein Buch in die Hand nimmt, wird die Theorien vielleicht als längst bewiesene Lehrmeinung finden.

Systembilder des Lebens

Astronauten, die die Erde vom Weltall aus in ihrer ganzen, glänzenden Schönheit sahen – ein blauer und weißer Globus in der Schwärze des Weltalls schwebend – berichten, dass sie eine Erfahrung spürten, die ihr Verhältnis zur Erde und zum Universum veränderte. Sie sahen unseren Planeten aus dem All mit seiner Atmosphäre, den Ozeanen und dem festen Land wie ein lebendes System in ständiger Bewegung.

Das ganzheitliche Denken fand in der Biologie nachhaltigen Niederschlag: als *Systembiologie,* die in den 1960er-Jahren als multidisziplinäre Forschung unter Einbeziehung von vielen anderen Disziplinen, wie Informatik, Mathematik, Physik entwickelt wurde. Ihr Ziel ist es, die komplexen und dynamischen Wechselwirkungen innerhalb biologischer Systeme wie Zellen, Gewebe, Organismen bis hin zu Biotopen zu verstehen. Der Fortschritt der Digitalisierung und der Computertechnik (Stichworte: K.I. und Big Data) machen es heute möglich, die enormen Datenmengen, die große Netzwerke verursachen, in kurzer Zeit auszuwerten. *Denis Noble*, einer der Begründer der Systembiologie drückt es so aus:

„Systembiologie befasst sich damit, Dinge zusammenzubringen, statt sie auseinanderzunehmen, mit Integration statt mit Reduktion."[413]

Die Gaia-Hypothese

Eine der wirkmächtigsten holistischen Theorien ist die Gaia-Hypothese, die Anfang der 1970er-Jahre von der Mikrobiologin Lynn Margulis und dem Chemiker, Biophysiker und Mediziner James Lovelock entwickelt wurde. Sie sieht die Erde als „selbstorganisierenden, lebenden Planeten" und als „ganzheitlichen Organismus". Der Name leitet sich von Gaia, der Großen Mutter in der griechischen Mythologie, ab.

Die *Gaia-Hypothese* betrachtet die *Biosphäre*, in der alle Organismen der Erde leben, als großes System. Dieses schafft die Bedingungen, um die Entwicklung aller Lebewesen, vom einfachen Schwebetierchen bis zu komplexen Organismen, wie der menschlichen Zivilisation, zu ermöglichen. Die *Biosphäre* umfasst die obersten Schichten der *Lithosphäre*, also das Erdinnere bis etwa 5 km Tiefe, die *Erdoberfläche* und die *Atmosphäre* bis etwa 60 km Höhe.

> *„Die Erde ist ein lebendes System. Sie [...] ist ein Organismus, ein lebendes planetarisches Wesen. [...] Jedes einzelne seiner Gewebe ist mit jedem anderen verbunden, und alle sind voneinander abhängig. Seine vielen Pfade der Kommunikation der Systeme untereinander sind höchst komplex. Sie hat sich seit Millionen von Jahren entwickelt und entwickelt sich, wenn das Teilsystem Mensch es nicht verhindert, noch Millionen Jahre weiter."*[414]

schreibt *Fritjof Capra* 1995. Die Theorie, dass die Erde als komplexes System die Lebensbedingungen und die Zusammensetzung der Biosphäre reguliert, wird heute von den meisten Wissenschaftler*innen anerkannt. Die *Gaia-Hypothese* hat heute enorme Wirkung auf die Erforschung der *Biosphäre*, einzelner *Ökosysteme* und *Biotope*, sowie auf die ganzheitliche Sicht der *Erdatmosphäre* und des *Weltklimas.*

Begeisterte Anhänger fand die *Gaia-Hypothese* auch in der *New-Age-Bewegung* der 1970er Jahre, die die Erde als beseelten Organismus missverstand und mit den alten *„Mother Earth"* - Mythen aus verschiedenen Naturreligionen verknüpfte, von denen sich die Begründer der *Gaia-Hypothese* stets distanzierten. Auch wenn wir heute manch drogenschwangeres und mystisches Raunen der Hippiezeit *(„Age of Aquarius!")* als genauso seltsam empfinden wie ihre bunten Glockenhosen, so weckte die *New-Age-Bewegung* doch erstmals weltweit das Bewusstsein für eine schützenswerte Umwelt und für die Notwendigkeit von Kooperationen im Netzwerk Erde.

Übrigens auch meins als damals langhaariger, glockenbehoster, Orientierung suchender Jüngling, der laut mitsang: *„Aquarius! Aquarius!"* und *„Let the sunshine in!"*

Das Gedächtnis der Natur

Der Biochemiker *Rupert Sheldrake* (*1942) war Mitglied der renommierten British Royal Society. Er warf mit seinen provokanten Thesen zentrale Fragen zum Zusammenhang von Leben und Information auf, die in Wissenschaftskreisen kontrovers diskutiert werden. Sheldrake entwickelte die Theorie, dass lebende Systeme aller Komplexitätsebenen – Atome, Moleküle, Kristalle, Zellen, Gewebe, Organe und Organismen – über eine Art *kollektives Gedächtnis* verfügen. Er behauptet, dass Informationen und Verhaltensweisen einer Spezies nicht nur *genetisch* über lange Zeiträume, sondern durch *morphische Felder* zeitnah über Zeit und Raum hinweg weitergegeben werden.

Bekannt wurde der Rattentest, den *William McDougall* an der Harvard-Universität in den 1920er Jahren durchführte. McDougall hatte beobachtet, dass Ratten schneller aus einem Irrgarten herausfanden, wenn andere Ratten früher bereits den Weg gefunden hatten. Die erste Rattengeneration benötigte durchschnittlich 165 Versuche, einige Generationen später gelang es Ratten bereits nach 20 Versuchen. Der Lerneffekt setzte also viel schneller ein, als es durch biologische Evolution möglich wäre. Die ersten Ratten im Irrgarten schufen nach McDougalls Ansicht ein Lernmuster, auf das die Nachkommen dieser Ratten zurückgreifen konnten. Auch das Lernverhalten anderer Tiere im Versuch, z.B. Affen beim Putzen ihrer Nahrung oder Vögel beim Öffnen von verschlossenen Behältern, zeigte diese „nichtlokale" Lernfähigkeit. Ebenso berichten Chemiker, dass Kristalle bei Folgeversuchen schneller und leichter kristallisieren als beim Erstversuch.

> Sheldrakes Theorie behauptet nun, dass lebende Organismen über Generationen hinweg durch ein *morphisches Feld* miteinander verbunden sind, das ähnlich einem Quantenenergiefeld den Raum durchdringt und Informationen weitergibt. Spannend und umstritten an der Theorie ist nicht der Lernprozess über Generationen, sondern dass dieser *zeitnah und ortsunabhängig* funktioniert.

Sheldrake und eine Reihe anderer Forscher vermuten, dass diese *morphischen Felder* (manchmal auch *morphogenetische Felder*) auf verschiedensten Ebenen des Lebens, in Biologie, Physik, Chemie, aber auch in der menschlichen Gesellschaft wirksam sind. Sheldrake nannte seine These 1973 *„Gedächtnis der Natur"*.

> Vielleicht können wir uns das *kollektive Gedächtnis* einzelner Spezies wie eine Art *Wikipedia* vorstellen, in das jeder sein Wissen einbringen kann, und jedes andere Mitglied der Spezies weltweit Zugriff hat. Demnach hätten Ratten also eine Art *Ratpedia.* Die Idee der morphischen Felder erinnert auch an die *Hologrammtheorie,* wonach alle Informationen in einer Art „Cloud" gespeichert sind.

Sheldrakes Theorie wird von etlichen Biologen als pseudowissenschaftlich abgelehnt. Hauptkritikpunkte sind, dass es zu wenig verlässliche, reproduzierbare

Studien zu *morphischen Feldern* gibt. Sheldrake steht auch in Widerspruch zur klassischen Physik und dem *Prinzip der Lokalität*, also der räumlich beschränkten Wirkung eines Phänomens. Die Quantenphysik hat aber das *Prinzip der Lokalität* längst widerlegt. Wir erinnern uns an das EPR-Experiment: *Weit entfernte Ereignisse passieren wie aus Zauberhand gleichzeitig und synchron.* Es gibt daher auch etliche Wissenschaftler*innen, vor allem Quantenphysiker, die Sheldrakes ganzheitliche Sicht der Natur als möglichen Brückenschlag zwischen Biologie und Physik sehen.

In der Quantenphysik widersprechen Phänomene der klassischen Physik und unserer Alltagswahrnehmung. Warum sollte das in der Biologie nicht möglich sein, wo doch Quanten und ihre Felder alles Leben durchdringen? Die Idee eines *„Gedächtnisses der Natur"* eröffnet neue Perspektiven auf Bewusstsein, Information und biologische Entwicklung, die über traditionelle genetische und mechanistische Erklärungen hinausgehen. Die *„morphischen Felder"* sind wie die *„Meme"* seines Kollegen Richard Dawkins oder die bunten, aromatischen *„Quarks"* von Murray Gell-Mann kein reales Objekt, sondern ein originelles Denkmodell, um bislang physikalisch ungeklärte Phänomene bildhaft darzustellen.

Das Lebensnetz: Autopoiesis und Emergenz[415]

Der Biologe und Physiker Fritjof Capra beschäftigt sich mit *„lebenden Systemen"*. Dass ein einzelner Organismus, eine Bakterie, eine Pflanze, ein Tier, ein Mensch, ein *lebendes System* bildet, in dem alle Teile und Organe wechselwirken, leuchtet ein. Capra sieht aber auch im Zusammenschluss mehrerer Organismen oder Arten *lebende Systeme*.[416]

* Komplexe Lebewesen sind wie eine Mozartkugel aus mehreren Schichten zusammengesetzt, deren Bestandteile wiederum *lebende Systeme* sind. Am Beispiel Mensch: Die innerste Schicht bilden die Zellen. Jede Zelle für sich ist ein winziges *lebendes System* im Zusammenspiel ihrer Moleküle und Aminosäuren. Zellen gemeinsam bilden die nächste Schicht: *Körpergewebe,* wie Muskeln, Haut und Knochen oder *Organe* wie Herz, Niere und Gehirn, sind auch jeweils *lebende Systeme*. Gemeinsam ergeben sie die dritte Schicht: das *lebende System* Mensch.

* Die Spezies Mensch bildet Gemeinschaften, die wiederum wie *lebende Systeme* funktionieren: eine Familie, ein Clan, eine Schulklasse, eine Dorfgemein-

schaft. Auch andere Spezies bilden autarke *lebende Systeme*: Vogelschwärme, Ameisenhaufen, Rinderherden, Wolfsrudel, Bienenstöcke.

* Letztlich bilden auch unterschiedliche Spezies artenübergreifende *lebende Systeme*, wie das Ökosystem eines Waldes, das Biotop eines Teiches oder eines Ackers, in denen Pflanzen, Bakterien, Pilze und Tiere zusammenleben und wechselwirken.

* Und schließlich ist – damit landen wir bei der Gaia-Hypothese – auch unsere Erde ein *lebendes System*, das im Zusammenwirken von Millionen von Arten funktioniert.

Capras Kernthese lautet: Lebende Systeme organisieren und erhalten sich autonom, entwickeln sich durch Kooperation und Emergenz weiter und verfügen über eine Art Bewusstsein.

Er formulierte für alle *lebenden Systeme* Eigenschaften und Bedingungen, die er unter den Begriffen *Autopoiesis* und *Emergenz* zusammenfasste.[417] *Autopoiesis* bezeichnet den Prozess, wie sich *lebende Systeme* selbst erschaffen und erhalten können. Die uns schon vertraute *Emergenz* ist der Motor, wie sich *lebende Systeme* weiterentwickeln.

1. *Selbstorganisation und Autonomie*

Ein *lebendes System* organisiert sich, seine Struktur und Funktionsweisen aufgrund der Umweltbedingungen selbst. Ihm wohnt eine gewisse Autonomie inne, sich selbst zu steuern. Schon *Eukaryoten,* also Einzeller, schwänzeln eigenmächtig in Richtung Futter. Wie eigenständig Lebewesen sind, ist eine Frage seiner Komplexität. Je höher ihre Komplexität, desto höher ist auch das Bewusstsein entwickelt, und desto größer die Autonomie. Beim Menschen erreicht diese ihren (vorläufigen) Höhepunkt, wir können im Vergleich mit Tieren in hohem Maß über unser Leben selbst verfügen.

Ob ein Lebewesen Wurzeln schlägt, kriecht, schwimmt oder fliegt, wird nicht von „außen" oder von der Umwelt entschieden, sondern vom Lebewesen und seiner Evolution. Irgendwann wurden Fische neugierig und krochen an Land. Irgendwann richtete sich ein Hominide auf und ging auf zwei Beinen. Sie ermächtigten sich selbst.

2. *Anpassung an die Umwelt*

Ein weiteres, wesentliches Merkmal *lebender Systeme* ist die Fähigkeit zur Anpassung an sich ändernde Umweltbedingungen. Sie findet auf drei Ebenen statt.

* *Bei Arten* erfolgt die Anpassung durch Selektion und Mutation im Zuge der Evolution: Arten, die sich an veränderte Umweltbedingungen anpassen, überleben.
* *Auf individueller Ebene* erfolgt eine Anpassung durch *Akklimatisation* der direkten, körpereigenen Reaktionen: Wenn wir ins Hochgebirge fahren, haben wir wegen Sauerstoffmangels zunächst eine höhere Herzfrequenz und Atembeschwerden, nach einiger Zeit passt sich der Organismus automatisch an. Deshalb verweilen Himalaya-Bergsteiger immer einige Tage im Basislager, um sich an die Höhenluft zu gewöhnen.
* Die dritte Form der Anpassung ist komplexen Lebewesen vorbehalten: Wir Menschen können auf Veränderungen *bewusst* reagieren, indem wir bei Kälte Pullover anziehen und bei Hitze einen Sonnenhut aufsetzen.

Die Fähigkeit der Anpassung war zu allen Zeiten der Erdgeschichte ein Kriterium fürs Überleben. Wer es nicht schaffte, wurde irgendwann zum Dinosaurier.

3. *Selbsterneuerung der Individuen: Regeneration*

Lebende Systeme können eigene Bestandteile selbstständig erneuern und dabei dennoch die Integrität der Gesamtstruktur wahren. Innerhalb weniger Jahre ersetzt z.B. der menschliche Organismus alle seine Zellen: Die Bauchspeicheldrüse tauscht alle 24 Stunden beinahe alle Zellen, die Magenschleimhaut erneuert sich alle drei Tage, die weißen Blutkörperchen werden in zehn Tagen komplett erneuert und auch unsere Haut schuppt sich Nacht für Nacht. Aber trotz dieses Austausches bleibt unser Gesamtsystem Mensch, bleiben wir als „Ich" erhalten.

Die Kraft zur Regeneration ist unterschiedlich groß: Plattwürmer und Seesterne können aus einem verbleibenden Bruchstück ihren ganzen Körper regenerieren, Salamander und viele Insekten können ein verlorenes Glied erneuern. Wir Menschen können immerhin verletztes Gewebe und Wunden heilen. Auch Biotope, wie Flüsse, Teiche oder Wälder, haben große Selbstheilungskraft, freilich keine unendliche. Es ist Jahr für Jahr faszinierend zu sehen, wie die Donauau nach

Zerstörungen durch Hochwässer in wenigen Wochen wieder wuchert und sich erneuert.

4. *Systemerneuerung der Arten: sterben und vererben*

Während Bakterien scheinbar ewig leben, verschlechtert sich der Zustand bei komplexeren Lebewesen wie uns Menschen durch den Alterungsprozess ziemlich rasch. Damit Arten überleben, hat die Natur eine Art Super-Regeneration erfunden: *sterben und vererben.* Wir geben die Merkmale unseres Organismus durch Fortpflanzung weiter und vererben unser genetisches Material an unsere Nachkommen. Manche Lebewesen sterben unmittelbar nach dem Akt der Zeugung: Bei Lachsen und Riesen-Sepia sterben Männchen und Weibchen nach dem Eierlegen, bei Beutelmäusen, manchen Spinnenarten und Bienen nur die Männchen. Der Kreislauf von Zeugung, Geburt und Tod ist ein zentraler Aspekt der Selbstorganisation von *lebenden Systemen.*

„Werden und Vergehen erscheinen daher als […] das eigentliche Wesen des Lebens“,

schreibt Capra.[418]

Im Judentum und manchen indigenen Religionen nimmt die Vorstellung, nach dem Tod in den eigenen Kindern weiterzuleben, eine zentrale Rolle ein. Und auch viele Menschen, die nicht an ein individuelles Fortleben nach dem Tod glauben, finden darin Trost und Bestimmung.

Der Arzt und Schriftsteller Lewis Thomas (1913 – 1993) formuliert es poetisch:

„Wenn du auf einer Wiese auf der Spitze eines Hügels stehst und dich sorgfältig umschaust, dann befindet sich praktisch alles, was du sehen kannst, im Prozeß des Sterbens. […] Doch wird für jeden Organismus, der vergeht, ein anderer geboren. Der Tod ist also nicht das Gegenteil von Leben, sondern ein wesentlicher Aspekt des Lebens.“[419]

5. *Kooperation und Emergenz*

Die Grenzen zwischen zwei Lebewesen sind manchmal schwer festzustellen, z.B. bei Viren oder Schmarotzerpflanzen, die von der Wirtszelle abhängig sind. Manche Tiere können von ihrer Gruppe isoliert nicht überleben: Bienen und Ameisen bilden nur in der Gemeinschaft einen lebenden Organismus. Auch einzelne Organe wie Herz und Lunge und Blutkreislauf bilden nur gemeinsam den lebenden Menschen.

Die Neigung zu kooperieren – auch artenübergreifend – ist eine wesentliche Eigenschaft *aller lebenden Systeme.* Ein Wassertümpel ist ein besonders schönes Beispiel für das Zusammenleben vieler *lebender Systeme* unterschiedlichster Tier- und Pflanzenarten auf engem Raum, wobei auch das Fressen und Gefressen-Werden Teil der Kooperation ist. Diese ist Voraussetzung für Emergenz: Fortschritt ist nur durch Zusammenwirken möglich. Als *starke Emergenz* bezeichnet Capra, wenn ein *lebendes System* neuartige Eigenschaften oder Leistungen hervorbringt, wenn es über die eigenen physischen und geistigen Grenzen hinauswächst, so wie wir Menschen bei der Entwicklung von Zivilisationen. Lewis Thomas sagt:

> *„Es gibt gar keine einsamen Wesen. Jedes Geschöpf ist auf irgendeine Weise mit allen anderen verbunden und von ihnen abhängig.“*[420]

> Sich selbst organisieren, sich an die Umwelt anpassen, sich wenn nötig regenerieren, mit anderen Individuen und Arten kooperieren und dadurch sich und die Gemeinschaft weiterentwickeln, und am Ende seine Erfahrungen an die Kinder und die Nachwelt weitergeben. Klingt nach einem erfüllten Leben!

Kollektives und globales Bewusstsein

Ein *lebendes System*, das den oben genannten Kriterien entspricht, muss in der Lage sein, Informationen zu verarbeiten und diese innerhalb des eigenen Systems und mit anderen Systemen auszutauschen. Voraussetzung dafür ist eine Art *Bewusstsein,* also Selbstwahrnehmung und aktives Erkennen der Umwelt. Selbst einfachste Lebensformen besitzen es in Ansätzen, und es entwickelt sich bis zum *reflexiven Bewusstsein* beim Menschen.(vgl. S.235).

Bewusstsein ist laut Systembiologie nicht nur in individuellen Lebewesen vorhanden, sondern als *„kollektives Bewusstsein“* auch in gemeinschaftlichen *lebenden Systemen.* Das ist bei uns Menschen offenkundig.

> Jede Schulklasse, die täglich ein paar Stunden auf engstem Raum sitzt, entwickelt *kollektives Bewusstsein* – gemeinsames Wissen, Erinnerungen, Verhaltensmuster, Vorlieben, Rituale, Sprüche –, das bei Klassentreffen auch Jahrzehnte später noch begeistert hervorgekramt wird.

Auch Tiere innerhalb ihrer Art, im Schwarm, in der Herde oder im Rudel, entwickeln *kollektives Bewusstsein*, das als *„Schwarmintelligenz“* bekannt wurde.

Wenn die Abendsonne über dem Horizont liegt, bilden im Herbst Tausende von Staren am Himmel über unserem UFO Schwarmwolken, die wie riesige Amöben wellenförmige Figuren vollführen. Die Schwarmbildung dient zur Sammlung der Tiere vor dem Vogelzug, zur Nahrungssuche, zum gemeinsamen Suchen von Schlafplätzen und vor allem zur Abwehr von Raubvögeln.

Kollektives Bewusstsein funktioniert auch artenübergreifend. In einem Ökosystem wirken verschiedene Spezies – Tier, Pflanzen, Bakterien und Pilze – in enger Symbiose zusammen, um das System gesund und stabil zu halten.

Das müssen wir uns freilich jenseits anthropomorpher Fantasien vorstellen. Dass in einem Teich Wasserrose, Frosch und Fisch miteinander plaudern, passiert nur in Kinderbüchern. Ob und wie Pflanzen, z.B. Bäume im Wald, miteinander kommunizieren, ist ein kontrovers diskutiertes Forschungsthema. Medien sprechen gern plakativ vom *„Wood Wide Web"*. Dass es Informationsweitergabe zwischen Pflanzen gibt, scheint gesichert, spekuliert wird über das Wie: über chemische Botenstoffe oder ein Netzwerk von Pilzfäden im Boden.

Globales Bewusstsein der Erde steht für das Netzwerk auf planetarer Ebene: Atmosphäre, Ozeane und Böden bilden ein miteinander verbundenes, dynamisches System, das optimale Lebensbedingungen aufrechterhält. Darin steckt natürlich kein bewusstes Denken, sondern ein sich selbst automatisch regulierendes System.

Der *Golfstrom* beeinflusst z.B. Bodenstrukturen unter Wasser, fungiert wie eine riesige Klimaanlage im Meer und in der Luft und schafft Wanderrouten für Tiere. Vom Plankton im Meer über wandernde Lachsschwärme flussaufwärts bis zu den dort hungrig lauernden Bären bietet die Natur verborgene Informationen, die Pflanzen anregt und bei Tieren Instinkte auslöst.

Die Idee vom *kollektiven und globalen Bewusstsein* wird in der Biologe und in der Philosophie diskutiert, wobei es noch keine einheitliche wissenschaftliche Definition gibt. Natürlich haben Pflanzen, Biotope und die Erde kein Bewusstsein im menschlichen Sinn, sondern so etwas wie ein selbsttätiges Informationsnetz.

Ich halte den Begriff im philosophisch-ethischen Sinn dennoch für wertvoll. Wenn wir lebenden Systemen, einem Biotop, einem Teich und auch unserer Erde *kollektives bzw. globales Bewusstsein* zugestehen, das der Selbstregulierung und Erhaltung (=Autopoiesis) und Weiterentwicklung (=Emergenz) der Erde dient, dann ändert das unsere Wertschätzung und Verantwortung für all diese Systeme und macht uns Menschen vielleicht ein bisschen bescheidener.

Kosmisches Bewusstsein

Wagen wir gemeinsam mit Fritjof Capra noch einen Gedankenschritt weiter, der ebenso kühn wie naheliegend ist: Es gibt über die Erde hinaus ein *universales oder kosmisches Bewusstsein*, in das alle Bewusstseinsformen eingebettet sind.

Es ist ein philosophischer Gedanke, der aber aus physikalischem Wissen schöpft: Aus Elementarteilchen entstehen Atome; aus diesen Moleküle, die sich zu Zellen vereinigen; diese bilden Organe, die sich zu Lebewesen zusammensetzen, die wiederum Artengemeinschaften oder artenübergreifende Biotope bilden; aus unzähligen dieser Biotope entsteht die Biosphäre der Erde. Unsere Erde vereinigt sich mit Sonne und Planeten zum Sonnensystem; Milliarden Sonnensysteme bilden Galaxien und Milliarden von Galaxien gehen im Universum auf. Von den subatomaren Teilchen bis zu den Galaxien steckt in allen Systemen des Universums eine faszinierende Selbstorganisations-Dynamik und Streben nach Einheit.

Eine andere verblüffende Analogie, die wir beobachten können: Das Konzept der *Autopoiesis* funktioniert auf der Erde durch den Kreislauf von Geboren werden, Sterben und Vererben allen Lebens. Es hat im Mikrokosmos seine Entsprechung in der Teilchenannihilation, in der sich E.T. vernichten und daraus neue E.T. entstehen, und im Makrokosmos im Phänomen der sterbenden Sterne, die als Supernovae ihre Elemente ins All schleudern und dadurch neue kosmische Objekte entstehen lassen. Es ist eine Art *„Circle of Life"* oder *„ewiger Kreislauf"*, der das Universum auf allen Ebenen in Gang hält.[421]

Wir haben das Systemdenken und die Evolution der Erde unmerklich auf *alle* Erscheinungsformen des Universums – organische und anorganische – ausgeweitet. Da alle diese letztlich auf dieselbe winzige Energiekugel des *Big Bang* zurückgehen, scheint dieser ganzheitliche Gedanke schlüssig und zulässig.

Das ist in einem streng naturwissenschaftlichen Rahmen natürlich (noch) nicht beweisbar, wird aber von renommierten Quantenphysikern und Kosmologen implizit angenommen, wie ihre *Modelle von der Welt* (vgl. S.148ff), zeigen, die allesamt das Universum als ganzheitliches System annehmen. Der österreichische

Astrophysiker *Erich Jantsch* (1929 – 1980), Mitbegründer des „Club of Rome", schrieb:

> *„Gott ist nicht der Schöpfer, sondern der Geist des Universums".*[422]

Und er formulierte als Kernthese ganzheitlichen Denkens:

> *„Durch die evolutionäre Selbstorganisation entfaltet sich eine universelle Ordnung in allen Schichten und Bereichen des Universums, bis hin zum menschlichen Geist und der menschlichen Gesellschaft."*[423]

Den Begriff *„kosmisches Bewusstsein"* prägte 1901 der kanadische Psychiater *Richard Maurice Bucke.* Albert Einstein sprach von einer *„kosmischen Religion"* und beschrieb ein religiöses Gefühl gegenüber dem Universum, das auch ohne ein persönliches Gottesbild existiert. An der Nahtstelle von Philosophie und Physik gibt es die *Kosmische Bewusstseinshypothese*, wonach Bewusstsein ein fundamentales Merkmal des Universums sei. Das bedeutet nicht, dass das Universum wie ein Mensch denkt oder fühlt, sondern – umgekehrt und viel größer gedacht –, dass Bewusstsein nicht auf Organisches oder nur auf uns Menschen beschränkt ist, sondern ein universelles Phänomen ist, wie immer dieses aussehen mag.[424]

> Die Idee eines *kosmischen Bewusstseins* korrespondiert mit vielen Philosophien und Religionen der Welt in der Vorstellung eines Weltganzen, in das alle Entitäten des Universums eingefaltet sind. Ob im fernöstlichen Denken das individuelle *Athman* eines Lebewesens im *Brahman* aufgeht oder ob im christlichen Denken unsere arme Seele (hoffentlich) in den Himmel kommt, hängt vom jeweiligen Glauben ab. Beides sind aber Gedankenmodelle, in denen unser individuelles in ein kosmisches Bewusstsein übergeht.

Passt die Welt in ein Sandkorn?

1942 reflektiert Erwin Schrödinger, der mit seiner *Wellenfunktion* in der Physik und seinem *Lebensmolekül* in der Biologie das Bild unseres Universums wie nur wenige geprägt hat, in einem Gedicht die Summe seiner Erkenntnisse.

Denn das, was ist, ist nicht, weil wir es fühlen,
Und ist nicht nicht, weil wir es nicht mehr fühlen.
Weil es besteht, sind wir und sind so dauernd.
So ist denn alles Sein ein einzig Sein.
Und dass es weiter ist, wenn einer stirbt,
sagt dir, dass er nicht aufgehört zu sein.

(Erwin Schrödinger, 1942) [425]

Er zeichnet ein tröstliches Bild von einem Weltganzen, das er *„Sein"* nennt, in das wir Lebewesen *„dauernd"* auch nach unserem individuellen Tod eingebettet sind. Schon unser alter Freund *Heraklit* sah das Universum als *„Ewiges Ganzes"* und formulierte in seiner kryptischen Art:

Der Weise sieht ein, dass alle Dinge eins sind. Erkenne die Intelligenz, die alle Dinge mit allen Dingen verwebt.[426]

Auf unserer Reise durch den Mikrokosmos, den Makrokosmos und durch alle Erdzeiten haben wir viele Dinge beobachtet, die nicht in unser Schulwissen passen. Aber selbst wenn wir manche Phänomene als absurd, chaotisch oder unlogisch empfinden, fügen sie sich letzten Endes doch zu einem Bild zusammen, das zwar wie ein halbfertiges Puzzle ausschaut, dessen Umrisse aber zu erkennen oder zumindest zu erahnen sind.

Wir existieren offensichtlich in einem Universum, das – endlich, aber grenzenlos – seiner Natur alle Freiheiten gibt, eine schier unendliche Vielfalt von Erscheinungsformen zu erfinden, die zwar kunterbunt durcheinanderpurzeln, sich aber doch zu einem Ganzen zusammenfügen. Alle Objekte in diesem Universum und in diesem Buch, Peter in Wien und Paul in Paris, du und ich, Frosch und Stein, Kraut und Unkraut, Lebewesen und Unbelebtes sind auf eine unserer Logik und unserem Vorstellungsvermögen entzogene Art und Weise miteinander verbunden, „verschränkt"; sind Elemente eines großen Ganzen, das nie still steht, sondern in ständiger Bewegung ist. Auch unsere Erde ist ein winziges Sandkorn in diesem großen Ganzen, und wir Menschen sind es auch.

Kurz gesagt: Es gibt nicht nichts. Alles bewegt sich. Und alles ist in allem. Davon handelt dieses letzte Kapitel.

Es gibt nicht Nichts

„Stellen wir uns einen Kubikmeter Luft vor. Nehmen wir an, vor uns, in unserem Esszimmer steht ein würfelförmiger Karton mit ein Meter Seitenlänge. Wir wollen seinen Inhalt in einen Kubikmeter Vakuum verwandeln. Welche Verfahren braucht es dazu?“ [427]

So beginnt Guido Tonelli, der Leiter des legendären *„Higgs-Boson“*-Projekts, sein spannendes Gedankenexperiment, um ein totales Vakuum herzustellen und damit zu untersuchen, ob es das *Nichts*, also die vollkommene Leere, im Universum geben kann. Zunächst müssen wir die Luft absaugen, mit einer Super-Saugpumpe, die wirklich *alle* Luftmoleküle entfernen kann, und wir müssen den Pappkarton durch dicke Stahlwände ersetzen: Jetzt könnte intergalaktisches Vakuum im Behälter herrschen.

Könnte! Tut es aber nicht!

Einige Frequenzen der elektromagnetischen Strahlung durchdringen selbst dicken Stahl. Das kennen wir: Wenn unser Nachbar laut Radio hört, dringen die Bassschwingungen durch die dicksten Mauern. Wir müssen also den Behälter mit mehreren, dicken Metalllegierungen ummanteln, um wirklich alle Strahlungen abzuhalten.

Er ist immer noch nicht leer!

Im Behälter emittieren jetzt nämlich Photonen, da die Stahlwände Wärme – und damit Photonen – nach innen abstrahlen. Wir müssen den Behälter also mit einem komplizierten Kühlsystem dauerhaft auf –273,15 Grad Celsius (=den absoluten Nullpunkt) kühlen.

Immer noch nicht leer.

Den Rauminhalt durchstrahlen aus allen Richtungen *Neutrinos*, die aus der Sonne kommend, sich durch nichts, aber auch gar nichts abhalten lassen. Wir schleppen den Kubus also in eine unterirdische Höhle mit kilometerdickem Fels darüber.

Nutzt nix, die Neutrinos fliegen durch!

Und dann ist da auch noch das *Higgsfeld*, das überall im Universum, auch im Kubus, auch tief unter der Erde, vorhanden ist, unbeeindruckt und unbeirrbar.

Unser Behälter ist alles andere als leer.

Neben all den bekannten Elementen durchfluten das Universum und unsere Box *Dunkle Materie* und *Dunkle Energie*. Wir wissen zwar, dass sie da sind, können sie aber noch nicht identifizieren und daher auch nicht entfernen.

Unser Würfel ist scheinbar leer, aber diese Leere ist nicht *Nichts*. Im Gegenteil: Die Box ist von stillem, aber heftigem Treiben erfüllt! So wie das Universum.

Weil es im Universum keine stabilen Objekte gibt, sondern nur Wahrscheinlichkeitsfelder, die ständig wechselwirken, kann es in der Natur keine Leere geben. Die Übergänge zwischen Materie und Umgebung sind fließend, und das alles füllt den Raum. In der chinesischen Philosophie ist es die Energie des *Ch'i*, das wie das *Higgsfeld* den Kosmos durchfließt und belebt. Wenn die große Leere voll von *Ch'i* ist, kann es so etwas wie *Nichts* im Universum nicht geben.

„Dreißig Speichen treffen die Nabe,
die Leere dazwischen macht das Rad.
Lehm formt der Töpfer zu Gefäßen,
die Leere darinnen macht das Gefäß.
Fenster und Türen bricht man in Mauern,
die Leere in der Mitte macht die Behausung.
Das Sichtbare bildet die Form eines Werkes,
das Nicht-Sichtbare macht seinen Wert aus.“

Laotse [428]

Wie können wir uns das vorstellen? Legen wir uns an einem lauen Sommerabend auf die Wiese in unserem Garten und warten auf den *Perseidenschauer*, der immer im August winzige Meteoriten in der Erdatmosphäre verglühen und als Lichttropfen auf die Erde fallen lässt. Er gibt uns eine Ahnung von dem Teilchen-Regen, der Tag und Nacht 24 Stunden lang in der Erdatmosphäre und überall im Universum regnet. Auch in unserer Schachtel. Auch in uns.

„Denn der Regen, der regnet jeglichen Tag.“
(William Shakespeare: Lied des Narren in „Was ihr wollt“, 1623)

Die ewige Bewegung

Die Weltmaschine

Von 1958 bis 1981 konstruierte der oststeirische Bauer Franz Gsellmann aus Fundstücken von Schrottplätzen seine „Weltmaschine“, eine künstlerisch-versponnene Installation, die in seinem ehemaligen Hof in Edelsbach in der Steiermark zu besichtigen ist. Etwa 2000 verschiedene Bestandteile sind zu einem bebenden, schwingenden, drehenden, dröhnenden, leuchtenden und blinkenden Gerät verbaut, das durch 25 Elektromotoren betrieben wird. Die Maschine besteht neben Spulen, Schläuchen und Drähten aus so skurrilen Teilen wie einem Adler aus Porzellan, einem Orgelgebläse, einer Infrarotlampe, drei Blaulichtern, 64 Vogelpfeifen, 200 Glühbirnen, 14 Glocken, einer Pressluftflasche als Windantrieb, einem Klapotetz, einer Spielzeugrakete, und vielem mehr.[429]

Wenn man in dem engen Stadl vor der rotierenden, blinkenden, klappernden und pfeifenden Maschine steht, bekommt man eine leise Ahnung von der Bewegung im Universum.

Alle Objekte des Universums, sogar Steine, die uns als leblos erscheinen, stecken voll innerer Dynamik: Sie bestehen aus wirbelnden Atomen. In diesen flitzen Elektronen auf ihren Bahnen um den Atomkern. In diesem sind Protonen und Neutronen in winzige Volumina zusammengepresst, wo sie umherrasen, wie Wespen im Gurkenglas. Und in den Protonen und Neutronen tanzen Quarks im Dreierreigen einen wilden Tanz. Je enger der Raum, umso schneller bewegen sich die Elemente. Materie ist nie statisch, kein fester, unveränderlicher Stoff, sondern immer rasend schnelle Bewegung seiner Teilchen geballt auf engstem Raum. Schon Einstein erklärte uns ja in seiner Formel, dass Masse unendlich viel Energie enthält. Diese Energie brodelt in jedem organischen und anorganischem Objekt.

Wenn wir ein Rad mit Speichen oder einen Ventilator mit Rotorblättern sehr schnell drehen, glauben wir, eine still stehende Scheibe zu sehen: Das ist die Illusion, die uns dynamische Materie als feste Körper erscheinen lässt. Auch die Millionen Bildpunkte (Pixel), die über einen Bildschirm huschen, erzeugen die Illusion eines stabilen Bildes. Und ein wurlender Ameisenhaufen schaut aus einiger Entfernung wie ein regloser Erdhügel aus.

Auch unser Universum als Ganzes ist in ständiger Bewegung: Nach der Urknalltheorie dehnt es sich kontinuierlich in rasendem Tempo aus. Die am weitesten entfernten Galaxien erreichen fast Lichtgeschwindigkeit. Das Licht dieser Galaxien kann uns nie erreichen, da sie sich so schnell wie Licht von uns entfernen:

„Das ist wie ein Rennläufer, der sein Ziel nie erreichen wird, weil er auf einer Rennbahn läuft, die sich schneller ausdehnt, als er laufen kann.“[430]

In ferner Zukunft wird sich das Universum vielleicht wieder zusammenziehen. Ausdehnung und Kontraktion als ewig wiederkehrender pulsierender Prozess: wie der Herzschlag des Universums, ein ewiges, langsames, gewaltiges Pumpern.

Shivas Tanz

„Der indische Gott Shiva erscheint manchmal als vierarmiger Tänzer inmitten eines Flammenkreises, der sowohl die sich ausbreitende Energie des Gottes als auch den Rand des Universums symbolisiert. Sein kosmischer Tanz (tandava) symbolisiert den Prozess von Schöpfung, Zerstörung und Wiedererschaffung des Universums.“[431]

Der Hinduismus sieht – wie auch andere östliche Religionen – das Universum als einen wachsenden, sich rhythmisch bewegenden Kosmos, in dem alles fließt und ständig sich wandelt und in dem statische Formen nur *„Maya“* sind, also illusorische Vorstellungen des Menschen.

„Das Universum ist in ewiger Bewegung, in einem ewigen Rhythmus. Im Universum drehen sich Galaxien und in den Galaxien alle Sterne und ihre Planeten. Darin zirkulieren Atome, in diesen wiederum Teilchen. Alle Organismen unterliegen Zyklen von Aktivität und Ruhe, Leben und Sterben. Zivilisationen steigen auf und gehen unter, unser Planet hat seinen eigenen Rhythmus, während er um die Sonne kreist und sich um die eigene Achse dreht.“

schreibt Fritjof Capra. Und er zeichnet das Bild mit uns Menschen weiter:

„Und auch jeder von uns, jeder Mensch, ist Teil dieser kosmischen Bewegung. Unser Herz schlägt im Rhythmus, unser Atem hat seinen eigenen Takt. Unser Sprechen, Bewegen, unsere Gesten und Blicke folgen unserem Rhythmus. Unser Daumenabdruck oder die persönliche Handschrift sind „eingefrorene" Rhythmen, die nur uns zuzuordnen sind. Alles deutet daraufhin, dass wir Menschen, jeder für sich, einen eigenen unverwechselbaren „Puls" oder „Rhythmus" in uns tragen, der aber nie isoliert ist, sondern sich immer auf andere überträgt und mit anderen mischt." [432]

Panta rhei

Jacques Brel schrieb einen *„Valse e mille temps"*, einen *Walzer der tausend Zeiten*, in dem von Strophe zu Strophe das Lied und das Drehen schneller und schneller wird, in *Werner Schneyders* deutscher Übersetzung dreht sich ein Karussell, eine Theaterbühne, die ganze Welt, immer schneller, immer schneller...

Bewegung statt Stillstand gilt auch in der europäischen Philosophie seit Jahrtausenden als Lebensprinzip: Vom lateinischen Aphorismus *„Am rollenden Stein wächst kein Moos"* bis zu Johann Wolfgang von Goethes *„Wer immer strebend sich bemüht, den können wir erlösen..."* [433] zieht sich die Metapher der ewigen Bewegung als Streben nach Fortschritt.

Am lapidarsten hat es Heraklit formuliert: *„Panta rhei"*, alles fließt.

Auch Baruch Spinoza (1632-1677) verbindet das Sein mit Bewegung: *„Ein Körper, dem keine Bewegung zukommt, hat auch kein Sein."* [434] Thomas von Aquin widmet der Bewegung eine kleine Abhandlung.

„Was wollen wir sonst damit sagen, dass der Welpe wächst und nicht bleibt, was er ist, dass die Bronze unter der Hand des Bildhauers in einem anderen Zustand ist als der identisch geformte Bronzeklumpen, den er weggeworfen hat, oder dass das Wasser nicht nur lauwarm ist, sondern auch erhitzt wird? Bewegung ist die Art und Weise, in der die Zukunft zur Gegenwart gehört!" [435]

Georg Wilhelm Friedrich Hegel (1770 – 1831) verdankten wir die *Idee der Dialektik*. Hegel galt als schwieriges Genie, ging mit drei Jahren in die Schule, mit Sieben ins Gymnasium. Er galt als langsamer, zäher, in die Tiefe bohrender und Worte klaubender Denker. *„Sie sind Meisterwerke der Unverständlichkeit, verdunkelt durch Abstraktheit, eine verhängnisvolle Terminologie und einem gotischen Reichtum einschränkender*

Klauseln." schrieb ein bissiger Kritiker über seine Bücher.[436] In seiner *Dialektik* entwickelt Hegel aber eine glasklare, bahnbrechende *Methodik jeden Fortschritts.*

Zu jeder *These* entwickelt sich eine *Antithese*, und nach einem Prozess des Widerspruchs und Konflikts verschmelzen beide zu einer *Synthese*, die eine Zeit lang als neue *These* gültig ist, bis sich zu ihr *wiederum* eine Antithese bildet usw.

Dieses dreistufige Schema zeigt sich von der menschlichen Gesellschaft bis hin zur Evolution der Natur. Hegel nennt das Beispiel einer Knospe *(These)* über die Blüte *(Antithese)* zur Frucht *(Synthese)*[437]. In Gesellschaft und Politik nimmt eine *These* zunächst eine radikale, unangefochtene Position ein. Die Opposition formuliert dazu eine *Antithese*; beide geraten in Konflikt, aus dem – manchmal nach langem Streit – eine *Synthese* hervorgeht. Diese bringt neue Lösungen, im besten Fall als Konsens, der mehr ist als ein Kompromiss. Aber zur *Synthese* entsteht bald eine neue *Antithese:* eine ewige Schleife des Lebens.[438]

Manchmal zeigt sich die Bewegung im Universum als lineare Ausdehnung wie ein fliegender Pfeil; manchmal hüpft sie in Quantensprüngen; manchmal pulsiert sie wie Herzklopfen; manchmal tanzt sie einen dialektischen Dreischritt, wie einen eleganten Walzer; manchmal formt sie einen Lebenskreis wie im fernöstlichen Yin und Yang.

Wir Menschen verharren gern im gegenwärtigen Zustand, weil wir Angst vor Veränderung haben. Es muss uns aber klar sein, dass wir die Bewegung des Lebens nicht aufhalten können, da uns, wie Heraklit erklärt, *immer neue Wasser zuströmen* und wir selbst *in jeder neuen Sekunde ein anderer* sind.

Die Alternative zur ewigen Bewegung wäre der ewige Stillstand. Darin würde die Welt erstarren wie der Kaiser im Untersberg.

„Der Kaiser wartet nach der Sage im Untersberg auf seine Auferstehung. An einem Marmortisch soll er mit einer Runde von Edelleuten sitzen. Sein langer Bart schlängelt sich um den Marmortisch herum, zweimal, dreimal. Alle 100 Jahre, so heißt es, wacht er auf, schickt einen Knappen hinaus: Zählt dieser 24 Raben, die um den Untersberg fliegen – nicht mehr und nicht weniger – so erhebt sich der Kaiser zur letzten Schlacht. Wenn es mehr oder weniger Raben sind, legt sich der Kaiser wieder zur Ruh und schläft für weitere 100 Jahre."[439]

Es gibt unzählige Varianten dieser Sage, deren Kern immer derselbe ist: Der Kaiser bleibt wohl ewig im Berg. Im Stillstand. Nochmals Heraklit:

> *„Die einzige Konstante im Universum ist die Veränderung. Nichts ist so beständig wie der Wechsel.“*[440]

Am lapidarsten ist die ewige Bewegung in einem taoistischen *Koan* festgehalten:

> *„Was ist das Dào?“ fragt der Schüler den Lehrer.*
> *„Geh weiter...!“ antwortet der Lehrer.*[441]

Alles ist in Allem

> *„Das Universum beginnt mehr wie ein großer Gedanke denn wie eine große Maschine auszusehen.“*[442]
>
> *(James Jeans, 1877-1946 britischer Physiker, Astronom und Mathematiker)*

Wir Lebewesen und alle Objekte um uns sind trotz unserer Individualität eingefaltet in ein größeres Ganzes, sind Teile eines großen Systems. Und als solche können wir auf eine bis heute unerklärliche Weise Informationen austauschen - jenseits von Zeit und Raum. So wie unser Körper ein *lebendes System* ist, ist auch unser Universum ein *lebendes System.* Einsteins verrückter EPR-Versuch rund um die Zwillingsteilchen Peter und Paul ist ungewollt einer der überzeugendsten Beweise dieser Universalitätsidee.

> *„Das Auseinanderstrebende vereinigt sich, aus dem Verschiedenen entsteht die schönste Harmonie“. (Heraklit)*[443]

Die meisten fernöstlichen Weltanschauungen sind überzeugt von der Einheit des Universums. Hinter der ungeheuren Vielfalt der Welt sehen die fernöstlichen Religionen eine *letzte, unteilbare Wirklichkeit*, die sich in allen Dingen und in allem Denken manifestiert.

Im Hinduismus heißt sie *Brahman*: Das ist *Alles*, ist die *Wirklichkeit*, ist das *„wesentliche Selbst.“* Es ist das *kosmische Bewusstsein*, aus dem alles hervorgeht und aus dem alles besteht, es existiert außerhalb von Zeit und Raum. Und es ist immanent auch im Bewusstsein von uns Menschen vorhanden. Wir sind Teil dieses Ganzen, sind *Athman,* das durch Meditation und Entsagung versucht, im *Brahman* aufzugehen.

In der chinesischen Philosophie ist das *Tao* (oder *Dào*) eine Art von transzendenter, höchster Wirklichkeit, die man als *Weltganzes* deuten könnte. Eigentlich ist es ein Begriff für „Unaussprechliches“: *Ich kenne seinen Namen nicht, darum nenne ich es „Tao“ (=„Dào“),* heißt es im *Tao-Te-King (=Dàodejing),* dem Weisheitsbuch des *Laozi* (=*Laotse*).[444]

Auch bei den alten Griechen gab es diese universelle Vorstellung. Platon betrachtete das Universum in seinem Werk *„Timaios“* als *„ein einziges lebendiges Wesen mit einer Weltseele“.*[445]

Heraklit verstand das Universum als *„Logos, als ewiges Ganzes, in dem alle Dinge eins sind.“*[446]

Pythagoras sah im Universum *„die ewige Seele, die in allen Lebewesen wiedergeboren werde“.* *„Wissen“* (=Nachdenken und Forschen) und *„reines Wissen“* (=Kontemplation und Meditation) *führen zur ewigen Seele.*[447]

Max Planck führt den Gedankenbogen in die Naturwissenschaft. Viele Quantenphysiker*innen teilen seine Ansicht:

> *„Alle Materie entsteht und besteht nur durch die eigene Kraft, welche die Atomteilchen in Schwingung bringt und sie zum winzigsten Sonnensystems des Atoms zusammenhält. [..] Wir müssen hinter dieser Kraft einen bewußten intelligenten Geist annehmen. Dieser Geist ist der Urgrund aller Materie.“*[448]

Wir haben das Universum als endlich, aber grenzenlos kennengelernt. Wenn wir das Universum entlang laufen oder fliegen, werden wir nie ans Ende kommen. In sich ist das Universum aber völlig abgeschlossen. Alles ist im Universum seit Anbeginn vorhanden und im ständigen Austausch von Masse und Energie in einem ewigen Kreislauf, wie es Einsteins geniale Formel erklärt. Alle Vorgänge im Universum sind Bewegung seiner Elementarteilchen und Kräfte: Ein Kommen und Gehen, ein Aufflackern und Verlöschen, ein Ausdehnen und Zusammenziehen, ein Geboren Werden und ein Sterben.

In der modernen auf der Quantenphysik fußenden Naturwissenschaft, in den fernöstlichen Religionen und in der griechischen Naturphilosophie entspringt das harmonische Zusammenwirken aller Daseinsformen nicht den Anordnungen einer höheren Autorität von außen, sondern aus der Tatsache, dass alle Daseinsformen des Universums Teile einer Ganzheit sind, einer kosmischen Struktur, die sich selbst generiert und regeneriert (*Autopoiesis*) und weiterentwickelt (*Emergenz*).

Eine Frage bleibt offen: Schenkt ein *„bewusster, intelligenter Geist"*, wie es Max Planck nannte, oder ein *„erster, göttlicher Erreger"*, wie es Thomas von Aquin vermutete, der Natur die Freiheit zur Entfaltung der Welt? Oder ist die Natur in unserem Universum selbst diese „Weltseele", die sich alle Freiheit zur Entfaltung und Gestaltung der Welt nimmt, die wir oft als Zufall empfinden, aber dann doch als faszinierendes Ganzes erleben?

Ich fürchte, liebe Mitreisenden, diese Frage muss jeder und jede für sich selbst beantworten. Das macht aber nichts! Denn wie wir wissen, tragen alle Modelle der Welt einen Zipfel der Wirklichkeit in sich.

Auf eine Frage bin ich aber noch eine Antwort schuldig, nämlich auf die Frage im Titel unseres Buches.

Passt die Welt in ein Sandkorn?

In nahezu allen Weltreligionen und philosophischen Strömungen gibt es eine ganzheitliche Sicht des Universums, in dem alle Individuen in einem größeren Ganzen aufgehen, und dieses größere Ganze sich in jedem Individuum spiegelt. Das entspricht auch der Sicht der modernen Physik, die noch nach der passenden Formel sucht.

Der legendäre Arzt, Philosoph und Naturforscher *Paracelsus* (1493 – 1541) war der erste, der den Mikrokosmos des Menschen in den Makrokosmos der Natur einbettet:

„Man muss verstehen, daß der Mensch die kleine Welt ist..., daß alle himmlische Läuf, irdische Natur, wässrige Eigenschaft und luftiges Wesen in ihm sind. Im ihm ist die Natur aller Früchte der Erde und aller Erz, die Natur der Wasser..." [449]

Der große Universalforscher und Dichter *Johann Wolfgang von Goethe* hatte den genialen Gedanken:

„Wär' nicht das Auge sonnenhaft, die Sonne könnt' es nie erblicken." [450]

Im Buddhismus gibt es die Geschichte vom vollkommenen Turm:

„Der Turm ist so breit und geräumig wie der Himmel selbst. Er ist prächtig geschmückt und besteht aus zahllosen Palästen, Veranden, Fenstern, Treppen, Geländern und

Passagen[...] Innerhalb dieses Turmes, gibt es wieder Hundertausende von Türmen, von denen jeder wiederum so geräumig wie der Himmel und erlesen ausgestattet ist, wie der Hauptturm. Und alle diese Türme von unnennbarer Zahl stehen einander nicht im Weg; jeder bewahrt seine individuelle Existenz in voller Harmonie mit allen übrigen. Nichts hindert einen Turm, in alle anderen einzugehen, individuell oder kollektiv. Es ist ein Zustand eines vollkommenen Vermischens und dennoch einer vollkommenen Ordnung. Der junge Pilger Sudhana sieht sich selbst in allen diesen Türmen und auch in jedem einzelnen, wo alles im Einzelnen enthalten ist und jedes Einzelne alles enthält.“[451]

Der Turm ist eine rätselhafte Metapher für das Universum. Durch Durchdringung aller Teile und durch die daraus entstehende Wechselbeziehung, die räumlich und zeitlich immer stattfindet, entsteht unser harmonisches Universum.

Alle Objekte – lebende und leblose – sind Teile eines größeren Ganzen, verschiedene Fasern derselben Decke, verschiedene Finger derselben Hand. Was uns als Körper erscheint, sind bloß augenblickliche Stadien der großen Energiebewegung. Für Augenblicke einer Weltsekunde wird aus Energie Masse, wird aus einem Energiefeld ein Apfel, wie es Einstein in seiner berühmten Formel erkannt hat. Beiß schnell hinein!

Im Buddhismus heißt es:

„Im Himmel hängt ein Netzwerk von Perlen so angeordnet, dass du beim Anblick einer Perle alle anderen in dieser widergespiegelt siehst. Genauso ist jeder Gegenstand der Welt nicht bloß er selbst, sondern ein Teil jedes anderen, er ist in Wirklichkeit alles andere.“[452]

Der deutsche Philosoph *Wilhelm Leibniz* entwickelte Ende des 17. Jahrhundert seine *Monadenlehre. Monaden* sind bei ihm (wie bei *Demokrit* die *Atome*) die kleinsten Teilchen, die die Welt zusammenhalten, aus ihnen besteht jedes Objekt oder Individuum. Gleichzeitig ist *jede Monade* aber der lebendige Spiegel des Universums, denn *in jeder Monade steckt das ganze Universum.*[453]

Ein gewisser *Jesus* behauptete vor rund 2000 Jahren, dass sein Leib und sein Blut im (in der Messe geweihten) Brot und Wein stecken.

„Wer mein Fleisch isst und mein Blut trinkt, hat das ewige Leben und ich werde ihn auferwecken am Jüngsten Tag.“ (Joh.6, 54)

Jesus erklärt sich selbst zu einer Allegorie für die Ganzheit unseres Universums. Alles ist in allem enthalten, alles ist in ihm und in allem und in ihm steckt ewiges Leben. In einer weniger bekannten Stelle im *Johannesevangelium* wird Jesus so zitiert:

> *„Alle sollen eins sein: Wie du, Vater, in mir bist und ich in dir bin, sollen auch alle in uns sein." (Joh.17, 20-26)* [454]

Es wird Zeit, den Schreibtisch aufzuräumen.

* Alle Erscheinungsformen der Welt, organische und anorganische, Materie und Ideen, Stein und Frosch, du und ich sind bloß unterschiedliche Manifestationen derselben Handvoll Teilchen.

* Alle Erscheinungsformen der Welt, organische und anorganische, Materie und Ideen, Stein und Frosch, du und ich sind Teil eines größeren Ganzen. Dieses hat viele Namen: Wir können es Tao, Brahman, Gott, Weltseele oder Natur nennen.

* Wenn alle Individuen eins sind in diesem größeren Ganzen, dann sind sie auch eins im Leben.

* Die Welt oszilliert ständig zwischen Yin und Yang, zwischen Geboren werden und Sterben. Alle Widersprüche vereinigen sich.

* Alles im Universum bewegt und verändert sich ununterbrochen. Die Welt ist in jeder Sekunde eine andere, so wie ein Fluss in jeder Sekunde ein anderer ist und der Mensch, der in den Fluss steigt, auch.

* Allen Dingen liegt die Fähigkeit und das Ziel inne, sich weiterzuentwickeln. Ständig entstehen neue Formen, neue Verbindungen. Nichts ist schon da gewesen.

* Gleichzeitig war immer schon alles da. Beim Urknall ist alles aus einem winzigen Ball in die Welt geflogen. Alle Sonnen und Planeten, wir Menschen, alle Tiere, Pflanzen und alles, was existiert.

* Alle Erscheinungsformen der Welt, organische und anorganische, streben nach einer größeren Ordnung, nach Komplexität, nach Vernetzung, nach Kooperation, nach Vereinigung.

* Die Natur gestaltet sich aus sich selbst und wird nicht von außen oder oben vorherbestimmt. *Zufall* ist die Selbstbestimmung der Natur, und *freier Wille* ist die Selbstbestimmung von uns Menschen.

* Wenn im Ganzen des Universums zwischen organischer und unorganischer Materie kein Unterschied ist, dann gibt es auch keinen Unterschied zwischen Ideen und Materie.

* Eine „wirkliche" Blume auf der Wiese, die sich in einer Weltsekunde aus Energiefeldern zusammenfügt und eine „gedachte" Blume in den Gedankenfeldern unserer Fantasie unterscheiden sich nur in der äußeren Form, nicht in ihrem Wesen.

* Fantasie und reflexives Bewusstsein lassen uns Menschen teilhaben an der dynamischen Harmonie der Welt und lassen sie uns mitgestalten: Teile zu einem Ganzen weben, Auseinanderliegendes verknüpfen, Neues schaffen.

* In der Kunst können wir das Fließen des Universums darstellen: Im Verschmelzen der Töne zu einer Melodie; in der wilden Bewegung verschwimmender Farben auf einer Leinwand, im Mikrokosmos eines Gedichts ahmen Künstler*innen die ewige Bewegung des Ineinander und Miteinander unseres Universums, den wunderbaren Tanz der Teilchen, das ewige Fließen des Flusses nach.

* Wenn sich alle Elemente des Universums zu einem größeren Ganzen fügen, dann sind alle Elemente gleich *wertig* und gleich *wichtig* und gleich *berechtigt.*

* Es gibt keine Hierarchie unter den Elementen, nur Nebeneinander und Ineinander und Miteinander.

* Wenn auch nur ein Sternchen am großen Himmelszelt, ein Sandkorn im Meer fehlen würde, wäre das Universum unvollkommen.

Fritjof Capra, (*1939), der österreichisch-amerikanische Physiker, Philosoph und Grenzgänger zwischen Quantenphysik und fernöstlicher Mystik, dem ich die Idee zu diesem Buch verdanke, beschreibt seinen Erkenntnismoment:

> *„Eines Nachmittags im Spätsommer saß ich am Meer; ich sah, wie die Wellen anrollten, und fühlte den Rhythmus meines Atems, als ich mir plötzlich meiner Umgebung als Teil eines gigantischen kosmischen Tanzes bewusst wurde. Als Physiker wusste ich, dass der*

Sand und die Felsen, das Wasser und die Luft um mich herum sich aus vibrierenden Molekülen und Atomen zusammensetzen. Diese wiederum bestehen aus Teilchen, die durch Erzeugung und Zerstörung anderer Teilchen miteinander reagieren. Ich wusste auch, dass unsere Atmosphäre ständig durch Ströme kosmischer Strahlen bombardiert wird, Teilchen von hoher Energie, die beim Durchdringen der Luft vielfache Zusammenstöße erleiden.[...] Als ich an diesem Strand saß, [...] sah ich förmlich, wie aus dem Weltenraum Energie in Kaskaden herabkam [...] Ich sah die Atome der Elemente und die meines Körpers als Teil dieses kosmischen Energietanzes; ich fühlte seinen Rhythmus und hörte seinen Klang, und in diesem Augenblick wusste ich, dass dies der Tanz Shivas war, des Gottes der Tänzer, den die Hindus verehren."[455]

Wann immer ich am Ufer der Donau stehe und in die ewig-wiegenden Wellen schaue, wann immer ich am Strand von Grado die Wellen von Horizont her anrollen sehe, habe ich Capras Bild vor Augen. Nein, besser: in mir drin.

Zum Schluss

Wir sitzen immer noch oder schon wieder im UFO über meinem Garten. Zwei Jahre sind vergangen, seit ich die ersten Zeilen aufschrieb. Ein paar Tage oder Wochen sind für euch Mitreisende vergangen, die dieses Buch lesen. Zeit ist relativ. Eichhörnchen, Amsel, Buntspecht, Erdkröte sind noch da. Vielleicht sind es auch schon deren Kinder. Die Erdkröte hat sich noch nicht in einen Stein verwandelt oder umgekehrt, obwohl sich die beiden sehr ähnlich schauen. Die Pflanzen sind gewachsen und wir haben ihnen dabei zugeschaut: Kraut oder Unkraut? Egal! Dazwischen surrt eine Vielzahl von Insekten durcheinander: Geziefer oder Ungeziefer? Alle gleich wichtig! Über allem kreist unser Freund, der Bussard in endlosen Schleifen. Vom gegenüberliegenden Acker weht der Südwind ein wenig Staub herüber und aus der Sahara auch, und von der Sonne wehen Neutronen durch uns durch. Aus der Donau steigt Dunst auf. Und in Allem und Jedem schwirren Abermilliarden von Elementarteilchen, vereinigen sich, trennen sich, bewegen sich und bewegen uns.

Es ist tröstlich in den Garten und in die Donauau zu schauen, wo unzählige Verwandte von uns sitzen und blühen und fliegen und krabbeln und buddeln. Es ist tröstlich in den Nachthimmel zu schauen und zu wissen, dass wir Winzlinge Teil dieses Ganzen sind. Wir sind nicht einsam in ein finsteres All geschleudert, sondern wir sind Teile von Allem. Alles ist mit allem verschränkt. Alles bewegt sich in einem ewigen Tanz miteinander. Es gibt nicht Nichts. Alles ist in Allem.

Mehr ist da nicht? Mehr braucht es nicht! Vielleicht haben wir am Schluss dieses Buches doch so etwas wie eine Weltformel gefunden?

„Aus Allem eins und aus Einem alles!“

sagt Heraklit, unser treuer Reisebegleiter.[456] William Blake (1757 – 1827), Maler und Dichter, schreibt:

"Um die Welt in einem Sandkorn zu sehen und den Himmel in einer wilden Blume, halte die Unendlichkeit auf deiner flachen Hand und die Stunde rückt in die Ewigkeit."

(To see a world in a grain of sand / And a heaven in a wildflower,
Hold infinity in the palm of your hand / And eternity in an hour.) [457]

In diesem wunderlichen Gedicht – gleich einem Koan – steckt auch die Antwort auf die Titelfrage: *Die Welt besteht aus unendlich vielen Sandkörnern, und in jedem Sandkorn steckt die ganze Welt.* Also: *Ja, die Welt passt in ein Sandkorn!*

Zu diesem Buch

* Ich habe durchwegs Quellen wissenschaftlich anerkannter Autor*innen verwendet, die ihr Wissen auch in populären Sachbüchern vermitteln. Ich habe Theorien und Thesen möglichst nach dem Recherche-Grundsatz *„check – double check – re-check"* überprüft und mich bemüht, jeweils die aktuelle wissenschaftliche Position zu einem Thema einzuholen. Wo eine Theorie keinen breiten Konsens hat, habe ich im Text oder in einer Endnote darauf hingewiesen.

* Im Sinne guter Lesbarkeit verzichte ich auf die in wissenschaftlichen Werken übliche amerikanische Zitierweise (in Klammern im Fließtext), sondern zitiere gemeinsam mit meinen Anmerkungen in Endnoten. Zur besseren Zugänglichkeit der Quellen habe ich wenn möglich die entsprechende Website als Quelle angegeben.

* Da ich es seit Jahrzehnten gewohnt bin, zu gendern, tue ich das auch in diesem Buch, aber in einer etwas reduzierten Form. Wenn ich konkrete Menschen anspreche (z.B. „Wissenschaftler*innen"), gendere ich, in abstrakten Formulierungen (z.B. „Beobachter" im physikalischen Versuch) bleibe ich beim generischen Maskulin.

Meine persönlichen Kommentare habe ich durch eine eigene Schrift gekennzeichnet. Sie holen die hohe Wissenschaft auf das Niveau meines bescheidenen Verstandes herunter und versuchen, abstrakte Theorien in möglichst banalen Alltagsbildern auszudrücken.

Danke

Unter den vielen Autorinnen und Autoren, die ich zitiere und deren Wissen ich verarbeitet habe, ragen einige besonders hervor. *Fritjof Capra* und *Konrad Lorenz* weckten in den 1970er und 1980er Jahren mein Interesse an der Thematik und machten mir Lust, selbst über dieses Thema zu schreiben. *Anton Zeilinger* und *Stephen Hawking* prägten mein aktuelles Wissen durch ihre luziden Bücher, die gezielt Laien wie mich ansprechen. *Juval Harari* brachte mein historisches Weltbild durch seine abgrundtief skeptischen Thesen ins Wanken, *John Hands* bildete durch seinen ganzheitlichen Optimismus den Gegenpol. *Eric Kandel* und *Stanislav Dehaene* prägten mein Grundlagenwissen über das Gehirn, *Christian Doelker* öffnete mir die Augen für den Zusammenhang von Bild und Schrift und die Mechanismen der Kommunikation. Ihnen allen gemeinsam ist, dass sie über den Tellerrand ihrer Fachdisziplinen hinausschauen und so etwas wie moderne „Universalgelehrte" sind.

Über allen schweben die altgriechischen Philosophen, vor allem mein geliebter *Heraklit*, deren Kenntnis ich meinem alten Gymnasium verdanke, und die so vieles vorausgedacht haben, was heute als anerkanntes Wissen gilt. Ich hoffe, dass ich ihr ganzheitliches, humanistisches Denken in meinem Buch einfangen konnte.

Diesen und allen anderen im Quellenverzeichnis genannten (und auch den vielleicht von mir übersehenen Ideenspendern) gilt mein Dank (und allenfalls meine Entschuldigung).

Danke für die Buchtipps, Aufmunterungen und vorauseilende Neugierde vieler Freunde und Verwandter! *Ihr habt mir Mut gemacht, das Buch zu schreiben!* Meine frühere Lebenspartnerin Verena war in den 1980er-Jahren eine wichtige Wegbegleiterin bei meinen Gehversuchen zu den Themen des Buches. *Ich winke dir!* Meine Autoren-Kollegin Maria Lehner und ich „wetteifern" im Bücherschreiben, unser offener Erfahrungsaustausch ist immer wertvoll für mich. *Auf viele weitere Gespräche!* Mein alter Freund Ali Almer war in fast täglichen Mails ein strenger Lektor, kreativer Ideenspender und weiser, humorvoller Ratgeber. *Lieber Ali – großen Dank für deine Seelenfreundschaft!* Und meine Ehefrau Birgit gab mir mit unendlicher Geduld in unzähligen Gesprächen Aufmunterung und Denkanstöße und damit die Kraft, das Buch zu schreiben. *Was wär ich ohne dich?*

Das Team der Buchschmiede begleitete mich kompetent und freundlich durch die Produktion des Buches. *Danke, dass ihr so unkompliziert agiert!*

Und zuletzt danke ich euch, meine, lieben Mitreisenden, die ihr den weiten Gedankenflug durchs Universum mit mir gewagt habt. Heraklit möge euch begleiten:

> *„Weisheit besteht darin, auf die Natur zu hören und nach ihr zu handeln."*[458]

Quellen

Literatur

Ball, James, u.a. *Da war doch was: In 100 Grafiken durch die Weltgeschichte*. Autoris. dt. Ausg, National Geographic Deutschland, 2013.

Binnig, Gerd, und Rudi Gerharz. *Aus dem Nichts: Über die Kreativität von Natur und Mensch*. 4. Aufl., Neuausg. 1992 , 19.-28. Tsd. (1. Aufl. = 1.-10. Tsd. dieser Ausg.), Piper, 1992.

Bøgeskov, Jens, u.a., Herausgeber. *Das menschliche Gehirn: Aufbau, Funktionsweise und Fähigkeiten eines erstaunlichen Organs*. 1. Auflage, Brandstätter, 1999.

Burda, Hubert, und Friedrich A. Kittler. *In medias res: Zehn Kapitel zum Iconic Turn*. Petrarca, 2010.

Callender, Craig. *Zeit: ein Sachcomic*. Herausgegeben von Ralph Edney, 3. Auflage, TibiaPress Verlag GmbH, 2016.

Capra, Fritjof, u.a. *Das neue Denken: Ein ganzheitliches Weltbild im Spannungsfeld zwischen Naturwissenschaft und Mystik; Begegnungen und Reflexionen*. Ungekürzte Ausg., 2. Aufl, Dt. Taschenbuch-Verl, 1992.

---. *Lebensnetz: Ein neues Verständnis der lebendigen Welt*. Unveränderter Reprint einer älteren Ausgabe (Zweite Auflage 1996, Scherz Verlag), FISCHER Taschenbuch, 2015.

---. *Das Tao der Physik: Die Konvergenz von westlicher Wissenschaft und östlicher Philosophie*. Neuausg, Barth, 2012.

---. *Wendezeit: Bausteine für ein neues Weltbild ; mit einem Vorwort zur Taschenbuchausgabe*. Ungekürzte Ausg., 4. Aufl., 67.-70. Tsd, Dt. Taschenbuch-Verl, 1995.

Carter, Rita, und Christopher D. Frith, Herausgeber. *Das Gehirn: Anatomie, Sinneswahrnehmung, Gedächtnis, Bewusstsein, Störungen*. Dorling Kindersley, 2010.

Chalmers, David John, und Tim Peacock. *Realität+: Virtuelle Welten und die Probleme der Philosophie*. Übersetzt von Björn Brodowski und Jan-Erik Strasser, 1. Auflage, Deutsche Erstausgabe, Suhrkamp, 2023.

Clegg, Brian, u.a., Herausgeber. *Quantentheorie in 30 Sekunden: Die wichtigsten Erkenntnisse und Thesen aus der Welt der modernen Physik*. Übersetzt von Simon Schwarz, Librero, 2016.

Cohen, David, und Ulrike Müller-Kaspar, Herausgeber. *Die geheime Sprache von Geist, Verstand und Bewußtsein*. Hugendubel, 1997.

Csikszentmihalyi, Mihaly, u.a. *Kreativität: Wie Sie das Unmögliche schaffen und Ihre Grenzen überwinden*. 7. Aufl, Klett-Cotta, 2007.

De Crescenzo, Luciano. *Alles fließt, sagt Heraklit.* Albrecht Knaus Verlag, 1994

Dehaene, Stanislas, u.a. *Lesen: Die größte Erfindung der Menschheit und was dabei in unseren Köpfen passiert*. 3. Aufl, Knaus, 2010.

Doelker, Christian. *Ein Bild ist mehr als ein Bild: Visuelle Kompetenz in der Multimedia-Gesellschaft*. 1. Auflage, Klett-Cotta, 2013.

Ferreira, Pedro G. *Die perfekte Theorie: Das Jahrhundert der Genies und der Kampf um die Relativitätstheorie*. 1st ed, C.H. Beck, 2014.

Fink, Helmut. *Unbestimmt und Relativ? Das Weltbild der modernen Physik*. 1st ed, Springer Berlin / Heidelberg, 2023.

Floridi, Luciano, und Axel Walter. *Die 4. (vierte) Revolution: Wie die Infosphäre unser Leben verändert*. Erste Auflage, 2015.

Geschichte der griechischen Philosophie. 1: Die Vorsokratiker. 1990.

Hands, John. *Cosmosapiens: Die Naturgeschichte des Menschen von der Entstehung des Universums bis heute*. Übersetzt von Helmut Reuter, 1. Auflage, Pantheon, 2018.

Harari, Yuval Noaḥ. *Homo deus: Eine Geschichte von Morgen*. Übersetzt von Andreas Wirthensohn, 16. Auflage in C.H. Beck Paperback, C.H. Beck, 2023.

---. *Sapiens: eine kurze Geschichte der Menschheit*. Übersetzt von Jürgen Neubauer, 1. Auflage, Penguin Verlag, 2024.

Hawking, Stephen. *Die illustrierte kurze Geschichte der Zeit:* Übersetzt von Hainer Kober, 2., Sonderausgabe Aufl., Rowohlt Taschenbuch, 2000.

---. *Kurze Antworten auf grosse Fragen*. Übersetzt von Susanne Held und Hainer Kober, 32. Auflage, Klett-Cotta, 2023.

Hawking, Stephen W., und Leonard Mlodinow. *Der große Entwurf: Eine neue Erklärung des Universums*. Übersetzt von Hainer Kober, 2. Auflage, Rowohlt Taschenbuch Verlag, 2013.

Honerkamp, Josef. *Wissenschaft und Weltbilder: Wie Wissenschaft unser Leben prägt und wir uns letzten Fragen nähern*. 2. Auflage, Springer, 2023.

Izutsu, Toshihiko. *Philosophie des Zen-Buddhismus*. 23.-24. Tsd., Unveränd. Neuausg, Rowohlt, 1995.

Kaku, Michio. *Die Gottes-Formel: Die Suche nach der Theorie von Allem*. Übersetzt von Monika Niehaus und Bernd Schuh, Rowohlt Taschenbuch Verlag, 2023.

Kandel, Eric Richard. *Das Zeitalter der Erkenntnis: Die Erforschung des Unbewussten in Kunst, Geist und Gehirn von der Wiener Moderne bis heute*. Siedler, 2012.

Kress, Gunther R. *Multimodality: A Social Semiotic Approach to Contemporary Communication*. Routledge, 2010.

Liu, Charles, u.a. *Das Universum in 30 Sekunden: 50 faszinierende Phänomene des Weltalls*. Librero, 2021.

Lobin, Henning. *Digital und vernetzt: Das neue Bild der Sprache*. J. B. Metzler Verlag, 2018.

---. *Engelbarts Traum: Wie der Computer uns Lesen und Schreiben abnimmt*. Campus-Verlag, 2014.

Ludwig, Ralf. *Philosophie für Anfänger von Sokrates bis Sartre: Ein Wegbegleiter durch die abendländische Philosophie*. Originalausgabe, 10. Auflage, dtv Verlagsgesellschaft mbH, 2024.

Maar, Christa, und Hubert Burda. *Iconic Turn: Die neue Macht der Bilder*. DuMont Literatur und Kunst Verlag, 2004.

Manguel, Alberto, u.a. *Bilder lesen: Eine Geschichte der Liebe und des Hasses*. 2. Aufl, Rowohlt-Taschenbuch-Verl, 2005.

Manguel, Alberto. *Eine Geschichte des Lesens*. Rowohlt-Taschenbuch-Verl, 2000.

McCloud, Scott. *Comics richtig lesen: die unsichtbare Kunst*. Übersetzt von Heinrich Anders, 14. Aufl, Carlsen Verlag GmbH, 2021.

McEvoy, Joseph P., und Oscar Zarate. *Quantentheorie: ein Sachcomic*. 5. Auflage, TibiaPress Verlag GmbH, 2016.

Milnikel, Clara. *„Was du über Elementarteilchen wissen musst". quarks.de*, 14. Januar 2021, https://www.quarks.de/weltall/was-du-ueber-elementarteilchen-wissen-musst/.

Narodoslawsky, Michael, und Franz Moser. *Bewußtsein in Raum und Zeit: Grundlagen der holistischen Weltsicht. Einblicke in die Spielregeln Gottes*. 1. Aufl., Insel Verlag, 1996.

Nützel, Nikolaus, und Jürgen Andrich. *Das Universum im Kopf: Wie unser Gehirn funktioniert*. Bloomsbury Kinderbücher & Jugendbücher, 2008.

Schutten, Jan Paul, und Floor Rieder. *Evolution oder das Rätsel von allem, was lebt*. Übersetzt von Verena Kiefer, 5. Auflage, Gerstenberg, 2018.

Segal, Lynn, und Lynn Segal. *Das 18. Kamel oder Die Welt als Erfindung: Zum Konstruktivismus Heinz von Foersters*. Piper, 1988.

Stöckl, Hartmut. *Die Sprache im Bild - das Bild in der Sprache: zur Verknüpfung von Sprache und Bild im massmedialen Text Konzepte, Theorien, Analysemethoden*. 2004. W. de Gruyter.

Störig, Hans Joachim. *Kleine Weltgeschichte der Philosophie*. 63.-74. Tsd, Fischer-Taschenbuch-Verl, 1991.

Thompson, Richard F., u.a. *Das Gehirn: von der Nervenzelle zur Verhaltenssteuerung*. Nachdr. der 3. Aufl. 2001, Spektrum Akad. Verl, 2015.

Tonelli, Guido. *Die Illusion der Materie: Was die moderne Physik über unsere Welt verrät*. C.H.Beck, 2024.

Vallejo, Irene. *Papyrus: Die Geschichte der Welt in Büchern*. Übersetzt von Maria Meinel und Luis Ruby, Diogenes, 2022.

Völk, Julie. *Zur Zeit, wo das Wünschen noch geholfen hat*. Gerstenberg Verlag, 2021.

Vollert, Tim. *Mit Physik auf der Suche nach dem Sinn des Lebens*. Originalausgabe, dtv, 2025.

von Oech Roger. *Was würde Heraklit tun?* Scherz Verlag, 2002.

Warburton, Nigel, u.a. *Was können wir wissen, was dürfen wir tun? Einstieg in die Philosophie*. Dt. Erstausg, Rowohlt, 1998.

Watzlawick, Paul. *Anleitung zum Unglücklichsein*. 51. Aufl, Piper, 1998.

---. *Die Erfundene Wirklichkeit: Wie wissen wir, was wir zu wissen glauben? Beiträge zum Konstruktivismus hrsg. und komm. von Paul Watzlawick*. Piper, 1988.

---. *Wie wirklich ist die Wirklichkeit ? Wahn, Täuschung, Verstehen*. R. Piper & Co. Verlag, 1987.

Zeilinger, Anton. *Einsteins Schleier: Die neue Welt der Quantenphysik*. C.H.Beck, 2004.

Zeilinger, Anton, und Friedrich Griese. *Einsteins Spuk: Teleportation und weitere Mysterien der Quantenphysik*. 11. Aufl., Taschenbuchausg, Goldmann, 2007.

Web-Quellen

Alle Zugriffe am 19. Mai 2025.

„Alle KI Tools - Verzeichnis für Künstliche Intelligenz“. *KI-Zentrale*, https://kizentrale.de/ki-tools/. *anthropisches Prinzip*. https://www.spektrum.de/lexikon/astronomie/anthropisches-prinzip/14.

Bendel, Prof Dr Oliver. „Definition: Hologramm“. *https://wirtschaftslexikon.gabler.de/definition/hologramm-99480,*

Bewusstsein | dasGehirn.info - der Kosmos im Kopf. https://www.dasgehirn.info/denken/bewusstsein.

Das Standardmodell der Teilchenphysik. https://www.weltmaschine.de/physik/standardmodell_der_teilchenphysik/.

„Der große Entwurf“ von Stephen Hawking – die komplette Rezension“. *Astrodicticum Simplex*, 17. Oktober 2010, https://scienceblogs.de/astrodicticum-simplex/2010/10/17/der-grosse-entwurf-von-stephen-hawking-die-komplette-rezension/.

Die Evolution des menschlichen Gehirns. https://www.mpg.de/8953555/mpi_evan_jb_2014?c=8236817.

„Die Summe über alle Geschichten“. *Astrodicticum Simplex*, 12. Oktober 2010, https://scienceblogs.de/astrodicticum-simplex/2010/10/12/die-summe-uber-alle-geschichten/.

„Die zwei großen Hypothesen“. *scinexx | Das Wissensmagazin*, https://www.scinexx.de/dossierartikel/die-zwei-grossen-hypothesen/.

Entwicklung des Menschen einfach erklärt - simpleclub. https://simpleclub.com/lessons/biologie-entwicklung-des-menschen.

„Erfroren, zerrissen, zermalmt: 4 Szenarien für das Ende des Universums“. *geo.de*, 20. März 2025, https://www.geo.de/wissen/weltall/vier-szenarien-fuer-das-ende-des-universums-34768150.html.

Evolution: Die Macht der Meme. https://www.spektrum.de/magazin/die-macht-der-meme/827031.

Filser, Hubert. „Erste Worte vor 500.000 Jahren“. *Süddeutsche.de*, 12. Juli 2013, https://www.sueddeutsche.de/wissen/geschichte-der-menschheit-erste-worte-vor-500-000-jahren-1.1719856.

Freistetter, Florian. „Sternengeschichten Folge 538: Das holografische Universum“. *Sternengeschichten*, https://sternengeschichten.podigee.io/538-sternengeschichten-folge-538-das-holografische-universum.

Funk, Sebastian. „Was du über Elementarteilchen wissen musst“. *quarks.de*, 14. Januar 2021, https://www.quarks.de/weltall/was-du-ueber-elementarteilchen-wissen-musst/.

Hägele Peter C. „Warum Burians Esel nicht verhungert“. *Hägele Archiv*, 2007, https://www.uni-ulm.de/fileadmin/website_uni_ulm/archiv/haegele//.

„Higgs Boson: Erklärung, Entdeckung & Masse“. *StudySmarter*, https://www.studysmarter.de/schule/physik/kernphysik/higgs-boson/

Hirngröße und menschliche Evolution. https://www.spektrum.de/magazin/hirngroesse-und-menschliche-evolution/822523.

„Holographisches Prinzip: Erklärung & Anwendung“. *StudySmarter*, https://www.studysmarter.de/studium/physik-studium/physik-theorien/holographisches-prinzip/.

https://www.linkedin.com/in/georgiy-michailov. „Ist der freie Wille nur eine Illusion?“ *Struktur Management Partner*, 24. Oktober 2024, https://www.struktur-management-partner.com/insights/thoughts-for-leaders/blog-detail/ist-der-freie-wille-nur-eine-illusion.

Import, M. V. S. „Hawking: Schwarzes Loch-Paradox gelöst?“ *scinexx | Das Wissensmagazin*, 26. August 2015, https://www.scinexx.de/news/kosmos/hawking-schwarzes-loch-paradox-geloest/.

Jesus: Wer war er wirklich? | National Geographic. https://www.nationalgeographic.de/geschichte-und-kultur/2020/12/jesus-wer-war-er-wirklich.

Karl. „Kreativität im Gehirn - 4 Blickwinkel aus der Neurowissenschaft“. *Karl Hosang*, 15. Februar 2022, https://karlhosang.de/kreativitaet-im-gehirn/.

Langsame und späte Evolution des menschlichen Gehirns. https://www.mpg.de/11882963/homo-sapiens-gehirn-evolution.

mdr.de. *Die großen Fragen: Was ist Leben? | MDR.DE*. https://www.mdr.de/wissen/was-ist-leben-104.html.

Mit jedem Tick der Entropie entgegen. https://www.oeaw.ac.at/detail/news/mit-jedem-tick-der-entropie-entgegen.

„Moses: Held der Bibel, Befreier Israels“. *geo.de*, 1. April 2024, https://www.geo.de/wissen/weltgeschichte/moses--held-der-bibel--befreier-der-israeliten-30196538.html.

„Mythos“. *Wikipedia*, 30. April 2025, https://de.wikipedia.org/w/index.php?title=Mythos&oldid=255582757.

„#Mythos (und Aufklärung)“. *Geschichte der Gegenwart*, 31. Oktober 2018, https://geschichtedergegenwart.ch/mythos/.

Physik, Welt der. *Quantenfeldtheorie – was ist das?* 9. Oktober 2006, https://www.weltderphysik.de/gebiet/teilchen/quanteneffekte/quantenfeldtheorie/.

Planet Schule. SWR | Entdecke die Vorfahren des Menschen. https://www.planet-schule.de/mm/stammbaum_des_menschen/.

Quantenfeldtheorie: Die Grundkräfte der Welt. https://www.spektrum.de/news/quantenfeldtheorie-das-standardmodell-berechnen/1958050.

Quanten-Gravitation: Das holografische Universum. https://www.spektrum.de/magazin/das-holografische-universum/830304.

„Quantenobjekt Photon: Zusammenfassung & Definition“. *StudySmarter*, https://www.studysmarter.de/schule/physik/quantenmechanik/quantenobjekt-photon/.

„Rätselhafte Lücken“. *scinexx | Das Wissensmagazin*, https://www.scinexx.de/dossierartikel/raetselhafte-luecken/.

Sheldrake, Rupert. „Einführung Zu Rupert Sheldrake“. *Rupert Sheldrake – Author and Biologist*, https://www.sheldrake.org/deutsch.

„Stammesgeschichte des Menschen“. *Wikipedia*, https://de.wikipedia.org/wiki/Stammesgeschichte_des_Menschen

„Standardmodell". *Wikipedia*, 11. März 2025, https://de.wikipedia.org/w/index.php?title=Standardmodell&oldid=254098734.

Stringtheorien. https://www.spektrum.de/lexikon/astronomie/stringtheorien/461.

Supersymmetrie. https://www.spektrum.de/lexikon/astronomie/supersymmetrie/468.

Teilchenphysik. https://www.leifiphysik.de/kern-teilchenphysik/teilchenphysik/grundwissen/elementarteilchen.

„Über den Ursprung und die Geschichte der Schrift". *Mostwanted Pens Magazin*, 3. Februar 2021, https://mostwanted-pens.com/magazin/geschichte-der-schrift/.

Consciouness: https://plato.stanford.edu/archives/spr2025/entries/consciousness/.

Von der Entstehung des Monotheismus | Krisis. https://www.krisis.org/2021/von-der-entstehung-des-monotheismus/.

Wärmelehre: Quantenregeln für die Unordnung. https://www.spektrum.de/news/entropie-quantenregeln-fuer-die-unordnung/2179176.

WDR. *Das Geheimnis der Gravitationswellen*. 18. September 2024, https://www.planet-wissen.de/technik/weltraumforschung/astronomie/astronomie-gravitationswellen-100.html.

---. *Kreationismus – Schöpfung statt Evolution*. 19. November 2024, https://www.planet-wissen.de/natur/forschung/evolutionsforschung/pwiekreationismusschoepfunggegenevolution100.html.

---. *Mohammed ibn Abd Allah – der Prophet aus Mekka*. 25. Juni 2024, https://www.planet-wissen.de/kultur/religion/islam/pwiemohammedibnabdallahderprophetausmekka100.html.

Wie funktioniert der Instinkt? | dasGehirn.info - der Kosmos im Kopf. https://www.dasgehirn.info/aktuell/frage-an-das-gehirn/wie-funktioniert-der-instinkt.

Zitate und Sprüche zur Quantenphysik. http://www.gierhardt.de/physik/quantensprueche.html.

Endnoten

[1] Rainer Maria Rilke: Die Gedichte, Insel Verlag Frankfurt, 1986, S.786

[2] Mit meinem ersten Traum beginne ich mein Buch: „Steig in den Fluss“, 2023

[3] Der Spruch wird manchmal Angelus Silesius, manchmal Martin von Biberach zugeschrieben und heißt im Original: *Ich leb und waiß nit wie lang,/ ich stirb und waiß nit wann,/ ich far und waiß nit wahin,/ mich wundert, das ich so frölich bin*. Zitiert nach https://de.wikipedia.org/wiki/Martinus_von_Biberach

[4] http://www.editiondaslabor.de/blog/2023/06/14/die-bibliothek-von-babel/

[5] Immanuel Kant: Kritik der reinen Vernunft, zitiert nach Honerkamp (2023), S.69

[6] Henri Poincare: Wissenschaft und Hypothese, 1907, zitiert nach Honerkamp (2023), S.71

[7] Ernst Mach, zitiert nach Honerkamp (2023), S.71

[8] Manchmal auch als „Tao-Te-King“ übersetzt; zitiert nach Capra: Tao (2012), S.27

[9] Ebd., S.38.

[10] https://de.wikipedia.org/wiki/Richard_Lenski

[11] https://www.wired.com/2016/11/groundbreaking-30-year-old-evolutionary-experiment-still-going-strong/

[12] https://www.buddhaland.de/forum/thread/13179

[13] Capra: Tao (2012), S.47

[14] Heisenberg: Physik und Philosophie (1958), S. 25

[15] Vgl. Honerkamp (2023), S.3ff

[16] Platon zugeschrieben, zitiert nach https://de.wikipedia.org/wiki/Nunc_stans

[17] Schwerkraft und Gravitation sind nicht exakt dasselbe, werden aber meist synonym gebraucht.

[18] https://www.zitate.eu/autor/rene-descartes-zitate?page=2

[19] https://www.zitate.de/autor/voltaire

[20] https://de.wikipedia.org/wiki/Pierre-Simon_Laplace

[21] Astrid von Pufendorf 2006: Wie Hitler Planck umbrachte.

[22] Hawking: Antworten (2023), S. 116

[23] Ebd.

[24] Vgl. Einsteins Schleier (2004) und Einsteins Spuk (2007)

[25] Die hier geschilderte Welle-/Teilchen-Theorie von Photonen folgt den gängigen Darstellungen der Quantenphysik. Es gibt aber auch Gegenpositionen, z.B. von Oliver Passon: Lichtteilchen? In Fink/Kuhlmann (2022). Diese sehen die Photonen nicht vorrangig als „Lichtteilchen“, sondern als elektromagnetische Kraft.

[26] Wenn Licht wellenförmig ist, woraus besteht dieses wellige Etwas? Es musste ein Stoff sein, der durch die Luft strömt und manche Gegenstände durchdringen kann. Vom 16. bis ins 20. Jahrhundert dominierte die Vorstellung, dass unser Universum von einer Substanz namens Äther durchdrungen sei. Bloß: Man fand diesen Äther nie. Einsteins Relativitätstheorie zeigte schließlich, dass es diesen Äther nicht gab und auch nicht brauchte. Heute weiß man, dass Licht aus elektromagnetischen Schwingungen besteht, die jeden Raum und jeden Stoff durchdringen.

[27] Tatsächlich schießt man wie bei einer Maschinenpistole nicht ein einzelnes, sondern eine ganze Salve von Photonen, die man aber einzeln messen kann.

[28] https://poemanalysis.com/shakespeare-quotes/there-are-more-things-in-heaven-and-earth-horatio

[29] Zeilinger: Schleier (2004), S.99

[30] Das Beispiel hinkt natürlich: In der Alltagswelt sind die Dinge weitgehend stabil, das Experiment würde nur funktionieren, wenn der Baum Quantengröße hätte.

[31] Vgl. Zeilinger: Spuk (2007), S.77

[32] Dieses berühmte Zitat schrieb Einstein in einem Brief an Max Born, der mehrfach zitiert wird.

[33] Vgl. Zeilinger: Schleier (2004), S.43

[34] Newton: New theory about light and colours (1965).

[35] Vgl. Zeilinger: Spuk (2007) S.245ff

[36] Vgl. Zeilinger: Schleier (2004), S.181 ff

[37] https://www.wissenschaft.de/allgemein/schockierende-quantenwelt/,

[38] Vgl. Zeilinger: Spuk (2007)

[39] https://www.wissenschaft.de/allgemein/schockierende-quantenwelt/,

[40] https://de.wikiquote.org/wiki/Georg_Christoph_Lichtenberg

[41] Vgl. Tonelli: Materie (2024) S.37ff

[42] https://quoteinvestigator.com/2015/05/08/stamp/

[43] Vgl. Zeilinger: Spuk (2007), S.70

[44] Stefano Massini: Manhattan Project (Roman und Theaterstück, 2024)

[45] https://www.quarks.de/weltall/was-du-ueber-E.T.-wissen-musst; https://www.weltmaschine.de/physik/standardmodell_der_teilchenphysik/

[46] Hier das „Standardmodell" im Überblick:

3 Generationen *Fermionen:* Sie sind die Bausteine der Materie				*Bosonen* sind Träger der Wechselwirkungen bzw. Naturkräfte		
	I	II	III	Schon bekannt	2012 entdeckt	noch gesucht
Quarks	Up	Charm	Top	Gluon	Higgs	Graviton
	Down	Strange	Bottom	Photon		
Leptonen	Elektron	Myon	Tauon	Z-Boson		
	Elektron-Neutrino	Myon-Neutrino	Tauon-Neutrino	W-Boson		

[47] Beide Zitate sind mehrfach in der Literatur belegt, beide dürften im Original mündliche Zitate gewesen sein, die in der Physikerszene sprichwörtlich wurden.

[48] Später entdeckte man noch zwei etwas behäbige, massereiche Brüder, das *Myon* und das *Tauon*, sowie drei verhaltensauffällige Cousins namens *Neutrinos*, die jeweils die entgegengesetzte Ladung ihrer Cousins aufweisen.

[49] https://www.quarks.de/weltall/was-du-ueber-E.T.-wissen-musst

[50] Vgl. Stephen Hawking: Illustrierte Geschichte (2018); Kapitel 5, S.82ff

[51] Vgl. https://scienceblogs.de/astrodicticum-simplex/2010/10/12/die-summe-uber-alle-geschichten/?all=1;

[52] https://lasers.llnl.gov/education/nifs-guide-how-lasers-work#:~:text

[53] Hawking: Illustrierte Geschichte (2000), S.89

[54] Vgl. Honerkamp (2023), S.230 ff.

[55] Isotope sind die verschiedenen Atomarten desselben chemischen Elements. Isotope desselben Elements haben in ihren Atomkernen gleich viele Protonen, aber unterschiedlich viele Neutronen.

[56] Beides zu sehen in Wien: Bosch in der *Akademie der bildenden Künste*, Brueghel im *Kunsthistorischen Museum*.

[57] https://de.wikiquote.org/wiki/Heraklit#Literatur

[58] Vgl. Honerkamp (2023), S. 226 und https://www.spektrum.de/news/quantenfeldtheorie-das-standardmodell-berechnen/1958050

[59] Eine dieser Quantenfeldtheorien ist die Gittereichtheorie. Sie nimmt ein dreidimensionales bewegliches Raumgitter an, wo auf jedem Gitterknotenpunkt ein Fermion sitzt und zwischendurch die Bosonen flitzen.

[60] Vgl. Hawking: Entwurf (2020), S.104 ff

[61] Ebd., S.104

[62] Ebd., S. 73

[63] Ebd., S.106

[64] Vgl. Tonelli: Materie (2024) S.109ff

[65] Kaku (2023), S.111

[66] Ebd., S. 99

[67] Vgl. Zeilinger: Spuk (2007) S.324

[68] https://www.quarks.de/weltall/was-du-ueber-elementarteilchen-wissen-musst/

[69] Zeilinger: Schleier (2003), S.148

[70] Vgl. Hawking: Illustrierte Geschichte (2000), Entwurf (2013) und Antworten (2023), die ich in der Folge immer wieder paraphrasiere.

[71] Vgl. Hawking: Antworten (2023), S. 59.

[72] Wir werden sie im Kapitel über die Schwarzen Löcher näher kennenlernen.

[73] Hawking: Illustrierte Geschichte (2000), S.174

[74] Vgl. Hawking: Illustrierte Geschichte (2000) und Kaku (2023)

[75] Zu seiner Biografie: https://de.wikipedia.org/wiki/Albert_Einstein#Leben

[76] https://todayinsci.com/E/Einstein_Albert/EinsteinAlbert-LameAndBlindQuote500px.htm

[77] https://quoteinvestigator.com/2010/05/04/universe-einstein/

[78] Vgl. Zeilinger: Schleier (2004), S. 138

[79] Lichtgeschwindigkeit zum Quadrat ist auf den ersten Blick verwirrend, da nichts schneller als das Licht sein kann. c^2 hat in der Formel aber nichts mit Geschwindigkeit zu tun, sondern ist bloß die Größenordnung für unvorstellbar viel Energie.

[80] Vgl. Zeilinger: Spuk (2007), S.28ff

[81] Beim Beschleunigen gelten andere Regeln, da kommt eine zusätzliche Kraft dazu, die uns in den Sitz drückt.

[82] Fink (2023); S.2

[83] Vgl. Hawking: Illustrierte Geschichte (2018) S.22 – 45

[84] https://bigthink.com/starts-with-a-bang/einstein-top-professor-believe/

[85] Vgl. Hawking: Illustrierte Geschichte (2000), S.104 - 143

[86] https://en.wikipedia.org/wiki/John_Michell

[87] https://en.wikipedia.org/wiki/John_Archibald_Wheeler

[88] https://www.scinexx.de/news/kosmos/hawking-schwarzes-loch-paradox-geloest/

[89] Vgl. Hawking: Illustrierte Geschichte (2000), S.196ff

[90] https://www.studysmarter.de/magazine/albert-einstein-zitate/

[91] Hetznecker: Relativitätstheorie für Dummies (2018), S.191,

[92] Jeanne Rowling: Harry Potter und der Stein der Weisen (1998), S.104

[93] https://www.grimmstories.com/de/grimm_maerchen/das_hirtenbueblein

[94] https://www.leifiphysik.de/mechanik/freier-fall-senkrechter-wurf/geschichte/galileis-untersuchung-des-freien-falls

[95] Vgl. Hawking: Illustrierte Geschichte (2000), S.182ff

[96] Vgl. Honerkamp (2023), S. 199

[97] Hawking: Illustrierte Geschichte (2000), S.184

[98] Zeilinger: Spuk (2007), S.216

[99] Kaku (2023), S. 132

[100] Hawking: Antworten (2023), S.58

[101] Zeilinger: Spuk (2007), S.45

[102] https://www.youtube.com/watch?v=rUV3PFVpWjY

[103] Vgl. Hands (2018), S.214-221

[104] https://www.geo.de/wissen/weltall/vier-szenarien-fuer-das-ende-des-universums-34768150.html und https://en.wikipedia.org/wiki/Ultimate_fate_of_the_universe

[105] Zum Thema Symmetrie: Honerkamp (2023), S.232 ff und Mainzer: Symmetrie und Symmetriebrechung in Fink (2023) S. 149 ff

[106] Vgl. Hawking: Entwurf (2013), S.114 ff

[107] https://www.scinexx.de/dossierartikel/ist-die-supersymmetrie-tot/

[108] Kaku (2023), S.161

[109] Ebd., S.171

[110] Vgl. Honerkamp (2023), S.229 ff

[111] Vgl. https://www.worldhistory.org/trans/de/1-11596/yin-und-yang/

[112] https://anthrowiki.at/Komplementarit%C3%A4t

[113] https://religion-in-japan.univie.ac.at/Handbuch/Grundbegriffe/Yin_und_Yang#Yin_und_Yang

[114] Hands (2018), S.663

[115] Capra: Tao (2012), S.145

[116] https://de.wikiquote.org/wiki/Heraklit#Literatur

[117] Fink (2023), S.209

[118] Hawking: Entwurf (2013), S.114

[119] https://de.wikipedia.org/wiki/Solipsismus

[120] Honerkamp (2023), S.157

[121] Vgl. https://www.spektrum.de/lexikon/biologie/kreationismus/37301

und https://www.planet-wissen.de/natur/forschung/evolutionsforschung/pwiekreationismusschoepfunggegenevolution100.html

[122] Vgl. Kaku (2023), S.151ff und Hawking: Entwurf (2013), S.116ff

[123] Kaku (2023), S.155

[124] Vgl. Hawking: Entwurf (2013), S.118 ff

[125] Bild der Wissenschaft Nr. 5 (2013), S. 58

[126] https://www.studysmarter.de/studium/physik-studium/physik-theorien/holographisches-prinzip/

[127] Hugo von Hofmannsthal: Buch der Freunde. In: Gesammelte Werke in zehn Einzelbänden, Band 10, Reden und Aufsätze III. Frankfurt 1986, S. 268.

[128] https://www.imdb.com/de/title/tt0133093/

[129] Vgl. Hawking: Entwurf (2013), S.73 ff

[130] Ebd., S.74

[131] Ebd., S.135 ff

[132] https://www.spektrum.de/video/was-ist-unendlichkeit/1468229

[133] Vaas: Kontroversen um Universen in Fink (2023), S.209ff

[134] Ebd. S.128

[135] https://de.wikipedia.org/wiki/Die_beste_aller_möglichen_Welten

[136] Kaku (2023), S.184

[137] Vgl. Hawking: Entwurf (2013), S.152 ff

[138] Vgl. Hands (2018), S.235ff

[139] Kaku (2023) ,S.184

[140] Hawking, Entwurf (2013), S.152 ff. Er unterscheidet ein starkes und schwaches anthropisches Prinzip, das spielt aber für unsere Überlegungen keine Rolle.

[141] Johann Wolfgang von Goethe: Faust - Der Tragödie erster Teil. Tübingen: Cotta. 1808, Seite 34.

[142] Vgl. Zeilinger: Schleier (2004) S.207ff

[143] Zeilinger: Schleier (2004), S.219

[144] Ebd., S.211 ff

[145] Thomas Görnitz im Interview mit dem ORF, abrufbar unter https://science.orf.at/stories/3231634/.

[146] https://science.orf.at/stories/3231906/

[147] Capra: Tao (2012), S.26

[148] Beide zitiert nach: Fink (2023) S.195

[149] Hawking: Illustrierte Geschichte (2000), S.224

[150] Vgl. Hoyningen-Huene: Gibt es grundsätzliche Erkenntnisgrenzen in der Physik? In: Fink (2023), S.193ff

[151] Das ist eine stark redigierte Version nach Platon: Das Höhlengleichnis, Übersetzung von Friedrich Schleiermacher, Politeia, 7. Buch 106 a – c;

[152] Spielfilm (2024) von Edward Berger, nach dem gleichnamigen Roman von Robert Harris

[153] Hands (2018), S.761ff

[154] Karl Popper: Die offene Gesellschaft und ihre Feinde II. 2003, S. 281.

[155] https://www.zitate.de/autor/popper%2C+karl+raimund

[156] Karl Popper: All Life is Problem Solving (1994).

[157] Dieses Zitat wird einigen Prominenten zugeschrieben, darunter auch Mark Twain. Paul Watzlawick zitiert den Spruch so: *Wer als Werkzeug nur einen Hammer hat, sieht in jedem Problem einen Nagel.*

[158] Zitiert nach Kaku (2023), S.164. Die Originalfabel spricht von „Blinden", im Sinn sensibler Sprache habe ich sie durch Menschen mit verbundenen Augen ersetzt.

[159] Kaku (2023), S. 194

[160] https://www.mdr.de/wissen/was-ist-leben-104.html

[161] Vgl. Hands (2018), S. 274ff

[162] https://www.mdr.de/wissen/was-ist-leben-104.html#

[163] Kaku (2023), S.83

[164] Vgl. Hands (2018), S.194 und Kaku (2023), S.94ff

[165] Vgl. Hands (2018), S.293 ff

[166] https://www.hawking.org.uk/in-words/lectures/life-in-the-universe

[167] Es gibt unter allen Tieren und Pflanzen unfruchtbare Lebewesen, beim Menschen ist Fortpflanzung freie Entscheidung.

[168] Vgl. Hands (2018), 235 ff

[169] Ebd., 205 ff

[170] Das „Periodensystem der Elemente" mit seinen 118 Atomelementen (94 natürliche und 14 künstliche), ist ein Abbild der wachsenden Komplexität der Atome vom einfachsten *Wasserstoffatom* bis zum komplexen *Lawrencium*.

[171] Vgl. Hands (2018), S. 196.

[172] Komplexe Moleküle sind im interstellaren Raum sehr selten. Als interstellaren Staub oder in Meteoriten mit dem hübschen Namen „Kohlige Chondriten" hat man Moleküle gefunden, die rund 4,5 Milliarden Jahre alt sind. Die komplexesten Moleküle hat man bislang aber nur auf einem Planeten entdeckt: der Erde.

[173] Vgl. Hands (2018): S.157 ff; 273 ff

[174] Ebd., S. 316

[175] Das berührende Buch „Eine Frage der Chemie" von Bonnie Carmus erzählt die Geschichte einer Forscherin zu diesem Thema im USA der 1960er Jahre.

[176] https://studyflix.de/chemie/kohlenstoff-3142

[177] https://de.wikipedia.org/wiki/Aminos%C3%A4uren

[178] Vgl. https://www.planet-wissen.de/natur/forschung/entstehung_des_lebens/index.html

[179] Dazu gibt es ein chemisches Paradoxon: Damit sich Aminosäuren zu DNA-Molekülen verbinden können, brauchen sie Proteine. Für die Herstellung von Proteinen braucht man aber DNA-Moleküle. Was war zuerst: die DNA-Moleküle oder die Protein-Moleküle? Das erste Henne-Ei-Problem der Geschichte! Das Rätsel kann man noch weiter spinnen: RNA trägt alle Informationen der DNA und kann sich selbst kopieren. RNA braucht kein Protein, könnte also am Anfang gestanden sein. Woraus die nächste Frage entsteht: Was war zuerst – die Kopie (die RNA) oder das Original (die DNA)?

[180] Vgl. https://www.studysmarter.de/schule/psychologie/hauptstroemungen-der-psychologie/emergenz/

[181] https://de.wikiquote.org/wiki/Aristoteles

[182] Vgl. https://www.openscience.or.at/de/wissen/genetik-und-zellbiologie/2023-12-20-was-ist-dna/

[183] Im Haushalt findet man Basen beispielsweise in Seifen und Waschmitteln und in vielen Obstsorten. Ihr Gegenstück sind Säuren. Säuren und Basen sind Chemikalien, die Verätzungen verursachen können, gemeinsam ergeben sie die Ursuppe, in denen sich Leben wohl fühlt.

[184] https://www.pflanzenforschung.de/biosicherheit/lexikon/671.gentransfer-horizontal-vertikal.html#

[185] https://zitate.eu/autor/charles-darwin-zitate/29197

[186] Vgl. Schutten/Rieder (2014)

[187] Auch diese Geschichte gilt als „Darwin-Mythos", konnte aber vor einigen Jahren bewiesen werden.

[188] Wem das zu wenig *genderfluid* formuliert ist, möge mir verzeihen. Aber es ist nun einmal in der Natur so, dass für Fortpflanzung ein Männchen und ein Weibchen vonnöten sind.

[189] Vgl. Hands (2018), S.358 - 388

[190] Ebd., S.379

[191] Hands (2018), S.480

[192] Ebd., S.488

[193] Ebd., S.445

[194] Ebd., S. 374

[195] Ebd, S. 373

[196] Schutten /Rieder(2014) sowie Hands (2018), Kap. 17 bis 19

[197] https://zitate.net/zitat?id=3750

[198] https://www.ucl.ac.uk/news/2024/jul/insight-one-lifes-earliest-ancestors-revealed-new-study

[199] https://www.planet-schule.de/mm/die-erde/Barrierefrei/pages/Wie_entstand_unsere_Luft_zum_Atmen.html

[200] https://de.wikipedia.org/wiki/Manteltiere

[201] https://de.wikipedia.org/wiki/Tiktaalik

[202] https://de.wikipedia.org/wiki/Therapsiden

[203] https://www.nhm.ac.uk/press-office/press-releases/earliest-known-mammal-is-identified-using-fossil-tooth-records.html

[204] Vgl. Harari (2024); Hands (2018) und Schutten/Rieder (2014)

[205] https://www.planet-schule.de/mm/stammbaum_des_menschen/ und https://simpleclub.com/lessons/biologie-entwicklung-des-menschen

[206] Mitglieder einer *Art* können sich untereinander fortpflanzen. Alle Hunde gehören zu einer Art, können sich daher paaren, auch Pudel Dackel und Schäfer. Auch die entstandenen Mischlinge sind fortpflanzungsfähig. Pferd und Esel sind zwei verschiedene Arten, sie können sich zwar einmal paaren, das entstandene Maultier oder Maulesel ist aber unfruchtbar.

[207] https://www.scinexx.de/dossierartikel/die-zwei-grossen-hypothesen/

[208] Wann und welche Menschengruppen sich noch vermischen konnten und welche nicht mehr, die dadurch zur „Art" wurden, können wir heute nicht mehr feststellen.

[209] Hands (2018), S. 591

[210] Meine Darstellung der Menschheit folgt aktuellen, geläufigen Theorien. Es gibt aber für jede Datierung und jede hier geschilderte Entwicklung Gegenmeinungen.

[211] Das Neandertal ist eine Schlucht zwischen Düsseldorf und Wuppertal.

[212] Namensgebend ist die Denissowa-Höhle in Sibirien

[213] https://www.mpg.de/8953555/mpi_evan_jb_2014; https://www.geo.de/natur/tierwelt/7222-rtkl-das-gehirn-evolution-des-gehirns); https://www.spektrum.de/magazin/hirngroesse-und-menschliche-evolution/822523; https://www.dasgehirn.info/grundlagen/evolution/die-evolution-des-menschlichen-gehirns?

[214] Als Übergang zwischen Stammhirn und Neokortex entwickelte sich das Zwischenhirn, dort liegt der Thalamus als Schaltstelle: Fast alle sensorischen Informationen werden hier umgeschaltet und in Areale des Kortex weitergeleitet. Er wird auch als „Tor zum Bewusstsein" bezeichnet.

[215] https://www.spektrum.de/magazin/hirngroesse-und-menschliche-evolution/822523

[216] Hands (2018), S. 841

[217] https://www.dasgehirn.info/aktuell/frage-an-das-gehirn/wie-funktioniert-der-instinkt

[218] Wir können als „Intelligenz" nur messen, wie Lebewesen auf bestimmte Tests im Vergleich mit anderen Lebewesen reagieren. Das ergibt aber nur relative „Laborergebnisse", deren Ergebnisse vom Testsetting und der Tagesform des Probanden abhängen. In „freier Wildbahn" lässt sich Intelligenz nicht messen, bloß ihre Folgen beobachten. Manche Kritiker meinen überhaupt: *Intelligenz ist nur, was der Test misst*.

[219] https://www.dasgehirn.info/aktuell/frage-an-das-gehirn/wie-funktioniert-der-instinkt

[220] Fünf bis sieben solcher Impulse können wir als Erwachsene gleichzeitig wahrnehmen, Kinder drei bis vier.

[221] https://www.sueddeutsche.de/wissen/geschichte-der-menschheit-erste-worte-vor-500-000-jahren-1.1719856; https://de.wikipedia.org/wiki/Sprachursprung.

[222] FOXP2 wurde als jenes Gen identifiziert, das durch Mutationen Sprachstörungen bei Menschen verursacht. Daraus schloss man, dass FOXP2 die für den Spracherwerb notwendigen neuronalen Netzwerke reguliert. (https://www.mpg.de/4674165/was-die-gene-zur-sprache-beitragen)

[223] Domuschiev, Ivan. (2023). Distinguishing the human mind from consciousness. 10.13140/RG.2.2.13899.77606.

[224] https://de.wikipedia.org/wiki/Spiegeltest

[225] Die Zeitangaben differieren in der Literatur, manche fassen die kognitive Revolution enger – von 70.000 bis 40.000 v.Chr. Ich wähle hier und im Folgenden den in der Fachliteratur weitest gesteckten Rahmen.

[226] Hands (2018), S. 587

[227] Harari (2023), S.35

[228] Hands (2018) S.614 ff

[229] Zur Frage, ob die kulturelle Evolution langfristig genetische Veränderungen beim Menschen auslösen könne, wird intensiv geforscht: z.B. die Frage, ob *angeborene* Laktoseintoleranz mit der kulturell bedingten, weltweiten Verbreitung der Kuhmilch zusammenhängt.

[230] Vgl. Hands (2018), 627ff

[231] https://de.wikipedia.org/wiki/Jäger_und_Sammler

[232] Vgl. Harari (2023) und Hands (2018)

[233] Wissenschaft ist immer im Fluss: Aktuell poppen in diversen (vor allem chinesischen) Foren Vermutungen auf, die Homo sapiens könnte ihre Heimat in Ostasien gehabt haben.

[234] Man unterscheidet zwei oder drei Phasen der Out of Africa- Bewegung. *Out of Africa 1* beschreibt die große Wanderung der *Homo erectus*. Als *Out of Africa* – ohne Nummerierung – gilt für manche auch die Wanderbewegung der *Heidelbergmenschen*. Als *Out of Africa 2* gelten die Wanderungsbewegungen der *Homo sapiens* .

[235] Harari (2023), S.25

[236] Vgl. Harari (2023), 85 ff.

[237] Man komme mir nicht mit der Liebe zum Haustier: Tierhaltung in winzigen Wohnungen und Vermenschlichung der armen Geschöpfe ist auch nichts anderes als Tierquälerei.

[238] Vgl. Hands (2018), 633ff

[239] Vgl. Harari (2023), 101 ff.

[240] Vgl. Kandel (2012), und Carter (2010)

[241] Dehaene (2010),S.126: Im Original: Lesen ist eine Flutwelle im Gehirn.

[242] Eccles: Wahrheit und Wirklichkeit (1975) , S.??

[243] Lediglich Erkrankungen des Gehirns (z.B. Demenz) oder Verletzungen können Gedächtnisinhalte löschen.

[244] In der Literatur findet man manchmal eine Zweiteilung der Gehirnspeicher. In das *deklarative* (=explizites) Gedächtnis fallen alle bewussten Erinnerungen (=*semantisches* und *episodisches* Gedächtnis), im *prozeduralen Gedächtnis* werden die unbewussten Erinnerungen gespeichert (= *sensorisches* und *emotionales* Gedächtnis)

[245] Die Faserleitungen, die Informationen aufnehmen heißen Dendriten, weitergeleitet werden sie durch das Axon.

[246] https://de.wikipedia.org/wiki/Engramm

[247] https://de.wikipedia.org/wiki/Neuronale_Plastizität

[248] Aus diesem Grund wird auch bei schweren Gehirnverletzungen, wenn Gehirnzellen absterben, nur selten das ganze Gedächtnis gelöscht. Selbst wenn einige Gehirnareale geschädigt, können die Informationen noch in anderen Arealen gespeichert sein.

[249] Ich erinnere mich leider nicht mehr an ihren wirklichen Namen. Der hier verwendete ist eine Hommage an die Hauptfigur von Tolstois Roman „Krieg und Frieden.

[250] Vgl. Maar / Burda: (2004); Stöckl (2004)

[251] Hier und im Folgenden: Barbara Maria Stafford in Maar / Burda: (2004), S.106

[252] 1995 entdeckte das Ehepaar Edvard und May-Britt Moser Orientierungszellen im Gehirn und erhielt dafür den Nobelpreis. https://de.wikipedia.org/wiki/May-Britt_Moser

[253] Johnson: The Body in the mind (1987)

[254] Löffler: Die IBIS-Methode. Gestaltung intuitiver Benutzung mit Image Schemata (2013,) abrufbar in https://www.researchgate.net/publication/271092220_Die_IBIS-_Methode

[255] L. Jung / C. G. Jung : Archetypen: Urbilder und Wirkkräfte des kollektiven Unbewussten. (2024)

[256] Nature. Online-Vorabveröffentlichung, 3. Juli 2024, doi:10.1038/s41586-024-07541-7.

[257] https://de.wikipedia.org/wiki/Cueva_de_Ardales

[258] https://de.wikipedia.org/wiki/H%C3%B6hle_von_Altamira .
Eigentlich in die von einigen Jahren künstlich angelegte zweite Höhle für Besucher*innen, die mit der ersten ident ist und die Besucherströme lenkt, um die originalen Höhlenmalereien zu konservieren.

[259] https://de.wikipedia.org/wiki/Kunst_der_Aborigines

[260] http://grosssteingraeber.de/seiten/schweden/vaestra-goetalands-laen/felsritzungen-tanumshede.php

[261] Vgl. Dehaene (2010)

[262] https://www.mpg.de/11882963/homo-sapiens-gehirn-evolution

[263] Dehaene: From Monkey Brain to Human Brain (2005), S. 133-157

[264] Dehaene (2010), S.151

[265] https://www.gkr.uni-leipzig.de/altorientalisches-institut/transfer/ao-schule/keilschrift

[266] https://www.planet-wissen.de/geschichte/antike/hieroglyphen/index.html

[267] https://www.planet-wissen.de/kultur/asien/china_weltmacht_im_umbruch/

[268] Dehaene (2010), S.103

[269] https://www.planet-wissen.de/gesellschaft/lernen/erfindung_der_schrift/

[270] https://www.einfachganzleben.de/meditation-achtsamkeit/das-runen-orakel

[271] https://viking-sons.de/runen-und-ihre-bedeutung/

[272] https://www.worldhistory.org/Quipu/

[273] https://geschichtedermathematik.de/

[274] Vgl. Lobin: Engelbarts Traum (2014)

[275] Die Botschaft lautet: „Ich liebe dich!"

[276] Vgl. Burda (2010) und Doelker (2013)

[277] Vgl. Stöckl (2004)

[278] https://druck-mediengeschichte.org/2019/10/29/bilderdruck-zwischen-handwerk-und-druckkunst/

[279] Maar / Burda: (2004), S.11

[280] Hans Belting in Maar/Burda (2004), S. 355

[281] https://www.merriam-webster.com/dictionary/logocentrism

[282] Vgl. Kress (2010)

[283] Dawkins: Meme, die neuen Replikatoren. In: Das egoistische Gen. Jubiläumsausgabe (2007), S. 316 ff.

[284] Die Memetheorie hat nichts zu tun mit den meist karikaturistisch gedachten Memes im Internet, die aus dem Kontext gerissene Fotos oder Filmchen mit neuen karikierenden Inhalten unterlegen.

[285] https://www.spektrum.de/magazin/die-macht-der-meme/827031

[286] Haidle, M.: Kognitive und kulturelle Evolution. In: Erwägen Wissen Ethik 19.2. (2008): S. 149.

[287] Ebd.

[288] https://www.dasgehirn.info/denken/intuition/das-unbewusste-ist-wohlinformiert

[289] https://de.wikipedia.org/wiki/Fulguration#

[290] Die Gestaltpsychologie wurde ab 1890 entwickelt, um den ganzheitlichen Charakter von Wahrnehmungsprozessen u.a. am Erkennen von Melodien, zu erklären. (https://www.spektrum.de/lexikon/psychologie/gestaltpsychologie/5882)

[291] Max Wertheimer (1923) und Stephen Palmer (1990) entwickelten dazu neun „Gestaltgesetze", nach welchen Faktoren wir „Gestalt" wahrnehmen. (https://de.wikipedia.org/wiki/Gestaltpsychologie)

[292] https://de.wikipedia.org/wiki/Spiegelneuron

[293] https://www.dasgehirn.info/einstieg/viel-zu-entdecken

[294] Ich orientiere mich am Schweizer Philosoph Raji Steineck. (https://geschichtedergegenwart.ch/mythos/)

[295] https://www.maerchenatlas.de/aus-aller-welt/marchensammlungen/tausendundeine-nacht/tausendundeine-nacht/

[296] Zur Zeit, wo das Wünschen noch geholfen hat. Die schönsten Märchen der Brüder Grimm. (2021) Gerstenberg. Modernisierte Fassung nach der Originalausgabe.

[297] Campbell: Die Kraft der Mythen (1994)

[298] Wieweit Haustiere Individualität empfinden, wäre ein spannendes Forschungsthema.

[299] https://prezi.com/pajm67osmpy6/der-auenseiter-als-thema-in-der-literatur/

[300] Franz Grillparzer: Der arme Spielmann, Suhrkamp (2012), S.13

[301] Kant: Was ist Aufklärung? (1784)

[302] https://www.spiegel.de/panorama/disneys-film-ueber-den-lemming-selbstmord/

[303] Vgl. Harari (2023); S.253ff; Hands (2018), S.631

[304] Harari (2023); S.257

[305] https://www.krisis.org/2021/von-der-entstehung-des-monotheismus/

[306] Zarathustra erlangte im 20. Jahrhundert durch Friedrich Nietzsches literarisch-philosophisches Werk „Also sprach Zarathustra"(1886) enorme Bekanntheit, wobei Nietzsche den historischen (?) Zarathustra für seine Philosophie kräftig umdeutete.

[307] https://www.geo.de/wissen/weltgeschichte/moses--held-der-bibel--befreier-der-israeliten-30196538.html#

[308] Sand, Schlomo: Die Erfindung des jüdischen Volkes. Israels Gründungsmythos auf dem Prüfstand. Berlin 2011, S. 179 ff.

[309] Vgl. Sand: Erfindung (2011) S. 257-261.

[310] Ebd. S. 261

[311] https://www.britannica.com/biography/Saint-Paul-the-Apostle

[312] https://www.herder.de/hk/hefte/spezial/der-unbekannte-bestseller-die-bibel/heilige-schriften-so-entwickelten-sich-die-juedische-und-die-christliche-bibel/

[313] https://www.gra.ch/bildung/glossar/pharisaeer/

[314] https://www.nationalgeographic.de/geschichte-und-kultur/2020/12/jesus-wer-war-er-wirklich

[315] https://de.wikipedia.org/wiki/Außerchristliche_antike_Quellen_zu_Jesus_von_Nazaret

[316] https://www.planet-wissen.de/kultur/religion/islam/index.html

[317] Im Islam gestaltet sich eine wissenschaftlich-seriöse Diskussion schwierig, weil viele Muslime ein wissenschaftliches Hinterfragen von Mohammed und dem Koran als Religionsfrevel sehen.

[318] Tolerante Ausnahmen, wie etwa das Kalifat des Sultan Saladins im Nahen Osten und manche kurze Episoden religiöser Großzügigkeit in Europa konnten den Expansionsdrang nicht stoppen.

[319] https://de.wikipedia.org/wiki/Weltseele#cite_note-24

[320] Vgl. Capra: Tao (2012). S.83-122

[321] Vgl. Harari (2023); S.213-230

[322] https://www.nationalgeographic.de/geschichte-und-kultur/2023/03/opiumkrieg-im-19-jahrhundert-als-die-briten-mit-einer-droge-china-zerstoerten

[323] Der US- Schriftsteller O. Henry (1862-1910), benutzte erstmals diesen Begriff (https://www.gmx.at/magazine/wissen/geschichte/begriff-bananenrepublik-40536952)

[324] https://www.planet-wissen.de/gesellschaft/wirtschaft/kommunismus/kommunismus-kapitalismus-kritik-100.html

[325] Harari(2023), S.406

[326] https://de.wikipedia.org/wiki/Opium_des_Volkes. Das Originalzitat kommt schon 1797 in Marquis de Sades Roman *„Juliette“* vor.

[327] https://www.umweltbundesamt.de/service/audio/was-ist-obsoleszenz

[328] https://www.nationalgeographic.de/geschichte-und-kultur/2024/09/religioese-reform-im-alten-aegypten-echnaton-und-nofretete-als-herrscher-der-sonne

[329] Wenn die Qualität der Herrschaft in Frage gestellt wurde, dann war ein Aufstand gerechtfertigt. Das legitimierte den oftmaligen Wechsel der Dynastien in der chinesischen Geschichte. (https://en.wikipedia.org/wiki/Emperor_of_China)

[330] Hier bewusst in der diskriminierenden Form benannt

[331] https://de.wikipedia.org/wiki/Rassismus

[332] Ich muss aber immer betonen, dass der systematische Massenmord an Juden und anderen Menschengruppen durch die Nazis das schlimmste Verbrechen unserer Zeit war; das Erinnern daran kann aber andere Formen der Diskriminierung nicht verharmlosen.

[333] https://www.deutschestextarchiv.de/book/view/marx_manifestws_1848?p=23

[334] Vgl. Hands (2018), S.676 ff

[335] Ebd. S.696

[336] Vgl. Harari: (2023), S.322

[337] https://www.deutschelyrik.de/der-taucher.html

[338] Vgl. Harari: (2023), S.299 ff und Hands (2018), S.693ff

[339] Vgl. Harari, S.336ff

[340] Das Wort ist eurozentristisch und falsch, die „entdeckten" Gebieten waren ja längst bevölkert.

[341] Vgl. https://www.britannica.com/event/Industrial-Revolution;

https://www.dieindustrie.at/wirtschaft-finanzen/die-geschichte-der-industrie/

[342] https://politicalecology.blogs.uni-hamburg.de/anthropozaen/

[343] https://www.ardalpha.de/wissen/umwelt/nachhaltigkeit/anthropozaen-erdzeitalter-geologie-mensch-100.html

[344] Da die Literatur zu diesem Thema uferlos ist, beschränke ich mich auf wenige Bullet Points.

[345] Renewables 2024 Global Status Report (https://www.ren21.net/gsr-2024/)

[346] UNICEF: https://data.unicef.org/resources/levels-and-trends-in-child-mortality-2024/

[347] UN Department of Economics and Social Affairs (https://www.un.org/en/desa)

[348] Ebd.

[349] World Bank (https://ourworldindata.org/)

[350] Der Begriff *Entwicklungsländer* ist in Diskussion geraten, so wie die Synonyme *Schwellenländer* oder *Dritte Welt*. Die angebotenen Varianten *„Globaler Süden"* oder *„Low Income Countries"* sind ebenso unpräzise und unterstellend. Die UNO verwendet den Begriff *Less Developed Countries,* der dem deutschsprachigen *Entwicklungsland* nahekommt.

[351] Vgl. Hawking: Antworten (2023), S.101

[352] In manchen Sachbüchern stecken viel mehr, in manchen Trivialromanen viel weniger Informationen, im Schnitt könnte die von Hawking geschätzte Summe passen.

[353] Hands (2018), Seite 798

[354] https://chatgpt.com/

[355] Ebd.

[356] https://kizentrale.de/

[357] Harari (2023) S. 506

[358] Bert Brecht: Der gute Mensch von Sezuan, uraufgeführt 1943

[359] https://www.songtexte.com/songtext/herbert-gronemeyer/mensch-5bdcf750.html

[360] Hands (2018), S.40

[361] https://www.britannica.com/topic/mind-body-prob

[362] https://plato.stanford.edu/entries/mental-causation/?utm_source=chatgpt.comlem?utm_source=chatgpt.com

[363] Eidos (εἶδος) heißt wörtlich übersetzt „das zu Sehende", wird aber meistens als „Idee" im Gegensatz zu *hýlē* (ὕλη =„Materie") übersetzt.

[364] Ähnliche Kontroversen gab es in vielen westlich-europäischen Kulturkreisen.

[365] https://www.spektrum.de/kolumne/philosophie-maschinen-mit-bewusstsein/2074428

[366] https://www.spektrum.de/lexikon/geographie/idealismus/3674

[367] https://de.wikipedia.org/wiki/Idealismus

[368] Hands (2018) S.142

[369] Im Original lautet das Marxzitat einmal: *„Es ist nicht das Bewusstsein der Menschen, das ihr Sein, sondern umgekehrt ihr gesellschaftliches Sein, das ihr Bewusstsein bestimmt."* Und: *„Nicht das Bewusstsein bestimmt das Leben, sondern das Leben bestimmt das Bewusstsein."* (https://www.welt.de/print/die_welt/kultur/article172692573/Karl-Marx-wichtigstes-Buch-hat-es-nie-gegeben.html)

[370] Wie lange muss ein Affe in eine Schreibmaschine tippen, bis zufällig Shakespeares Sonette entstehen?

[371] Frankl verkürzt hier ein Zitat von Friedrich Nietzsche "Hat man sein *Warum* des Lebens, so verträgt man sich fast mit jedem *Wie*". (Friedrich Nietzsche: Götzen-Dämmerung: Sprüche und Pfeile (1888), S 12

[372] Vgl. M. Stöckler in Fink (2023) S.37-39

[373] Peter Bieri zitiert ebd. (2023), S.38

[374] https://www.stern.de/panorama/wissen/mensch/hirnforschung-freier-wille---eine-illusion--3091852.html

[375] https://zitate.eu/autor/johann-nepomuk-nestroy-zitate/28809

[376] https://www.philomag.de/philosophen/arthur-schopenhauer

[377] https://de.wikiquote.org/wiki/Arthur_Schopenhauer

[378] https://www.philomag.de/philosophen/arthur-schopenhauer

[379] https://www.struktur-management-partner.com/insights/thoughts-for-leaders/blog-detail/ist-der-freie-wille-nur-eine-illusion

[380] Ebd.

[381] https://de.wikipedia.org/wiki/Daniel_Dennett

[382] https://www.struktur-management-partner.com/insights/thoughts-for-leaders/blog-detail/ist-der-freie-wille-nur-eine-illusion

[383] https://de.wikipedia.org/wiki/Freier_Wille

[384] Vgl. Anna Sophie Meicke, Philosophin, Universität Wien, zitiert in Die Presse, 13.09.2025, W1

[385] Leser*innen meines Buches „Steig in den Fluss" kennen die alte Dame, die eine Seelenfreundin meiner Mutter war und mich als Halbwüchsigen durch ihre Bücher und den Zugang zum Theater nachhaltig geprägt hat.

[386] manchmal auch Abraham Lincoln, US Präsident von 1861-1865

[387] https://www.spektrum.de/lexikon/psychologie/gewissen/5935

[388] https://genius.com/Samuel-beckett-worstward-ho-annotated

[389] Vgl. Digitales Wörterbuch der deutschen Sprache. (https://www.dwds.de/)

[390] Zitiert nach Capra: Tao (2012), S. 141

[391] https://www.informationphilosopher.com/freedom/free_will_theorem.html

[392] Johann Nestroy: Sämtliche Werke (1993). Hrsg.: Friedrich Walla. Band 5. S. 315–316

[393] Ebd.

[394] Vgl. Hands (2018), S. 791 – 798

[395] Ebd. S. 798

[396] Hands (2018), S. 328

[397] Der Index librorum prohibitorum war ein Verzeichnis der römischen Kurie, das alle Bücher auflistete, deren Lektüre als schwere Sünde galt; nach dem Zweiten Vatikanischen Konzil (1965/66) wurde er nicht mehr weitergeführt.

[398] Ludwig (2024), S.124

[399] Vgl. Kaku (2023), S. 196

[400] Ebd., S. 195

[401] Hands (2018), S. 143

[402] Hawking (2023), S.63

[403] https://www.vaticannews.va/de/kirche/news/2019-02/menschen-in-der-zeit-stephen-hawking-der-glaubige-atheist.html

[404] https://www.shakespeare-online.com/quickquotes/quickquotehamletdreamt.html

[405] https://www.faustedition.net/print/faust.19#scene_1.1.16

[406] https://de.wikiquote.org/wiki/Friedrich_II.

[407] Ebd., S.140

[408] Capra: Tao (2012), S. 139

[409] Hands (2018), S. 723

[410] Ebd., S. 724

[411] Ebd., S. 724

[412] Zitiert nach Capra: Tao (2012)

[413] Ebd., S. 509

[414] Capra: Wendezeit (1995), S.316

[415] Capra: Lebensnetz (1996)

[416] Vgl. Capra: Wendezeit (1995), Kapitel 9, S.293 - 339

[417] Vgl. Capra: Wendezeit (1995) S.296 ff und https://de.wikipedia.org/wiki/Autopoiesis

[418] Capra: Wendezeit (1995), S.313

[419] Ebd., S.313

[420] Ebd., S.309.

[421] Ob der für die Erde spezifische Begriff *„life“* (also *Leben*) auf die Autopoiesis des Universums anwendbar oder nur metaphorisch ist, ob also auch das Universum in irgendeiner Weise „lebt“, muss offen bleiben.

[422] Capra: Wendezeit (1995), S.324

[423] https://de.wikipedia.org/wiki/Erich_Jantsch

[424] Mark Cox, The Sentient Universe Hypothesis: Cosmological Complexity and the Emergence of Cosmic-Scale Awareness - PhilArchive

[425] zitiert nach Zeilinger: Spuk (2007), S.241

[426] https://mystikaktuell.wordpress.com/tag/heraklit/

[427] Vgl. Tonelli: (2024), S.174-176

[428] https://www.aphorismen.de/zitat/14027

[429] https://weltmaschine.at/

[430] Arthur Eddington zitiert nach Capra: Tao (2012), S.195

[431] Ebd., S.242

[432] Capra: Wendezeit (1995), S.334

[433] Johann Wolfgang von Goethe Faust II, Vers 11936-11937

[434] https://www.bk-luebeck.eu/zitate-spinoza.html#:~:text=Zitate%20von%20Baruch%20de%20Spinoza

[435] https://iep.utm.edu/aristotle-motion

[436] Zitiert nach Störig (1991) S.454

[437] Ludwig (2024),S.255

[438] Während beim Kompromiss beide Streitparteien auf Teile ihrer Forderungen verzichten, um eine Minimallösung zu erzielen, gelingt es beim Konsens, beide Forderungen so zu verschmelzen, dass die wesentlichen Forderungen beider Seiten berücksichtigt werden.

[439] https://www.salzburgerland.com/de/magazin/kaiser-karl-im-untersberg-und-sein-langer-bart-apokalypse-am-walserfeld/

[440] https://www.zitate7.de/autor/Heraklit/

[441] Capra: Tao (2012), S.192

[442] Capra: Wendezeit (1995), S. 90

[443] http://www.zeno.org/Philosophie/M/Heraklit+aus+Ephesus/Fragmente/Aus%3A+%C3%9Cber+die+Natur

[444] https://de.wikipedia.org/wiki/Dao

[445] http://www.zeno.org/Philosophie/M/Platon/Timaios

[446] https://iep.utm.edu/heraclit/#:~:text=500%20B.C.E.),by%20a%20law%20of%20change.

[447] Hands (2018), S.666

[448] Hands (2018), S. 724

[449] Capra: Wendezeit (1991), S.3.

[450] https://www.projekt-gutenberg.org/goethe/gedichte/chap455.html

[451] Capra: Tao (2012). S.293 (gekürzt und vereinfacht)

[452] Ebd. 297

[453] Vgl. https://www.spektrum.de/lexikon/philosophie/monade-monadologie/1351

[454] https://www.bibleserver.com/

[455] Capra: Tao (2012) S.7

[456] https://de.wikipedia.org/wiki/Panta_rhei

[457] https://www.poetryfoundation.org/poems/43650/auguries-of-innocence

[458] https://www.zitate7.de/autor/Heraklit